华东师范大学精品教材建设专项基金资助项目

Advanced Mathematics

高等数学（第二版）

下册

华东师范大学数学科学学院◎组编
柴俊◎主编

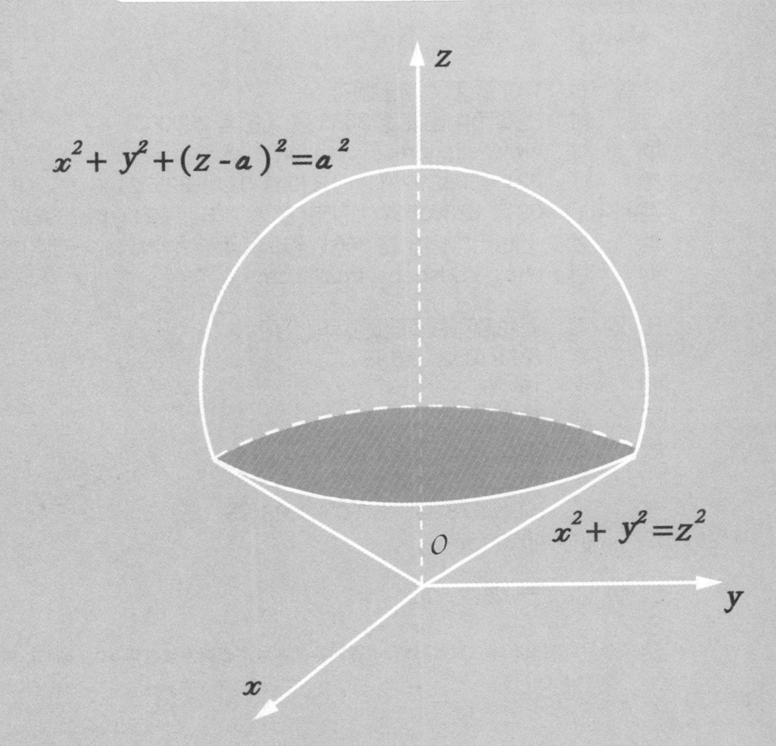

华东师范大学出版社
·上海·

图书在版编目(CIP)数据

高等数学:适用于电子信息类、计算机类、物理学类各专业. 下/华东师范大学数学科学学院组编;柴俊主编. —2 版. —上海:华东师范大学出版社,2022
ISBN 978-7-5760-3023-5

Ⅰ. ①高… Ⅱ. ①华…②柴… Ⅲ. ①高等教学一高等学校一教材 Ⅳ. ①O13

中国版本图书馆 CIP 数据核字(2022)第 119581 号

高等数学(下)(第二版)

组　　编　华东师范大学数学科学学院
主　　编　柴　俊
责任编辑　李　琴
审读编辑　胡结梅
责任校对　时东明
装帧设计　俞　越

出版发行　华东师范大学出版社
社　　址　上海市中山北路 3663 号　邮编 200062
网　　址　www.ecnupress.com.cn
电　　话　021-60821666　行政传真 021-62572105
客服电话　021-62865537　门市(邮购)电话 021-62869887
地　　址　上海市中山北路 3663 号华东师范大学校内先锋路口
网　　店　http://hdsdcbs.tmall.com

印 刷 者　上海商务联西印刷有限公司
开　　本　787×1092　16 开
印　　张　19.25
字　　数　438 千字
版　　次　2022 年 9 月第 1 版
印　　次　2022 年 9 月第 1 次
书　　号　ISBN 978-7-5760-3023-5
定　　价　48.00 元

出 版 人　王　焰

第二版前言

《高等数学》(第一版)是普通高等教育“十一五”国家级规划教材,已出版近15年了. 本书是作者根据读者反馈的信息和教师使用后的建议,本着保持特色、打造精品的原则进行修订的.

本书的修订主要涉及以下几个方面:

1. 对内容进行了梳理和调整,增加了一些例题和习题,使得知识体系更符合理工科专业的要求,内容的衔接在逻辑上更严密;

2. 在数列极限部分增加了子列的概念及相关定理,有利于后续内容的学习;

3. 幂指函数的引入提前到函数极限部分,有利于函数极限的运算;

4. 在第4章有关拉格朗日中值定理的内容中,引入了导数极限定理;

5. 在第5章广义积分这一节中增加了简单的审敛定理以及 Γ 函数;

6. 将部分内容加了“*”号作为选讲内容,供教师和学生根据不同的课时进行取舍.

本书的修订得到了华东师范大学数学科学学院大力支持和华东师范大学精品教材建设专项基金的资助,由柴俊单独完成.

在此,作者对科学出版社为《高等数学》(第一版)的辛劳付出表示衷心的感谢,对华东师范大学出版社为本书的辛勤劳动深表谢意.

对于书中的疏漏之处,恳请读者批评指正.

柴俊

2021年6月于上海

第一版前言

高等数学是非数学理工科各专业重要的数学基础课程,对培养学生的思维能力、数学应用能力和分析判断能力有着非常重要的作用.随着数学在各个学科专业中的应用越来越多,高等数学教学受到的重视也在日益增加.

华东师范大学数学系在20世纪80年代编写出版过一系列的《高等数学》教材.为了适应高等教育的迅速发展,从2001年开始,我们开始着手编写这本教材,除了保持华东师范大学数学系在教材编写上"体系严密、有利教学"的优良传统外,还积极吸取国内各类教材和国外教材的优点.下面是本书的几个主要特点:

(1) 在内容处理上尽量符合学生思维的发展规律,将定积分与不定积分统一处理,尽可能反映人类认识数学的思维发展规律;

(2) 在概念处理上尽可能用直观的例子加深理解,针对高等教育"大众化",各学科不断融合的趋势,加入了数学在经济、化学中应用等例子;

(3) 增加了"差分方程"等内容;

(4) 习题配置由浅入深,并为每章配置了总练习题(第13章除外),帮助学生检验学习效果;

(5) 为方便教学,随书提供一个基于Maple软件的数学实验例子和基于Flash软件的动态演示课件光盘.

本书共分上、下两册,上册内容包括极限,一元微分和积分,空间解析几何;下册内容包括多元微分,重积分,线、面积分,无穷级数,微分方程,以及差分方程.建议教学时数为160~200.

本书的编写工作由柴俊主持,并写了主要章节的前言.第1、2、11章由柴俊编写;第3~6、10章由丁大公编写;第7章由陈咸平编写;第8章由闻人凯编写;第9章由夏小张编写;第12、13章由汪元培编写;赵书钦为本书绘制了插图,编写了Maple实验.最后由柴俊对全书进行了修改,并对全书的文字做了必要的加工.

本书的出版得到了华东师范大学教材建设基金的资助.华东师范大学数学系对本书的编写和出版给予了大力支持,科学出版社的编辑也付出了辛勤的劳动,华东师范大学数学系韩士安、汪晓勤、王一令对本书的修改提出了宝贵的意见,在此表示衷心的感谢.同时还要感谢在本书编写和出版过程中提供过帮助的所有朋友.

尽管我们在出版前试用、修改了多次,但难免还有缺点和疏漏之处,恳请使用本书的教师和读者批评指正.

编　者

2006年10月于华东师范大学

目　　录

第 8 章　多元函数微分学及其应用

上册讨论的函数都只有一个自变量,这种函数称为一元函数. 在实际问题中,还会遇到一个变量依赖于多个变量的情况,这就产生了多元函数的概念. 本章讨论多元函数的微分学及其应用,在讨论中以二元函数为主,这是因为从一元函数到二元函数会产生新的问题,可以类推到二元以上的多元函数. 在学习中应重点掌握一元函数与二元函数在许多知识点上的相同点和不同点.

8.1　多元函数的基本概念

一、点集知识简介

讨论一元函数时,经常用到邻域和区间的概念. 由于讨论多元函数的需要,需将邻域和区间的概念加以推广.

1. 邻域

定义 1　设 $P(a, b)$ 是 xOy 平面上的一个点, δ 是某一正数. 与点 $P(a, b)$ 距离小于 δ 的点 $Q(x, y)$ 的全体,称为点 P 的 δ **邻域**,记为 $U(P, \delta)$,即

$$U(P, \delta) = \{(x, y) \mid \sqrt{(x-a)^2 + (y-b)^2} < \delta\}.$$

在邻域 $U(P, \delta)$ 中除去点 P 得到的平面点集,称为点 P 的 δ **去心邻域**,记为 $\mathring{U}(P, \delta)$,即

$$\mathring{U}(P, \delta) = \{(x, y) \mid 0 < \sqrt{(x-a)^2 + (y-b)^2} < \delta\}.$$

当不需要强调邻域半径 δ 时,点 P 的邻域和去心邻域可分别记为 $U(P)$ 和 $\mathring{U}(P)$.

2. 内点、外点、边界点和聚点

定义 2　设 E 是 xOy 平面上的点集,点 P_0 是 xOy 平面上的点.

(1) 若存在 $\delta > 0$,使得 $U(P_0, \delta) \subset E$, 则称点 P_0 为点集 E 的**内点**.

(2) 若存在 $\eta > 0$,使得 $U(P_0, \eta) \cap E = \varnothing$, 则称点 P_0 为 E 的**外点**.

(3) 若对任意 $\varepsilon > 0$, 在 $U(P_0, \varepsilon)$ 内既有 E 的点又有不属于 E 的点,则称点 P_0 为 E 的**边界点**.

边界点可能属于 E,也可能不属于 E. E 的边界点的全体称为 E 的**边界**,记为 ∂E.

(4) 若对于任意 $\varepsilon > 0$,总有$\mathring{U}(P_0, \varepsilon) \cap E \neq \varnothing$, 则称点 P_0 为 E 的**聚点**.

显然,点集 E 的内点一定是 E 的聚点,外点一定不是聚点,边界点可能是聚点,也可能不是聚点.

例 1 $E = \{(x, y) \mid x^2 + y^2 = 0$ 或 $1 < x^2 + y^2 \leqslant 4\}$.

如图 8.1, $P_0(1, 1)$ 是 E 的内点, $P_1(2, 2)$ 是 E 的外点, $P_2(1, 0)$, $P_3(2, 0)$ 及 $P_4(0, 0)$ 都是 E 的边界点,其中 P_3, P_4 是 E 中的点, P_2 不是 E 中的点; P_2, P_3 是 E 的聚点, P_4 不是 E 的聚点.

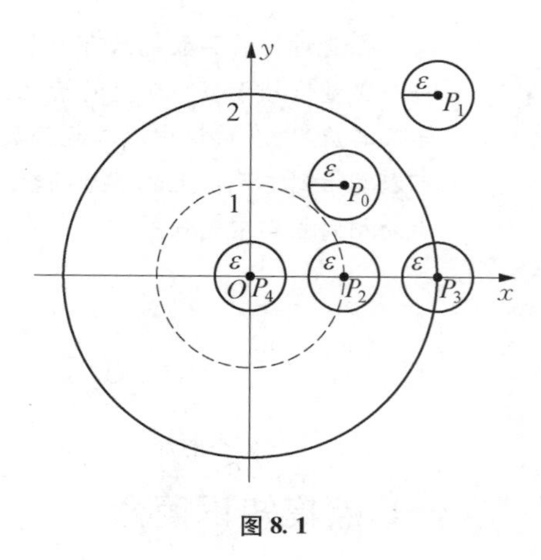

图 8.1

3. 开集与区域

定义 3 E 是 xOy 平面上的点集,若 E 中每一点都是 E 的内点,则称 E 为**开集**.

定义 4 E 是 xOy 平面上的点集,若对 E 中任意两点,都可以用若干条含于 E 内的直线段组成的折线相连接,则称 E 是**连通**的.

定义 5 若 xOy 平面上的点集 E 是连通的开集,则称 E 为**开区域**,简称**区域**. 开区域连同它的边界一起称为**闭区域**.

例如, $E_1 = \{(x, y) \mid 1 < x^2 + y^2 < 4\}$ 和 $E_2 = \{(x, y) \mid x + y - 1 > 0\}$ 是区域, $E_3 = \{(x, y) \mid x^2 + y^2 < 1$ 或 $x^2 + y^2 > 4\}$ 是开集但不是区域, $E_4 = \{(x, y) \mid 1 \leqslant x^2 + y^2 \leqslant 4\}$ 是闭区域.

定义 6 E 是 xOy 平面上的点集,若存在 $k > 0$,使得 $E \subseteq U(O, k)$, 其中 O 为原点,则称点集 E 为**有界集**,否则称为**无界集**.

上面给出的 E_1, E_4 为有界集, E_2, E_3 为无界集.

4. n 维空间

我们知道$\mathbb{R}$, $\mathbb{R}^2$和$\mathbb{R}^3$分别表示实数、二元有序实数组(x, y)和三元有序实数组(x, y, z)的全体. 它们分别对应于直线、平面和空间. 一般对确定的自然数 n,我们称 n 元有序实数组$(x_1, x_2, \cdots, x_n)$的全体为 n 维空间,记作$\mathbb{R}^n$. 称 n 元有序实数组$(x_1, x_2, \cdots, x_n)$为$\mathbb{R}^n$中的一个点,数 x_i 为该点的第 i 个分量.

$\mathbb{R}^n$中两点$P(x_1, x_2, \cdots, x_n)$与$Q(y_1, y_2, \cdots, y_n)$之间的**距离**定义为

$$\|PQ\| = \sqrt{(y_1 - x_1)^2 + (y_2 - x_2)^2 + \cdots + (y_n - x_n)^2},$$

当$n = 1, 2, 3$时上式就是直线、平面、空间两点间的距离.

前面针对平面点集引入的概念可推广到n维空间中,如对$P \in \mathbb{R}^n$和$\delta > 0$, n维空间中的点集

$$U(P, \delta) = \{Q \mid \|PQ\| < \delta, Q \in \mathbb{R}^n\}$$

就定义为点P的δ邻域. 以邻域为基础,可定义点集的内点、外点、边界点和聚点,并进一步建立区域等概念.

二、多元函数的概念

1. 二元函数的概念

定义7 设有三个变量x, y, z,其中x, y在平面点集D中取值. 对每一个有序实数对$(x, y) \in D$,按着某个确定的对应法则f,变量z总有唯一确定的值与之对应,则称对应法则f是定义在点集D上的**函数**,记作$z = f(x, y)$,其中x, y为函数f的**自变量**,z为函数f的**因变量**,D为函数f的**定义域**. 与点$(x_0, y_0) \in D$对应的值$z_0 = f(x_0, y_0)$称为函数f在点(x_0, y_0)处的函数值. 函数值的全体

$$W = \{z \mid z = f(x, y), (x, y) \in D\}$$

称为函数f的**值域**.

与一元函数一样,要求对定义域中每一个有序实数对(x, y),有唯一确定的值z与之对应,这样定义的函数称为**单值函数**. 如果不止一个z值与之对应,则为**多值函数**. 本书不作特别说明时,讨论的函数均为单值函数.

我们常常会遇到二元函数的例子,如圆柱体的体积V是它的底面半径r和高h的函数: $V = \pi r^2 h$,定义域$D = \{(r, h) \mid r > 0, h > 0\}$.

又如电阻R_1, R_2并联后的总电阻R是R_1和R_2的函数: $R = \dfrac{R_1 R_2}{R_1 + R_2}$,定义域$D = \{(R_1, R_2) \mid R_1 > 0, R_2 > 0\}$.

与一元函数一样,二元函数的两个基本要素也是**定义域**与**对应法则**.

实际问题中定义域由问题的实际意义所确定,如上面刚刚提到的两个例子. 对于一般用解析式表示的二元函数,约定使解析表达式有意义的所有(x, y)组成的集合为函数的自然定义域. 例如,函数$z = \ln(x + y)$的定义域为$D = \{(x, y) \mid x + y > 0\}$,这是一个无界区域. 又如函数$z = \arcsin(x^2 + y^2)$的定义域是$D = \{(x, y) \mid x^2 + y^2 \leqslant 1\}$,这是一个有界的闭区域.

2. 二元函数的图形

设f是定义域为D的二元函数,空间点集

$$S=\{(x,y,z)\mid z=f(x,y),(x,y)\in D\}$$

为f的图形.二元函数的图形是具有方程$z=f(x,y)$的曲面(图8.2).这个曲面在坐标平面xOy上的投影就是函数的定义域D.

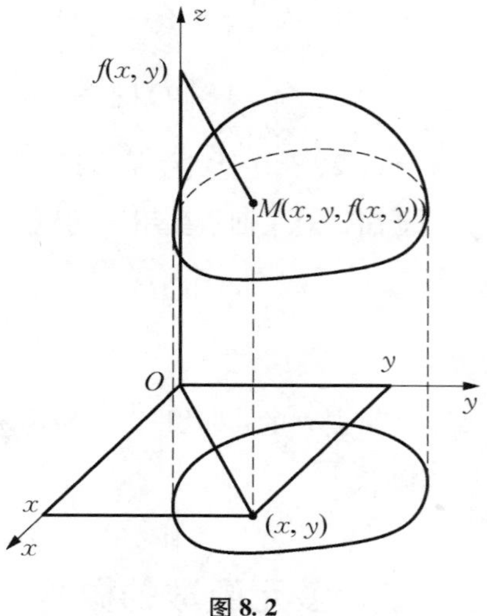

图8.2

二元函数的例子:$z=\sqrt{1-x^2-y^2}\ (x^2+y^2\leqslant 1)$是以原点为球心,半径为1的球的上半球面;$z=\sqrt{x^2+y^2}$是以原点为顶点,开口向上的圆锥面.

3. 多元函数的概念

将定义7中三个变量改成$n+1$个变量$u,x_1,x_2,\cdots,x_n$,平面点集D改成n维空间点集D,可类似定义n元函数$u=f(x_1,x_2,\cdots,x_n)$,也可简记为$u=f(P)$, $P(x_1,x_2,\cdots,x_n)\in D$.

与前面类似,当函数用解析式表示时,定义域为使解析式有意义的所有自变量取值的集合.当$n\geqslant 3$时,无法画出函数的图形.

三、多元函数的极限

考虑二元函数$z=f(x,y)$,当(x,y)无限接近于(x_0,y_0)时,如果函数值z无限接近于A,则称当(x,y)趋向于(x_0,y_0)时,函数值$f(x,y)$以A为极限.

定义8 设函数$z=f(x,y)$在点集D上有定义,$P_0(x_0,y_0)$是D的聚点,A为常数.若对任意的$\varepsilon>0$,总存在$\delta>0$,使得当

$$0<\sqrt{(x-x_0)^2+(y-y_0)^2}<\delta \quad 且 \quad P(x,y)\in D$$

时,有

$$|f(x,y)-A|<\varepsilon,$$

则称常数A为函数$f(x,y)$在D上当$P(x,y)\to P_0(x_0,y_0)$时的极限,记作

$$\lim_{\substack{P(x,y)\to P_0(x_0,y_0)\\ P\in D}} f(x,y)=A.$$

在对$P(x,y)\in D$不会产生误解时,也可简单地记作

$$\lim_{\substack{x\to x_0\\ y\to y_0}} f(x,y)=A \text{ 或 } \lim_{(x,y)\to(x_0,y_0)} f(x,y)=A \text{ 或 } f(x,y)\to A\ (\rho\to 0),$$

其中$\rho = \sqrt{(x - x_0)^2 + (y - y_0)^2}$.

为了区别于一元函数的极限,我们把上述二元函数的极限称为**二重极限**.

例 2　证明$\lim\limits_{\substack{x \to 0 \\ y \to 0}} \frac{3x^2 y}{x^2 + y^2} = 0$.

证　因为$\left| \frac{3x^2 y}{x^2 + y^2} - 0 \right| \leqslant 3|y| \leqslant 3\sqrt{x^2 + y^2}$,所以,对任意的$\varepsilon > 0$,可取$\delta = \frac{\varepsilon}{3}$,当$0 < \sqrt{(x-0)^2 + (y-0)^2} = \sqrt{x^2 + y^2} < \delta$时,总有$\left| \frac{3x^2 y}{x^2 + y^2} - 0 \right| < \varepsilon$成立,因此$\lim\limits_{\substack{x \to 0 \\ y \to 0}} \frac{3x^2 y}{x^2 + y^2} = 0$.

这里需要特别强调指出,二重极限$\lim\limits_{\substack{x \to x_0 \\ y \to y_0}} f(x, y) = A$是指无论动点$(x, y)$以何种方式趋于定点$(x_0, y_0)$,函数值$f(x, y)$都趋于$A$. 如果$(x, y)$仅以某种特殊的方式,如沿着一条固定的直线或曲线趋于(x_0, y_0)时,即使$f(x, y)$无限接近某一定值,也不能断定函数的二重极限存在. 但是反过来,如果(x, y)以不同的方式趋于(x_0, y_0)时,$f(x, y)$趋于不同的值,则可以肯定函数的二重极限不存在.

例 3　设$f(x, y) = \frac{xy}{x^2 + y^2}$,讨论$\lim\limits_{\substack{x \to 0 \\ y \to 0}} f(x, y)$是否存在.

解　当(x, y)沿x轴趋于$(0, 0)$时,$\lim\limits_{\substack{x \to 0 \\ y = 0}} \frac{xy}{x^2 + y^2} = \lim\limits_{x \to 0} 0 = 0$;

当(x, y)沿y轴趋于$(0, 0)$时,$\lim\limits_{\substack{x = 0 \\ y \to 0}} \frac{xy}{x^2 + y^2} = \lim\limits_{y \to 0} 0 = 0$.

虽然(x, y)以上述两种特殊方式趋于原点时,函数的极限存在且相等,但这并不能断定函数的二重极限存在. 因为当(x, y)沿直线$y = kx$趋于$(0, 0)$时,

$$\lim_{\substack{x \to 0 \\ y = kx}} \frac{xy}{x^2 + y^2} = \lim_{x \to 0} \frac{x \cdot kx}{x^2 + (kx)^2} = \frac{k}{1 + k^2},$$

它随k的值不同而改变,所以极限不存在.

例 4　设$f(x, y) = \frac{x^2 y}{x^4 + y^2}$,讨论$\lim\limits_{\substack{x \to 0 \\ y \to 0}} \frac{x^2 y}{x^4 + y^2}$是否存在.

解　仿照例 3 的方法,让(x, y)沿直线$y = kx$趋于定点$(0, 0)$,有

$$\lim_{\substack{x \to 0 \\ y = kx}} \frac{x^2 y}{x^4 + y^2} = \lim_{x \to 0} \frac{kx^3}{x^4 + k^2 x^2} = 0.$$

但仍然不能断定 $\lim\limits_{\substack{x\to0\\y\to0}}\dfrac{x^2y}{x^4+y^2}$ 存在. 因为当 (x, y) 沿着曲线 $y=kx^2$ 趋于 $(0, 0)$ 时,有

$$\lim_{\substack{x\to0\\y=kx^2}}\frac{x^2y}{x^4+y^2}=\lim_{x\to0}\frac{kx^4}{x^4+k^2x^4}=\frac{k}{1+k^2},$$

它随 k 值的不同而变化,所以 $\lim\limits_{\substack{x\to0\\y\to0}}\dfrac{x^2y}{x^4+y^2}$ 不存在.

以上关于二元函数极限的概念可相应地推广到 n 元函数 $u=f(x_1, x_2, \cdots, x_n)$ 的情形.

多元函数极限的定义与一元函数的定义有完全相同的形式,因此一元函数极限的性质,如极限的唯一性、局部有界性、局部保号性及夹逼定理等都可以推广到多元函数时的情形.

关于多元函数的极限运算,有与一元函数类似的极限运算法则.

例 5 求 $\lim\limits_{\substack{x\to3\\y\to0}}\dfrac{\sin(xy)}{y}$.

解 函数的定义域 $D=\{(x, y)\mid y\neq0\}$, $P(3, 0)$ 是 D 的聚点. 因为

$$\lim_{\substack{x\to3\\y\to0}}xy=3\times0=0,\ \lim_{\substack{x\to3\\y\to0}}\frac{\sin(xy)}{xy}=1,$$

所以

$$\lim_{\substack{x\to3\\y\to0}}\frac{\sin(xy)}{y}=\lim_{\substack{x\to3\\y\to0}}\frac{\sin(xy)}{xy}\cdot x=3.$$

四、多元函数的连续性

定义 9 设二元函数在点集 D 内有定义, $P_0(x_0, y_0)$ 是 D 的聚点且点 $P_0\in D$. 如果

$$\lim_{\substack{x\to x_0\\y\to y_0}}f(x, y)=f(x_0, y_0),$$

则称函数 $f(x, y)$ 在点 P_0 处连续, P_0 称为函数 $f(x, y)$ 的连续点;否则称 $f(x, y)$ 在 P_0 点不连续或间断, P_0 称为 $f(x, y)$ 的间断点.

如果函数 $f(x, y)$ 在开区域(或闭区域) D 的每一点都连续,则称函数 $f(x, y)$ 在 D 内连续,或称函数 $f(x, y)$ 是 D 内的连续函数.

以上关于二元函数连续性的概念可以推广到 n 元函数 $f(P)$.

可以看出,多元函数的连续性的定义与一元函数的连续性的定义本质上是一致的.

因为一元函数中关于极限的运算法则对于多元函数仍然适用,因此多元连续函数的和、差、积仍是连续函数. 在分母不为零处连续函数的商仍是连续函数. 多元连续函数的复合函数也是连

续函数.

多元初等函数是指由常数及具有不同自变量的一元基本初等函数经过有限次四则运算和复合运算得到的,并且能用一个公式表达的多元函数. 例如:

$$z = x^2 + y^2, \quad z = \frac{x-y}{x+y}, \quad z = e^{x^2 y}, \quad u = \sin(x^2 + y^2 + z^2)$$

等都是多元初等函数.

由上面指出的连续函数的和、差、积、商的连续性及连续函数的复合函数的连续性,可知**一切多元初等函数在其定义区域内是连续的**.

设 $f(P)$ 是多元初等函数,定义域为 D. 由多元初等函数的连续性,若 $P_0 \in D$, 且点 P_0 是 D 的聚点,则 $\lim\limits_{P \to P_0} f(P) = f(P_0)$.

例 6　求极限 $\lim\limits_{\substack{x \to 0 \\ y \to 0}} \dfrac{\sqrt{xy+1}-1}{xy}$.

解　$\lim\limits_{\substack{x \to 0 \\ y \to 0}} \dfrac{\sqrt{xy+1}-1}{xy} = \lim\limits_{\substack{x \to 0 \\ y \to 0}} \dfrac{xy+1-1}{xy(\sqrt{xy+1}+1)} = \lim\limits_{\substack{x \to 0 \\ y \to 0}} \dfrac{1}{\sqrt{xy+1}+1} = \dfrac{1}{2}$.

与闭区间上连续一元函数一样,闭区域上连续多元函数也有一些很好的性质.

定理 1(最值定理)　若函数 $f(P)$ 在有界闭区域 D 上连续,则它在 D 上必有最大值和最小值,即存在两点 $P_1, P_2 \in D$,使得对于任意 $P \in D$, 有

$$f(P_1) \leqslant f(P) \leqslant f(P_2).$$

定理 2(介值定理)　若函数 $f(P)$ 在有界闭区域 D 上连续,并且 $f(P)$ 在 D 上取得两个不同的函数值 $f(P_1)$ 和 $f(P_2)$(不妨设 $f(P_1) < f(P_2)$),则对任何满足 $f(P_1) < \mu < f(P_2)$ 的值 μ,都至少存在一点 $P_0 \in D$,使得 $f(P_0) = \mu$.

* **定理 3**(一致连续性定理)　若函数 $f(P)$ 在有界闭区域 D 上连续,则它在 D 上一致连续,即对于任意 $\varepsilon > 0$,总存在 $\delta > 0$,使得对 D 内任意两点 P_1, P_2,只要 $\|P_1P_2\| < \delta$,就有 $|f(P_1) - f(P_2)| < \varepsilon$.

习题 8.1

8.1 学习要点

1. 求下列函数的定义域:

(1) $z = \sqrt{x - \sqrt{y}}$;

(2) $z = \ln(y - x) + \dfrac{\sqrt{x}}{\sqrt{1 - x^2 - y^2}}$;

(3) $u=\sqrt{R^2-x^2-y^2-z^2}+\dfrac{1}{\sqrt{x^2+y^2+z^2-r^2}}\ (R>r>0)$;

(4) $u=\arccos\dfrac{z}{\sqrt{x^2+y^2}}$.

2. 求下列多元函数的极限:

(1) $\lim\limits_{\substack{x\to1\\y\to0}}\dfrac{\ln(x+e^y)}{\sqrt{x^2+y^2}}$;

(2) $\lim\limits_{\substack{x\to0\\y\to0}}\dfrac{2-\sqrt{xy+4}}{xy}$;

(3) $\lim\limits_{\substack{x\to0\\y\to5}}\dfrac{\sin xy}{x}$;

(4) $\lim\limits_{\substack{x\to0\\y\to0}}\dfrac{1-\cos(x^2+y^2)}{(x^2+y^2)e^{x^2y^2}}$;

(5) $\lim\limits_{\substack{x\to0\\y\to0}}(x^2+y^2)^{xy}$.

3. 证明下列极限不存在:

(1) $\lim\limits_{\substack{x\to0\\y\to0}}\dfrac{x+y}{x-y}$;

(2) $\lim\limits_{\substack{x\to0\\y\to0}}\dfrac{x^2y^2}{x^2y^2+(x-y)^2}$.

4. 讨论下列函数在点(0, 0)处的连续性:

(1) $f(x,y)=\begin{cases}(x^2+y^2)\ln(x^2+y^2), & x^2+y^2\neq0,\\ 0, & x^2+y^2=0;\end{cases}$

(2) $f(x,y)=\begin{cases}(x+y)\cos\dfrac{1}{x}, & x\neq0,\\ 0, & x=0;\end{cases}$

(3) $f(x,y)=\begin{cases}\dfrac{2xy}{x^2+y^2}, & x^2+y^2\neq0,\\ 0, & x^2+y^2=0.\end{cases}$

8.2 偏 导 数

一、偏导数

1. 偏导数的定义

一元函数导数的定义为$f'(x)=\lim\limits_{\Delta x\to0}\dfrac{\Delta y}{\Delta x}$,是否可以直接推广到二元函数呢?二元函数$z=f(x,y)$有两个自变量$x$, y,当它们分别有增量Δx, Δy时,函数值z有相应的增量,$\Delta z=f(x+\Delta x, y+\Delta y)-f(x,y)$. 若用$\Delta z$替换一元函数导数定义中的$\Delta y$,那么用什么来替换一元函数导数定义中的$\Delta x$呢?在一元函数中,$\Delta x$是自变量变动的“距离”,能否用$\rho=\sqrt{\Delta x^2+\Delta y^2}$来替换一元函数中

的 Δx？由于二元函数比一元函数情况要复杂得多（这在二元函数极限的讨论中已经看到），并且 $\lim\limits_{\substack{\Delta x\to 0\\ \Delta y\to 0}}\dfrac{\Delta z}{\sqrt{\Delta x^2+\Delta y^2}}$ 一般也是不存在的. 因此首先考虑二元函数 $z=f(x,y)$ 关于其中一个变量的变化率. 如在两个变量中固定一个变量：$y=y_0$，这时 $z=f(x,y_0)$ 是 x 的函数，记为 $g(x)$，如果 $g(x)$ 在 x_0 处的导数 $g'(x_0)$ 存在，就称 $g'(x_0)$ 是二元函数 $z=f(x,y)$ 在 (x_0,y_0) 处对 x 的偏导数，记为 $f_x(x_0,y_0)$.

根据一元函数导数的定义，有

$$g'(x_0)=\lim_{\Delta x\to 0}\frac{g(x_0+\Delta x)-g(x_0)}{\Delta x}.$$

因为 $g(x)=f(x,y_0)$，$g'(x_0)=f_x(x_0,y_0)$，可得

$$f_x(x_0,y_0)=\lim_{\Delta x\to 0}\frac{f(x_0+\Delta x,y_0)-f(x_0,y_0)}{\Delta x}.$$

类似地可定义 $z=f(x,y)$ 在 (x_0,y_0) 处对 y 的偏导数

$$f_y(x_0,y_0)=\lim_{\Delta y\to 0}\frac{f(x_0,y_0+\Delta y)-f(x_0,y_0)}{\Delta y}.$$

当 $z=f(x,y)$ 在区域内每一点都有偏导数时，就得到新的二元函数

$$f_x(x,y)=\lim_{\Delta x\to 0}\frac{f(x+\Delta x,y)-f(x,y)}{\Delta x};$$

$$f_y(x,y)=\lim_{\Delta y\to 0}\frac{f(x,y+\Delta y)-f(x,y)}{\Delta y}.$$

分别称以上两式为 $z=f(x,y)$ 对自变量 x 和 y 的偏导函数. 显然偏导函数在 (x_0,y_0) 的值就是 $z=f(x,y)$ 在 (x_0,y_0) 的偏导数. 以后在不会引起混淆的地方也把偏导函数简称为偏导数.

与导数一样，偏导数也有许多可供选择的符号，如

$$\frac{\partial z}{\partial x},\ \frac{\partial f}{\partial x},\ z_x,\ f_x,\ f_x(x,y)$$

都表示二元函数 $z=f(x,y)$ 对自变量 x 的偏导函数，用

$$\left.\frac{\partial z}{\partial x}\right|_{\substack{x=x_0\\ y=y_0}},\quad \left.\frac{\partial f}{\partial x}\right|_{\substack{x=x_0\\ y=y_0}},\quad \left.z_x\right|_{\substack{x=x_0\\ y=y_0}},\quad f_x(x_0,y_0)$$

表示函数对 x 的偏导函数在 (x_0,y_0) 的值.

$$\frac{\partial z}{\partial y},\ \frac{\partial f}{\partial y},\ z_y,\ f_y,\ f_y(x,y)$$

都表示二元函数 $z=f(x,y)$ 对自变量 y 的偏导函数,用

$$\left.\frac{\partial z}{\partial y}\right|_{\substack{x=x_0\\y=y_0}},\quad \left.\frac{\partial f}{\partial y}\right|_{\substack{x=x_0\\y=y_0}},\quad \left.z_y\right|_{\substack{x=x_0\\y=y_0}},\quad f_y(x_0,y_0)$$

表示函数对 y 偏导函数在 (x_0,y_0) 的值.

求 $z=f(x,y)$ 的偏导数不需要新的方法,如求 $f_x(x,y)$ 时,只需把 y 看成常数而对 x 求导即可;同样,求 $f_y(x,y)$ 时只需把 x 看成常数而对 y 求导.

偏导数的概念可以推广到二元以上的函数,如三元函数 $u=f(x,y,z)$ 在点 (x,y,z) 处对 x 的偏导数定义为

$$f_x(x,y,z)=\lim_{\Delta x\to 0}\frac{f(x+\Delta x,y,z)-f(x,y,z)}{\Delta x}.$$

在具体求对某一个自变量的偏导数时,只需把其余自变量看成常数,然后引用一元函数求导法就可以了.

例 1 求 $f(x,y)=x^3+2xy+y^2$ 在点 $(1,2)$ 处的偏导数.

解 将 y 看成常数, $f_x=3x^2+2y$, $f_x(1,2)=7$.

将 x 看成常数, $f_y=2x+2y$, $f_y(1,2)=6$.

例 2 设 $z=x^y(x>0,x\neq 1)$,求证 $\frac{x}{y}\frac{\partial z}{\partial x}+\frac{1}{\ln x}\frac{\partial z}{\partial y}=2z$.

证 将 y 看成常数, $z=x^y$ 是幂函数, $\frac{\partial z}{\partial x}=yx^{y-1}$;

将 x 看成常数, $z=x^y$ 是指数函数, $\frac{\partial z}{\partial y}=x^y\ln x$,

$$\frac{x}{y}\frac{\partial z}{\partial x}+\frac{1}{\ln x}\frac{\partial z}{\partial y}=\frac{x}{y}\cdot yx^{y-1}+\frac{1}{\ln x}\cdot x^y\ln x=x^y+x^y=2z.$$

例 3 求 $r=\sqrt{x^2+y^2+z^2}$ 的偏导数.

解 因为 $\frac{\partial r}{\partial x}=\frac{2x}{2\sqrt{x^2+y^2+z^2}}=\frac{x}{r}$,根据所给函数关于自变量的对称性,可得

$$\frac{\partial r}{\partial y}=\frac{y}{r},\ \frac{\partial r}{\partial z}=\frac{z}{r}.$$

例 4　已知理想气体的状态方程为 $PV = RT$（R 为常数），求证：

$$\frac{\partial P}{\partial V}\cdot\frac{\partial V}{\partial T}\cdot\frac{\partial T}{\partial P}=-1.$$

证　因为 $P=\frac{RT}{V}$，所以 $\frac{\partial P}{\partial V}=-\frac{RT}{V^2}$. 类似有

$$V=\frac{RT}{P},\ \frac{\partial V}{\partial T}=\frac{R}{P},\ T=\frac{PV}{R},\ \frac{\partial T}{\partial P}=\frac{V}{R}.$$

所以

$$\frac{\partial P}{\partial V}\cdot\frac{\partial V}{\partial T}\cdot\frac{\partial T}{\partial P}=-\frac{RT}{V^2}\cdot\frac{R}{P}\cdot\frac{V}{R}=-1.$$

这个例子表明偏导数的符号 $\frac{\partial P}{\partial V}$，$\frac{\partial V}{\partial T}$，$\frac{\partial T}{\partial P}$ 都是一个整体符号，不能看成是分式.

2. 偏导数的几何意义

如图 8.3，设 $M_0(x_0, y_0, f(x_0, y_0))$ 为曲面 $z=f(x, y)$ 上一点，过 M_0 作平面 $y=y_0$ 与曲面相交得一曲线 C_1，此曲线在 $y=y_0$ 上方程为 $\begin{cases}z=f(x, y_0),\\ y=y_0.\end{cases}$ 偏导数 $f_x(x_0, y_0)$ 就是曲线 C_1 在 M_0 处的切线 M_0T_x 对 x 轴的斜率.

同样，偏导数 $f_y(x_0, y_0)$ 是曲面 $z=f(x, y)$ 与平面 $x=x_0$ 相交得到的曲线 C_2 在 M_0 处的切线 M_0T_y 对 y 轴的斜率.

3. 函数的连续性与偏导数存在的关系

我们知道一元函数若在某一点可导，则它在该点必定连续. 对于二元函数 $z=f(x, y)$，如果它在点 (x_0, y_0) 的两个偏导数都存在，也不能保证该二元函数在点 (x_0, y_0) 处连续. 由偏导数定义知道，$f_x(x_0, y_0)$ 存在只能保证 $f(x, y_0)$ 在点 x_0 处连续，即 (x, y) 沿着直线 $y=y_0$ 趋于 (x_0, y_0) 时，$f(x, y)$ 的极限是 $f(x_0, y_0)$. 同样，$f_y(x_0, y_0)$ 存在只能保证 (x, y) 沿着直线 $x=x_0$ 趋于 (x_0, y_0) 时，$f(x, y)$ 的极限是 $f(x_0, y_0)$. 例如函数

$$z=f(x, y)=\begin{cases}\frac{xy}{x^2+y^2}, & x^2+y^2\neq 0,\\ 0, & x^2+y^2=0,\end{cases}$$

在点 $(0, 0)$ 处对 x 和 y 的偏导数分别为

$$f_x(0, 0)=\lim_{\Delta x\to 0}\frac{f(0+\Delta x, 0)-f(0, 0)}{\Delta x}=\lim_{\Delta x\to 0}\frac{0-0}{\Delta x}=0,$$

$$f_y(0, 0)=\lim_{\Delta y\to 0}\frac{f(0, 0+\Delta y)-f(0, 0)}{\Delta y}=\lim_{\Delta y\to 0}\frac{0-0}{\Delta y}=0,$$

不仅存在且相等. 但由例 3 知$\lim\limits_{\substack{x\to 0\\ y\to 0}} f(x, y)$并不存在,因此$f(x, y)$在点$(0, 0)$处不连续.

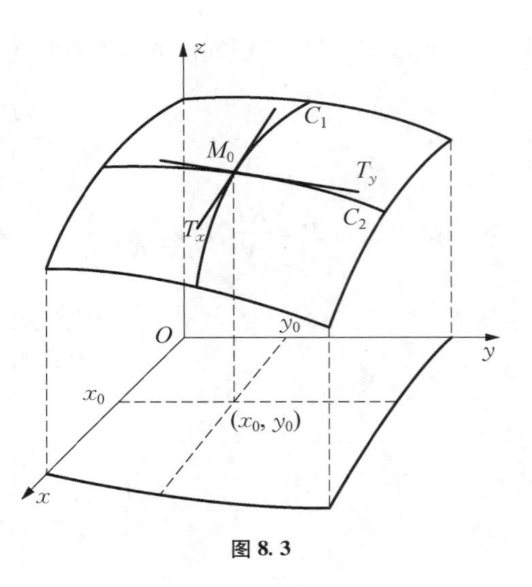

图 8.3

这个例子说明,二元函数在某一点处偏导数存在不能保证它在该点连续,这说明偏导数与导数有着本质的区别. 同样,多元函数在某一点连续也不能保证它在该点的偏导数存在. 例如函数$f(x, y) = \sqrt{x^2 + y^2}$是初等函数,在定义域中是连续的,所以在点$(0, 0)$连续. 但 $f_x(0, 0) = \lim\limits_{\Delta x\to 0} \dfrac{f(0 + \Delta x, 0) - f(0, 0)}{\Delta x} = \lim\limits_{\Delta x\to 0} \dfrac{\sqrt{(\Delta x)^2} - 0}{\Delta x} = \lim\limits_{\Delta x\to 0} \dfrac{|\Delta x|}{\Delta x}$不存在,同理可得$f_y(0, 0)$也不存在.

二、高阶偏导数

设函数$z = f(x, y)$在区域D内有偏导函数$f_x(x, y)$, $f_y(x, y)$,如果这两个二元函数在D内的偏导函数也存在,就称偏导函数的偏导函数为函数$z = f(x, y)$的二阶偏导函数. 二阶偏导函数共有 4 种,分别记作

$$\frac{\partial}{\partial x}\left(\frac{\partial z}{\partial x}\right) = \frac{\partial^2 z}{\partial x^2} = \frac{\partial^2 f}{\partial x^2} = z_{xx} = f_{xx} = f_{xx}(x, y),$$

$$\frac{\partial}{\partial y}\left(\frac{\partial z}{\partial x}\right) = \frac{\partial^2 z}{\partial x \partial y} = \frac{\partial^2 f}{\partial x \partial y} = z_{xy} = f_{xy} = f_{xy}(x, y),$$

$$\frac{\partial}{\partial x}\left(\frac{\partial z}{\partial y}\right) = \frac{\partial^2 z}{\partial y \partial x} = \frac{\partial^2 f}{\partial y \partial x} = z_{yx} = f_{yx} = f_{yx}(x, y),$$

$$\frac{\partial}{\partial y}\left(\frac{\partial z}{\partial y}\right) = \frac{\partial^2 z}{\partial y^2} = \frac{\partial^2 f}{\partial y^2} = z_{yy} = f_{yy} = f_{yy}(x, y),$$

其中$\dfrac{\partial^2 z}{\partial x^2}$称为$z$对$x$的二阶偏导数, $\dfrac{\partial^2 z}{\partial y^2}$称为$z$对$y$的二阶偏导数, $\dfrac{\partial^2 z}{\partial x \partial y}$称为$z$先对$x$后对$y$的二阶混合偏导数(请注意记号的先后次序), $\dfrac{\partial^2 z}{\partial y \partial x}$称为$z$先对$y$后对$x$的二阶混合偏导数.

可类似定义多元函数的更高阶偏导数. 二阶及二阶以上的偏导数统称为高阶偏导数.

例 5 求$z = x^2y^3 - 2xy^2 + xy + 2$的所有二阶偏导数及三阶偏导数$\dfrac{\partial^3 z}{\partial y^2 \partial x}$.

解 $$\frac{\partial z}{\partial x} = 2xy^3 - 2y^2 + y, \quad \frac{\partial z}{\partial y} = 3x^2y^2 - 4xy + x.$$

$$\frac{\partial^2 z}{\partial x^2} = 2y^3,\ \frac{\partial^2 z}{\partial y^2} = 6x^2 y - 4x,$$

$$\frac{\partial^2 z}{\partial x \partial y} = 6xy^2 - 4y + 1,\ \frac{\partial^2 z}{\partial y \partial x} = 6xy^2 - 4y + 1.$$

$$\frac{\partial^3 z}{\partial y^2 \partial x} = \frac{\partial}{\partial x}\left(\frac{\partial^2 z}{\partial y^2}\right) = 12xy - 4.$$

例 6　设函数 $f(x, y) = \begin{cases} \dfrac{x^3 y - xy^3}{x^2 + y^2}, & x^2 + y^2 \neq 0, \\ 0, & x^2 + y^2 = 0. \end{cases}$ 求 $f_{xy}(0, 0)$ 和 $f_{yx}(0, 0)$.

解　当 $(x, y) \neq (0, 0)$ 时,

$$f_x(x, y) = \frac{x^4 y + 4x^2 y^3 - y^5}{(x^2 + y^2)^2},\ f_y(x, y) = \frac{x^5 - 4x^3 y^2 - xy^4}{(x^2 + y^2)^2};$$

当 $(x, y) = (0, 0)$ 时,

$$f_x(0, 0) = \lim_{\Delta x \to 0} \frac{f(0 + \Delta x, 0) - f(0, 0)}{\Delta x} = \lim_{\Delta x \to 0} \frac{0 - 0}{\Delta x} = 0,$$

$$f_y(0, 0) = \lim_{\Delta y \to 0} \frac{f(0, 0 + \Delta y) - f(0, 0)}{\Delta y} = \lim_{\Delta y \to 0} \frac{0 - 0}{\Delta y} = 0.$$

再根据二阶偏导数定义,有

$$f_{xy}(0, 0) = \lim_{\Delta y \to 0} \frac{f_x(0, 0 + \Delta y) - f_x(0, 0)}{\Delta y} = \lim_{\Delta y \to 0} \frac{\dfrac{-(\Delta y)^5}{(\Delta y)^4} - 0}{\Delta y} = -1,$$

$$f_{yx}(0, 0) = \lim_{\Delta x \to 0} \frac{f_y(0 + \Delta x, 0) - f_y(0, 0)}{\Delta x} = \lim_{\Delta x \to 0} \frac{\dfrac{(\Delta x)^5}{(\Delta x)^4} - 0}{\Delta x} = 1.$$

在例5中,混合偏导数 $\frac{\partial^2 z}{\partial x \partial y} = \frac{\partial^2 z}{\partial y \partial x}$;在例6中,$f_{xy}(0, 0) \neq f_{yx}(0, 0)$. 这其中的规律是什么呢?下面的定理给出了二阶混合偏导数相等的一个充分条件.

定理 1　若函数 $f(x, y)$ 的两个二阶混合偏导数 $f_{xy}(x, y)$ 和 $f_{yx}(x, y)$ 都在点 (x_0, y_0) 处连续,则

$$f_{xy}(x_0, y_0) = f_{yx}(x_0, y_0).$$

对多元函数的高阶混合偏导数也有类似定理,即在连续的条件下,混合偏导数与求导次序无关.

定理证明从略.

例 7 设$f(x, y, z) = \sin(3x + yz)$，求四阶混合偏导数$f_{xxyz}$.

解 $f_x = 3\cos(3x + yz)$，$f_{xx} = -9\sin(3x + yz)$，$f_{xxy} = -9z\cos(3x + yz)$，故

$$f_{xxyz} = -9\cos(3x + yz) + 9yz\sin(3x + yz).$$

例 8 验证函数$z = \ln\sqrt{x^2 + y^2}$满足拉普拉斯方程

$$\frac{\partial^2 z}{\partial x^2} + \frac{\partial^2 z}{\partial y^2} = 0.$$

解 由于$\ln\sqrt{x^2 + y^2} = \frac{1}{2}\ln(x^2 + y^2)$，$\frac{\partial z}{\partial x} = \frac{x}{x^2 + y^2}$，$\frac{\partial z}{\partial y} = \frac{y}{x^2 + y^2}$，

$$\frac{\partial^2 z}{\partial x^2} = \frac{x^2 + y^2 - 2x^2}{(x^2 + y^2)^2} = \frac{y^2 - x^2}{(x^2 + y^2)^2},$$

$$\frac{\partial^2 z}{\partial y^2} = \frac{x^2 + y^2 - 2y^2}{(x^2 + y^2)^2} = \frac{x^2 - y^2}{(x^2 + y^2)^2},$$

因此

$$\frac{\partial^2 z}{\partial x^2} + \frac{\partial^2 z}{\partial y^2} = \frac{y^2 - x^2}{(x^2 + y^2)^2} + \frac{x^2 - y^2}{(x^2 + y^2)^2} = 0.$$

例 9 验证函数$u(x, t) = \sin(x - at)$满足波动方程

$$\frac{\partial^2 u}{\partial t^2} = a^2 \frac{\partial^2 u}{\partial x^2}.$$

解 $u_x = \cos(x - at)$，$u_{xx} = -\sin(x - at)$，$u_t = -a\cos(x - at)$，$u_{tt} = -a^2\sin(x - at)$，因此

$$u_{tt} = a^2 u_{xx}.$$

习题 8.2

8.2 学习要点

1. 求下列函数的一阶偏导数：

(1) $z = xy + \frac{x}{y}$；

(2) $z = \arcsin\frac{x}{\sqrt{x^2 + y^2}}$；

(3) $z=(x^2+y^2)e^{-\arctan\left(\frac{y}{x}\right)}$；　　(4) $z=x^y\cdot y^x$；

(5) $f(u,v)=\ln(u+\ln v)$；　　(6) $f(x,y)=\int_x^y e^{t^2}dt$；

(7) $u=x^{y^z}$；　　(8) $u=\sin(x_1+2x_2+\cdots+nx_n)$.

2. 求下列函数在指定点处的一阶偏导数：

(1) $z=x+(y-1)\arcsin\sqrt{\frac{x}{y}}$，点$(0,1)$；

(2) $z=x^2e^y+(x-1)\arctan\frac{y}{x}$，点$(1,0)$.

3. 求曲线$\begin{cases}z=\frac{x^2+y^2}{4},\\ y=4\end{cases}$在点$(2,4,5)$处的切线对于$x$轴的倾斜角.

4. 设$f(x,y)=\begin{cases}\frac{xy}{\sqrt{x^2+y^2}}, & x^2+y^2\neq 0,\\ 0, & x^2+y^2=0,\end{cases}$证明$f(x,y)$在点$(0,0)$处连续且偏导数存在.

5. 求下列函数所有的二阶偏导数：

(1) $f(x,y)=x^y$；　　(2) $f(x,y)=\arctan\frac{y}{x}$；

(3) $z=x^{\ln t}$.

6. 求下列函数指定的高阶偏导数：

(1) $z=x\ln(xy)$，$\frac{\partial^3 z}{\partial x^2\partial y}$，$\frac{\partial^3 z}{\partial x\partial y^2}$；

(2) $u=x^ay^bz^c$，$\frac{\partial^6 u}{\partial x\partial y^2\partial z^3}$.

7. 证明$r=\sqrt{x^2+y^2+z^2}$满足方程$\frac{\partial^2 r}{\partial x^2}+\frac{\partial^2 r}{\partial y^2}+\frac{\partial^2 r}{\partial z^2}=\frac{2}{r}$.

8.3 全 微 分

一、全微分的定义

对于一元函数$y=f(x)$，如果在点x_0处函数值的增量可表示成

$$\Delta y=f(x_0+\Delta x)-f(x_0)=A\Delta x+o(\Delta x),$$

则称 $y=f(x)$ 在点 x_0 可微,并称 $A\Delta x$ 为 $y=f(x)$ 在点 x_0 处的微分,记作 $\mathrm{d}f(x)\big|_{x=x_0}$. 一元函数的微分是自变量增量的线性函数,是函数增量的线性主部. 对于二元函数 $z=f(x, y)$,也有类似的概念.

定义 1 设函数 $z=f(x, y)$ 在点 $P_0(x_0, y_0)$ 的某个邻域 $U(P_0)$ 内有定义. 如果函数在点 P_0 处的全增量可表示成

$$\begin{aligned}\Delta z&=f(x_0+\Delta x, y_0+\Delta y)-f(x_0, y_0)\\&=A\Delta x+B\Delta y+o(\rho),\end{aligned}$$

其中 A, B 是不依赖于 $\Delta x, \Delta y$ 的常数(一般与 x_0, y_0 有关),$\rho=\sqrt{\Delta x^2+\Delta y^2}$,则称函数 $z=f(x, y)$ 在点 (x_0, y_0) 处可微,并称 $A\Delta x+B\Delta y$ 为函数在点 (x_0, y_0) 处的全微分,记作 $\mathrm{d}z\Bigg|_{\substack{x=x_0\\y=y_0}}$ 或 $\mathrm{d}f(x, y)\Bigg|_{\substack{x=x_0\\y=y_0}}$. 函数 $z=f(x, y)$ 在任意点 (x, y) 的微分,称为函数的全微分,记作 $\mathrm{d}z$ 或 $\mathrm{d}f(x, y)$.

对比一元函数的微分,二元函数的微分也是其自变量增量的线性函数,是函数全增量的线性主要部分.

如果函数 $z=f(x, y)$ 在区域 D 内每一点都可微,则称 $z=f(x, y)$ 为 D 内的可微函数.

二、函数可微的条件

下面讨论多元函数可微与连续、可微与偏导数存在的关系.

定理 1(可微的必要条件) 若函数 $z=f(x, y)$ 在点 (x_0, y_0) 可微,则

(1) $f(x, y)$ 在点 (x_0, y_0) 处连续;

(2) $f(x, y)$ 在点 (x_0, y_0) 处偏导数存在,且有 $A=f_x(x_0, y_0)$,$B=f_y(x_0, y_0)$,即

$$\mathrm{d}f(x_0, y_0)=f_x(x_0, y_0)\Delta x+f_y(x_0, y_0)\Delta y.$$

证 由 $z=f(x, y)$ 在点 (x_0, y_0) 处可微的定义,得

$$\Delta z=f(x_0+\Delta x, y_0+\Delta y)-f(x_0, y_0)=A\Delta x+B\Delta y+o(\rho). \qquad ①$$

(1) 因为 $\lim\limits_{\substack{\Delta x\to 0\\ \Delta y\to 0}}\Delta z=\lim\limits_{\substack{\Delta x\to 0\\ \Delta y\to 0}}A\Delta x+B\Delta y+o(\rho)=0$,所以

$$\lim_{\substack{\Delta x\to 0\\ \Delta y\to 0}}f(x_0+\Delta x, y_0+\Delta y)=f(x_0, y_0);$$

(2) 在①式中取 $\Delta y=0$,有

$$f(x_0+\Delta x, y_0)-f(x_0, y_0)=A\Delta x+o(|\Delta x|),$$

所以

$$f_x(x_0, y_0) = \lim_{\Delta x \to 0} \frac{f(x_0 + \Delta x, y_0) - f(x_0, y_0)}{\Delta x}$$

$$= \lim_{\Delta x \to 0} \frac{A\Delta x + o(|\Delta x|)}{\Delta x} = A.$$

同理可证$f_y(x_0, y_0) = B$. 所以,$f(x, y)$在点(x_0, y_0)处的偏导数存在,而且$A = f_x(x_0, y_0)$, $B = f_y(x_0, y_0)$.

考虑函数$z = x$,有$dz = dx = \Delta x$, 即自变量的微分等于自变量的增量. 同样可得, $dy = \Delta y$. 故在任意点(x, y)的全微分可以写成

$$df(x, y) = f_x(x, y)dx + f_y(x, y)dy,$$

或

$$dz = \frac{\partial z}{\partial x}dx + \frac{\partial z}{\partial y}dy,$$

这就是二元函数全微分的计算公式.

与一元函数一样,二元函数在一点连续是它在该点可微的必要条件,不是充分条件. 但值得注意的是,一元函数在一点可导是它在该点可微的充要条件,而二元函数在一点偏导数存在连该点连续性也不能保证,更不要说可微性了. 请看下面例子.

由习题8.2第4题知,函数

$$z = f(x, y) = \begin{cases} \dfrac{xy}{\sqrt{x^2 + y^2}}, & x^2 + y^2 \neq 0, \\ 0, & x^2 + y^2 = 0 \end{cases}$$

在点$(0, 0)$处连续且偏导数存在,即$f_x(0, 0) = f_y(0, 0) = 0$. 但

$$\Delta z - (f_x(0, 0)\Delta x + f_y(0, 0)\Delta y) = \frac{\Delta x \Delta y}{\sqrt{\Delta x^2 + \Delta y^2}},$$

而

$$\frac{\dfrac{\Delta x \Delta y}{\sqrt{\Delta x^2 + \Delta y^2}}}{\rho} = \frac{\Delta x \Delta y}{\Delta x^2 + \Delta y^2}.$$

由8.1节的例3知, $\lim\limits_{\substack{\Delta x \to 0 \\ \Delta y \to 0}} = \dfrac{\Delta x \Delta y}{\Delta x^2 + \Delta y^2}$不存在,所以$\Delta z - (f_x(0, 0)\Delta x + f_y(0, 0)\Delta y)$不是$\rho$的高阶无穷小量,故$f(x, y)$在$(0, 0)$处不可微.

定理2(可微的充分条件)　如果函数$z = f(x, y)$在点$P_0(x_0, y_0)$的某个邻域$U(P_0)$内偏

导数存在,且偏导数$f_x(x, y)$,$f_y(x, y)$在P_0点连续,则$f(x, y)$在点P_0处可微.

证 $\Delta z = f(x_0 + \Delta x, y_0 + \Delta y) - f(x_0, y_0)$

$= f(x_0 + \Delta x, y_0 + \Delta y) - f(x_0, y_0 + \Delta y) + f(x_0, y_0 + \Delta y) - f(x_0, y_0)$.

因为$f(x_0 + \Delta x, y_0 + \Delta y) - f(x_0, y_0 + \Delta y)$是一元函数$g(x) = f(x, y_0 + \Delta y)$在$x_0$处的增量(称为$f(x, y)$对$x$的偏增量),由一元函数拉格朗日中值定理,有$f(x_0 + \Delta x, y_0 + \Delta y) - f(x_0, y_0 + \Delta y) = f_x(x_0 + \theta_1 \Delta x, y_0 + \Delta y) \cdot \Delta x$ $(0 < \theta_1 < 1)$. 又$f_x(x, y)$在(x_0, y_0)连续,所以$f_x(x_0 + \theta_1 \Delta x, y_0 + \Delta y) = f_x(x_0, y_0) + \alpha$,这里$\alpha$是$\Delta x$, Δy的函数,且$\lim\limits_{\substack{\Delta x \to 0 \\ \Delta y \to 0}} \alpha = 0$. 所以

$$f(x_0 + \Delta x, y_0 + \Delta y) - f(x_0, y_0 + \Delta y) = f_x(x_0, y_0)\Delta x + \alpha \Delta x.$$

同理有$f(x_0, y_0 + \Delta y) - f(x_0, y_0) = f_y(x_0, y_0)\Delta y + \beta \Delta y$,这里$\beta$是$\Delta y$的函数,且$\lim\limits_{\Delta y \to 0} \beta = 0$. 于是得到

$$\Delta z = f_x(x_0, y_0)\Delta x + f_y(x_0, y_0)\Delta y + \alpha \Delta x + \beta \Delta y.$$

而

$$\left| \frac{\alpha \Delta x + \beta \Delta y}{\rho} \right| \leqslant |\alpha| \left| \frac{\Delta x}{\rho} \right| + |\beta| \left| \frac{\Delta y}{\rho} \right| \leqslant |\alpha| + |\beta|.$$

当$\rho \to 0$时, $\Delta x \to 0$, $\Delta y \to 0$,从而$\lim\limits_{\rho \to 0}(|\alpha| + |\beta|) = 0$,即$\alpha \Delta x + \beta \Delta y = o(\rho)$,所以$z = f(x, y)$在$P_0(x_0, y_0)$可微.

偏导数连续是可微的充分条件,但不是必要条件,习题8.3第3题表明了这一点.

以上关于二元函数全微分的定义、可微的必要条件及可微的充分条件可以类似地推广到三元及三元以上的函数.

例1 求函数$z = x^2 y + xy^2$在点(1, 2)的全微分.

解 因为$\dfrac{\partial z}{\partial x} = 2xy + y^2$, $\dfrac{\partial z}{\partial y} = x^2 + 2xy$, $\left.\dfrac{\partial z}{\partial x}\right|_{\substack{x=1 \\ y=2}} = 8$, $\left.\dfrac{\partial z}{\partial y}\right|_{\substack{x=1 \\ y=2}} = 5$, 所以

$$\mathrm{d}z \Big|_{\substack{x=1 \\ y=2}} = 8\mathrm{d}x + 5\mathrm{d}y.$$

例2 求函数$u = \mathrm{e}^{x+z}\sin(x + y)$的全微分.

解 因为

$$\frac{\partial u}{\partial x} = \mathrm{e}^{x+z}\sin(x + y) + \mathrm{e}^{x+z}\cos(x + y),$$

$$\frac{\partial u}{\partial y}=\mathrm{e}^{x+z}\cos(x+y),\ \frac{\partial u}{\partial z}=\mathrm{e}^{x+z}\sin(x+y),$$

所以

$$\begin{aligned}\mathrm{d}u&=\frac{\partial u}{\partial x}\mathrm{d}x+\frac{\partial u}{\partial y}\mathrm{d}y+\frac{\partial u}{\partial z}\mathrm{d}z\\&=\mathrm{e}^{x+z}[(\sin(x+y)+\cos(x+y))\mathrm{d}x+\cos(x+y)\mathrm{d}y+\sin(x+y)\mathrm{d}z].\end{aligned}$$

*三、全微分在近似计算中的应用

由全微分定义知，若函数 $z=f(x,y)$ 在 (x_0,y_0) 可微，并且 $|\Delta x|$，$|\Delta y|$ 较小时，有近似公式

$$f(x_0+\Delta x,y_0+\Delta y)-f(x_0,y_0)\approx f_x(x_0,y_0)\Delta x+f_y(x_0,y_0)\Delta y,$$

或

$$f(x_0+\Delta x,y_0+\Delta y)\approx f(x_0,y_0)+f_x(x_0,y_0)\Delta x+f_y(x_0,y_0)\Delta y.$$

与一元函数情形类似，可以用上述两个式子作近似计算和误差估计.

例3　有一圆柱体受压后变形，半径由20 cm增大到20.05 cm，高由100 cm减小到99 cm，求此圆柱体体积变化的近似值.

解　圆柱体体积 $V=\pi r^2h$，现在 r 由20 cm变化到20.05 cm，h 由100 cm变化到99 cm，即 $r=20$，$\Delta r=0.05$，$h=100$，$\Delta h=-1$. 于是

$$\begin{aligned}\Delta V\approx \mathrm{d}V&=\frac{\partial V}{\partial r}\Delta r+\frac{\partial V}{\partial h}\Delta h=2\pi rh\Delta r+\pi r^2\Delta h\\&=2\pi\times 20\times 100\times 0.05-\pi\times 20^2=-200\pi(\mathrm{cm}^3),\end{aligned}$$

即圆柱体的体积因受压而减少了大约 $200\pi\ \mathrm{cm}^3$.

例4　计算 $\ln(\sqrt[3]{1.03}+\sqrt[4]{0.98}-1)$ 的近似值.

解　设 $f(x,y)=\ln(\sqrt[3]{x}+\sqrt[4]{y}-1)$，则

$$f_x(x,y)=\frac{1}{3\sqrt[3]{x^2}(\sqrt[3]{x}+\sqrt[4]{y}-1)},\quad f_y(x,y)=\frac{1}{4\sqrt[4]{y^3}(\sqrt[3]{x}+\sqrt[4]{y}-1)}.$$

现在要计算 $f(1.03,0.98)$，取 $x_0=1$，$\Delta x=0.03$，$y_0=1$，$\Delta y=-0.02$，则

$$f(x_0,y_0)=0,\quad f_x(x_0,y_0)=\frac{1}{3},\quad f_y(x_0,y_0)=\frac{1}{4},$$

于是

$$f(1.03,\ 0.98)\approx f(x_0,\ y_0)+f_x(x_0,\ y_0)\Delta x+f_y(x_0,\ y_0)\Delta y$$
$$=0+\frac{1}{3}\times 0.03+\frac{1}{4}\times(-0.02)=0.005.$$

对于一般二元函数 $z=f(x,\ y)$，如果测得 x, y 的近似值为 x_0, y_0,如同 3.5 节讨论的绝对误差限为 δx, δy,由于

$$|\Delta z|\approx|\mathrm{d}z|=|f_x(x_0,\ y_0)\Delta x+f_y(x_0,\ y_0)\Delta y|\leqslant|f_x(x_0,\ y_0)|\delta x+|f_y(x_0,\ y_0)|\delta y,$$

则 z 的绝对误差限 δz 为

$$\delta z=|f_x(x_0,\ y_0)|\delta x+|f_y(x_0,\ y_0)|\delta y;$$

z 的相对误差限

$$\frac{\delta z}{|z|}=\left|\frac{f_x(x_0,\ y_0)}{f(x_0,\ y_0)}\right|\delta x+\left|\frac{f_y(x_0,\ y_0)}{f(x_0,\ y_0)}\right|\delta y.$$

例 5 测得一圆锥的底半径与高分别为 10 cm 和 25 cm,测量误差为 0.1 cm,试求由于测定半径和高的测量误差而引起的体积的绝对误差和相对误差.

解 半径为 r,高为 h 的圆锥体积为 $V=\frac{1}{3}\pi r^2h$, $\frac{\partial V}{\partial r}=\frac{2}{3}\pi rh$, $\frac{\partial V}{\partial h}=\frac{1}{3}\pi r^2$,而 $r_0=10$, $h_0=25$, $\delta r=0.1$, $\delta h=0.1$, 所以绝对误差为

$$\delta V=\left|\frac{2}{3}\pi r_0h_0\right|\delta r+\left|\frac{1}{3}\pi r_0^2\right|\delta h=\frac{2}{3}\pi\times 10\times 25\times 0.1+\frac{1}{3}\pi\times 10^2\times 0.1$$
$$=20\pi\approx 62.8(\mathrm{cm}^3);$$

相对误差为

$$\frac{\delta V}{V}=\frac{20\pi}{\frac{1}{3}\pi\times 10^2\times 25}=\frac{6}{250}=2.4\%.$$

8.3 学习要点

习题 8.3

1. 求下列函数在指定点的全微分:

(1) $z=\ln(1+x^2+y^2)$, $P_0(1,\ 2)$;

(2) $z=x\sin(x+y)+\mathrm{e}^{x+y}$, $P_0\left(\frac{\pi}{4},\ \frac{\pi}{4}\right)$.

2. 求下列函数的全微分：

(1) $z=\cos(x+y)+\sin(xy)$；　　(2) $z=\arctan\dfrac{x+y}{x-y}$；

(3) $u=\ln\sqrt{x^2+y^2+z^2}$；　　(4) $u=x^{yz}$.

3. 证明函数

$$f(x,y)=\begin{cases}(x^2+y^2)\sin\dfrac{1}{x^2+y^2}, & x^2+y^2\neq 0,\\ 0, & x^2+y^2=0\end{cases}$$

在点(0, 0)处可微，但偏导数在(0, 0)处不连续.

*4. 利用全微分计算下列函数的近似值：

(1) $\sqrt{(1.02)^3+(1.97)^3}$；　　(2) $\sin 29°\tan 46°$.

8.4　多元复合函数的求导法则

一、链法则

现在将一元函数微分学中复合函数的求导法则推广到多元复合函数的情形.

定理 1　如果函数 $x=\varphi(t)$ 和 $y=\psi(t)$ 都在点 t 可导，函数 $z=f(x,y)$ 在对应点 (x,y) 可微，则复合函数 $z=f(\varphi(t),\psi(t))$ 在点 t 可导，且

$$\frac{\mathrm{d}z}{\mathrm{d}t}=\frac{\partial f}{\partial x}\frac{\mathrm{d}x}{\mathrm{d}t}+\frac{\partial f}{\partial y}\frac{\mathrm{d}y}{\mathrm{d}t}.$$

证　设 Δt 是 t 的一个增量，相应地 x 和 y 有增量 Δx 和 Δy，进而 z 有增量 Δz. 由于 $z=f(x,y)$ 在 (x,y) 可微，所以

$$\Delta z=\frac{\partial f}{\partial x}\Delta x+\frac{\partial f}{\partial y}\Delta y+o(\rho),$$

其中 $\rho=\sqrt{\Delta x^2+\Delta y^2}$. 将上式两端同时除以 Δt，得到

$$\frac{\Delta z}{\Delta t}=\frac{\partial f}{\partial x}\frac{\Delta x}{\Delta t}+\frac{\partial f}{\partial y}\frac{\Delta y}{\Delta t}+\frac{o(\rho)}{\Delta t}.$$

由于 $\varphi(t)$，$\psi(t)$ 在点 t 可导，当 $\Delta t\to 0$ 时，有 $\Delta x\to 0$，$\Delta y\to 0$. 此时若 $\rho=0$，则 $\dfrac{o(\rho)}{\Delta t}=0$；若 $\rho\neq$

0,则$\frac{o(\rho)}{\Delta t}=\frac{o(\rho)}{\rho}\cdot\sqrt{\left(\frac{\Delta x}{\Delta t}\right)^2+\left(\frac{\Delta y}{\Delta t}\right)^2}\cdot\frac{|\Delta t|}{\Delta t}$. 当 $\Delta t\to 0$ 时,$\rho\to 0$,从而$\frac{o(\rho)}{\rho}\to 0$,而$\sqrt{\left(\frac{\Delta x}{\Delta t}\right)^2+\left(\frac{\Delta y}{\Delta t}\right)^2}\cdot\frac{|\Delta t|}{\Delta t}$是有界量,所以$\lim\limits_{\Delta t\to 0}\frac{o(\rho)}{\Delta t}=0$. 于是得到

$$\frac{\mathrm{d}z}{\mathrm{d}t}=\lim_{\Delta t\to 0}\frac{\Delta z}{\Delta t}=\lim_{\Delta t\to 0}\frac{\partial f}{\partial x}\frac{\Delta x}{\Delta t}+\frac{\partial f}{\partial y}\frac{\Delta y}{\Delta t}+\frac{o(\rho)}{\Delta t}=\frac{\partial f}{\partial x}\frac{\mathrm{d}x}{\mathrm{d}t}+\frac{\partial f}{\partial y}\frac{\mathrm{d}y}{\mathrm{d}t}.$$

这里 z 是 t 的一元函数,为了和偏导数加以区别,称$\frac{\mathrm{d}z}{\mathrm{d}t}$为**全导数**.

可以用$\frac{\partial z}{\partial x}$, $\frac{\partial z}{\partial y}$代替$\frac{\partial f}{\partial x}$, $\frac{\partial f}{\partial y}$,由此全导数公式也可写成

$$\frac{\mathrm{d}z}{\mathrm{d}t}=\frac{\partial z}{\partial x}\frac{\mathrm{d}x}{\mathrm{d}t}+\frac{\partial z}{\partial y}\frac{\mathrm{d}y}{\mathrm{d}t}.$$

当 x, y 是 s, t 的二元函数,即 $x=\varphi(s,t)$, $y=\psi(s,t)$ 时,函数 $z=f(x,y)$ 经过复合得到 $z=f(\varphi(s,t),\psi(s,t))$ 也是变量 s, t 的二元函数,在计算$\frac{\partial z}{\partial t}$时,将 s 看成常量,于是 $\varphi(s,t)$, $\psi(s,t)$是 t 的一元函数,它们对 t 的导数就是$\frac{\partial x}{\partial t}$, $\frac{\partial y}{\partial t}$. 将定理 1 中的$\frac{\mathrm{d}x}{\mathrm{d}t}$, $\frac{\mathrm{d}y}{\mathrm{d}t}$换成$\frac{\partial x}{\partial t}$, $\frac{\partial y}{\partial t}$就可得到$\frac{\partial z}{\partial t}$.

定理 2 设 $x=\varphi(s,t)$, $y=\psi(s,t)$ 在点(s,t)的偏导数$\frac{\partial x}{\partial s}$, $\frac{\partial x}{\partial t}$, $\frac{\partial y}{\partial s}$, $\frac{\partial y}{\partial t}$都存在,函数 $z=f(x,y)$ 在对应点(x,y)可微,则复合函数 $z=f(\varphi(s,t),\psi(s,t))$ 在点(s,t)处的偏导数存在,且有

$$\frac{\partial z}{\partial s}=\frac{\partial f}{\partial x}\frac{\partial x}{\partial s}+\frac{\partial f}{\partial y}\frac{\partial y}{\partial s},\ \frac{\partial z}{\partial t}=\frac{\partial f}{\partial x}\frac{\partial x}{\partial t}+\frac{\partial f}{\partial y}\frac{\partial y}{\partial t}.$$

为了便于记忆,可以按照各变量间的复合关系,画成图 8.4 那样的树形图. 首先从因变量 z 向中间变量 x, y 画两个分枝,然后再分别从中间变量 x, y 向自变量 s, t 画分枝,并在每个分枝旁写上对应的偏导数. 求$\frac{\partial z}{\partial s}$时,只要把从 z 到 s 的每条路径上的各个偏导数相乘,然后再将这些乘积相加即得

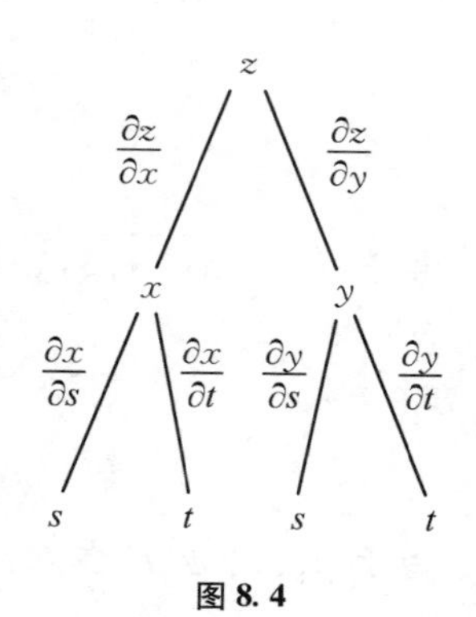

图 8.4

$$\frac{\partial z}{\partial s}=\frac{\partial z}{\partial x}\frac{\partial x}{\partial s}+\frac{\partial z}{\partial y}\frac{\partial y}{\partial s}.$$

类似地,考察从 z 到 t 的路径可写出$\frac{\partial z}{\partial t}$.

二元函数求导的链法则可以推广为一般的多元复合函数求导的链法则.

定理 3　设 u 是 $x_1, x_2, \cdots, x_n$ 的 n 元可微函数,每个 x_j 都是 $t_1, t_2, \cdots, t_m$ 的 m 元函数且各个偏导数$\frac{\partial x_j}{\partial t_i}$都存在 $(1 \leqslant j \leqslant n, 1 \leqslant i \leqslant m)$,则 u 作为 $t_1, t_2, \cdots, t_m$ 的复合函数有下列偏导数公式:

$$\frac{\partial u}{\partial t_i} = \frac{\partial u}{\partial x_1}\frac{\partial x_1}{\partial t_i} + \frac{\partial u}{\partial x_2}\frac{\partial x_2}{\partial t_i} + \cdots + \frac{\partial u}{\partial x_n}\frac{\partial x_n}{\partial t_i}\ (i = 1, 2, \cdots, m).$$

当 $m = 1$ 时, u 是 t_1 的一元函数,应将$\frac{\partial u}{\partial t_1}$改成$\frac{\mathrm{d}u}{\mathrm{d}t_1}$,将公式中所有的$\frac{\partial x_j}{\partial t_1}$改为$\frac{\mathrm{d}x_j}{\mathrm{d}t_1}$. 定理 1 和定理 2 分别是定理 3 中 $n = 2, m = 1$ 和 $n = 2, m = 2$ 时的特殊情形.

例 1　设 $z = x^2y + 3xy^4$,其中 $x = \mathrm{e}^t$, $y = \sin t$, 求$\frac{\mathrm{d}z}{\mathrm{d}t}$.

解法一

$$\begin{aligned}\frac{\mathrm{d}z}{\mathrm{d}t} &= \frac{\partial z}{\partial x}\frac{\mathrm{d}x}{\mathrm{d}t} + \frac{\partial z}{\partial y}\frac{\mathrm{d}y}{\mathrm{d}t}\\ &= (2xy + 3y^4)\mathrm{e}^t + (x^2 + 12xy^3)\cos t\\ &= (2\mathrm{e}^t\sin t + 3\sin^4 t)\mathrm{e}^t + (\mathrm{e}^{2t} + 12\mathrm{e}^t\sin^3 t)\cos t.\end{aligned}$$

这里答案已全部用 t 表示. 在某些情况下,同时使用 x, y, t 表示结果可能更方便.

本题因为 $z = f(x, y)$, $x = \varphi(s, t)$, $y = \psi(s, t)$ 均已给出确定的解析式,所以也可先求出复合函数的解析式,然后直接求导,此即解法二.

解法二　因为 $z = \mathrm{e}^{2t}\sin t + 3\mathrm{e}^t\sin^4 t$, 所以

$$\frac{\mathrm{d}z}{\mathrm{d}t} = 2\mathrm{e}^{2t}\sin t + \mathrm{e}^{2t}\cos t + 3\mathrm{e}^t\sin^4 t + 12\mathrm{e}^t\sin^3 t\cos t.$$

例 2　求 $z = (x^2 + y^2)^{xy}$ 的偏导数.

解　这是一个幂指函数,有了多元函数的链法则,就不需要用对数求导法了. 可以将 $z = (x^2 + y^2)^{xy}$ 看成由 $z = u^v$, $u = x^2 + y^2$, $v = xy$ 复合而成,于是

$$\begin{aligned}\frac{\partial z}{\partial x} &= \frac{\partial z}{\partial u}\frac{\partial u}{\partial x} + \frac{\partial z}{\partial v}\frac{\partial v}{\partial x} = vu^{v-1}\cdot 2x + u^v\ln u\cdot y\\ &= (x^2 + y^2)^{xy}\left(\frac{2x^2y}{x^2 + y^2} + y\ln(x^2 + y^2)\right).\end{aligned}$$

同理可得 $\dfrac{\partial z}{\partial y}=vu^{v-1}\cdot 2y+u^{v}\ln u\cdot x=(x^2+y^2)^{xy}\left(\dfrac{2xy^2}{x^2+y^2}+x\ln(x^2+y^2)\right)$.

有时会遇到中间变量既有一元函数又有多元函数的情况,此时只要将一元函数部分的偏导数改为导数即可.

例 3 设 $x=\varphi(s,t)$ 在点 (s,t) 偏导数存在, $y=\psi(t)$ 在点 t 处可导, $z=f(x,y)$ 在对应点 (x,y) 处可微,求复合函数 $z=f(\varphi(s,t),\psi(t))$ 的偏导数.

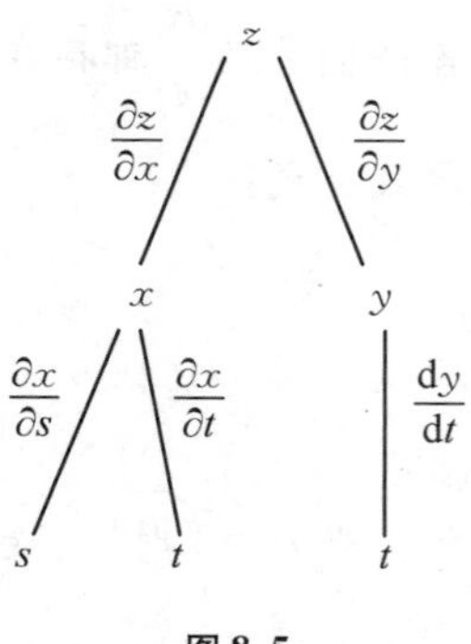

图 8.5

解 由图 8.5,

$$\frac{\partial z}{\partial s}=\frac{\partial z}{\partial x}\frac{\partial x}{\partial s},$$

$$\frac{\partial z}{\partial t}=\frac{\partial z}{\partial x}\frac{\partial x}{\partial t}+\frac{\partial z}{\partial y}\frac{\mathrm{d}y}{\mathrm{d}t}.$$

在应用链式法则时,有时会出现复合函数的某些中间变量本身又是复合函数的自变量的情况,这时要注意防止记号的混淆.

例 4 设 $x=\varphi(s,t)$ 在 (s,t) 的偏导数存在, $z=f(x,t)$ 在相应的点 (x,t) 可微,求复合函数 $z=f(\varphi(s,t),t)$ 的偏导数.

解 这里 $\dfrac{\partial z}{\partial t}=\dfrac{\partial z}{\partial x}\dfrac{\partial x}{\partial t}+\left\langle\dfrac{\partial z}{\partial t}\right\rangle$, 后面一个偏导数 $\dfrac{\partial z}{\partial t}$ 加括号是为了与前面的 $\dfrac{\partial z}{\partial t}$ 加以区别: $\left\langle\dfrac{\partial z}{\partial t}\right\rangle$ 是在 $z=f(x,t)$ 中将 x 看成常量而对 t 求导,前面的 $\dfrac{\partial z}{\partial t}$ 是在 $z=f(\varphi(s,t),t)$ 中将 s 看成常量而对 t 求导. 以后遇到这种情况时,用 $\dfrac{\partial f}{\partial t}$ 来表示 $\left\langle\dfrac{\partial z}{\partial t}\right\rangle$,就不会与 $\dfrac{\partial z}{\partial t}$ 混淆了,由图 8.6,所以本题答案为

$$\frac{\partial z}{\partial t}=\frac{\partial f}{\partial x}\frac{\partial x}{\partial t}+\frac{\partial f}{\partial t},\quad \frac{\partial z}{\partial s}=\frac{\partial f}{\partial x}\frac{\partial x}{\partial s}.$$

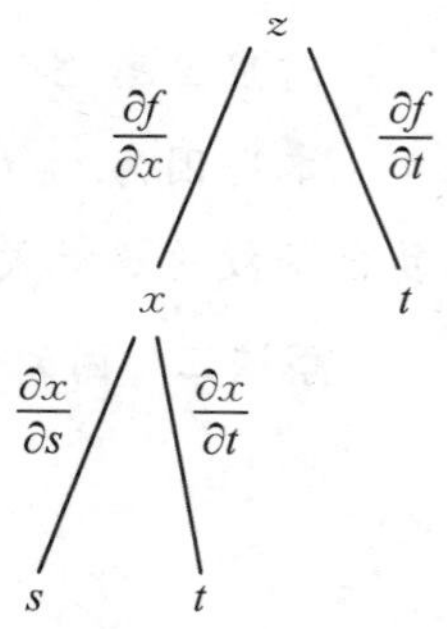

图 8.6

例 5 设 $z=f\left(x^2y,\dfrac{y}{x}\right)$,其中 f 有二阶连续偏导数,求 $\dfrac{\partial^2 z}{\partial x\partial y}$.

解 $z=f\left(x^2y,\dfrac{y}{x}\right)$ 是复合函数的一种记法,它由 $z=f(u,v)$, $u=x^2y$, $v=\dfrac{y}{x}$ 复合而成. 根据复合函数求导法则,得

$$\frac{\partial z}{\partial x}=\frac{\partial f}{\partial u}\frac{\partial u}{\partial x}+\frac{\partial f}{\partial v}\frac{\partial v}{\partial x}=2xyf_1-\frac{y}{x^2}f_2.$$

此处将$\frac{\partial f}{\partial u}$, $\frac{\partial f}{\partial v}$分别记作$f_1$, f_2 用于表示f对其第一个和第二个变量的偏导数,可把这种简化的记号推广到高阶偏导数上. 于是有

$$\frac{\partial^2 z}{\partial x\partial y}=\frac{\partial}{\partial y}\left(\frac{\partial z}{\partial x}\right)=2xf_1+2xy\frac{\partial f_1}{\partial y}-\frac{1}{x^2}f_2-\frac{y}{x^2}\frac{\partial f_2}{\partial y}.$$

计算$\frac{\partial f_1}{\partial y}$, $\frac{\partial f_2}{\partial y}$时应注意, f_1, f_2 仍是与f有类似结构的复合函数,故有

$$\frac{\partial f_1}{\partial y}=\frac{\partial f_1}{\partial u}\frac{\partial u}{\partial y}+\frac{\partial f_1}{\partial v}\frac{\partial v}{\partial y}=x^2f_{11}+\frac{1}{x}f_{12},$$

$$\frac{\partial f_2}{\partial y}=\frac{\partial f_2}{\partial u}\frac{\partial u}{\partial y}+\frac{\partial f_2}{\partial v}\frac{\partial v}{\partial y}=x^2f_{21}+\frac{1}{x}f_{22}.$$

因为f有二阶连续偏导数,所以$f_{12}=f_{21}$, 于是

$$\begin{aligned}\frac{\partial^2 z}{\partial x\partial y}&=2xf_1+2xy\left(x^2f_{11}+\frac{1}{x}f_{12}\right)-\frac{1}{x^2}f_2-\frac{y}{x^2}\left(x^2f_{21}+\frac{1}{x}f_{22}\right)\\&=2xf_1-\frac{1}{x^2}f_2+2x^3yf_{11}+yf_{12}-\frac{y}{x^3}f_{22}.\end{aligned}$$

例 6　设 $u=f(x, y, z)$, $y=\varphi(x, t)$, $t=\psi(x, z)$ 都有一阶连续偏导数,求$\frac{\partial u}{\partial x}$, $\frac{\partial u}{\partial z}$.

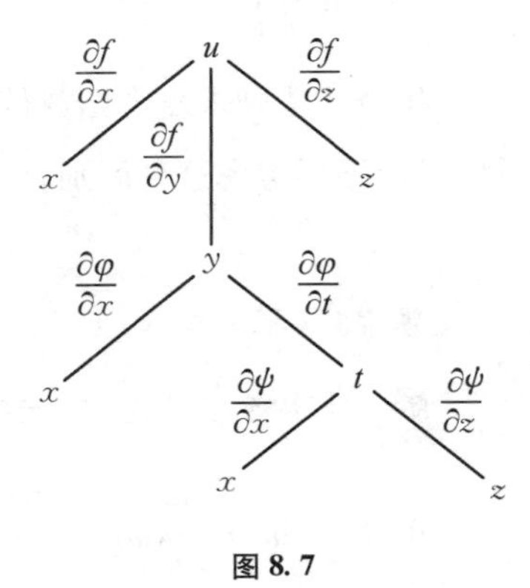

图 8.7

解　代入中间变量,得到复合函数 $u=f(x, \varphi(x, \psi(x, z)), z)$ 为 x, z 的函数,参见图 8.7 得到

$$\frac{\partial u}{\partial x}=\frac{\partial f}{\partial x}+\frac{\partial f}{\partial y}\frac{\partial \varphi}{\partial x}+\frac{\partial f}{\partial y}\frac{\partial \varphi}{\partial t}\frac{\partial \psi}{\partial x},$$

$$\frac{\partial u}{\partial z}=\frac{\partial f}{\partial y}\frac{\partial \varphi}{\partial t}\frac{\partial \psi}{\partial z}+\frac{\partial f}{\partial z}.$$

二、一阶全微分形式不变性

设函数 $z=f(u, v)$ 在点(u, v)可微,则其全微分为

$$dz=\frac{\partial z}{\partial u}du+\frac{\partial z}{\partial v}dv.$$

如果u, v又是x, y的函数,$u=\varphi(x, y)$, $v=\psi(x, y)$在点(x, y)可微,则复合函数$z=f(\varphi(x, y), \psi(x, y))$在点$(x, y)$可微,其全微分为

$$dz=\frac{\partial z}{\partial x}dx+\frac{\partial z}{\partial y}dy.$$

如果利用复合函数求导法则,则有

$$\begin{aligned}dz&=\left(\frac{\partial z}{\partial u}\frac{\partial u}{\partial x}+\frac{\partial z}{\partial v}\frac{\partial v}{\partial x}\right)dx+\left(\frac{\partial z}{\partial u}\frac{\partial u}{\partial y}+\frac{\partial z}{\partial v}\frac{\partial v}{\partial y}\right)dy\\&=\frac{\partial z}{\partial u}\left(\frac{\partial u}{\partial x}dx+\frac{\partial u}{\partial y}dy\right)+\frac{\partial z}{\partial v}\left(\frac{\partial v}{\partial x}dx+\frac{\partial v}{\partial y}dy\right)\\&=\frac{\partial z}{\partial u}du+\frac{\partial z}{\partial v}dv.\end{aligned}$$

由上可见,与一元函数一样,在多元函数$z=f(u, v)$中,无论u, v是自变量还是中间变量,全微分的形式是一样的,这个性质称为**一阶全微分形式不变性**.

利用这个性质,容易证明,无论u, v是自变量还是中间变量,都有如下微分法则:

(1) $d(u\pm v)=du\pm dv$;

(2) $d(uv)=vdu+udv$;

(3) $d\left(\frac{u}{v}\right)=\frac{vdu-udv}{v^2}$.

用链式法则求复合函数偏导数时,首先要分清自变量和中间变量. 有了一阶全微分形式不变性,可以不再考虑这种区别,使计算变得方便.

例 7 求$z=(x^2+y^2)^{xy}$的全微分.

解 设$u=x^2+y^2$, $v=xy$,则$z=u^v$,

$$\begin{aligned}dz&=\frac{\partial z}{\partial u}du+\frac{\partial z}{\partial v}dv\\&=vu^{v-1}du+(u^v\ln u)dv\\&=xy(x^2+y^2)^{xy-1}(2xdx+2ydy)+(x^2+y^2)^{xy}\ln(x^2+y^2)(ydx+xdy)\\&=(x^2+y^2)^{xy}\left(\frac{2x^2y}{x^2+y^2}+y\ln(x^2+y^2)\right)dx+(x^2+y^2)^{xy}\left(\frac{2xy^2}{x^2+y^2}+x\ln(x^2+y^2)\right)dy.\end{aligned}$$

由此可得

$$\frac{\partial z}{\partial x}=(x^2+y^2)^{xy}\left(\frac{2x^2y}{x^2+y^2}+y\ln(x^2+y^2)\right),$$

$$\frac{\partial z}{\partial y}=(x^2+y^2)^{xy}\left(\frac{2xy^2}{x^2+y^2}+x\ln(x^2+y^2)\right).$$

可将此方法与例 2 作一比较.

例 8 设 $u=f(x,y,z)$, $y=\varphi(x,t)$, $t=\psi(x,z)$ 都有一阶连续偏导数,求 $\mathrm{d}u$.

解

$$\begin{aligned}\mathrm{d}u&=\frac{\partial f}{\partial x}\mathrm{d}x+\frac{\partial f}{\partial y}\mathrm{d}y+\frac{\partial f}{\partial z}\mathrm{d}z\\&=\frac{\partial f}{\partial x}\mathrm{d}x+\frac{\partial f}{\partial y}\left(\frac{\partial\varphi}{\partial x}\mathrm{d}x+\frac{\partial\varphi}{\partial t}\mathrm{d}t\right)+\frac{\partial f}{\partial z}\mathrm{d}z\\&=\frac{\partial f}{\partial x}\mathrm{d}x+\frac{\partial f}{\partial y}\frac{\partial\varphi}{\partial x}\mathrm{d}x+\frac{\partial f}{\partial y}\frac{\partial\varphi}{\partial t}\left(\frac{\partial\psi}{\partial x}\mathrm{d}x+\frac{\partial\psi}{\partial z}\mathrm{d}z\right)+\frac{\partial f}{\partial z}\mathrm{d}z\\&=\left(\frac{\partial f}{\partial x}+\frac{\partial f}{\partial y}\frac{\partial\varphi}{\partial x}+\frac{\partial f}{\partial y}\frac{\partial\varphi}{\partial t}\frac{\partial\psi}{\partial x}\right)\mathrm{d}x+\left(\frac{\partial f}{\partial y}\frac{\partial\varphi}{\partial t}\frac{\partial\psi}{\partial z}+\frac{\partial f}{\partial z}\right)\mathrm{d}z.\end{aligned}$$

8.4 学习要点

习题 8.4

1. 求下列函数的导数或偏导数:

(1) $z=\ln(x+y^2)$, $x=\sqrt{1+t}$, $y=1+\sqrt{t}$,求$\frac{\mathrm{d}z}{\mathrm{d}t}$;

(2) $u=\frac{y}{x}$, $y=\sqrt{1-x^2}$,求$\frac{\mathrm{d}u}{\mathrm{d}x}$;

(3) $z=x^2y-xy^2$, $x=r\cos\theta$, $y=r\sin\theta$,求$\frac{\partial z}{\partial r}$, $\frac{\partial z}{\partial\theta}$;

(4) $t=z\sec(xy)$, $x=uv$, $y=vw$, $z=wu$,求$\frac{\partial t}{\partial u}$, $\frac{\partial t}{\partial v}$, $\frac{\partial t}{\partial w}$.

2. 求下列函数的一阶偏导数(其中 f 为可微函数):

(1) $z=f\left(xy,\frac{x}{y}\right)$;

(2) $z=f(x^2-y^2,\mathrm{e}^{xy})$;

(3) $u=f(x^2+y^2-z^2)$;

(4) $u=f(x,xy,xyz)$.

3. 设 $z=\int_{2u}^{v^2+u}\mathrm{e}^{-t^2}\mathrm{d}t$, $u=\sin x$, $v=\mathrm{e}^x$, 求$\frac{\mathrm{d}z}{\mathrm{d}x}$.

4. 设 $z=xy+xF(u)$,而 $u=\frac{y}{x}$, $F(u)$为可微函数,证明:

$$x\frac{\partial z}{\partial x}+y\frac{\partial z}{\partial y}=z+xy.$$

5. 设 $z=\frac{y}{f(x^2-y^2)}$，其中 $f(u)$ 为可导函数，证明：

$$\frac{1}{x}\frac{\partial z}{\partial x}+\frac{1}{y}\frac{\partial z}{\partial y}=\frac{z}{y^2}.$$

6. 设 $z=f(x^2+y^2)$，其中 f 有二阶导数，求 $\frac{\partial^2 z}{\partial x^2}$，$\frac{\partial^2 z}{\partial x\partial y}$，$\frac{\partial^2 z}{\partial y^2}$.

7. 设 f 有二阶连续偏导数，求下列函数的二阶偏导数：

(1) $z=f(x^2-y^2,\ e^{xy})$； (2) $z=f(\sin x,\ \cos y,\ e^{x+y})$.

8.5 隐函数的求导法则

一、一个方程的情况

在 3.3 节中，已经提出了隐函数的概念，并给出了直接由方程 $F(x,y)=0$ 求它所确定的隐函数的导数的方法.

实际上由方程 $F(x,y)=0$ 并不一定能确定隐函数 $y=f(x)$，如方程 $x^2+y^2=1$，这里 $y=\sqrt{1-x^2}$ 或 $y=-\sqrt{1-x^2}$，究竟是哪一个呢？在点 $(0,1)$ 附近，可以确定函数是 $y=\sqrt{1-x^2}$，在点 $(0,-1)$ 附近可以确定函数是 $y=-\sqrt{1-x^2}$. 但是在点 $(1,0)$ 附近就无法由 $x^2+y^2=1$ 确定一个单值函数 $y=f(x)$，从这个例子看到一个方程 $F(x,y)=0$ 能否唯一地确定一个隐函数和点 (x_0,y_0) 邻近的性质有关.

定理 1 设函数 $F(x,y)$ 在点 $P_0(x_0,y_0)$ 的某一个邻域内有一阶连续偏导数，且 $F(x_0,y_0)=0$，$F_y(x_0,y_0)\neq 0$，则方程 $F(x,y)=0$ 在点 P_0 的某一个邻域内能唯一确定一个单值的有一阶连续导数的函数 $y=f(x)$，满足 $y_0=f(x_0)$，且 $F(x,f(x))\equiv 0$，并有

$$\frac{\mathrm{d}y}{\mathrm{d}x}=-\frac{F_x}{F_y}.$$

定理证明较繁，不再给出. 仅对求导公式推导如下：

在 $F(x,f(x))\equiv 0$ 两边对 x 求导，由复合函数求导公式，有

$$\frac{\partial F}{\partial x}+\frac{\partial F}{\partial y}\frac{\mathrm{d}y}{\mathrm{d}x}=0.$$

因为 F_y 连续,且 $F_y(x_0, y_0) \neq 0$, 所以存在 (x_0, y_0) 的一个邻域,在这个邻域内 $F_y(x, y) \neq 0$, 从而

$$\frac{dy}{dx} = -\frac{\frac{\partial F}{\partial x}}{\frac{\partial F}{\partial y}} = -\frac{F_x}{F_y}.$$

在这个定理中,条件 $F_y(x_0, y_0) \neq 0$ 保证了隐函数在 $P_0(x_0, y_0)$ 邻域内存在,是一个非常重要的条件. 从几何意义上看, $F(x, y) = 0$ 是由曲面 $z = F(x, y)$ 与平面 $z = 0$ 相交而得的曲线. 条件 $F_y(x_0, y_0) \neq 0$ 说明这条曲线在点 $P_0(x_0, y_0)$ 邻域内关于 y 严格单调,所以对于邻域内的任一 x 有唯一确定的值 y 与之对应. 当然这个条件仅是一个充分条件而非必要条件.

如果 $F(x, y)$ 的二阶偏导数也连续,则可求隐函数的二阶导数(在求导过程中要注意 F_x, F_y 仍是 x, y 的函数):

$$\begin{aligned}\frac{d^2y}{dx^2} &= \frac{d}{dx}\left(-\frac{F_x}{F_y}\right) = \frac{\partial}{\partial x}\left(-\frac{F_x}{F_y}\right) + \frac{\partial}{\partial y}\left(-\frac{F_x}{F_y}\right)\frac{dy}{dx} \\ &= -\frac{F_{xx}F_y - F_xF_{yx}}{F_y^2} - \frac{F_{xy}F_y - F_xF_{yy}}{F_y^2}\left(-\frac{F_x}{F_y}\right) \\ &= -\frac{F_{xx}F_y^2 - 2F_{xy}F_xF_y + F_{yy}F_x^2}{F_y^3}.\end{aligned}$$

实际上我们不必记忆这个公式,只要掌握这个公式的推导过程,在具体问题中按照这个推导方法做就可以了.

例 1 验证方程 $x^2 + y^2 = 1$ 在点 $(0, 1)$ 的某一邻域内能唯一确定一个单值有连续一阶导数的隐函数 $y = f(x)$, 并求 $f'(x)$ 和 $f''(x)$.

解 设 $F(x, y) = x^2 + y^2 - 1$, 则 $F_x = 2x$, $F_y = 2y$, 所以 $F(x, y)$ 有连续偏导数. 又 $F(0, 1) = 0$, $F_y(0, 1) = 2 \neq 0$, 由定理 1, 方程 $x^2 + y^2 = 1$ 可以在 $(0, 1)$ 的某一邻域内确定一个单值有连续一阶导数的隐函数 $y = f(x)$, 满足 $f(0) = 1$, 且

$$f'(x) = -\frac{F_x}{F_y} = -\frac{2x}{2y} = -\frac{x}{y},$$

$$f''(x) = -\frac{1}{y} + \frac{x}{y^2}\frac{dy}{dx} = -\frac{1}{y} + \frac{x}{y^2}\left(-\frac{x}{y}\right) = -\frac{x^2 + y^2}{y^3} = -\frac{1}{y^3}.$$

在实际应用中,常常将验证隐函数存在定理的步骤加以简化或省略.

隐函数存在定理可以推广到多元函数. 既然一个二元方程可以确定一个一元隐函数,那么一个三元方程 $F(x, y, z) = 0$ 可以确定一个二元隐函数.

定理2 设函数 $F(x, y, z)$ 在点 $P_0(x_0, y_0, z_0)$ 的某一邻域内有一阶连续偏导数，且 $F(x_0, y_0, z_0)=0$, $F_z(x_0, y_0, z_0)\neq 0$，则方程 $F(x, y, z)=0$ 在点 P_0 的某一邻域内能唯一确定一个单值有连续偏导数的二元函数 $z=f(x, y)$，满足 $z_0=f(x_0, y_0)$，且 $F(x, y, f(x, y))\equiv 0$，并有

$$\frac{\partial z}{\partial x}=-\frac{F_x}{F_z},\quad \frac{\partial z}{\partial y}=-\frac{F_y}{F_z}.$$

与定理1类似，对定理2也不加以证明，只推导求导公式. 对 $F(x, y, f(x, y))=0$ 两边分别求对 x 和 y 的偏导数，得到 $F_x+F_z\frac{\partial z}{\partial x}=0$, $F_y+F_z\frac{\partial z}{\partial y}=0$. 因为 $F_z(x, y, z)$ 连续，且 $F_z(x_0, y_0, z_0)\neq 0$，所以

$$\frac{\partial z}{\partial x}=-\frac{F_x}{F_z},\quad \frac{\partial z}{\partial y}=-\frac{F_y}{F_z}.$$

例2 设 $x^2+y^2+z^2-4z=0$，求 $\frac{\partial^2 z}{\partial x\partial y}$.

解 设 $F(x, y, z)=x^2+y^2+z^2-4z$，则 $F_x=2x$, $F_y=2y$, $F_z=2z-4$,

$$\frac{\partial z}{\partial x}=-\frac{F_x}{F_z}=\frac{x}{2-z},\quad \frac{\partial z}{\partial y}=\frac{y}{2-z},$$

$$\frac{\partial^2 z}{\partial x\partial y}=\frac{x}{(2-z)^2}\frac{\partial z}{\partial y}=\frac{xy}{(2-z)^3}.$$

定理2可以推广到三元以上的函数：一般 $F(x_1, x_2, \cdots, x_n)=0$ 可以确定其中一个变量是其余 $n-1$ 个变量的函数，不再叙述其内容，由读者自己给出相应定理.

例3 设 $F(x, y, x-z, y^2-u)=0$，F 有连续二阶偏导数且 $F_4\neq 0$，求 $\frac{\partial^2 u}{\partial y^2}$.

解 方程两边对 y 求导，得 $F_2+F_4\left(2y-\frac{\partial u}{\partial y}\right)=0$，所以

$$\frac{\partial u}{\partial y}=\frac{2yF_4+F_2}{F_4}=2y+\frac{F_2}{F_4}.$$

注意到 F_2, F_4 仍是 x, y, $x-z$, y^2-u 的函数，于是有

$$\frac{\partial^2 u}{\partial y^2}=2+\frac{F_4\left[F_{22}+F_{24}\left(2y-\frac{\partial u}{\partial y}\right)\right]-F_2\left[F_{42}+F_{44}\left(2y-\frac{\partial u}{\partial y}\right)\right]}{F_4^2}$$

$$= 2 + \frac{F_4\left[F_{22} + F_{24}\left(-\frac{F_2}{F_4}\right)\right] - F_2\left[F_{42} + F_{44}\left(-\frac{F_2}{F_4}\right)\right]}{F_4^2}$$

$$= 2 + \frac{F_{22}}{F_4} - \frac{2F_2F_{24}}{F_4^2} + \frac{F_2^2F_{44}}{F_4^3}.$$

二、方程组的情形

下面将隐函数存在定理作另一方面的推广，不仅增加方程中变量的个数，而且增加方程的个数. 例如，考虑方程组

$$\begin{cases} F(x, y, z) = 0, \\ G(x, y, z) = 0. \end{cases}$$

这三个变量只有一个变量独立变化，可以确定两个一元函数.

定理3　设三元函数 $F(x, y, z)$，$G(x, y, z)$ 在点 $P_0(x_0, y_0, z_0)$ 的某个邻域内有一阶连续偏导数，又 $F(x_0, y_0, z_0) = 0$，$G(x_0, y_0, z_0) = 0$ 且偏导数组成的函数行列式（或称雅可比(Jacobi)行列式）

$$J = \frac{\partial(F, G)}{\partial(y, z)} = \begin{vmatrix} F_y & F_z \\ G_y & G_z \end{vmatrix}$$

在点 P_0 处不为零，则方程组 $\begin{cases} F(x, y, z) = 0, \\ G(x, y, z) = 0 \end{cases}$ 在 P_0 的某一邻域内唯一确定一组单值有连续一阶导数的函数 $y = f(x)$ 及 $z = g(x)$，满足 $f(x_0) = y_0$，$g(x_0) = z_0$，$F(x, f(x), g(x)) \equiv 0$，$G(x, f(x), g(x)) \equiv 0$，并且有

$$\frac{\mathrm{d}y}{\mathrm{d}x} = -\frac{1}{J}\frac{\partial(F, G)}{\partial(x, z)}, \quad \frac{\mathrm{d}z}{\mathrm{d}x} = -\frac{1}{J}\frac{\partial(F, G)}{\partial(y, x)}.$$

通常将 $\begin{vmatrix} f_u & f_v \\ g_u & g_v \end{vmatrix} = f_ug_v - f_vg_u$ 记作 $\frac{\partial(f, g)}{\partial(u, v)}$，上面就使用了这种记号.

同样，这里不对定理加以证明，只推导求导公式. 对方程组

$$\begin{cases} F(x, f(x), g(x)) \equiv 0, \\ G(x, f(x), g(x)) \equiv 0 \end{cases}$$

中两个方程两边分别对 x 求导，得到

$$\begin{cases} F_x + F_y \dfrac{dy}{dx} + F_z \dfrac{dz}{dx} = 0, \\ G_x + G_y \dfrac{dy}{dx} + G_z \dfrac{dz}{dx} = 0, \end{cases}$$

用消元法解得

$$\frac{dy}{dx} = \frac{-F_xG_z + F_zG_x}{F_yG_z - F_zG_y} = -\frac{\begin{vmatrix} F_x & F_z \\ G_x & G_z \end{vmatrix}}{\begin{vmatrix} F_y & F_z \\ G_y & G_z \end{vmatrix}} = -\frac{1}{J}\frac{\partial(F, G)}{\partial(x, z)}.$$

同理可得

$$\frac{dz}{dx} = -\frac{1}{J}\frac{\partial(F, G)}{\partial(y, x)}.$$

若把隐函数定理推广到四个变量、两个方程的情况,则是确定其中两个变量为另外两个变量的函数.

定理 4 设四元函数 $F(x, y, u, v)$ 和 $G(x, y, u, v)$ 在点 $P_0(x_0, y_0, u_0, v_0)$ 的某个邻域内有一阶连续偏导数,它们满足 $F(x_0, y_0, u_0, v_0) = 0$ 和 $G(x_0, y_0, u_0, v_0) = 0$, 并且在点 P_0 处的雅可比行列式

$$J = \frac{\partial(F, G)}{\partial(u, v)}$$

不为零,则方程组 $\begin{cases} F(x, y, u, v) = 0, \\ G(x, y, u, v) = 0 \end{cases}$ 在点 P_0 的某一个邻域内唯一确定一对单值有一阶连续偏导数的两个二元函数 $u = u(x, y)$ 和 $v = v(x, y)$, 满足条件 $u_0 = u(x_0, y_0)$ 和 $v_0 = v(x_0, y_0)$, 并有

$$\frac{\partial u}{\partial x} = -\frac{1}{J}\frac{\partial(F, G)}{\partial(x, v)}, \quad \frac{\partial v}{\partial x} = -\frac{1}{J}\frac{\partial(F, G)}{\partial(u, x)},$$

$$\frac{\partial u}{\partial y} = -\frac{1}{J}\frac{\partial(F, G)}{\partial(y, v)}, \quad \frac{\partial v}{\partial y} = -\frac{1}{J}\frac{\partial(F, G)}{\partial(u, y)}.$$

不再证明这个定理,偏导数的推导过程也留给读者.

例 4 设 $\begin{cases} xu - yv = 0, \\ yu + xv = 1, \end{cases}$ 求 $\dfrac{\partial u}{\partial x}, \dfrac{\partial u}{\partial y}, \dfrac{\partial v}{\partial x}, \dfrac{\partial v}{\partial y}$.

解法一　本题可以直接套用定理 4 给出的公式,但在一般情况下,用推导公式的方法计算更为简捷. 将公式两边同时对 x 求偏导数,得

$$\begin{cases} u + x\dfrac{\partial u}{\partial x} - y\dfrac{\partial v}{\partial x} = 0, \\ y\dfrac{\partial u}{\partial x} + v + x\dfrac{\partial v}{\partial x} = 0, \end{cases}$$

即

$$\begin{cases} x\dfrac{\partial u}{\partial x} - y\dfrac{\partial v}{\partial x} = -u, \\ y\dfrac{\partial u}{\partial x} + x\dfrac{\partial v}{\partial x} = -v. \end{cases}$$

解这个关于$\dfrac{\partial u}{\partial x}$, $\dfrac{\partial v}{\partial x}$的二元一次方程组可得

$$\frac{\partial u}{\partial x} = \frac{-ux - vy}{x^2 + y^2} = -\frac{ux + vy}{x^2 + y^2}, \quad \frac{\partial v}{\partial x} = \frac{-vx + uy}{x^2 + y^2} = \frac{uy - vx}{x^2 + y^2}.$$

同理可得

$$\frac{\partial u}{\partial y} = \frac{vx - uy}{x^2 + y^2}, \quad \frac{\partial v}{\partial y} = -\frac{ux + vy}{x^2 + y^2}.$$

解法二　用一阶全微分形式不变性求解,有时会更简捷. 对方程组中的两个方程的两端求微分,得

$$\begin{cases} u\mathrm{d}x + x\mathrm{d}u - v\mathrm{d}y - y\mathrm{d}v = 0, \\ u\mathrm{d}y + y\mathrm{d}u + v\mathrm{d}x + x\mathrm{d}v = 0, \end{cases}$$

$$\begin{cases} x\mathrm{d}u - y\mathrm{d}v = -u\mathrm{d}x + v\mathrm{d}y, \\ y\mathrm{d}u + x\mathrm{d}v = -v\mathrm{d}x - u\mathrm{d}y. \end{cases}$$

解关于 $\mathrm{d}u$, $\mathrm{d}v$ 的二元一次方程组,得

$$\mathrm{d}u = \frac{(-ux - vy)\mathrm{d}x + (vx - uy)\mathrm{d}y}{x^2 + y^2},$$

$$\mathrm{d}v = \frac{(-vx + uy)\mathrm{d}x + (-ux - vy)\mathrm{d}y}{x^2 + y^2},$$

所以

$$\frac{\partial u}{\partial x} = -\frac{ux + vy}{x^2 + y^2}, \quad \frac{\partial u}{\partial y} = \frac{vx - uy}{x^2 + y^2},$$

$$\frac{\partial v}{\partial x}=\frac{uy-vx}{x^2+y^2},\quad \frac{\partial v}{\partial y}=-\frac{ux+vy}{x^2+y^2}.$$

例 5 设函数 $x=x(u,v)$，$y=y(u,v)$ 在点(u,v)的某一邻域内有连续偏导数,且 $\frac{\partial(x,y)}{\partial(u,v)}\neq 0$.

(1) 证明方程组 $\begin{cases}x=x(u,v),\\ y=y(u,v)\end{cases}$ 在点(x,y,u,v)的某一邻域内唯一确定有连续一阶偏导数的反函数 $u=u(x,y)$，$v=v(x,y)$.

(2) 求反函数 $u=u(x,y)$，$v=v(x,y)$ 对 x，y 的偏导数,并证明

$$\frac{\partial(u,v)}{\partial(x,y)}\cdot\frac{\partial(x,y)}{\partial(u,v)}=1.$$

解 为书写方便,记 $J=\frac{\partial(x,y)}{\partial(u,v)}$.

(1) 将方程组写成如下形式:

$$\begin{cases}F(x,y,u,v)=x-x(u,v)=0,\\ G(x,y,u,v)=y-y(u,v)=0.\end{cases}$$

因为 $\frac{\partial(F,G)}{\partial(u,v)}=\begin{vmatrix}-\frac{\partial x}{\partial u} & -\frac{\partial x}{\partial v}\\ -\frac{\partial y}{\partial u} & -\frac{\partial y}{\partial v}\end{vmatrix}=\frac{\partial(x,y)}{\partial(u,v)}=J\neq 0$，由定理 4 即得所要证明的结论.

(2)
$$\frac{\partial u}{\partial x}=-\frac{1}{J}\frac{\partial(F,G)}{\partial(x,v)}=-\frac{1}{J}\begin{vmatrix}1 & -\frac{\partial x}{\partial v}\\ 0 & -\frac{\partial y}{\partial v}\end{vmatrix}=\frac{1}{J}\frac{\partial y}{\partial v},$$

$$\frac{\partial u}{\partial y}=-\frac{1}{J}\frac{\partial(F,G)}{\partial(y,v)}=-\frac{1}{J}\begin{vmatrix}0 & -\frac{\partial x}{\partial v}\\ 1 & -\frac{\partial y}{\partial v}\end{vmatrix}=-\frac{1}{J}\frac{\partial x}{\partial v}.$$

同理可得

$$\frac{\partial v}{\partial x}=-\frac{1}{J}\frac{\partial y}{\partial u},\quad \frac{\partial v}{\partial y}=\frac{1}{J}\frac{\partial x}{\partial u},$$

$$\frac{\partial(u,v)}{\partial(x,y)}=\begin{vmatrix}\frac{1}{J}\frac{\partial y}{\partial v} & -\frac{1}{J}\frac{\partial x}{\partial v}\\ -\frac{1}{J}\frac{\partial y}{\partial u} & \frac{1}{J}\frac{\partial x}{\partial u}\end{vmatrix}=\frac{1}{J^2}\left(\frac{\partial x}{\partial u}\frac{\partial y}{\partial v}-\frac{\partial x}{\partial v}\frac{\partial y}{\partial u}\right)=\frac{1}{J^2}J=\frac{1}{J}.$$

所以

$$\frac{\partial(u,v)}{\partial(x,y)}\cdot\frac{\partial(x,y)}{\partial(u,v)}=1.$$

隐函数存在定理可以推广到更一般的由 m 个 $n+m$ 元方程组成的方程组的情形，此时在一定条件下可以确定 m 个 n 元函数.

例 6　设 $\begin{cases}x=-u^2+v+z,\\ y=u+vz,\end{cases}$ 求 $\frac{\partial u}{\partial x}$, $\frac{\partial v}{\partial x}$, $\frac{\partial u}{\partial z}$.

解　本题两个方程五个变量，题目隐含要求确定 u, v 是 x, y, z 的函数. 利用全微分一阶形式的不变性，每个方程两边求全微分，得

$$\begin{cases}\mathrm{d}x=-2u\mathrm{d}u+\mathrm{d}v+\mathrm{d}z,\\ \mathrm{d}y=\mathrm{d}u+v\mathrm{d}z+z\mathrm{d}v,\end{cases}$$

整理得

$$\begin{cases}2u\mathrm{d}u-\mathrm{d}v=-\mathrm{d}x+\mathrm{d}z,\\ \mathrm{d}u+z\mathrm{d}v=\mathrm{d}y-v\mathrm{d}z,\end{cases}$$

解得

$$\mathrm{d}u=\frac{-z\mathrm{d}x+\mathrm{d}y+(z-v)\mathrm{d}z}{2uz+1},$$

$$\mathrm{d}v=\frac{\mathrm{d}x+2u\mathrm{d}y+(-2uv-1)\mathrm{d}z}{2uz+1},$$

8.5 学习要点

所以

$$\frac{\partial u}{\partial x}=\frac{-z}{2uz+1},\quad \frac{\partial v}{\partial x}=\frac{1}{2uz+1},\quad \frac{\partial u}{\partial z}=\frac{z-v}{2uz+1}.$$

习题 8.5

1. 求下列方程所确定的隐函数的导数或偏导数：

(1) $\sin y-\mathrm{e}^x-xy^2=0$，求 $\frac{\mathrm{d}y}{\mathrm{d}x}$；

(2) $\ln\sqrt{x^2+y^2}=\arctan\dfrac{y}{x}$,求$\dfrac{d^2y}{d^2x}$;

(3) $z=e^{xyz}$,求$\dfrac{\partial z}{\partial x}, \dfrac{\partial z}{\partial y}$;

(4) $z+e^z=xy$,求$\dfrac{\partial^2 z}{\partial x\partial y}$.

2. 设 $x=x(y, z)$, $y=y(x, z)$, $z=z(x, y)$ 都是由方程 $F(x, y, z)=0$ 所确定的具有连续偏导数的函数,证明

$$\frac{\partial x}{\partial y}\cdot\frac{\partial y}{\partial z}\cdot\frac{\partial z}{\partial x}=-1.$$

3. 设函数 $z=z(x, y)$ 由方程 $F\left(x+\dfrac{z}{y}, y+\dfrac{z}{x}\right)=0$ 所确定,证明

$$x\frac{\partial z}{\partial x}+y\frac{\partial z}{\partial y}=z-xy.$$

4. 求由下列方程组所确定的函数的导数或偏导数:

(1) $\begin{cases}z=x^2+y^2,\\ x^2+2y^2+3z^2=20,\end{cases}$ 求$\dfrac{dy}{dx}, \dfrac{dz}{dx}$;

(2) $\begin{cases}x^2+y^2-uv=0,\\ xy^2-u^2+v^2=0,\end{cases}$ 求$\dfrac{\partial u}{\partial x}, \dfrac{\partial u}{\partial y}, \dfrac{\partial v}{\partial x}, \dfrac{\partial v}{\partial y}$;

(3) $\begin{cases}u=f(ux, v+y),\\ v=g(u-x, v^2y),\end{cases}$ 其中 f, g 有一阶连续偏导数,求$\dfrac{\partial u}{\partial x}, \dfrac{\partial v}{\partial x}$.

5. 设 $y=f(x, t)$, $F(x, y, t)=0$, 其中 f, F 有连续一阶偏导数,证明

$$\frac{dy}{dx}=\frac{f_xF_t-f_tF_x}{F_t+f_tF_y}.$$

8.6 方向导数和梯度

一、方向导数

我们知道二元函数 $z=f(x, y)$ 的偏导数是函数对自变量的变化率,变化发生在与坐标轴平行的直线上. 但在实际问题中,有时要讨论函数沿某一方向或任意方向的变化率,例如预报某地的风向或风力就必须知道气压在该处沿各方向的变化率.

设 $z=f(x,y)$ 在点 $P_0(x_0,y_0)$ 的某一邻域内有定义，过 P_0 有一条射线，其方向是 $\boldsymbol{l}$（设从 x 轴正向到 $\boldsymbol{l}$ 的转角是 α），在射线上任取一点 P. 一般变化率是函数增量与自变量增量之比的极限，自然想到沿 $\boldsymbol{l}$ 方向的变化率应当是比值 $\dfrac{f(P)-f(P_0)}{P_0P}$ 当 P 趋于 P_0 时的极限（其中 P_0P 是两点间的距离）. 设射线的参数方程为

$$\begin{cases}x=x_0+t\cos\alpha,\\ y=y_0+t\sin\alpha\end{cases}\quad(t>0),$$

则 $PP_0=t$，所以

$$\frac{f(P)-f(P_0)}{P_0P}=\frac{f(x_0+t\cos\alpha,\ y_0+t\sin\alpha)-f(x_0,y_0)}{t}.$$

如果当 $t\to0^+$ 时，上式极限存在，就称此极限值为 $z=f(x,y)$ 在 P_0 处沿 $\boldsymbol{l}$ 的**方向导数**，记作 $\left.\dfrac{\partial z}{\partial\boldsymbol{l}}\right|_{\substack{x=x_0\\y=y_0}}$ $\left(\text{或记作}\left.\dfrac{\partial z}{\partial\boldsymbol{l}}\right|_{(x_0,y_0)},\ \dfrac{\partial f(x_0,y_0)}{\partial\boldsymbol{l}}\right)$，即

$$\left.\frac{\partial z}{\partial\boldsymbol{l}}\right|_{\substack{x=x_0\\y=y_0}}=\lim_{t\to0^+}\frac{f(x_0+t\cos\alpha,\ y_0+t\sin\alpha)-f(x_0,y_0)}{t}.$$

当 (x_0,y_0) 为区域内任意点 (x,y) 时，有

$$\frac{\partial z}{\partial\boldsymbol{l}}=\frac{\partial f}{\partial\boldsymbol{l}}=\lim_{t\to0^+}\frac{f(x+t\cos\alpha,\ y+t\sin\alpha)-f(x,y)}{t}.$$

注意这里是单侧极限，与偏导数有所区别. 当偏导数存在时，若取 $\boldsymbol{l}_1=(1,0)$ 是 x 轴正方向，则有

$$\frac{\partial f}{\partial\boldsymbol{l}_1}=\lim_{t\to0^+}\frac{f(x+t,y)-f(x,y)}{t}=\frac{\partial f}{\partial x};$$

当取 $\boldsymbol{l}_2=(-1,0)$ 为 x 轴负方向，有

$$\frac{\partial f}{\partial\boldsymbol{l}_2}=\lim_{t\to0^+}\frac{f(x-t,y)-f(x,y)}{t}=-\frac{\partial f}{\partial x}.$$

同样，沿 y 轴正方向的方向导数为 $\dfrac{\partial f}{\partial y}$，沿 y 轴负方向的方向导数为 $-\dfrac{\partial f}{\partial y}$.

注意一个函数的方向导数存在时，偏导数不一定存在. 例如函数 $z=\sqrt{x^2+y^2}$，不难验证在 $(0,0)$ 点沿任何方向的方向导数都是1，但该函数在 $(0,0)$ 点的偏导数不存在（该函数的图像是顶点在原点圆锥面，从几何上看单侧的方向导数可以有，但偏导数却不存在. 见8.2节中例子）.

二、方向导数的计算

上述例子说明,方向导数存在时偏导数不一定存在,更不能保证可微. 可见,可微不是方向导数存在的必要条件,而下面定理指出,可微是方向导数存在的充分条件.

定理 1 设函数 $z=f(x, y)$ 在点 $P_0(x_0, y_0)$ 可微,$\boldsymbol{l}$ 为一非零向量,$\boldsymbol{e}_l=(\cos\alpha, \sin\alpha)$ 是与 $\boldsymbol{l}$ 同方向的单位向量,则函数 $f(x, y)$ 在点 P_0 沿方向 $\boldsymbol{l}$ 的方向导数存在,且有

$$\left.\frac{\partial f}{\partial \boldsymbol{l}}\right|_{\substack{x=x_0\\y=y_0}}=f_x(x_0, y_0)\cos\alpha+f_y(x_0, y_0)\sin\alpha.$$

证 因为 $f(x, y)$ 在 P_0 可微,所以

$$f(x_0+\Delta x, y_0+\Delta y)-f(x_0, y_0)=f_x(x_0, y_0)\Delta x+f_y(x_0, y_0)\Delta y+o(\rho).$$

取 $\Delta x=t\cos\alpha$, $\Delta y=t\sin\alpha$, 则

$$\begin{aligned}&\lim_{t\to0^+}\frac{f(x_0+t\cos\alpha, y_0+t\sin\alpha)-f(x_0, y_0)}{t}\\&=\lim_{t\to0^+}\frac{f_x(x_0, y_0)t\cos\alpha+f_y(x_0, y_0)t\sin\alpha+o(t)}{t}\\&=f_x(x_0, y_0)\cos\alpha+f_y(x_0, y_0)\sin\alpha,\end{aligned}$$

即 $f(x, y)$ 在点 P_0 沿 $\boldsymbol{l}$ 的方向导数存在,且

$$\left.\frac{\partial f}{\partial \boldsymbol{l}}\right|_{\substack{x=x_0\\y=y_0}}=f_x(x_0, y_0)\cos\alpha+f_y(x_0, y_0)\sin\alpha.$$

方向导数的定义和计算公式可以推广到三元及三元以上的函数,下面以三元函数为例.

设 $\boldsymbol{l}$ 为空间的非零向量,$\boldsymbol{e}_l=(\cos\alpha, \cos\beta, \cos\gamma)$ 是与 $\boldsymbol{l}$ 同方向的单位向量,$u=f(x, y, z)$ 在点 $P(x, y, z)$ 处沿 $\boldsymbol{l}$ 的方向导数为

$$\frac{\partial u}{\partial \boldsymbol{l}}=\lim_{t\to0^+}\frac{f(x+t\cos\alpha, y+t\cos\beta, z+t\cos\gamma)-f(x, y, z)}{t}.$$

如果 $u=f(x, y, z)$ 在点 P 可微,则

$$\frac{\partial u}{\partial \boldsymbol{l}}=f_x(x, y, z)\cos\alpha+f_y(x, y, z)\cos\beta+f_z(x, y, z)\cos\gamma.$$

例 1 求 $f(x, y)=xy^2-4y$ 在点 $P(2, -1)$ 处沿从点 P 到点 $Q(3, 1)$ 的方向的方向导数.

解　$f_x = y^2, f_y = 2xy - 4, f_x(2, -1) = 1, f_y(2, -1) = -8,$

$$\boldsymbol{l} = \overrightarrow{PQ} = (1, 2), \quad \boldsymbol{e}_l = \left(\frac{1}{\sqrt{5}}, \frac{2}{\sqrt{5}}\right),$$

$$\left.\frac{\partial z}{\partial \boldsymbol{l}}\right|_{(2, -1)} = \left.\frac{\partial f}{\partial x}\right|_{(2, -1)} \cos\alpha + \left.\frac{\partial f}{\partial y}\right|_{(2, -1)} \sin\alpha = 1 \times \frac{1}{\sqrt{5}} + (-8) \times \frac{2}{\sqrt{5}}$$

$$= -\frac{15}{\sqrt{5}} = -3\sqrt{5}.$$

例 2　求 $u = x^2y + y^2z + z^2x$ 在点 $M(1, 1, 1)$ 处沿方向 $\boldsymbol{l} = (1, -2, 1)$ 的方向导数.

解　$u_x = 2xy + z^2, \ u_y = x^2 + 2yz, \ u_z = y^2 + 2zx,$

$$u_x(1, 1, 1) = 3, \ u_y(1, 1, 1) = 3, \ u_z(1, 1, 1) = 3, \ \boldsymbol{e}_l = \left(\frac{1}{\sqrt{6}}, -\frac{2}{\sqrt{6}}, \frac{1}{\sqrt{6}}\right),$$

$$\left.\frac{\partial u}{\partial \boldsymbol{l}}\right|_{(1, 1, 1)} = \left.\frac{\partial f}{\partial x}\right|_{(1, 1, 1)} \cos\alpha + \left.\frac{\partial f}{\partial y}\right|_{(1, 1, 1)} \cos\beta + \left.\frac{\partial f}{\partial z}\right|_{(1, 1, 1)} \cos\gamma$$

$$= 3 \times \frac{1}{\sqrt{6}} + 3 \times \left(-\frac{2}{\sqrt{6}}\right) + 3 \times \frac{1}{\sqrt{6}} = 0.$$

三、梯度

函数在给定点处沿不同方向的方向导数一般来说是不一样的,那么沿什么方向的方向导数最大呢?

事实上,二元函数方向导数的计算公式可以表示成两个向量的数量积的形式:

$$\frac{\partial f}{\partial \boldsymbol{l}} = f_x(x, y)\cos\alpha + f_y(x, y)\sin\alpha$$
$$= (f_x(x, y), f_y(x, y)) \cdot (\cos\alpha, \sin\alpha) = (f_x(x, y), f_y(x, y)) \cdot \boldsymbol{e}_l$$
$$= |(f_x(x, y), f_y(x, y))| \cdot |\boldsymbol{e}_l| \cdot \cos\langle (f_x(x, y), f_y(x, y)), \boldsymbol{e}_l \rangle.$$

显然当 $\langle (f_x(x, y), f_y(x, y)), \boldsymbol{e}_l \rangle = 0$ 时方向导数的值最大,即 $\boldsymbol{l}$ 与向量 $(f_x(x, y), f_y(x, y))$ 的方向一致时值最大. 称向量 $(f_x(x, y), f_y(x, y))$ 为函数 $f(x, y)$ 在点 $P(x, y)$ 处的梯度,记作 $\mathrm{grad} f(x, y)$ 或 $\nabla f(x, y)$(也可简记为 $\mathrm{grad} f$ 或 ∇f),即

$$\mathrm{grad} f(x, y) = \nabla f(x, y) = f_x(x, y)\boldsymbol{i} + f_y(x, y)\boldsymbol{j}.$$

利用梯度的记号,方向导数的计算公式可以写成

$$\frac{\partial f}{\partial l}=\nabla f(x,y)\cdot \boldsymbol{e}_l=|\nabla f(x,y)||\boldsymbol{e}_l|\cos\langle \nabla f(x,y),\boldsymbol{e}_l\rangle.$$

当$\boldsymbol{l}$与梯度方向一致时,相应的方向导数值最大,为梯度的模$|\nabla f(x,y)|$,梯度方向是在点(x,y)函数值增长最快的方向;当$\boldsymbol{l}$与梯度方向相反时,相应的方向导数值最小,为梯度模的相反数$-|\nabla f(x,y)|$,负梯度方向是在点(x,y)函数值下降最快的方向.

对三元或更多个变量的多元函数,也可引入梯度向量的概念. 例如对三元函数$u=f(x,y,z)$,可把向量$(f_x(x,y,z),f_y(x,y,z),f_z(x,y,z))$称为这个三元函数的梯度,记为$\mathrm{grad}f$或$\nabla f$,即

$$\nabla f(x,y,z)=\frac{\partial f}{\partial x}\boldsymbol{i}+\frac{\partial f}{\partial y}\boldsymbol{j}+\frac{\partial f}{\partial z}\boldsymbol{k}.$$

也可将f的方向导数计算写成向量形式:

$$\frac{\partial f}{\partial \boldsymbol{l}}=\nabla f\cdot \boldsymbol{e}_l.$$

例3 计算$\mathrm{grad}\dfrac{1}{x^2+y^2}$.

解 令$f(x,y)=\dfrac{1}{x^2+y^2}$,则$f_x=-\dfrac{2x}{(x^2+y^2)^2}$,$f_y=-\dfrac{2y}{(x^2+y^2)^2}$,所以

$$\mathrm{grad}f=-\frac{2x}{(x^2+y^2)^2}\boldsymbol{i}-\frac{2y}{(x^2+y^2)^2}\boldsymbol{j}.$$

例4 设$f(x,y,z)=x\sin(yz)$,求

(1) f的梯度;(2) 在点$(1,3,0)$沿方向$\boldsymbol{l}=\boldsymbol{i}+2\boldsymbol{j}-\boldsymbol{k}$的方向导数.

解 (1) 因为$f_x=\sin(yz)$,$f_y=xz\cos(yz)$,$f_z=xy\cos(yz)$,所以

$$\mathrm{grad}f=(\sin(yz),xz\cos(yz),xy\cos(yz));$$

(2) 在点$(1,3,0)$处,$\nabla f(1,3,0)=(0,0,3)$,$\boldsymbol{e}_l=\left(\dfrac{1}{\sqrt6},\dfrac{2}{\sqrt6},-\dfrac{1}{\sqrt6}\right)$,所以

$$\begin{aligned}\frac{\partial f(1,3,0)}{\partial \boldsymbol{l}}&=\nabla f(1,3,0)\cdot \boldsymbol{e}_l=(0,0,3)\cdot\left(\frac{1}{\sqrt6},\frac{2}{\sqrt6},-\frac{1}{\sqrt6}\right)\\&=3\left(-\frac{1}{\sqrt6}\right)=-\frac{\sqrt6}{2}.\end{aligned}$$

一般来说,二元函数$z=f(x,y)$在空间是一个曲面,这个曲面被平面$z=c$所截得的曲线L的方程为

$$\begin{cases}z=f(x,\ y),\\ z=c.\end{cases}$$

这条曲线在 xOy 平面上的投影是一条平面曲线 L^*，它在 xOy 平面直角坐标系上的方程是

$$f(x,\ y)=c.$$

曲线 L^* 上任一点的函数值都是 c，因此称平面曲线 L^* 是函数 $z=f(x,\ y)$ 的**等高线**.

在等高线 $f(x,\ y)=c$ 上任一点 $P(x,\ y)$ 处的法线斜率为

$$-\frac{1}{\frac{\mathrm{d}y}{\mathrm{d}x}}=-\frac{1}{\left(-\frac{f_x}{f_y}\right)}=\frac{f_y}{f_x},$$

因此 $(f_x,\ f_y)$ 为法线的方向. 由此可见，$z=f(x,\ y)$ 在点 $(x,\ y)$ 的梯度方向与过点 P 的等高线 $f(x,\ y)=c$ 在这点的法线方向的一个方向相同，并且梯度方向是从数值较低的等高线指向数值较高的等高线(图 8.8).

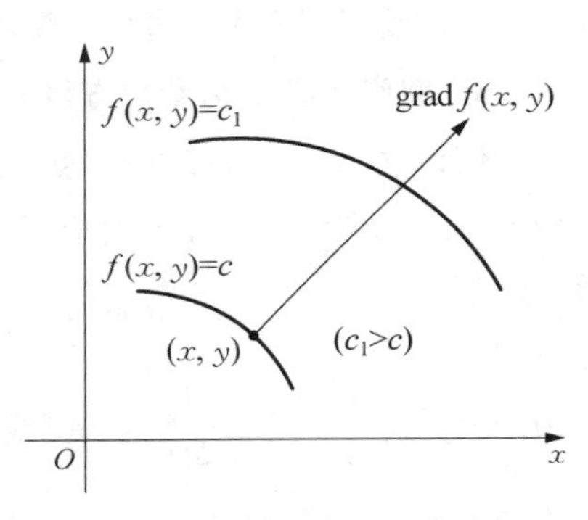

图 8.8

对于三元函数 $u=f(x,\ y,\ z)$，如果引进曲面 $f(x,\ y,\ z)=c$ 为函数 $u=f(x,\ y,\ z)$ 的等量面的概念，可得 $u=f(x,\ y,\ z)$ 在点 $P(x,\ y,\ z)$ 的梯度方向与过点 P 的等量面 $f(x,\ y,\ z)=c$ 上这点的法线的一个方向相同，是从数值较低的等量面指向数值较高的等量面.

习题 8.6

8.6 学习要点

1. 求函数 $z=\ln(x+y)$ 在点 $(1,\ 2)$ 处沿从点 $(1,\ 2)$ 到点 $(2,\ 2+\sqrt{3})$ 的方向导数.

2. 求下列函数在指定点沿指定方向 $\boldsymbol{l}$ 的方向导数：

(1) $z=x\arctan\dfrac{y}{x}$, $P(1,\ 1)$, $\boldsymbol{l}=(2,\ 1)$；

(2) $u=\mathrm{e}^x\cos yz$, $P(0,\ 1,\ 0)$, $\boldsymbol{l}=(2,\ 1,\ -2)$；

(3) $u=\ln r$，其中 $r=\sqrt{x^2+y^2+z^2}$, $P(3,\ 4,\ 12)$, $\boldsymbol{l}=(3,\ 6,\ -2)$.

3. 求下列函数在指定点的梯度：

(1) $f(x,\ y)=\ln(x^2+xy+y^2)$, $P(1,\ -1)$；

(2) $f(x,\ y,\ z)=x^2+2y^2+3z^2+xy+3x-2y-6z$, $P(1,\ 1,\ 1)$.

4. 求函数 $f(x,\ y)=x^2-xy+y^2$ 在点 $P_0(1,\ 1)$ 处的最大方向导数.

8.7 多元函数微分学的几何应用

一、空间曲线的切线和法平面

设 Γ 是空间一条曲线, M_0 是 Γ 上的一个定点, M 是 Γ 上任意一点,过 M_0 和 M 的直线 M_0M 称为曲线 Γ 的割线. 当动点 M 沿曲线 Γ 趋于定点 M_0 时,如果割线 M_0M 存在极限位置 M_0T, 则称直线 M_0T 为曲线 Γ 在点 M_0 处的切线,过点 M_0 且与切线 M_0T 垂直的平面 π 称为曲线 Γ 在点 M_0 的法平面(图 8.9).

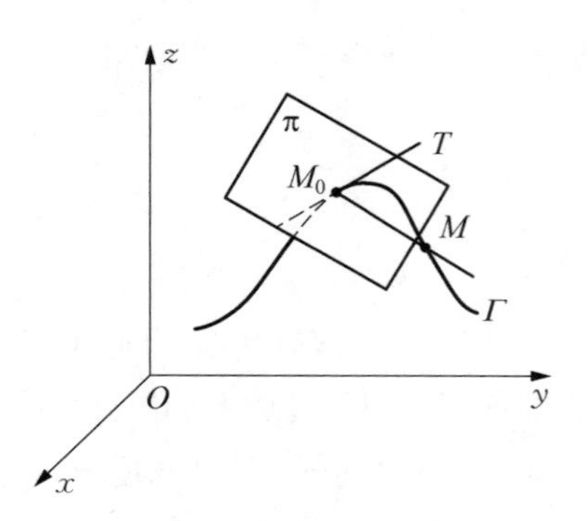

图 8.9

下面就不同形式的曲线方程来建立切线与法平面的方程.

1. 空间曲线 Γ 为参数方程 $x=x(t)$, $y=y(t)$, $z=z(t)$

假设这三个函数都可导,点 $M_0(x_0, y_0, z_0) \in \Gamma$ 对应于参数 $t=t_0$, 动点 $M(x, y, z)$ 对应于参数 $t=t_0+\Delta t$, 则

$$\overrightarrow{M_0M}=(x-x_0, y-y_0, z-z_0)=(\Delta x, \Delta y, \Delta z),$$

$\Delta t \neq 0$, 故 $\left(\frac{\Delta x}{\Delta t}, \frac{\Delta y}{\Delta t}, \frac{\Delta z}{\Delta t}\right)$ 也是割线 M_0M 的方向向量. 当 M 沿曲线 Γ 趋于 M_0 时, $\Delta t \to 0$,割线 M_0M 方向向量的极限为直线 M_0T 的方向向量,称为切向量,记为 $\boldsymbol{s}$,即

$$\boldsymbol{s}=(x'(t_0), y'(t_0), z'(t_0)).$$

由第 7 章知识得到,曲线 Γ 在点 M_0 的切线 M_0T 的方程为

$$\frac{x-x_0}{x'(t_0)}=\frac{y-y_0}{y'(t_0)}=\frac{z-z_0}{z'(t_0)};$$

曲线 Γ 在点 M_0 的法平面的方程为

$$x'(t_0)(x-x_0)+y'(t_0)(y-y_0)+z'(t_0)(z-z_0)=0.$$

例 1 求曲线 $x=t$, $y=t^2$, $z=t^3$ 在点(1, 1, 1)处的切线及法平面方程.

解 因为 $x'(t)=1$, $y'(t)=2t$, $z'(t)=3t^2$, 点(1, 1, 1)对应的参数 $t=1$,所以 $\boldsymbol{s}=(1, 2, 3)$, 切线方程为

$$\frac{x-1}{1}=\frac{y-1}{2}=\frac{z-1}{3},$$

法平面方程为 $(x-1)+2(y-1)+3(z-1)=0$, 即

$$x + 2y + 3z - 6 = 0.$$

2. 空间曲线Γ 的方程为 $y = y(x)$, $z = z(x)$

假设这两个函数都可导,点 $M_0(x_0, y_0, z_0) \in \Gamma$ 对应于 $x = x_0$. 取 x 为参数,则曲线的参数方程为

$$x = x, \quad y = y(x), \quad z = z(x).$$

由情形 1 的结论,曲线在点 M_0 的切向量为$(1, y'(x_0), z'(x_0))$,切线方程为

$$\frac{x - x_0}{1} = \frac{y - y_0}{y'(x_0)} = \frac{z - z_0}{z'(x_0)},$$

法平面方程为

$$(x - x_0) + y'(x_0)(y - y_0) + z'(x_0)(z - z_0) = 0.$$

3. 空间曲线Γ 的方程为 $\begin{cases} F(x, y, z) = 0, \\ G(x, y, z) = 0 \end{cases}$

设函数 $F(x, y, z)$, $G(x, y, z)$ 都有一阶连续偏导数,点 $M_0(x_0, y_0, z_0) \in \Gamma$, 在点 M_0 处雅可比行列式

$$m = \left.\frac{\partial(F, G)}{\partial(y, z)}\right|_{M_0}, \quad n = \left.\frac{\partial(F, G)}{\partial(z, x)}\right|_{M_0}, \quad p = \left.\frac{\partial(F, G)}{\partial(x, y)}\right|_{M_0}$$

不全为零. 此处用 $\left.\frac{\partial(F, G)}{\partial(y, z)}\right|_{M_0}$ 表示雅可比行列式 $\begin{vmatrix} F_y & F_z \\ G_y & G_z \end{vmatrix}$ 在点 M_0 处的值,后两个类似.

不妨设 $m = \frac{\partial(F, G)}{\partial(y, z)} \neq 0$, 由隐函数存在定理,所给方程组在 M_0 的某一个邻域内唯一确定一对单值有连续一阶导数的函数 $y = y(x)$ 和 $z = z(x)$, 且有

$$y'(x_0) = -\frac{\left.\frac{\partial(F, G)}{\partial(x, z)}\right|_{M_0}}{\left.\frac{\partial(F, G)}{\partial(y, z)}\right|_{M_0}} = \frac{\left.\frac{\partial(F, G)}{\partial(z, x)}\right|_{M_0}}{\left.\frac{\partial(F, G)}{\partial(y, z)}\right|_{M_0}} = \frac{n}{m},$$

$$z'(x_0) = -\frac{\left.\frac{\partial(F, G)}{\partial(y, x)}\right|_{M_0}}{\left.\frac{\partial(F, G)}{\partial(y, z)}\right|_{M_0}} = \frac{\left.\frac{\partial(F, G)}{\partial(x, y)}\right|_{M_0}}{\left.\frac{\partial(F, G)}{\partial(y, z)}\right|_{M_0}} = \frac{p}{m}.$$

将曲线看成参数方程 $x = x$, $y = y(x)$, $z = z(x)$, 则曲线 Γ 在 M_0 处的切向量为

$$(1, y'(x_0), z'(x_0)) = \left(1, \frac{n}{m}, \frac{p}{m}\right).$$

一般取切向量 $\boldsymbol{s}=(m, n, p)$，可得切线方程为

$$\frac{x-x_0}{m}=\frac{y-y_0}{n}=\frac{z-z_0}{p},$$

法平面方程为

$$m(x-x_0)+n(y-y_0)+p(z-z_0)=0.$$

m, n, p 中任何一个不为零都可得到同样结论.

例 2 求曲线 $x^2+y^2+z^2=6, x+y+z=0$ 在点$(1, -2, 1)$处的切线和法平面方程.

解 $F(x, y, z)=x^2+y^2+z^2-6, G(x, y, z)=x+y+z, M_0(1, -2, 1)$,

$$m=\begin{vmatrix}2y & 2z\\ 1 & 1\end{vmatrix}_{M_0}=2\times(-2)-2=-6,\quad n=\begin{vmatrix}2z & 2x\\ 1 & 1\end{vmatrix}_{M_0}=2-2=0,$$

$$p=\begin{vmatrix}2x & 2y\\ 1 & 1\end{vmatrix}_{M_0}=2-2\times(-2)=6,\ (m, n, p)=(-6, 0, 6).$$

取切向量 $\boldsymbol{s}=(1, 0, -1)$，得切线方程为

$$\frac{x-1}{1}=\frac{y+2}{0}=\frac{z-1}{-1};$$

法平面方程为 $(x-1)-(z-1)=0$，即 $x-z=0$.

二、曲面的切平面与法线

我们就不同形式的曲面方程来讨论曲面的切平面与法线.

1. 曲面 Σ 的方程为 $F(x, y, z)=0$

设点 $M_0(x_0, y_0, z_0)\in\Sigma$，函数 $F(x, y, z)$的一阶偏导数在该点连续且不同时为零.

在曲面 Σ 上，过点 M_0 作一条曲线 Γ. 设 Γ 的参数方程为

$$x=x(t),\quad y=y(t),\quad z=z(t).$$

$M_0(x_0, y_0, z_0)$对应参数 $t=t_0$，并且 $x'(t_0), y'(t_0), z'(t_0)$不全为零，则这条曲线的切线方程为

$$\frac{x-x_0}{x'(t_0)}=\frac{y-y_0}{y'(t_0)}=\frac{z-z_0}{z'(t_0)}.$$

因为曲线 Γ 在曲面 Σ 上，有

$$F(x(t), y(t), z(t))\equiv 0.$$

在恒等式两边对 t 求导，得 $F_x x' + F_y y' + F_z z' = 0$. 在点 M_0 有

$$F_x(x_0, y_0, z_0)x'(t_0) + F_y(x_0, y_0, z_0)y'(t_0) + F_z(x_0, y_0, z_0)z'(t_0) = 0.$$

记 $\boldsymbol{n} = (F_x(x_0, y_0, z_0), F_y(x_0, y_0, z_0), F_z(x_0, y_0, z_0))$，$\boldsymbol{s} = (x'(t_0), y'(t_0), z'(t_0))$，上式可写成

$$\boldsymbol{n} \cdot \boldsymbol{s} = 0.$$

$\boldsymbol{s}$ 是曲线 Γ 的切向量，曲线 Γ 可以是曲面上经过 M_0 的任一条曲线，由此可得曲面上所有经过 M_0 的曲线的切向量都与 $\boldsymbol{n}$ 垂直，这些切向量在同一个平面上，称这个平面为曲面 Σ 在点 M_0 的切平面，平面法向量为 $\boldsymbol{n}$（图 8.10）. 过点 M_0 垂直于切平面的直线称为曲面 Σ 在点 M_0 的法线. 由此可得曲面 Σ 的切平面方程是

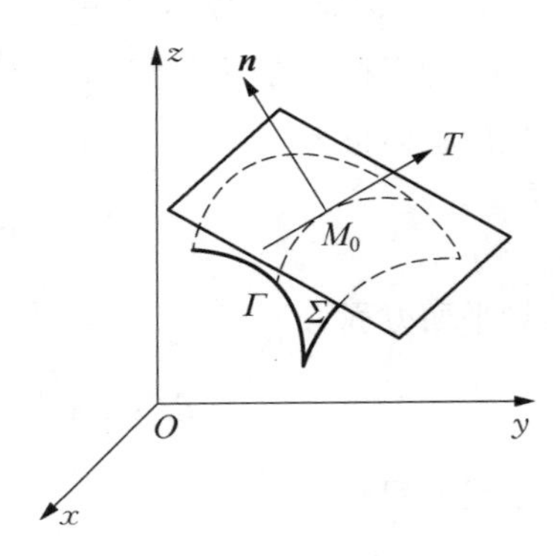

图 8.10

$$F_x(x_0, y_0, z_0)(x - x_0) + F_y(x_0, y_0, z_0)(y - y_0) + F_z(x_0, y_0, z_0)(z - z_0) = 0;$$

法线方程是

$$\frac{x - x_0}{F_x(x_0, y_0, z_0)} = \frac{y - y_0}{F_y(x_0, y_0, z_0)} = \frac{z - z_0}{F_z(x_0, y_0, z_0)}.$$

可以看出曲面 $F(x, y, z) = 0$ 在点 M_0 的法向量 $\boldsymbol{n}$ 就是函数 $F(x, y, z)$ 在点 M_0 的梯度方向.

例 3　求椭球面 $\dfrac{x^2}{a^2} + \dfrac{y^2}{b^2} + \dfrac{z^2}{c^2} = 1$ 在其上一点 $M_0(x_0, y_0, z_0)$ 处的切平面方程和法线方程.

解　$F(x, y, z) = \dfrac{x^2}{a^2} + \dfrac{y^2}{b^2} + \dfrac{z^2}{c^2} - 1$，$\nabla F(x, y, z) = \left(\dfrac{2x}{a^2}, \dfrac{2y}{b^2}, \dfrac{2z}{c^2}\right)$，在点 M_0 处取法向量 $\boldsymbol{n} = \left(\dfrac{x_0}{a^2}, \dfrac{y_0}{b^2}, \dfrac{z_0}{c^2}\right)$，切平面方程为

$$\frac{x_0}{a^2}(x - x_0) + \frac{y_0}{b^2}(y - y_0) + \frac{z_0}{c^2}(z - z_0) = 0.$$

注意到 $\dfrac{x_0^2}{a^2} + \dfrac{y_0^2}{b^2} + \dfrac{z_0^2}{c^2} = 1$，上式可化简为

$$\frac{x_0 x}{a^2} + \frac{y_0 y}{b^2} + \frac{z_0 z}{c^2} = 1.$$

法线方程为

$$\frac{x-x_0}{\frac{x_0}{a^2}}=\frac{y-y_0}{\frac{y_0}{b^2}}=\frac{z-z_0}{\frac{z_0}{c^2}}.$$

2. 曲面Σ 方程为 $z=f(x, y)$

设点 $M_0(x_0, y_0, z_0)\in\Sigma$,其中 $z_0=f(x_0, y_0)$,函数 $f(x, y)$ 在 (x_0, y_0) 有连续一阶偏导数.

我们把方程写成 $F(x, y, z)=f(x, y)-z=0$,根据情形 1 的结论知,曲面 Σ 在点 (x_0, y_0, z_0) 处的法向量为

$$\boldsymbol{n}=(f_x(x_0, y_0), f_y(x_0, y_0), -1),$$

切平面方程为

$$f_x(x_0, y_0)(x-x_0)+f_y(x_0, y_0)(y-y_0)-(z-z_0)=0,$$

法线方程为

$$\frac{x-x_0}{f_x(x_0, y_0)}=\frac{y-y_0}{f_y(x_0, y_0)}=\frac{z-z_0}{-1}.$$

例 4 求旋转抛物面 $z=x^2+y^2-1$ 在点 $(2, 1, 4)$ 处的切平面与法线方程.

解 $f(x, y)=x^2+y^2-1$, $f_x=2x$, $f_y=2y$, 在点 $M_0(2, 1, 4)$ 处法向量 $\boldsymbol{n}=(4, 2, -1)$, 切平面方程为 $4(x-2)+2(y-1)-(z-4)=0$, 即

$$4x+2y-z-6=0;$$

法线方程为

$$\frac{x-2}{4}=\frac{y-1}{2}=\frac{z-4}{-1}.$$

8.7 学习要点

习题 8.7

1. 求下列曲线在指定点处的切线与法平面方程:

(1) $x=(t+1)^2$, $y=t^3$, $z=\sqrt{1+t^2}$, $(1, 0, 1)$;

(2) $y^2=2mx$, $z^2=m-x$, (x_0, y_0, z_0);

(3) $\begin{cases}x^2+y^2+z^2=a^2,\\ x^2+y^2=ax,\end{cases}$ $(0, 0, a)$.

2. 求曲线 $x=t$, $y=t^2$, $z=t^3$ 上的点,使曲线在该点的切线与平面 $x+2y+z=4$ 平行.

3. 求下列曲面在指定点处的切平面和法线方程:

(1) $e^x + xy + z = 3$, $(0, 1, 2)$;

(2) $z = \arctan\dfrac{y}{x}$, $\left(1, 1, \dfrac{\pi}{4}\right)$;

(3) $x = e^{2y-z}$, $(1, 1, 2)$.

4. 求曲面 $z = \dfrac{x^2}{2} + y^2$ 平行于平面 $2x + 2y - z = 6$ 的切平面方程.

8.8　多元函数的极值及其求法

一、多元函数的极值及最大值、最小值

1. 极值

将一元函数的极值的定义推广到多元函数时,只要将 x_0 改为 P_0 即可.

定义1　设多元函数 $f(P)$ 在点 P_0 的某个邻域 $U(P_0)$ 内有定义,若对任意 $P \in U(P_0)$ 有

$$f(P) \leqslant f(P_0) \quad (\text{或} f(P) \geqslant f(P_0)),$$

则称 $f(P_0)$ 为多元函数 $f(P)$ 的一个极大值(或极小值),并称点 P_0 为 $f(P)$ 的一个极大值点(或极小值点).

例如函数 $z = \sqrt{x^2 + y^2}$ 在点 $(0, 0)$ 取到极小值 $z(0, 0) = 0$,函数 $z = 1 - x^2 - y^2$ 在 $(0, 0)$ 取到极大值 $z(0, 0) = 1$;函数 $z = xy$ 在点 $(0, 0)$ 既取不到极大值又取不到极小值, $(0, 0)$ 不是 $z = xy$ 的极值点.

在一元函数中,如果 $y = f(x)$ 在 $x = x_0$ 取到极值并且 $f'(x)$ 存在,则必有 $f'(x_0) = 0$,推广到多元函数则是偏导数为零.

定理1(必要条件)　设函数 $z = f(x, y)$ 在点 (x_0, y_0) 存在一阶偏导数,且函数在点 (x_0, y_0) 处有极值,则

$$f_x(x_0, y_0) = 0, \quad f_y(x_0, y_0) = 0.$$

证　函数 $f(x, y)$ 在 (x_0, y_0) 取到极值,固定 y_0,则一元函数 $g(x) = f(x, y_0)$ 在 $x = x_0$ 也取到极值. 当 $f(x, y)$ 在 (x_0, y_0) 有一阶偏导数时, $g(x)$ 在 $x = x_0$ 可导,由一元函数取到极值的必要条件,有

$$g'(x_0) = \left.\frac{df(x, y_0)}{dx}\right|_{x = x_0} = f_x(x_0, y_0) = 0.$$

同理有

$$f_y(x_0, y_0)=0.$$

可将此结论推广到三元及三元以上函数的情况,一般多元函数$f(P)$若在点P_0存在一阶偏导数,并且在P_0取得极值,则$f(P)$在P_0的一阶偏导数均为零,$\left.\frac{\partial f(P)}{\partial x_i}\right|_{P=P_0}=0\ (i=1, 2, \cdots, n)$,即在该点梯度为零,$\nabla f(P_0)=0$. 我们称梯度是零的点为**驻点**.

与一元函数一样,偏导数存在的极值点一定是驻点,但驻点不一定是极值点. 例如对于函数$z=xy$,易见$(0, 0)$是它的驻点,但不是它的极值点. 如何判别驻点是否为极值点呢?

定理2(充分条件) 设函数$z=f(x, y)$在点(x_0, y_0)的某个邻域内有二阶连续偏导数,又$f_x(x_0, y_0)=0$, $f_y(x_0, y_0)=0$. 记

$$f_{xx}(x_0, y_0)=A,\quad f_{xy}(x_0, y_0)=B,\quad f_{yy}(x_0, y_0)=C,$$

则

(1) $AC-B^2>0$时,函数有极值,且$A<0$时有极大值,$A>0$时有极小值;

(2) $AC-B^2<0$时没有极值;

(3) $AC-B^2=0$时可能有极值,也可能没有极值.

定理的证明放在下一节. 此定理启示人们求二元函数极值时,可分两步进行:

第一步 利用一阶偏导数等于零求出所有驻点;

第二步 求出驻点的二阶偏导数值,根据定理2进行判断.

例1 求函数$f(x, y)=x^3-y^3+3x^2+3y^2-9x$的极值.

解 先解方程组

$$\begin{cases} f_x(x, y)=3x^2+6x-9=0, \\ f_y(x, y)=-3y^2+6y=0, \end{cases}$$

求出全部驻点为$(1, 0)$, $(1, 2)$, $(-3, 0)$, $(-3, 2)$. 再求二阶偏导数:

$$f_{xx}(x, y)=6x+6,\quad f_{xy}(x, y)=0,\quad f_{yy}(x, y)=-6y+6.$$

在点$(1, 0)$处,$AC-B^2=12\times 6-0>0$, $A=12>0$,所以函数在$(1, 0)$有极小值$f(1, 0)=-5$;

在点$(1, 2)$处,$AC-B^2=12\times(-6)-0<0$,所以$(1, 2)$不是极值点;

在点$(-3, 0)$处,$AC-B^2=(-12)\times 6-0<0$,所以$(-3, 0)$不是极值点;

在点$(-3, 2)$处，$AC-B^2=(-12)\times(-6)-0>0$，$A=-12<0$，函数在$(-3, 2)$有极大值$f(-3, 2)=31$.

在偏导数不存在的点，函数也有可能取得极值，如函数$f(x, y)=\sqrt{x^2+y^2}$在点$(0, 0)$取得极小值，但在$(0, 0)$点偏导数不存在. 故在求函数极值时，除了考虑驻点外，还要考虑偏导数不存在的点.

2. 最大值与最小值

与一元函数类似，可以利用函数的极值来求该函数的最大值和最小值. 如果多元函数$f(P)$在有界闭区域Ω上连续，则在Ω上一定有最大值和最小值. 如果$f(P)$在区域Ω内部的点P取到最值，则该点一定是极值点，所以可以用下述方法求$f(P)$在Ω上的最大值与最小值：

(1) 求出$f(P)$在Ω内部所有的驻点及偏导数不存在的点，计算这些点上的函数值；

(2) 求出$f(P)$在Ω边界上的最大值和最小值；

(3) 将上述这些函数值进行比较，其中最大的就是$f(P)$在Ω上的最大值，最小的就是$f(P)$在Ω上的最小值.

在实际问题中，区域Ω不一定是闭区域，也不一定有界，无法利用连续函数在有界闭区域上的性质来判定函数一定有最值. 但是根据实际问题，如果知道在区域Ω上存在最大值(或最小值)，并且可以判断这个最值在Ω内部取到，那么当$f(P)$在Ω内部只有唯一驻点时，就可以肯定该驻点就是函数在Ω上的最大值(或最小值).

例2 设区域D由x轴、y轴及直线$x+y=6$围成的三角形区域，求函数$z=f(x, y)=x^2y(4-x-y)$在D上的最大值和最小值.

解 解方程组

$$\begin{cases} f_x(x, y)=2xy(4-x-y)-x^2y=0, \\ f_y(x, y)=x^2(4-x-y)-x^2y=0, \end{cases}$$

得$f(x, y)$在D内的唯一驻点$(2, 1)$，$f(2, 1)=4$.

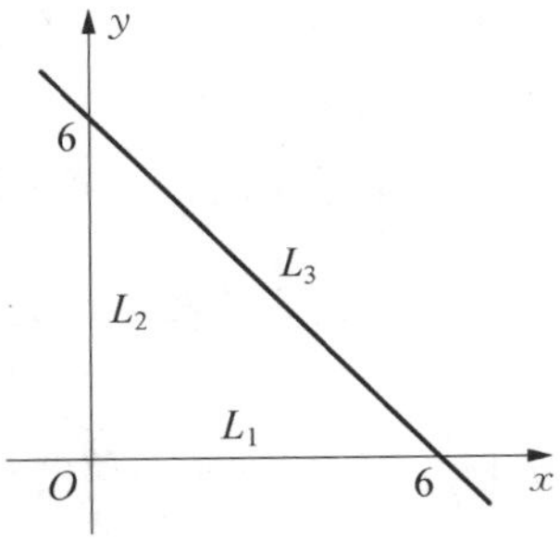

D的边界如图8.11所示由三条线段L_1，L_2和L_3组成.

图8.11

在L_1上，$y=0$，$0\leqslant x\leqslant 6$，$f(x, y)\equiv 0$；

在L_2上，$x=0$，$0\leqslant y\leqslant 6$，$f(x, y)\equiv 0$；

在L_3上，$y=6-x$，$0\leqslant x\leqslant 6$，$z=\varphi(x)=2x^3-12x^2$，

$\varphi'(x)=6x^2-24x$. 令$\varphi'(x)=0$得$x=0$或$x=4$. $\varphi(0)=0$，$\varphi(4)=-64$，$\varphi(6)=0$，所以$f(x, y)$在L_3上最大值为0，最小值为-64.

所以$f(x, y)$在D上最大值为4，在$(2, 1)$点取到，最小值为-64，在$(4, 2)$取到.

例 3 设某工厂要用钢板做一体积为 V 的无盖长方形水箱,怎样选取长、宽、高的尺寸才能使用料最省?

解 设水箱的长、宽、高分别为 x, y, z,则高 $z=\frac{V}{xy}$,水箱的表面积

$$S(x, y)=xy+2(x+y)\frac{V}{xy}=xy+2V\left(\frac{1}{y}+\frac{1}{x}\right)\quad(x>0, y>0),$$

问题变为求函数 $S(x, y)$ 在区域 $D: x>0, y>0$ 上的最小值问题. 解方程组

$$\begin{cases}S_x=y-\dfrac{2V}{x^2}=0,\\ S_y=x-\dfrac{2V}{y^2}=0,\end{cases}$$

但 D 内唯一驻点 $x_0=y_0=\sqrt[3]{2V}$. 根据问题的实际意义, $S(x, y)$ 在 D 内一定存在最小值,故可断定 $S(x_0, y_0)$ 就是最小值. 所以当长宽都是 $\sqrt[3]{2V}$,高为 $\sqrt[3]{\frac{V}{4}}$ 时,水箱用料最省.

二、条件极值与拉格朗日乘数法

上面讨论的极值问题,对于自变量除了限制在定义域内取值外没有其他要求,这种极值称为无条件极值.

在实际问题中,经常会遇到对自变量增加其他要求的情况,即自变量除了必须限制在定义域内,还要受到其他条件的约束,这种带有约束条件的函数极值称为条件极值. 例如前面的例 3 可以看成是求 $f(x, y, z)=xy+2(x+y)z$ 在定义域 $x>0, y>0, z>0$ 内满足约束条件 $xyz=V$ 的条件极值问题.

解决这类问题的基本思想是将条件极值转化为无条件极值来处理.

前面例 3 的做法是从 $xyz=V$ 解出 $z=\frac{V}{xy}$,代入 $f(x, y, z)$,再求 $s(x, y)=f\left(x, y, \frac{V}{xy}\right)=xy+2V\left(\frac{1}{x}+\frac{1}{y}\right)$ 在定义域 $x>0, y>0$ 内的无条件极值. 这种方法的实质是将约束条件所确定的隐函数求出来,但这并非总是可行的. 下面介绍一种有效的求解条件极值的方法——**拉格朗日(Lagrange)乘数法**.

首先从比较简单的三元函数、一个约束条件入手,找出一般方法.

定理 3 设函数 $f(x, y, z)$, $\varphi(x, y, z)$ 在点 $P_0(x_0, y_0, z_0)$ 的某个邻域内有连续一阶偏导数, $\nabla\varphi(x_0, y_0, z_0)\neq\mathbf{0}$. 若 P_0 是目标函数 $f(x, y, z)$ 在约束条件 $\varphi(x, y, z)=0$ 下的极值点,则存在 λ 使

$$\begin{cases} f_x(x_0, y_0, z_0) + \lambda \varphi_x(x_0, y_0, z_0) = 0, \\ f_y(x_0, y_0, z_0) + \lambda \varphi_y(x_0, y_0, z_0) = 0, \\ f_z(x_0, y_0, z_0) + \lambda \varphi_z(x_0, y_0, z_0) = 0, \end{cases}$$

即

$$\nabla f(x_0, y_0, z_0) + \lambda \nabla \varphi(x_0, y_0, z_0) = \mathbf{0}.$$

证　设 $\varphi(x, y, z)=0$ 所确定的曲面为 Σ，则 $P_0 \in \Sigma$. 设 Γ: $x=x(t)$, $y=y(t)$, $z=z(t)$ 是 Σ 上过点 P_0 的任意一条光滑曲线，且 P_0 对应 t_0，则 $f(x(t), y(t), z(t))$ 在点 t_0 取得极值，于是有

$$\frac{\mathrm{d}}{\mathrm{d}t} f(x(t), y(t), z(t)) \Big|_{t=t_0} = 0,$$

即

$$f_x(x_0, y_0, z_0)x'(t_0) + f_y(x_0, y_0, z_0)y'(t_0) + f_z(x_0, y_0, z_0)z'(t_0) = 0.$$

记 $\boldsymbol{s} = (x'(t_0), y'(t_0), z'(t_0))$，它是曲线 Γ 在点 P_0 的切向量，上式可写成

$$\nabla f(x_0, y_0, z_0) \cdot \boldsymbol{s} = 0.$$

因为曲线 Γ 是 Σ 上任意一条过 P_0 的曲线，所以 $\nabla f(x_0, y_0, z_0)$ 垂直于曲面 Σ 在点 P_0 的切平面. 因 $\nabla \varphi(x_0, y_0, z_0)$ 是曲面 Σ 在点 P_0 的法向量，故 $\nabla f(x_0, y_0, z_0)$ 与 $\nabla \varphi(x_0, y_0, z_0)$ 平行. 又 $\nabla \varphi(x_0, y_0, z_0) \neq 0$，所以存在 λ 使 $\nabla f(x_0, y_0, z_0) = -\lambda \nabla \varphi(x_0, y_0, z_0)$，即

$$\nabla f(x_0, y_0, z_0) + \lambda \nabla \varphi(x_0, y_0, z_0) = 0.$$

因为 P_0 在 Σ 上，P_0 还应满足 $\varphi(x_0, y_0, z_0) = 0$，由此可知 P_0 应该是方程组

$$\begin{cases} f_x(x, y, z) + \lambda \varphi_x(x, y, z) = 0, \\ f_y(x, y, z) + \lambda \varphi_y(x, y, z) = 0, \\ f_z(x, y, z) + \lambda \varphi_z(x, y, z) = 0, \\ \varphi(x, y, z) = 0 \end{cases}$$

的解. 引进辅助函数

$$L(x, y, z, \lambda) = f(x, y, z) + \lambda \varphi(x, y, z),$$

方程组各个方程依次是辅助函数对 x, y, z, λ 的偏导数，我们称这个辅助函数为**拉格朗日函数**，λ 为**拉格朗日乘数**.

由此我们得到，若 P_0 是目标函数 $f(x, y, z)$ 在约束条件 $\varphi(x, y, z) = 0$ 下的极值点，且

$\nabla\varphi(x_0, y_0, z_0) \neq 0$ 时，P_0 一定是相应拉格朗日函数

$$L(x, y, z, \lambda) = f(x, y, z) + \lambda\varphi(x, y, z)$$

的驻点.

需要注意的是，条件极值问题并没有完全转化为拉格朗日函数的无约束极值问题，在判断该可能极值点是不是极值点时，不能用无约束极值问题的判别方法，而要根据实际问题的性质来判定.

例 4 在椭球面 $\frac{x^2}{a^2}+\frac{y^2}{b^2}+\frac{z^2}{c^2}=1$ $(a>0, b>0, c>0)$ 上位于第一卦限的部分求一点 P，使过点 P 的切平面与三个坐标平面所围成的四面体体积最小.

解 设 P 点坐标为 (x, y, z)，由例 3 知，过 P 点的切平面方程为

$$\frac{xX}{a^2}+\frac{yY}{b^2}+\frac{zZ}{c^2}=1,$$

其中 x, y, z 是常量，X, Y, Z 为变量. 这个平面在三个坐标轴上截距分别为 $\frac{a^2}{x}, \frac{b^2}{y}, \frac{c^2}{z}$，从而切平面与三个坐标轴围成的四面体体积为

$$V=\frac{1}{6}\frac{a^2b^2c^2}{xyz}\ (x>0, y>0, z>0).$$

要使 V 最小，只要 xyz 最大. 又 $P(x, y, z)$ 在椭球面上，所以约束条件为 $\frac{x^2}{a^2}+\frac{y^2}{b^2}+\frac{z^2}{c^2}=1$，从而得到拉格朗日函数

$$L(x, y, z, \lambda)=xyz+\lambda\left(\frac{x^2}{a^2}+\frac{y^2}{b^2}+\frac{z^2}{c^2}-1\right).$$

解方程组

$$\begin{cases} L_x = yz + \frac{2\lambda x}{a^2} = 0, \\ L_y = xz + \frac{2\lambda y}{b^2} = 0, \\ L_z = xy + \frac{2\lambda z}{c^2} = 0, \\ L_\lambda = \frac{x^2}{a^2}+\frac{y^2}{b^2}+\frac{z^2}{c^2}-1=0, \end{cases}$$

由前三个方程可得 $\frac{x^2}{a^2}=\frac{y^2}{b^2}=\frac{z^2}{c^2}$，代入第四个方程可得

$$x=\frac{a}{\sqrt{3}},\quad y=\frac{b}{\sqrt{3}},\quad z=\frac{c}{\sqrt{3}}\text{（不必求出 }\lambda\text{）},$$

这是问题的唯一可能极值点. 根据问题的实际情况知所求最小体积一定存在，所以使所求体积最小的点为

$$P\left(\frac{a}{\sqrt{3}},\frac{b}{\sqrt{3}},\frac{c}{\sqrt{3}}\right),$$

最小体积为

$$V=\frac{\sqrt{3}}{2}abc.$$

我们称利用拉格朗日函数求解条件极值的方法为**拉格朗日乘数法**，这种方法对二元函数及一般的 n 元函数也适用.

定理 4　设 n 元函数 $f(P)$，$\varphi(P)$ 在 P_0 的某个邻域内有连续一阶偏导数，且 $\nabla\varphi(P_0)\neq 0$. 若 P_0 是目标函数 $f(P)$ 在约束条件 $\varphi(P)=0$ 下的极值点，则存在常数 λ，使得

$$\nabla f(P_0)+\lambda\nabla\varphi(P_0)=0.$$

根据定理 4，在 $\nabla\varphi(P_0)\neq 0$ 的条件下，将求解条件极值可能极值点的问题转化成求相应拉格朗日函数的驻点. 从定理证明过程看，满足 $\nabla\varphi(P)=0$，$\varphi(P)=0$ 的点也可能是条件极值点.

例 5　求坐标原点到曲线 $(x-1)^3-y^2=0$ 的最短距离.

解　原点到点 $P(x,y)$ 的距离 $d=\sqrt{x^2+y^2}$，要 d 最小，只要 x^2+y^2 最小. 又点 P 在曲线上，故 $(x-1)^3-y^2=0$ 是约束条件. 建立拉格朗日函数

$$L(x,y,\lambda)=x^2+y^2+\lambda((x-1)^3-y^2),$$

解方程组

$$\begin{cases}L_x=2x+3\lambda(x-1)^2=0,\\ L_y=2y-2\lambda y=0,\\ L_\lambda=(x-1)^3-y^2=0,\end{cases}$$

由第二个方程得 $y=0$ 或 $\lambda=1$. 将 $y=0$ 代入第三个方程得 $x=1$，但 $x=1$ 不满足第一个方程；$\lambda=1$ 时第一个方程无解. 所以此方程组无解. 为此我们考虑求解 $\nabla\varphi(P)=0$，$\varphi(P)=0$，得

$$\begin{cases}\varphi_x = 3(x-1)^2 = 0,\\ \varphi_y = -2y = 0,\\ \varphi(x, y) = (x-1)^3 - y^2 = 0,\end{cases}$$

解得 $x = 1, y = 0$. 由于坐标原点到曲线 $\varphi(x, y) = 0$ 的最短距离一定存在,故最短距离为 $\sqrt{1^2 + 0^2} = 1$.

拉格朗日乘数法可以推广到一般 n 元函数 $f(P)$ 和 m 个附加条件 $\varphi_i(P) = 0$ $(i = 1, 2, \cdots, m)$. 引进拉格朗日函数

$$L(x_1, x_2, \cdots, x_n, \lambda_1, \lambda_2, \cdots, \lambda_m) = f(x_1, x_2, \cdots, x_n) + \sum_{i=1}^{m} \lambda_i \varphi_i(x_1, x_2, \cdots, x_n),$$

通过解 $n + m$ 个方程形成的方程组

$$\begin{cases}\dfrac{\partial L}{\partial x_1} = 0, \cdots, \dfrac{\partial L}{\partial x_n} = 0,\\ \dfrac{\partial L}{\partial \lambda_1} = 0, \cdots, \dfrac{\partial L}{\partial \lambda_m} = 0,\end{cases}$$

找到可能极值点,再根据实际问题的性质找出极值点.

例 6 求函数 $f(x, y, z) = x + 2y + 3z$ 在平面 $x - y + z = 1$ 与柱面 $x^2 + y^2 = 1$ 的交线上的最大值.

解 本题目标函数为 $f(x, y, z) = x + 2y + 3z$,约束条件为 $\varphi_1(x) = x - y + z - 1 = 0$, $\varphi_2(x) = x^2 + y^2 - 1 = 0$. 建立拉格朗日函数

$$L(x, y, z, \lambda_1, \lambda_2) = x + 2y + 3z + \lambda_1(x - y + z - 1) + \lambda_2(x^2 + y^2 - 1),$$

解方程组

$$\begin{cases}L_x = 1 + \lambda_1 + 2x\lambda_2 = 0,\\ L_y = 2 - \lambda_1 + 2y\lambda_2 = 0,\\ L_z = 3 + \lambda_1 = 0,\\ L_{\lambda_1} = x - y + z - 1 = 0,\\ L_{\lambda_2} = x^2 + y^2 - 1 = 0,\end{cases}$$

得

$$\lambda_1 = -3, \ x = \frac{2}{\sqrt{29}}, \ y = -\frac{5}{\sqrt{29}}, \ z = 1 - \frac{7}{\sqrt{29}},$$

或

$$\lambda_1 = -3,\ x = -\frac{2}{\sqrt{29}},\ y = \frac{5}{\sqrt{29}},\ z = 1 + \frac{7}{\sqrt{29}},$$

得到两个可能极值点. 注意到 $\varphi_1 = 0$ 与 $\varphi_2 = 0$ 的交线是一有界闭曲线,函数在交线上一定有最大和最小值,计算可能极值点相应的函数值得

$$f\left(\frac{2}{\sqrt{29}},\ -\frac{5}{\sqrt{29}},\ 1 - \frac{7}{\sqrt{29}}\right) = 3 - \sqrt{29},$$

$$f\left(-\frac{2}{\sqrt{29}},\ \frac{5}{\sqrt{29}},\ 1 + \frac{7}{\sqrt{29}}\right) = 3 + \sqrt{29}.$$

可见,点 $f\left(-\frac{2}{\sqrt{29}},\ \frac{5}{\sqrt{29}},\ 1 + \frac{7}{\sqrt{29}}\right)$ 是条件极值问题的最大值点,最大值为 $3 + \sqrt{29}$.

习题 8.8

8.8 学习要点

1. 求下列函数的极值:

(1) $f(x, y) = 3xy - x^3 - y^3$;

(2) $f(x, y) = 3x^2y + y^3 - 3x^2 - 3y^2 + 2$;

(3) $f(x, y) = (1 + e^y)\cos x - ye^y$;

(4) $f(x, y) = e^x \cos y$.

2. 求下列函数在有界闭区域 D 上的最大值和最小值:

(1) $f(x, y) = x^2 + y^2 + x^2y + 4,\ D = \{(x, y) \mid |x| \leqslant 1,\ |y| \leqslant 1\}$;

(2) $f(x, y) = 2x^2 + x + y^2 - 2,\ D = \{(x, y) \mid x^2 + y^2 \leqslant 4\}$;

(3) $f(x, y) = 1 + xy - x - y$, D: 由抛物线 $y = x^2$ 和直线 $y = 4$ 所围区域.

3. 用拉格朗日乘数法求下列函数 f 在附加条件下的最大值和最小值:

(1) $f(x, y) = e^{-xy},\ x^2 + y^2 = 1$;

(2) $f(x, y, z) = xyz,\ x^2 + 2y^2 + 3z^2 = 6$;

(3) $f(x, y, z, t) = x + y + z + t,\ x^2 + y^2 + z^2 + t^2 = 1$;

(4) $f(x, y) = x + 2y,\ x + y + z = 1,\ y^2 + z^2 = 4$.

4. 求表面积为 $12\,\mathrm{m}^2$ 的无盖长方形水箱的最大容积.

5. 平面 $x + y + 2z - 2 = 0$ 与抛物面 $z = x^2 + y^2$ 的交线是一椭圆,求原点到该椭圆的最长与最短距离.

*8.9 二元函数的泰勒公式

一、二元函数的泰勒公式

在上册 4.3 节知,如果函数$f(x)$在x_0的某个邻域内有$(n+1)$阶导数,则在此邻域内,一元函数的n阶泰勒公式

$$f(x)=f(x_0)+f'(x_0)(x-x_0)+\frac{f''(x_0)}{2!}(x-x_0)^2+\cdots+\frac{f^{(n)}(x_0)}{n!}(x-x_0)^n$$
$$+\frac{f^{(n+1)}(x_0+\theta(x-x_0))}{(n+1)!}(x-x_0)^{n+1}\quad(0<\theta<1)$$

成立. 利用上述公式,可以用n次多项式近似表达函数$f(x)$,若$f^{(n+1)}(x)$有界,则当$x\to x_0$时,余项$\frac{f^{(n+1)}(x_0+\theta(x-x_0))}{(n+1)!}(x-x_0)^{n+1}$是比$(x-x_0)^n$高阶的无穷小. 对于多元函数来说,无论是为了理论或是实际计算的目的,都有必要考虑用多个变量的多项式来近似地表达一个给定的多元函数,并能具体地算出误差. 下面给出二元函数的**泰勒公式**.

定理 1 设$z=f(x,y)$在点(x_0,y_0)的某一邻域内有$(n+1)$阶的连续偏导数,(x_0+h,y_0+k)为此邻域内一点,则

$$f(x_0+h,y_0+k)=f(x_0,y_0)+\left(h\frac{\partial}{\partial x}+k\frac{\partial}{\partial y}\right)f(x_0,y_0)$$
$$+\frac{1}{2!}\left(h\frac{\partial}{\partial x}+k\frac{\partial}{\partial y}\right)^2f(x_0,y_0)+\cdots+\frac{1}{n!}\left(h\frac{\partial}{\partial x}+k\frac{\partial}{\partial y}\right)^nf(x_0,y_0)$$
$$+\frac{1}{(n+1)!}\left(h\frac{\partial}{\partial x}+k\frac{\partial}{\partial y}\right)^{n+1}f(x_0+\theta h,y_0+\theta k)\quad(0<\theta<1),$$

其中记号$\left(h\frac{\partial}{\partial x}+k\frac{\partial}{\partial y}\right)f(x_0,y_0)$表示$hf_x(x_0,y_0)+kf_y(x_0,y_0)$,记号$\left(h\frac{\partial}{\partial x}+k\frac{\partial}{\partial y}\right)^2f(x_0,y_0)$表示$h^2f_{xx}(x_0,y_0)+2hkf_{xy}(x_0,y_0)+k^2f_{yy}(x_0,y_0)$. 一般地,记号$\left(h\frac{\partial}{\partial x}+k\frac{\partial}{\partial y}\right)^mf(x_0,y_0)$表示$\sum_{p=0}^{m}C_m^ph^pk^{m-p}\frac{\partial^mf}{\partial x^p\partial y^{m-p}}\bigg|_{\substack{x=x_0\\y=y_0}}$.

由于证明过于繁琐,不再给出.

这个公式称为二元函数$z=f(x,y)$在点(x_0,y_0)的n阶泰勒公式,其中余项

$$R_n=\frac{1}{(n+1)!}\left(h\frac{\partial}{\partial x}+k\frac{\partial}{\partial y}\right)^{n+1}f(x_0+\theta h, y_0+\theta k)\quad(0<\theta<1)$$

称为拉格朗日余项.

同样可证,若 $f(x, y)$ 所有 $(n+1)$ 阶偏导数在点 (x_0, y_0) 的某个邻域内有界,则 $R_n=o(\rho^n)$,其中 $\rho=\sqrt{h^2+k^2}$.

当 $n=0$ 时,公式成为

$$f(x_0+h, y_0+k)=f(x_0, y_0)+hf_x(x_0+\theta h, y_0+\theta k)+kf_y(x_0+\theta h, y_0+\theta k),$$

这是二元函数的拉格朗日中值公式. 由此可推出,如果二元函数 $z=f(x, y)$ 的偏导数 $f_x(x, y)$ 和 $f_y(x, y)$ 在某一区域内都等于零,则二元函数在该区域内是一常数.

称 $x_0=0$, $y_0=0$ 的泰勒公式为**麦克劳林公式**,即

$$\begin{aligned}f(x, y)=&f(0, 0)+\left(x\frac{\partial}{\partial x}+y\frac{\partial}{\partial y}\right)f(0, 0)+\frac{1}{2!}\left(x\frac{\partial}{\partial x}+y\frac{\partial}{\partial y}\right)^2f(0, 0)\\&+\cdots+\frac{1}{n!}\left(x\frac{\partial}{\partial x}+y\frac{\partial}{\partial y}\right)^nf(0, 0)\\&+\frac{1}{(n+1)!}\left(x\frac{\partial}{\partial x}+y\frac{\partial}{\partial y}\right)^{n+1}f(\theta x, \theta y)\quad(0<\theta<1).\end{aligned}$$

例 1　求函数 $f(x, y)=\ln(1+x+y)$ 的三阶麦克劳林公式.

解　$f_x(x, y)=f_y(x, y)=\dfrac{1}{1+x+y}$,

$$f_{xx}(x, y)=f_{xy}(x, y)=f_{yy}(x, y)=-\frac{1}{(1+x+y)^2},$$

$$\frac{\partial^3 f(x, y)}{\partial x^p\partial y^{3-p}}=\frac{2!}{(1+x+y)^3}\quad(p=0, 1, 2, 3),$$

$$\frac{\partial^4 f(x, y)}{\partial x^p\partial y^{4-p}}=-\frac{3!}{(1+x+y)^4}\quad(p=0, 1, 2, 3, 4),$$

所以

$$\left(x\frac{\partial}{\partial x}+y\frac{\partial}{\partial y}\right)f(0, 0)=x+y,\ \left(x\frac{\partial}{\partial x}+y\frac{\partial}{\partial y}\right)^2f(0, 0)=-(x+y)^2,$$

$$\left(x\frac{\partial}{\partial x}+y\frac{\partial}{\partial y}\right)^3f(0, 0)=2(x+y)^3.$$

又 $f(0, 0)=0$, 于是有

$$\ln(1+x+y)=x+y-\frac{1}{2}(x+y)^2+\frac{1}{3}(x+y)^3+R_3,$$

其中 $R_3=\frac{1}{4!}\left(x\frac{\partial}{\partial x}+y\frac{\partial}{\partial y}\right)^4 f(\theta x,\theta y)=-\frac{1}{4}\frac{(x+y)^4}{(1+\theta x+\theta y)^4}\ (0<\theta<1)$.

二、极值充分条件的证明

现在来证明 8.8 节中定理 2.

设函数 $z=f(x,y)$ 在点 $P_0(x_0,y_0)$ 的某邻域 $U_1(P_0)$ 内有二阶连续偏导数,且 $f_x(x_0,y_0)=0$, $f_y(x_0,y_0)=0$.

依二元函数泰勒公式,对任一 $(x_0+h,y_0+k)\in U_1(P_0)$,有

$$\begin{aligned}\Delta f&=f(x_0+h,y_0+k)-f(x_0,y_0)\\&=\frac{1}{2}[h^2f_{xx}(x_0+\theta h,y_0+\theta k)+2hkf_{xy}(x_0+\theta h,y_0+\theta k)\\&\quad+k^2f_{yy}(x_0+\theta h,y_0+\theta k)]\ (0<\theta<1).\end{aligned}$$

(1) $AC-B^2>0$,即 $f_{xx}(x_0,y_0)f_{yy}(x_0,y_0)-[f_{xy}(x_0,y_0)]^2>0$.

因为 $f(x,y)$ 的二阶偏导数在 $U_1(P_0)$ 内连续,所以存在 P_0 的邻域 $U_2(P_0)\subset U_1(P_0)$,使得对任一 $(x_0+\theta h,y_0+\theta k)\in U_2(P_0)$,有

$$f_{xx}(x_0+\theta h,y_0+\theta k)f_{yy}(x_0+\theta h,y_0+\theta k)-[f_{xy}(x_0+\theta h,y_0+\theta k)]^2>0,$$

且 $f_{xx}(x_0+\theta h,y_0+\theta k)$ 与 $f_{xx}(x_0,y_0)$ 同号. 为书写方便,把 $f_{xx}(x,y)$, $f_{xy}(x,y)$, $f_{yy}(x,y)$ 在 $(x_0+\theta h,y_0+\theta k)$ 处的值记为 f_{xx}, f_{xy}, f_{yy},于是

$$\Delta f=\frac{1}{2f_{xx}}[(hf_{xx}+kf_{xy})^2+k^2(f_{xx}f_{yy}-f_{xy}^2)].$$

当 h, k 不同时为零时,上式右端方括号内的值为正,所以 Δf 与 $f_{xx}(=A)$ 同号. 当 $A>0$ 时, $f(x_0,y_0)$ 为极小值;当 $A<0$ 时, $f(x_0,y_0)$ 为极大值.

(2) $AC-B^2<0$,即 $f_{xx}(x_0,y_0)f_{yy}(x_0,y_0)-[f_{xy}(x_0,y_0)]^2<0$. 这又分两种情况.

1° $f_{xx}(x_0,y_0)=f_{yy}(x_0,y_0)=0$,此时 $[f_{xy}(x_0,y_0)]^2\neq 0$. 当 $k=h$ 时,

$$\Delta f=\frac{h^2}{2}[f_{xx}(x_0+\theta_1h,y_0+\theta_1h)+2f_{xy}(x_0+\theta_1h,y_0+\theta_1h)+f_{yy}(x_0+\theta_1h,y_0+\theta_1h)];$$

当 $k=-h$ 时,

$$\Delta f=\frac{h^2}{2}[f_{xx}(x_0+\theta_2h,y_0+\theta_2h)-2f_{xy}(x_0+\theta_2h,y_0+\theta_2h)+f_{yy}(x_0+\theta_2h,y_0+\theta_2h)],$$

其中 $0<\theta_1,\theta_2<1$. 当 $h\to 0$ 时,以上两式方括号内的极限分别是 $2f_{xy}(x_0,y_0)\neq 0$ 和 $-2f_{xy}(x_0,y_0)\neq 0$,这表明当 h 充分接近于零时, Δf 有不同符号的值,所以 $f(x_0,y_0)$ 不是极值.

2° $f_{xx}(x_0, y_0)$，$f_{yy}(x_0, y_0)$中至少有一个不为零，假设$f_{xx}(x_0, y_0) \neq 0$.

当 $k=0$ 时，$\Delta f = \frac{1}{2}h^2 f_{xx}(x_0+\theta h, y_0)$，当 h 充分接近于零时，Δf 与$f_{xx}(x_0, y_0)$同号.

当 $h=-f_{xy}(x_0, y_0)\cdot s$，$k=f_{xx}(x_0, y_0)\cdot s$ 时，

$$\Delta f = \frac{1}{2}s^2\{[f_{xy}(x_0, y_0)]^2 f_{xx}(x_0+\theta h, y_0+\theta k) - 2f_{xy}(x_0, y_0)f_{xx}(x_0, y_0)f_{xy}(x_0+\theta h, y_0+\theta k) + [f_{xx}(x_0, y_0)]^2 f_{yy}(x_0+\theta h, y_0+\theta k)\},$$

当 $s \to 0$ 时，花括号内极限值为

$$f_{xx}(x_0, y_0)\{f_{xx}(x_0, y_0)f_{yy}(x_0, y_0) - [f_{xy}(x_0, y_0)]^2\},$$

与$f_{xx}(x_0, y_0)$异号，即当 s 充分接近于零时，Δf 有不同符号的值，$f(x_0, y_0)$不是极值点.

(3) $AC-B^2=0$，通过两个例子说明其不确定性. $f(x, y)=x^4+y^4$ 与 $g(x, y)=x^2+y^3$ 的驻点都是$(0, 0)$，在该驻点处都满足 $AC-B^2=0$，但$(0, 0)$点是$f(x, y)$的极小值点，而 $g(x, y)$在$(0, 0)$点没有极值.

习题 8.9

1. 求函数$f(x, y)=2x^2-xy-y^2-6x-3y+5$ 在点$(1, -2)$处的泰勒公式.

2. 求函数$f(x, y)=e^x\ln(1+y)$ 的三阶麦克劳林公式.

总练习题

1. 在“充分非必要”“必要非充分”“充要”“既不充分又不必要”四者中选择一个正确的填入下列空格中：

(1) $f(x, y)$在点(x, y)可微是$f(x, y)$在该点连续的________条件；

(2) $z=f(x, y)$ 在点(x, y)的偏导数$\frac{\partial z}{\partial x}$，$\frac{\partial z}{\partial y}$存在是$f(x, y)$在该点可微分的________条件；

(3) $f(x, y)$在点(x, y)连续是$f(x, y)$在该点的偏导数存在的________条件；

(4) $z=f(x, y)$ 在点(x, y)连续且偏导数$\frac{\partial z}{\partial x}$，$\frac{\partial z}{\partial y}$存在是$f(x, y)$在该点可微分的________条件；

(5) $z=f(x, y)$ 的偏导数$\frac{\partial z}{\partial x}$，$\frac{\partial z}{\partial y}$在点$(x, y)$存在且连续是$f(x, y)$在该点可微分的________条件；

(6) $z=f(x, y)$ 的两个二阶混合偏导数$\frac{\partial^2 z}{\partial x\partial y}$及$\frac{\partial^2 z}{\partial y\partial x}$在区域 D 内连续是这两个混合偏导数在 D 内相等的________条件.

2. 证明极限 $\lim\limits_{\substack{x\to 0\\ y\to 0}} \dfrac{xy^2}{x^2+y^4}$ 不存在.

3. 证明:若 $f(x, y)$ 在全平面连续,且 $\lim\limits_{x^2+y^2\to+\infty} f(x, y)=A$ 存在,则 $f(x, y)$ 是有界函数.

4. 设 $f(x, y)=\begin{cases}\dfrac{x^2y}{x^2+y^2}, & x^2+y^2\neq 0,\\ 0, & x^2+y^2=0,\end{cases}$ 求 $f_x(x, y)$, $f_y(x, y)$.

5. 求下列函数的一阶及二阶偏导数:

(1) $z=\ln(x+y^2)$; (2) $z=x^y$.

6. 设 $f(x, y)=\begin{cases}\dfrac{x^2y^2}{(x^2+y^2)^{\frac{3}{2}}}, & x^2+y^2\neq 0,\\ 0, & x^2+y^2=0,\end{cases}$ 证明 $f(x, y)$ 在点 $(0, 0)$ 处连续且偏导数存在,但不可微分.

7. 设 $z=f(x, y)$ 在点 $(1, 1)$ 处可微,且 $f(1, 1)=1$, $\left.\dfrac{\partial f}{\partial x}\right|_{(1, 1)}=2$, $\left.\dfrac{\partial f}{\partial y}\right|_{(1, 1)}=3$, $\varphi(x)=f(x, f(x, x))$,求 $\left.\dfrac{\mathrm{d}}{\mathrm{d}x}\varphi^3(x)\right|_{x=1}$.

8. 设 $u=f(x, y, z)$ 有连续的一阶偏导数,又函数 $y=y(x)$, $z=z(x)$ 分别由 $\mathrm{e}^{xy}-xy=2$ 和 $\mathrm{e}^x=\int_0^{x-z}\dfrac{\sin t}{t}\mathrm{d}t$ 确定,求 $\dfrac{\mathrm{d}u}{\mathrm{d}x}$.

9. 求由方程组 $\begin{cases}x=u+v,\\ y=u^2+v^2,\\ z=u^3+v^3\end{cases}$ 所确定的隐函数 $z=f(x, y)$ 在点 $(1, 1)$ 处的偏导数 $\dfrac{\partial z}{\partial x}$, $\dfrac{\partial z}{\partial y}$.

10. $z=\mathrm{e}^{-x}-f(x-2y)$,当 $y=0$ 时 $z=x^2$, 求 $\dfrac{\partial z}{\partial x}$.

11. 求螺旋线 $x=a\cos\theta$, $y=a\sin\theta$, $z=b\theta$ 在点 $(a, 0, 0)$ 处的切线及法平面方程.

12. 在曲面 $z=xy$ 上求一点,使这点处的法线垂直于平面 $x+3y+z+9=0$, 并写出这法线的方程.

13. 证明:曲面 $z=xf\left(\dfrac{y}{x}\right)$ 的所有切平面都经过坐标原点.

14. 设 x 轴正方向到方向 l 的转角为 φ,求函数 $f(x, y)=x^2-xy+y^2$ 在点 $(1, 1)$ 处沿方向 l 的方向导数,并分别确定转角 φ,使这导数有(1) 最大值;(2) 最小值;(3) 等于0.

15. 过曲面 $2x^2+3y^2+z^2=6$ 上点 $P_0(1, 1, 1)$ 处指向外侧的法向量为 $\boldsymbol{n}$,求函数 $u=\dfrac{\sqrt{6x^2+8y^2}}{z}$ 在点 P_0 处沿方向 $\boldsymbol{n}$ 的方向导数.

16. 在椭圆 $x^2+4y^2=4$ 上求一点,使其到直线 $2x+3y-6=0$ 的距离最短.

第9章 重 积 分

一元函数的积分已经在上册进行了比较详细的讨论,对于多元函数也有相似的问题,称为重积分.本章将讨论二元函数在平面区域上的二重积分和三元函数在空间立体上的三重积分,并介绍它们的一些应用.

9.1 二重积分的概念与性质

一、二重积分的概念

先看两个具体的实例,了解二重积分的数学思想.

实例1 曲顶柱体的体积.设二元函数 $z=f(x, y)$ 是定义在平面有界区域 D 上恒正的连续函数,即 $f(x, y)>0$,其图形(图9.1)为曲面 S,S 位于坐标平面 xOy 上方,由曲面 S、坐标平面 xOy 上的区域 D 和以 D 的边界 C 为准线且母线平行于 z 轴的柱面所围成的立体 Ω 称为在区域 D 上以曲面 S 为顶的曲顶柱体.我们知道平顶柱体的体积是底面积×高,但对于曲顶的柱体还没有现成的计算方法,回忆在处理平面上曲边梯形的方法,同样可以用"分割,近似,求和,取极限"的方法来计算曲顶柱体 Ω 的体积 V.

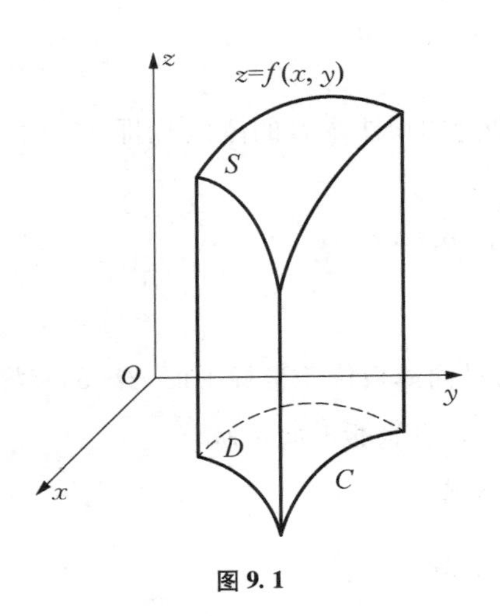

图9.1

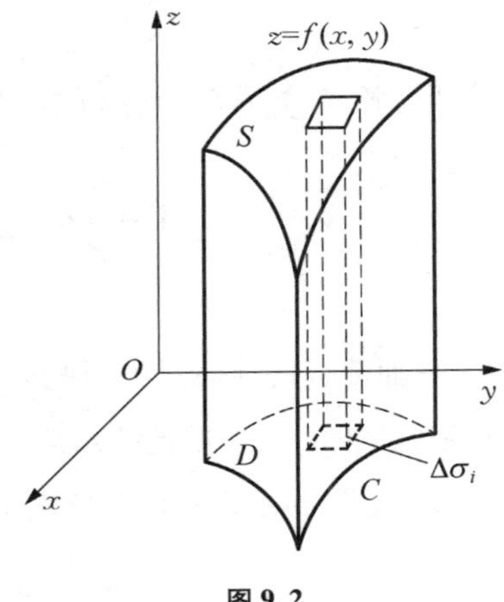

图9.2

如图 9.2 所示,先把区域 D 任意分成 n 个小区域

$$\Delta\sigma_1,\ \Delta\sigma_2,\ \cdots,\ \Delta\sigma_n,$$

在每个小区域 $\Delta\sigma_i(i=1,\ 2,\ \cdots,\ n)$ 上,以曲面 S 为顶得到一个细长的小曲顶柱体 $\Delta\Omega_i$. 于是,曲顶柱体 Ω 被分割成 n 个小曲顶柱体

$$\Delta\Omega_1,\ \Delta\Omega_2,\ \cdots,\ \Delta\Omega_n,$$

在每个小区域 $\Delta\sigma_i$ 上任取一点 $P_i(\xi_i,\ \eta_i)$,以 $f(\xi_i,\ \eta_i)$ 为高, $\Delta\sigma_i$ 为底作一小平顶柱体,$\Delta\sigma_i$ 的面积仍记为 $\Delta\sigma_i$. 当 $\Delta\sigma_i$ 很小(如可以包含在一个很小的邻域中)时,由于 $f(x,\ y)$ 连续,所以在 $\Delta\sigma_i$ 内 $f(x,\ y)$ 几乎可以看成常数 $f(\xi_i,\ \eta_i)$. 这样 $\Delta\Omega_i$ 与 $f(\xi_i,\ \eta_i)\Delta\sigma_i$ 就非常接近了,因此可以用平顶柱体的体积 $f(\xi_i,\ \eta_i)\Delta\sigma_i$ 作为 $\Delta\Omega_i$ 的体积 ΔV_i 的近似值,即

$$\Delta V_i \approx f(\xi_i,\ \eta_i)\Delta\sigma_i,$$

从而整个曲顶柱体体积的近似值为

$$V=\sum_{i=1}^{n}\Delta V_i \approx \sum_{i=1}^{n} f(\xi_i,\ \eta_i)\Delta\sigma_i.$$

容易看出,随着区域 D 的无限细分,相应作出的这个和也就无限接近所给曲顶柱体 Ω 的体积 V.

这里所谓"区域 D 的无限细分"指的是:每个小区域 $\Delta\sigma_i$ 中任意两点之间的距离随着 $n\to\infty$ 时趋于零,即区域 $\Delta\sigma_i$ 随着 $n\to\infty$ 而缩成一点. 为方便起见,把有界闭区域上任意两点间距离的最大值称为该**区域的直径**. 根据这个定义,小区域 $\Delta\sigma_i$ 中任意两点之间的距离趋于零即为 $\Delta\sigma_i$ 的直径趋于零.

设 $d_i(i=1,\ 2,\ \cdots,\ n)$ 为小区域 $\Delta\sigma_i$ 的直径,并将所有小区域的直径的最大值记为 $\|\Delta\sigma\|$,即

$$\|\Delta\sigma\| = \max\{d_1,\ d_2,\ \cdots,\ d_n\},$$

则当 $\|\Delta\sigma\|\to 0$ 时,和式 $\sum\limits_{i=1}^{n} f(\xi_i,\ \eta_i)\Delta\sigma_i$ 的极限即为曲顶柱体 Ω 的体积 V,即

$$V=\lim_{\|\Delta\sigma\|\to 0}\sum_{i=1}^{n} f(\xi_i,\ \eta_i)\Delta\sigma_i.$$

实例 2 平面薄板的质量. 设一块非均匀的平面薄板位于坐标平面 xOy 的有界闭区域 D 上,其面密度 μ 是点坐标 $(x,\ y)$ 的连续函数 $\mu(x,\ y)$,求该薄板的质量 m.

与上例类似,先把薄板区域 D 任意分成 n 个小区域

$$\Delta\sigma_1,\ \Delta\sigma_2,\ \cdots,\ \Delta\sigma_n,$$

在每个小区域 $\Delta\sigma_i(i=1, 2, \cdots, n)$ 上任取一点 $P_i(\xi_i, \eta_i)$，当小区域 $\Delta\sigma_i$ 的直径 d_i 很小时，由面密度函数 $\mu(x, y)$ 的连续性，可把小区域 $\Delta\sigma_i$ 上的面密度近似地看作常量 $\mu(\xi_i, \eta_i)$. 由此得到 $\Delta\sigma_i$ 的质量 Δm_i 的近似值：

$$\Delta m_i \approx \mu(\xi_i, \eta_i)\Delta\sigma_i,$$

从而整块薄板的质量近似值为

$$m=\sum_{i=1}^{n}\Delta m_i \approx \sum_{i=1}^{n}\mu(\xi_i, \eta_i)\Delta\sigma_i.$$

当所有小区域直径的最大值

$$\|\Delta\sigma\| = \max\{d_1, d_2, \cdots, d_n\}$$

趋于零时，上述和式的极限就是非均匀薄板的质量 m，即

$$m=\lim_{\|\Delta\sigma\|\to 0}\sum_{i=1}^{n}\mu(\xi_i, \eta_i)\Delta\sigma_i.$$

以上两个例子实际背景虽然各不相同，但都可以通过“分割，近似，求和，取极限”的步骤最终归结为求形如

$$\lim_{\|\Delta\sigma\|\to 0}\sum_{i=1}^{n}f(\xi_i, \eta_i)\Delta\sigma_i$$

的和式极限问题.

定义1 设 $z=f(x, y)$ 是定义在平面有界闭区域 D 上的一个有界函数，将区域 D 任意分成 n 个小区域，其面积和直径分别为

$$\Delta\sigma_i \text{ 和 } d_i(i=1, 2, \cdots, n),$$

在每个小区域上任取一点 $P_i(\xi_i, \eta_i)$，作和式

$$\sum_{i=1}^{n}f(\xi_i, \eta_i)\Delta\sigma_i. \tag{①}$$

如果当 $\|\Delta\sigma\| = \max\{d_1, d_2, \cdots, d_n\}\to 0$ 时，不论区域 D 如何分法，以及点 $P_i(\xi_i, \eta_i)$ 如何取法，和式①有确定的极限值 I，则称函数 $f(x, y)$ 在区域 D 上可积，并称 I 为函数 $f(x, y)$ 在区域 D 上的二重积分，记作

$$\iint_D f(x, y)\,\mathrm{d}\sigma,$$

即

$$\iint_D f(x, y)\,\mathrm{d}\sigma=\lim_{\|\Delta\sigma\|\to 0}\sum_{i=1}^{n}f(\xi_i, \eta_i)\Delta\sigma_i, \tag{②}$$

其中,函数 $f(x, y)$ 称为**被积函数**,区域 D 称为**积分区域**, $d\sigma$ 称为**面积元素**, x 和 y 称为**积分变量**.

由于当二重积分存在时,积分值与对积分区域 D 的分割方式无关,所以在直角坐标系中经常用两组分别平行于 x 轴和 y 轴的直线来分割 D,这样得到的小区域 $\Delta\sigma_i$,除了包含边界点的以外都是小矩形. 若 $\Delta\sigma_i$ 的两边长记为 Δx_i 与 Δy_i,则 $\Delta\sigma_i = \Delta x_i \cdot \Delta y_i$. 因此,也把二重积分记号中的面积元素 $d\sigma$ 写成 $dxdy$,这时

$$\iint_D f(x, y)\,d\sigma = \iint_D f(x, y)\,dxdy.$$

由第一个例子可知,当 $f(x, y) \geqslant 0$ 时,二重积分 $\iint_D f(x, y)\,d\sigma$ 的几何解释是在有界闭区域 D 上以曲面 $z = f(x, y)$ 为顶的曲顶柱体的体积. 而当 $f(x, y) \leqslant 0$ 时,曲顶柱体位于坐标平面 xOy 的下方,此时二重积分

$$\iint_D f(x, y)\,d\sigma = \lim_{\|\Delta\sigma\| \to 0} \sum_{i=1}^{n} f(\xi_i, \eta_i)\Delta\sigma_i = -\lim_{\|\Delta\sigma\| \to 0} \sum_{i=1}^{n} |f(\xi_i, \eta_i)|\Delta\sigma_i$$

$$= -\iint_D |f(x, y)|\,d\sigma,$$

即为坐标平面 xOy 下方的曲顶柱体体积加一负号. 若规定位于平面 xOy 上方的曲顶柱体体积取正值,并称其为正体积,而位于平面 xOy 下方的曲顶柱体体积取负值,并称其为负体积. 根据下面将叙述的二重积分的性质 3,一般二重积分 $\iint_D f(x, y)\,d\sigma$ 就等于坐标平面 xOy 上、下方各个曲顶柱体正、负体积的代数和.

特别地,若 $f(x, y)$ 为常数, $f(x, y) = 1$,则二重积分 $\iint_D d\sigma$ 表示高为 1,底为 D 的平顶柱体的体积,在数值上等于区域 D 的面积 σ,即

$$\iint_D d\sigma = \sigma.$$

二、可积性条件和二重积分的性质

可以证明当 $f(x, y)$ 在有界闭域 D 上连续时,②式右端和式的极限必定存在. 因此, $f(x, y)$ 在 D 上连续是二重积分可积的充分条件.

更一般的结论是:若 $f(x, y)$ 在 D 上有界,且在 D 上除去有限个点或有限条光滑曲线外都连续,则 $f(x, y)$ 在 D 上是可积的.

假定 $f(x, y)$, $g(x, y)$ 在有界闭区域 D 上可积. 设 σ 为区域 D 的面积,则二重积分有以下性质:

性质 1 $\iint\limits_D [f(x, y) \pm g(x, y)]\mathrm{d}\sigma = \iint\limits_D f(x, y)\mathrm{d}\sigma \pm \iint\limits_D g(x, y)\mathrm{d}\sigma.$

性质 2 $\iint\limits_D k \cdot f(x, y)\mathrm{d}\sigma = k \cdot \iint\limits_D f(x, y)\mathrm{d}\sigma$，其中 k 为常数.

性质 1 和性质 2 说明二重积分运算具有线性.

性质 3(区域可加性) 若把区域 D 用一光滑曲线分成两个区域 D_1 和 D_2，则

$$\iint\limits_D f(x, y)\mathrm{d}\sigma = \iint\limits_{D_1} f(x, y)\mathrm{d}\sigma + \iint\limits_{D_2} f(x, y)\mathrm{d}\sigma.$$

性质 4 若在区域 D 上有 $f(x, y) \leqslant g(x, y)$，则

$$\iint\limits_D f(x, y)\mathrm{d}\sigma \leqslant \iint\limits_D g(x, y)\mathrm{d}\sigma.$$

性质 5 若 M 和 m 分别是 $f(x, y)$ 在 D 上的最大值和最小值，则

$$m\sigma \leqslant \iint\limits_D f(x, y)\mathrm{d}\sigma \leqslant M\sigma.$$

性质 6 $\left|\iint\limits_D f(x, y)\mathrm{d}\sigma\right| \leqslant \iint\limits_D |f(x, y)|\mathrm{d}\sigma.$

性质 7(二重积分中值定理) 若函数 $f(x, y)$ 在有界闭域 D 上连续，则在 D 上至少存在一点 (ξ, η)，使得

$$\iint\limits_D f(x, y)\mathrm{d}\sigma = f(\xi, \eta)\sigma.$$

证 因为 $f(x, y)$ 在有界闭域 D 上连续，所以 $f(x, y)$ 在有界闭域 D 上有最大值 M 和最小值 m. 由性质 5 可得

$$m \leqslant \frac{1}{\sigma}\iint\limits_D f(x, y)\mathrm{d}\sigma \leqslant M,$$

即 $\dfrac{1}{\sigma}\iint\limits_D f(x, y)\mathrm{d}\sigma$ 是介于连续函数 $f(x, y)$ 的最大值 M 和最小值 m 之间的值. 由连续函数介值定理可知，在 D 上至少存在一点 (ξ, η)，使得

$$f(\xi, \eta) = \frac{1}{\sigma}\iint\limits_D f(x, y)\mathrm{d}\sigma,$$

即

$$\iint_D f(x, y)\mathrm{d}\sigma = f(\xi, \eta) \cdot \sigma.$$

二重积分中值定理的几何解释是:在区域 D 上以曲面 $z=f(x, y)$ 为顶的曲顶柱体体积(正负体积的代数和)等于同一底面而高为 $f(\xi, \eta)$ 的平顶柱体的体积. 因此 $\dfrac{1}{\sigma}\iint_D f(x, y)\mathrm{d}\sigma$ 是二元函数 $f(x, y)$ 在区域 D 上的平均值.

9.1 学习要点

习题 9.1

1. 设有一平面薄板(不计其厚度),占有 xOy 平面上的闭区域 D,薄板上分布着面密度为 $\mu=\mu(x, y)$ 的电荷,且 $\mu(x, y)$ 在 D 上连续,试用二重积分表达该板上的全部电荷 Q.

2. 下列二重积分表达怎样的空间立体的体积?试画出下列空间立体的图形:

(1) $\iint_D (x^2+y^2+1)\mathrm{d}\sigma$,其中区域 D 是圆域 $x^2+y^2 \leqslant 1$;

(2) $\iint_D y\mathrm{d}\sigma$,其中区域 D 是三角形域 $x \geqslant 0$, $y \geqslant 0$, $x+y \leqslant 1$.

3. 利用二重积分定义证明:

(1) $\iint_D \mathrm{d}\sigma = \sigma$(其中 σ 为 D 的面积);

(2) $\iint_D k \cdot f(x, y)\mathrm{d}\sigma = k \cdot \iint_D f(x, y)\mathrm{d}\sigma$(其中 k 为常数);

(3) $\iint_D f(x, y)\mathrm{d}\sigma = \iint_{D_1} f(x, y)\mathrm{d}\sigma + \iint_{D_2} f(x, y)\mathrm{d}\sigma$,其中 $D = D_1 \cup D_2$,且 D_1 和 D_2 为两个无公共内点的闭区域.

4. 利用二重积分的性质估计下列积分的值:

(1) $I = \iint_D xy(x+y)\mathrm{d}\sigma$,其中 D 是矩形闭区域:$0 \leqslant x \leqslant 1$, $0 \leqslant y \leqslant 1$;

(2) $I = \iint_D \sin^2 x \sin^2 y\mathrm{d}\sigma$,其中 D 是矩形闭区域:$0 \leqslant x \leqslant \pi$, $0 \leqslant y \leqslant \pi$;

(3) $I = \iint_D (x^2+4y^2+9)\mathrm{d}\sigma$,其中 D 是圆形闭区域:$x^2+y^2 \leqslant 4$;

(4) $I = \iint_D (x+y+1)\mathrm{d}\sigma$,其中 D 是矩形闭区域:$0 \leqslant x \leqslant 1$, $0 \leqslant y \leqslant 2$.

9.2 二重积分的计算

按照二重积分的定义计算二重积分,除少数比较简单的被积函数和积分区域外,对于绝大多数的函数和区域这种方法没有可操作性. 因此,必须寻找一种便于计算的方法. 回想定积分的计算方法,我们希望能将二重积分的计算化为定积分的计算. 下面就来介绍这个方法,把二重积分的计算化为计算两次定积分.

一、应用直角坐标计算二重积分

首先介绍两种特殊的积分区域.

如图 9.3 所示,由直线 $x=a$, $x=b$ 与 $[a, b]$ 上的连续曲线 $y=y_1(x)$, $y=y_2(x)$ $(y_1(x) \leqslant y_2(x))$ 所围成的积分区域称为 ***x* 型区域**,它可表示为

$$D=\{(x, y) \mid y_1(x) \leqslant y \leqslant y_2(x), a \leqslant x \leqslant b\}.$$

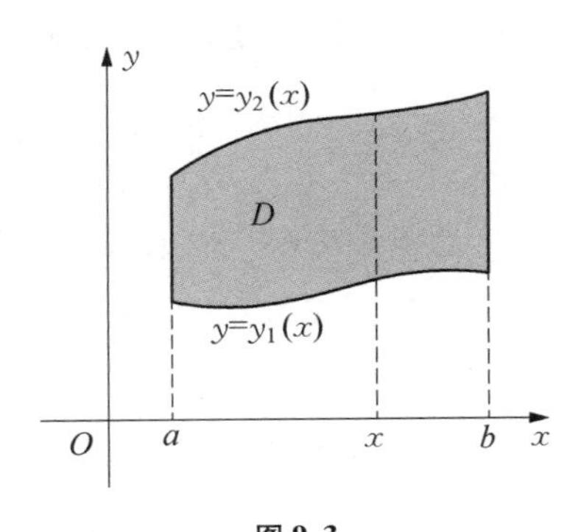

图 9.3

连续函数 $f(x, y)$ 在 x 型区域 D 上的二重积分有如下计算公式:

$$\iint_D f(x, y) \mathrm{d}\sigma=\int_a^b\left(\int_{y_1(x)}^{y_2(x)} f(x, y) \mathrm{d} y\right) \mathrm{d} x.$$

公式的证明从略,现对 $f(x, y) \geqslant 0$ 的情形从几何上加以解释:

$\iint\limits_D f(x, y) \mathrm{d}\sigma$ 的几何意义是 D 上以曲面 $z=f(x, y)$ 为顶的曲顶柱体 Ω 的体积. 下面用定积分的方法来计算这个体积.

如图 9.4(a),在 $[a, b]$ 上任意取 x,过点 $(x, 0, 0)$ 作垂直于 x 轴的平面,它截曲顶柱体 Ω 所得的截面(图 9.4(a)中阴影部分)是一个曲边梯形,此曲边梯形在坐标平面 yOz 上的正投影如图 9.4(b)所示,其面积为

$$A(x)=\int_{y_1(x)}^{y_2(x)} f(x, y) \mathrm{d} y.$$

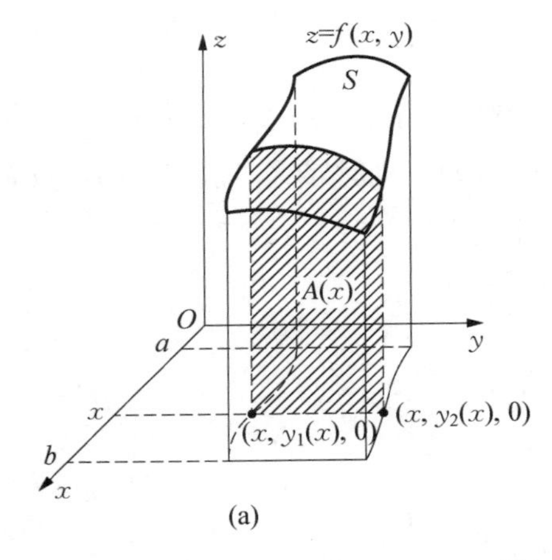

(a)

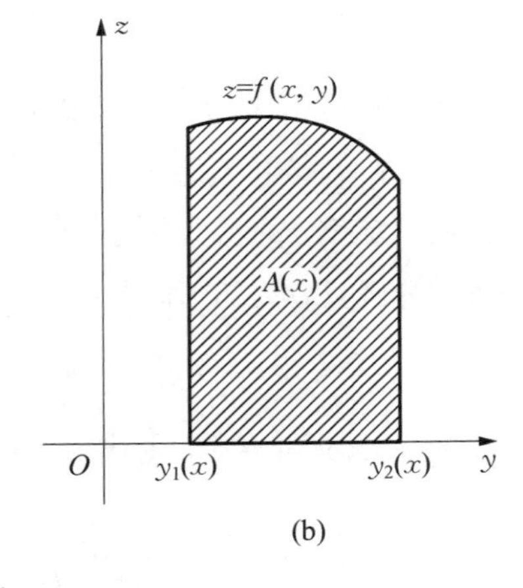

(b)

图 9.4

利用已知平行截面面积为$A(x)$ $(x\in[a,b])$的立体体积公式,得到所求曲顶柱体体积为

$$V=\int_a^b A(x)\,\mathrm{d}x=\int_a^b\left[\int_{y_1(x)}^{y_2(x)}f(x,y)\,\mathrm{d}y\right]\mathrm{d}x. \qquad ①$$

公式①说明$f(x,y)$在x型积分区域上的二重积分可以通过两次定积分来计算. ①式右边表示先对y求定积分,这时把被积函数$f(x,y)$中的x暂时看作$[a,b]$中的任一常数,其积分下限与上限分别是x的函数$y_1(x)$和$y_2(x)$. 然后,把第一次积分所得的结果(一般为x的函数)再对x由a到b求定积分. 注意两次定积分的积分限都必须是由小到大. ①式也可写成

$$\iint_D f(x,y)\,\mathrm{d}\sigma=\int_a^b\int_{y_1(x)}^{y_2(x)}f(x,y)\,\mathrm{d}y\mathrm{d}x=\int_a^b\mathrm{d}x\int_{y_1(x)}^{y_2(x)}f(x,y)\,\mathrm{d}y. \qquad ②$$

如图9.5所示,由直线$y=c$, $y=d$与$[c,d]$上的连续曲线$x=x_1(y)$, $x=x_2(y)$ $(x_1(y)\leqslant x_2(y))$所围成的积分区域称为y型区域,它可以表示为

$$D=\{(x,y)\mid x_1(y)\leqslant x\leqslant x_2(y),\ c\leqslant y\leqslant d\}.$$

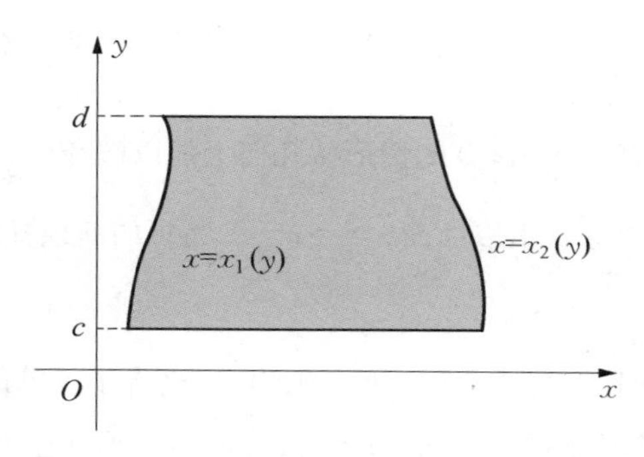

图9.5

对y型区域,连续函数$f(x,y)$在D上的二重积分可类似地推得

$$\iint_D f(x,y)\,\mathrm{d}\sigma=\int_c^d\int_{x_1(y)}^{x_2(y)}f(x,y)\,\mathrm{d}x\mathrm{d}y=\int_c^d\mathrm{d}y\int_{x_1(y)}^{x_2(y)}f(x,y)\,\mathrm{d}x. \qquad ③$$

对于③式中右边的两个积分表示先把被积函数$f(x,y)$中的y看作常数,对x求定积分,其积分下限和上限分别为$x_1(y)$和$x_2(y)$. 然后再把第一次积分的结果(一般是y的函数)再对y由c到d求定积分. 两次定积分的积分限也必须是由小到大.

特别地,若积分区域D是矩形区域:

$$\{(x,y)\mid a\leqslant x\leqslant b,\ c\leqslant y\leqslant d\},$$

则它既可看作x型区域又可看作y型区域,因而有

$$\iint_D f(x,y)\,\mathrm{d}\sigma=\int_a^b\mathrm{d}x\int_c^d f(x,y)\,\mathrm{d}y=\int_c^d\mathrm{d}y\int_a^b f(x,y)\,\mathrm{d}x. \qquad ④$$

称公式②~④右边表示的积分为**二次(累次)积分**.

注意到 x 型(或 y 型)区域有如下几何特征:它的边界曲线,除左、右(或上、下)两端外与垂直于 x 轴(或垂直于 y 轴)的直线至多有两个交点,而两端部分的边界可以是一点,也可以是垂直于 x 轴(或垂直于 y 轴)的直线段. 若区域 D 既不是 x 型的,又不是 y 型的,一般可以作辅助曲线把 D 分成有限个无公共内点的 x 型或者 y 型区域(图 9.6),区域 D 上的二重积分就等于各个部分区域上的积分之和,从而解决了一般区域上的二重积分的计算问题.

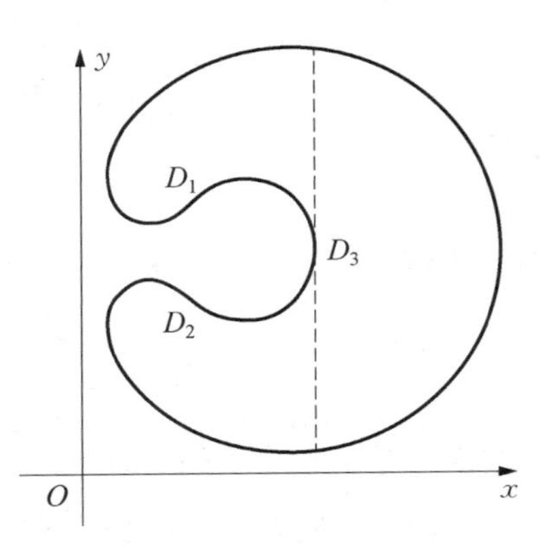

图 9.6

例 1 计算二重积分

$$I=\iint\limits_D \frac{x^2}{y^2}\mathrm{d}\sigma,$$

其中 D 是由直线 $x=2$, $y=x$ 及双曲线 $xy=1$ 所围成的区域.

解 区域 D 为如图 9.7 所示的曲边三角形 ABC,它在 x 轴上的投影为区间[1, 2],积分区域 D 可看作 x 型区域:

$$D=\left\{(x,\ y)\ \middle|\ \frac{1}{x}\leqslant y\leqslant x,\ 1\leqslant x\leqslant 2\right\}.$$

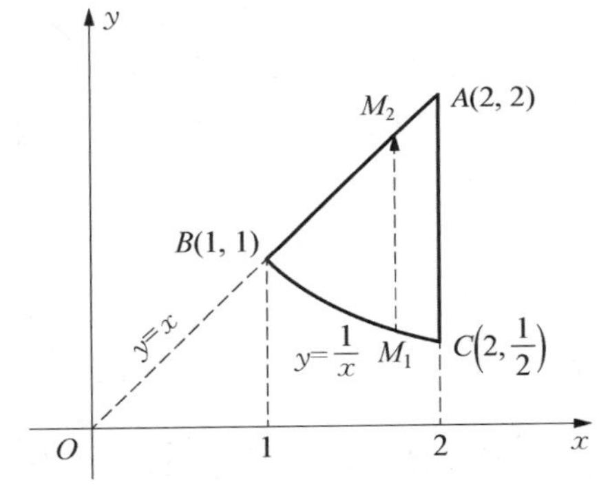

图 9.7

由公式②可以得到

$$I=\int_1^2\mathrm{d}x\int_{\frac{1}{x}}^{x}\frac{x^2}{y^2}\mathrm{d}y=\int_1^2\left[-\frac{x^2}{y}\right]_{\frac{1}{x}}^{x}\mathrm{d}x=\int_1^2(-x+x^3)\,\mathrm{d}x=\frac{9}{4}.$$

例 2 计算二重积分 $I=\iint\limits_D(4-x^2-y^2)\mathrm{d}\sigma$,其中 D 是矩形域:$0\leqslant x\leqslant\dfrac{3}{2}$, $0\leqslant y\leqslant 1$.

解 矩形 D 的图形如图 9.8 所示.

若把区域看作 x 型区域,由公式④可得到

$$I=\int_0^{\frac{3}{2}}\mathrm{d}x\int_0^1(4-x^2-y^2)\,\mathrm{d}y=\int_0^{\frac{3}{2}}\left[4y-x^2y-\frac{y^3}{3}\right]_0^1\mathrm{d}x$$

$$=\int_0^{\frac{3}{2}}\left(\frac{11}{3}-x^2\right)\mathrm{d}x=\frac{35}{8}.$$

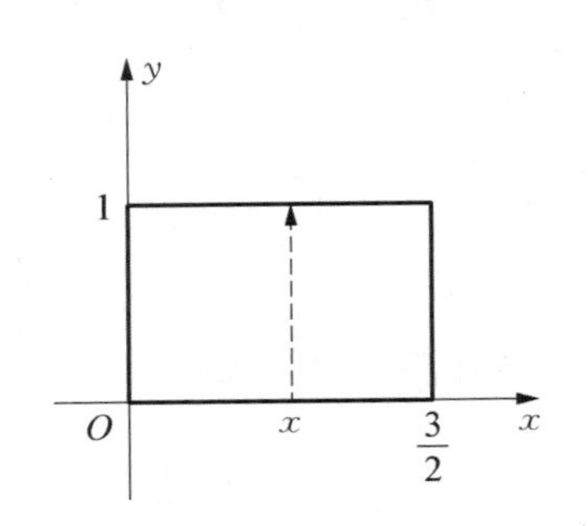

图 9.8

若看作 y 型区域,还是由公式④得

$$I=\int_0^1 dy\int_0^{\frac{3}{2}}(4-x^2-y^2)dx=\int_0^1\left[4x-\frac{x^3}{3}-xy^2\right]_0^{\frac{3}{2}}dy=\frac{35}{8}.$$

例 3 计算二重积分

$$I=\iint_D(x^2+y^2)d\sigma,$$

其中 D 是由直线 $y=x$, $y=1$, $y=3$ 及 $y=1+x$ 所围成的区域.

解 区域 D 图形如图 9.9(a)所示.

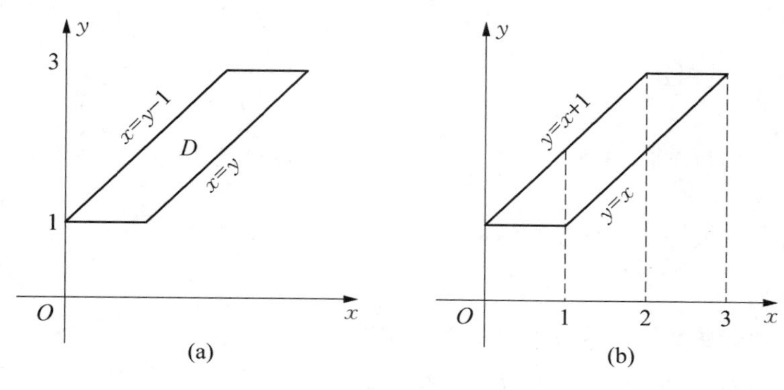

图 9.9

若把区域 D 看作 y 型区域: $D=\{(x,y)\mid y-1\leqslant x\leqslant y,1\leqslant y\leqslant 3\}$, 则

$$\begin{aligned}I&=\iint_D(x^2+y^2)d\sigma=\int_1^3 dy\int_{y-1}^{y}(x^2+y^2)dx\\&=\int_1^3\left[\frac{x^3}{3}+xy^2\right]_{y-1}^{y}dy=\int_1^3\left(2y^2-y+\frac{1}{3}\right)dy\\&=14.\end{aligned}$$

若把例 3 的区域 D 按 x 型区域积分,如图 9.9(b)所示,则必须把 D 分成 D_1, D_2 和 D_3 三个区域,它们分别表示为

$$D_1=\{(x,y)\mid 1\leqslant y\leqslant 1+x,0\leqslant x\leqslant 1\},$$
$$D_2=\{(x,y)\mid x\leqslant y\leqslant 1+x,1\leqslant x\leqslant 2\},$$
$$D_3=\{(x,y)\mid x\leqslant y\leqslant 3,2\leqslant x\leqslant 3\}.$$

这样二重积分就化为

$$I=\iint_D(x^2+y^2)d\sigma=\iint_{D_1}(x^2+y^2)d\sigma+\iint_{D_2}(x^2+y^2)d\sigma+\iint_{D_3}(x^2+y^2)d\sigma$$

$$= \int_0^1 dx \int_1^{1+x} (x^2 + y^2) dy + \int_1^2 dx \int_x^{1+x} (x^2 + y^2) dy + \int_2^3 dx \int_x^3 (x^2 + y^2) dy$$

$$= \frac{7}{6} + \frac{13}{2} + \frac{19}{3} = 14.$$

从整个计算过程来看,这个二重积分采用先对 x 再对 y 的二次积分(把 D 看成 y 型区域)比先对 y 再对 x 的二次积分(把 D 看作 x 型区域)要方便许多.

例 4 计算二重积分

$$I = \iint_D x^2 e^{-y^2} d\sigma,$$

其中 D 是由直线 $x = 0$, $y = 1$ 及 $y = x$ 所围成的区域.

解 积分区域 D 如图 9.10 所示. 若将 D 看作 y 型区域:

$$D = \{(x, y) \mid 0 \leqslant x \leqslant y, 0 \leqslant y \leqslant 1\},$$

那么

$$I = \iint_D x^2 e^{-y^2} d\sigma = \int_0^1 dy \int_0^y x^2 e^{-y^2} dx = \frac{1}{3}\int_0^1 y^3 e^{-y^2} dy.$$

由分部积分方法,可以得到

$$I = \frac{1}{6} - \frac{1}{3e}.$$

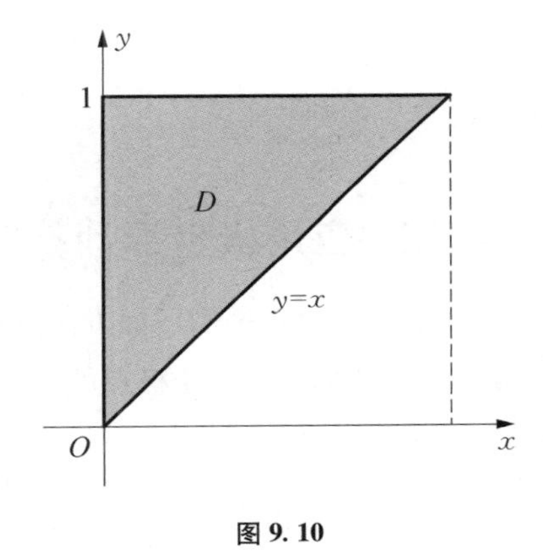

图 9.10

若把 D 看作 x 型区域,那么

$$D = \{(x, y) \mid x \leqslant y \leqslant 1, 0 \leqslant x \leqslant 1\},$$

于是

$$I = \int_0^1 dx \int_x^1 x^2 e^{-y^2} dy = \int_0^1 x^2 \left(\int_x^1 e^{-y^2} dy\right) dx.$$

由于 e^{-y^2} 的原函数不能用初等函数表示,因此此例是一个无法完成先对 y 积分的二重积分计算的典型例子.

例 5 改变二次积分

$$I = \int_0^1 dx \int_x^{\sqrt{x}} f(x, y) dy$$

的积分次序.

解 若把这个二次积分看成$f(x, y)$在区域D上的二重积分,即

$$I=\iint_D f(x, y)\mathrm{d}\sigma,$$

则由二次积分的积分次序与积分限可知,D为如图9.11所示的x型区域:

$$D=\{(x, y)\mid x\leqslant y\leqslant\sqrt{x}, 0\leqslant x\leqslant 1\};$$

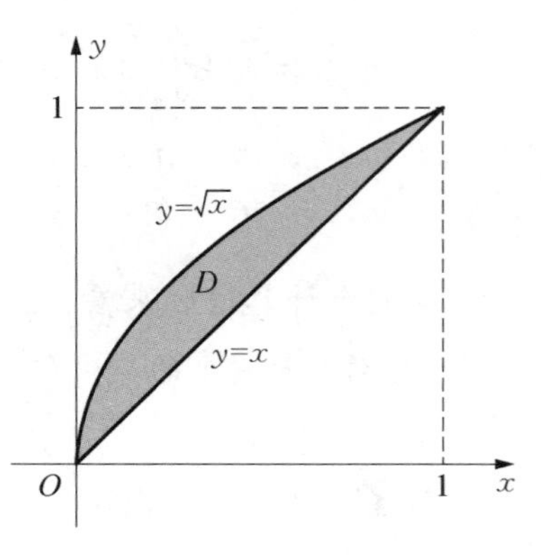

图9.11

若把D表示成y型区域,则可表示为

$$D=\{(x, y)\mid y^2\leqslant x\leqslant y, 0\leqslant y\leqslant 1\}.$$

由此得到相对应的先对x后对y的累次积分

$$I=\iint_D f(x, y)\mathrm{d}\sigma=\int_0^1\mathrm{d}y\int_{y^2}^{y} f(x, y)\mathrm{d}x.$$

二、应用极坐标计算二重积分

设$f(x, y)$在平面区域D上连续,如图9.12(a)所示,可以用极坐标中r为常数的一族同心圆和θ为常数的一族始于极点的射线来分割积分区域D. 设它们把D分成n个小区域

$$\Delta\sigma_1, \Delta\sigma_2, \cdots, \Delta\sigma_n,$$

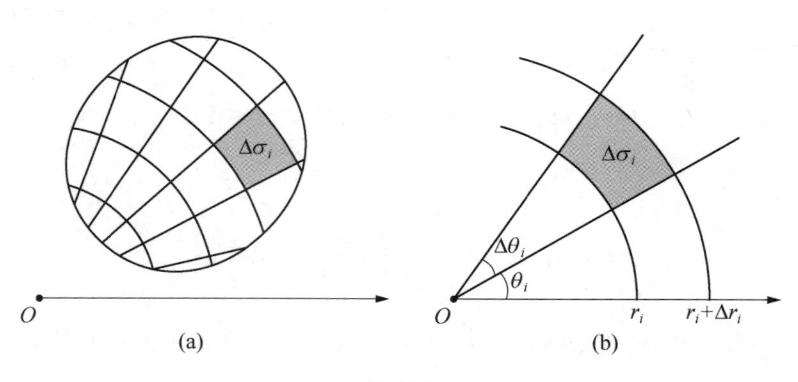

图9.12

如图9.12(b),$\Delta\sigma_i$的面积为(我们仍然把$\Delta\sigma_i$看作$\Delta\sigma_i$的面积)

$$\Delta\sigma_i=\frac{1}{2}[(r_i+\Delta r_i)^2\Delta\theta_i-r_i^2\Delta\theta_i]=\left(r_i+\frac{1}{2}\Delta r_i\right)\Delta r_i\Delta\theta_i \quad ⑤$$

$$=\bar{r}_i\Delta r_i\Delta\theta_i\quad(i=1, 2, \cdots, n),$$

其中 $\bar{r}_i = r_i + \frac{1}{2}\Delta r_i$ 是 r_i 和 $r_i + \Delta r_i$ 的平均数. 由于在可积的前提下,二重积分的值与区域 D 的分法和点 $P_i(\xi_i, \eta_i)$ 的取法无关,故可取 $\xi_i = \bar{r}_i\cos\theta_i$, $\eta_i = \bar{r}_i\sin\theta_i$, 于是有

$$\begin{aligned}\iint_D f(x, y)\mathrm{d}\sigma &= \lim_{\|\Delta\sigma\|\to 0}\sum_{i=1}^{n} f(\xi_i, \eta_i)\Delta\sigma_i \\ &= \lim_{\|\Delta\sigma\|\to 0}\sum_{i=1}^{n} f(\bar{r}_i\cos\theta_i, \bar{r}_i\sin\theta_i)\Delta\sigma_i \\ &= \lim_{\|\Delta\sigma\|\to 0}\sum_{i=1}^{n} f(\bar{r}_i\cos\theta_i, \bar{r}_i\sin\theta_i)\bar{r}_i\Delta r_i\Delta\theta_i.\end{aligned} \quad ⑥$$

若记

$$F(r, \theta) = f(r\cos\theta, r\sin\theta)r,$$

则 $F(r, \theta)$ 是关于 (r, θ) 的连续函数. 根据二重积分的定义, ⑥式最后的和式极限可以看作函数 $F(r, \theta)$ 关于坐标 (r, θ) 的二重积分,即

$$\begin{aligned}&\lim_{\|\Delta\sigma\|\to 0}\sum_{i=1}^{n} f(\bar{r}_i\cos\theta_i, \bar{r}_i\sin\theta_i)\bar{r}_i\Delta r_i\Delta\theta_i \\ &= \iint_D f(r\cos\theta, r\sin\theta)r\mathrm{d}r\mathrm{d}\theta.\end{aligned}$$

从而得到了二重积分在极坐标系下的计算公式:

$$\iint_D f(x, y)\mathrm{d}\sigma = \iint_D f(r\cos\theta, r\sin\theta)r\mathrm{d}r\mathrm{d}\theta, \quad ⑦$$

其中 $\mathrm{d}\sigma = r\mathrm{d}r\mathrm{d}\theta$ 称为极坐标系中的面积元素.

如同在直角坐标系中的二重积分可以化为二次积分一样,极坐标系中的二重积分也可以化为二次积分进行计算.

下面介绍极坐标系中的两种特殊的积分区域.

如图 9.13(a)所示,由过极点的两条射线 $\theta = \alpha$, $\theta = \beta$ 和 $[\alpha, \beta]$ 上的连续曲线 $r = r_1(\theta)$, $r = r_2(\theta)$ $(r_1(\theta) \leqslant r_2(\theta))$ 所围成的区域称为极坐标系中的 θ 型区域,可表示为

$$D = \{(r, \theta) \mid r_1(\theta) \leqslant r \leqslant r_2(\theta), \alpha \leqslant \theta \leqslant \beta\}.$$

如图 9.13(b)所示,由两条弧 $r = r_1$, $r = r_2$ 和 $[r_1, r_2]$ 上的连续曲线 $\theta = \theta_1(r)$, $\theta = \theta_2(r)$ $(\theta_1(r) \leqslant \theta_2(r))$ 所围成的区域称为极坐标中的 r 型区域,可表示为

$$D = \{(r, \theta) \mid \theta_1(r) \leqslant \theta \leqslant \theta_2(r), r_1 \leqslant r \leqslant r_2\}.$$

当积分区域 D 是 θ 型区域时,⑦式的右边的二重积分可化为先对 r 再对 θ 的累次积分

$$\iint_D f(r\cos\theta, r\sin\theta)r\mathrm{d}r\mathrm{d}\theta = \int_\alpha^\beta \mathrm{d}\theta\int_{r_1(\theta)}^{r_2(\theta)} f(r\cos\theta, r\sin\theta)r\mathrm{d}r; \quad ⑧$$

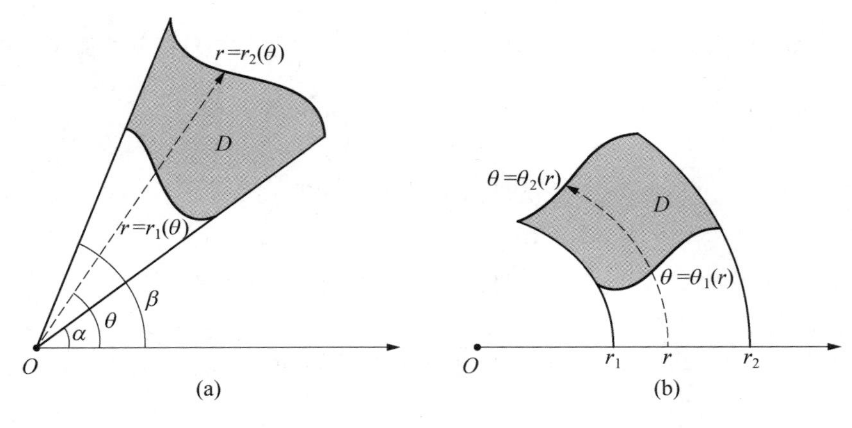

图 9.13

当积分区域 D 是 r 型区域时,⑦式的右边的二重积分可化为先对 θ 再对 r 的累次积分

$$\iint_D f(r\cos\theta,\ r\sin\theta)r\mathrm{d}r\mathrm{d}\theta=\int_{r_1}^{r_2}r\mathrm{d}r\int_{\theta_1(r)}^{\theta_2(r)}f(r\cos\theta,\ r\sin\theta)\,\mathrm{d}\theta. \qquad ⑨$$

若极点 O 在区域 D 的边界上(图 9.14(a)),而 D 的边界曲线方程为 $r=r(\theta)\ (\alpha\leqslant\theta\leqslant\beta)$,其中 $r(\theta)$ 是$[\alpha,\beta]$上的连续函数,则

$$D=\{(r,\ \theta)\mid 0\leqslant r\leqslant r(\theta),\ \alpha\leqslant\theta\leqslant\beta\}.$$

按⑧公式,二重积分可化为

$$\iint_D f(r\cos\theta,\ r\sin\theta)r\mathrm{d}r\mathrm{d}\theta=\int_\alpha^\beta \mathrm{d}\theta\int_0^{r(\theta)}f(r\cos\theta,\ r\sin\theta)r\mathrm{d}r. \qquad ⑩$$

若极点 O 在区域 D 内(图 9.14(b)),而 D 的边界曲线方程为 $r=r(\theta)\ (0\leqslant\theta\leqslant 2\pi)$,其中 $r(\theta)$ 是$[0,2\pi]$上的连续函数,则

$$D=\{(r,\ \theta)\mid 0\leqslant r\leqslant r(\theta),\ 0\leqslant\theta\leqslant 2\pi\},$$

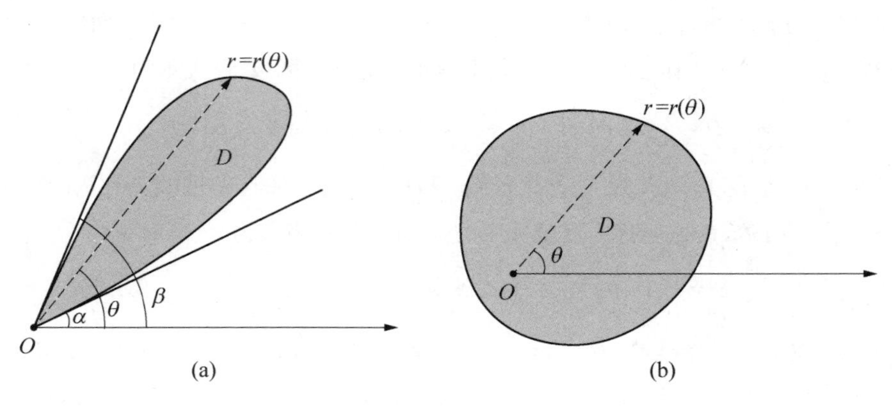

图 9.14

这时二重积分化为

$$\iint_D f(r\cos\theta, r\sin\theta)r\mathrm{d}r\mathrm{d}\theta = \int_0^{2\pi}\mathrm{d}\theta\int_0^{r(\theta)} f(r\cos\theta, r\sin\theta)r\mathrm{d}r. \quad ⑪$$

特别地,若积分区域 D 是圆心在极点,半径为 a 的圆形区域,即

$$D = \{(r, \theta) \mid 0 \leqslant r \leqslant a, 0 \leqslant \theta \leqslant 2\pi\},$$

二重积分便化为

$$\iint_D f(r\cos\theta, r\sin\theta)r\mathrm{d}r\mathrm{d}\theta = \int_0^{2\pi}\mathrm{d}\theta\int_0^{a} f(r\cos\theta, r\sin\theta)r\mathrm{d}r. \quad ⑫$$

注 一般来说,积分区域为圆形区域(或部分圆形区域、环形区域)或被积函数形如 $f(x^2+y^2)$ 时,在极坐标系中计算二重积分较为方便.

例 6 计算二重积分

$$I = \iint_D \sin\sqrt{x^2+y^2}\,\mathrm{d}\sigma,$$

其中 D 是环形区域: $\pi^2 \leqslant x^2+y^2 \leqslant 4\pi^2$.

解 在极坐标系中,积分区域为 $D = \{(r, \theta) \mid \pi \leqslant r \leqslant 2\pi, 0 \leqslant \theta \leqslant 2\pi\}$,

$$\begin{aligned} I &= \iint_D \sin r \cdot r\mathrm{d}r\mathrm{d}\theta = \int_0^{2\pi}\mathrm{d}\theta\int_\pi^{2\pi} r\sin r\mathrm{d}r \\ &= \int_0^{2\pi}[-r\cos r + \sin r]_\pi^{2\pi}\mathrm{d}\theta \\ &= -\int_0^{2\pi} 3\pi\mathrm{d}\theta = -6\pi^2. \end{aligned}$$

若在直角坐标系 Oxy 中直接化为累次积分来计算上述二重积分,则要把 D 分成如图 9.15 所示的四个小区域 D_1, D_2, D_3, D_4,且在每个小区域上将会遇到十分复杂的累次积分计算.

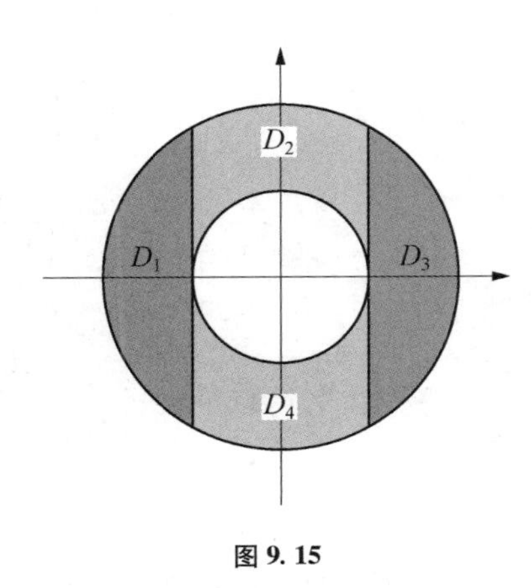

图 9.15

例 7 求由球面 $x^2+y^2+z^2=a^2$ 与柱面 $x^2+y^2=ax$ $(a>0)$ 所围成的立体的体积 V.

解 图 9.16(a) 显示了所求立体在第一卦限部分的图形. 由对称性可得

$$V = 4\iint_D \sqrt{a^2-x^2-y^2}\,\mathrm{d}\sigma,$$

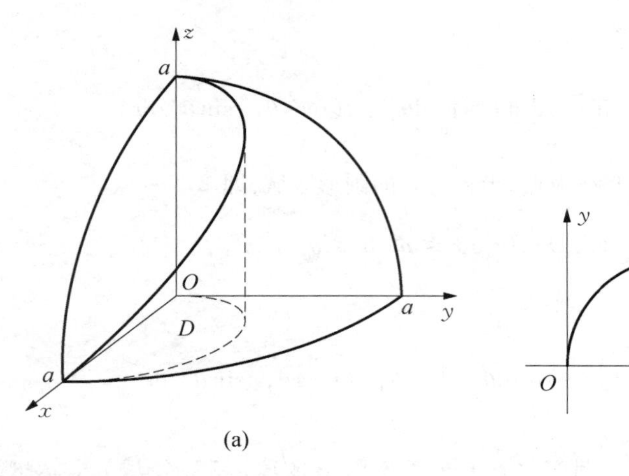

(a)　　(b)

图 9.16

其中积分区域 D 是由半圆 $y=\sqrt{ax-x^2}$ 与 x 轴所围成的区域(图 9.16(b)). 由于半圆 $y=\sqrt{ax-x^2}$ 在极坐标系中的方程为

$$r=a\cos\theta \quad \left(0\leqslant\theta\leqslant\frac{\pi}{2}\right),$$

极点 O 在区域 D 的边界上,由⑩式可得

$$\begin{aligned}V&=4\iint\limits_D\sqrt{a^2-r^2}\,r\mathrm{d}r\mathrm{d}\theta=4\int_0^{\frac{\pi}{2}}\mathrm{d}\theta\int_0^{a\cos\theta}\sqrt{a^2-r^2}\,r\mathrm{d}r\\&=4\int_0^{\frac{\pi}{2}}\left[-\frac{1}{3}(a^2-r^2)^{\frac{3}{2}}\right]_0^{a\cos\theta}\mathrm{d}\theta=\frac{4}{3}a^3\int_0^{\frac{\pi}{2}}(1-\sin^3\theta)\mathrm{d}\theta\\&=\frac{2}{3}a^3\left(\pi-\frac{4}{3}\right).\end{aligned}$$

例 8 计算二重积分

$$I=\iint\limits_D\mathrm{e}^{-(x^2+y^2)}\mathrm{d}\sigma,$$

其中 D 是圆域: $x^2+y^2\leqslant a^2$, 并由此证明概率积分:

$$J=\int_0^{+\infty}\mathrm{e}^{-x^2}\mathrm{d}x=\frac{\sqrt{\pi}}{2}. \tag{13}$$

解 由公式⑫,有

$$I=\int_0^{2\pi}\mathrm{d}\theta\int_0^a\mathrm{e}^{-r^2}r\mathrm{d}r=\int_0^{2\pi}\left[-\frac{1}{2}\mathrm{e}^{-r^2}\right]_0^a\mathrm{d}\theta=\pi(1-\mathrm{e}^{-a^2}). \tag{14}$$

为证明⑬,设

$$J(a)=\int_0^a e^{-x^2}dx,$$

有

$$J=\lim_{a\to+\infty}J(a).$$

由于

$$J^2(a)=\int_0^a e^{-x^2}dx\cdot\int_0^a e^{-y^2}dy=\int_0^a dx\cdot\int_0^a e^{-(x^2+y^2)}dy$$
$$=\iint_R e^{-(x^2+y^2)}d\sigma,$$

其中 R 为正方形(图9.17). 设 D_1, D_2 为图9.17所示的四分之一圆域,则 $D_1\subset R\subset D_2$, 故有

$$\iint_{D_1}e^{-(x^2+y^2)}d\sigma\leqslant\iint_R e^{-(x^2+y^2)}d\sigma\leqslant\iint_{D_2}e^{-(x^2+y^2)}d\sigma.$$

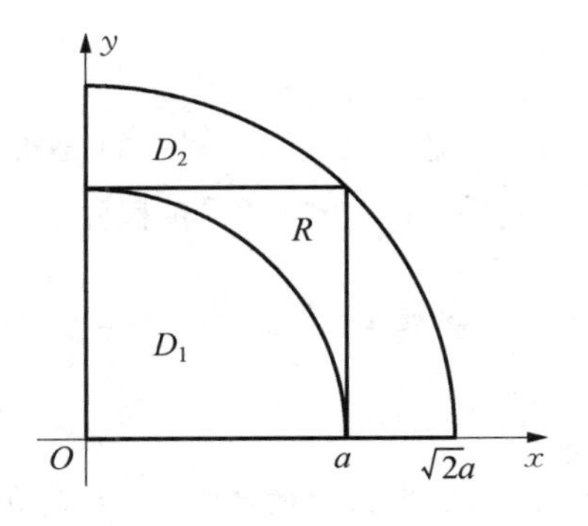

图9.17

根据⑭式,有

$$\frac{\pi}{4}(1-e^{-a^2})<J^2(a)<\frac{\pi}{4}(1-e^{-2a^2}),$$

对此不等式取 $a\to+\infty$ 时的极限,就得到

$$J^2=\frac{\pi}{4}\quad\Rightarrow\quad J=\frac{\sqrt{\pi}}{2}.$$

本题若在直角坐标系中直接计算,会遇到不能用初等函数表示的积分 $\int e^{-x^2}dx$, 而在极坐标系中就不再有此困难.

例9 求双纽线 $r^2=a^2\cos 2\theta$ 所围成的平面区域(图9.18)的面积.

解 如图9.18所示,利用图形的对称性,所求面积为

$$A=4\iint_D d\sigma,$$

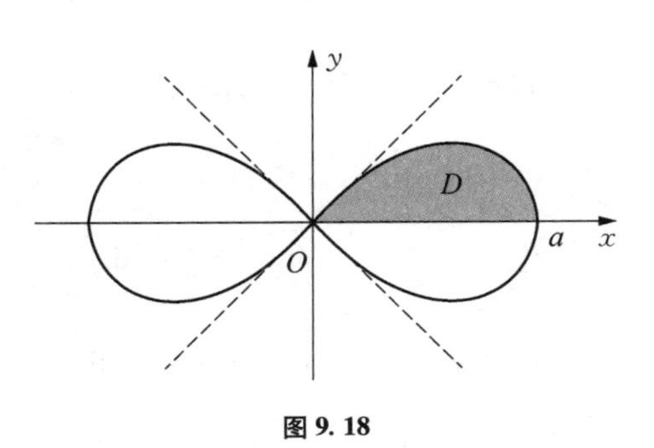

图9.18

其中积分区域为

$$D=\left\{(r,\theta)\ \middle|\ 0\leqslant r\leqslant a\sqrt{\cos 2\theta},\ 0\leqslant\theta\leqslant\frac{\pi}{4}\right\}.$$

于是

$$A=4\iint_D \mathrm{d}\sigma=4\int_0^{\frac{\pi}{4}}\mathrm{d}\theta\int_0^{a\sqrt{\cos 2\theta}}r\mathrm{d}r=4\int_0^{\frac{\pi}{4}}\frac{a^2}{2}\cos 2\theta\mathrm{d}\theta$$
$$=a^2\sin 2\theta\Big|_0^{\frac{\pi}{4}}=a^2.$$

三、二重积分的换元法

用极坐标计算二重积分,其实质就是作了一个坐标变换

$$\begin{cases}x=r\cos\theta,\\ y=r\sin\theta.\end{cases}$$

注意,这个变换是一对一的,这是二重积分换元法的一种特殊情形. 利用二重积分的换元公式可以计算比较复杂的二重积分.

定理 1 设 $f(x,y)$ 在 xOy 平面的闭区域 D 上连续,变换

$$T:\ x=\varphi(u,v),\ y=\psi(u,v),$$

将 uOv 平面上的闭区域 D' 变为 xOy 平面上的闭区域 D,且

(1) $\varphi(u,v)$, $\psi(u,v)$ 在 D' 上有一阶连续偏导数;

(2) 在 D' 上雅可比行列式

$$J(u,v)=\frac{\partial(x,y)}{\partial(u,v)}\neq 0;$$

(3) 变换 T: $D'\to D$ 是一对一的. 则有

$$\iint_D f(x,y)\mathrm{d}x\mathrm{d}y=\iint_{D'} f[\varphi(u,v),\psi(u,v)]\,|J(u,v)|\,\mathrm{d}u\mathrm{d}v. \tag{15}$$

公式⑮称为二重积分换元公式.

例 10 计算二重积分 $\iint_D \mathrm{e}^{\frac{y-x}{y+x}}\mathrm{d}x\mathrm{d}y$,其中 D 是由 x 轴、y 轴和直线 $x+y=2$ 所围成的闭区域.

解 令 $u=y-x$, $v=y+x$,则 $x=\dfrac{v-u}{2}$, $y=\dfrac{v+u}{2}$. 于是 xOy 平面上的区域 D 对应于 uOv 平面上的区域 D'. 由 $v=2$, $u=v$ 和 $u=-v$ 围成,将 D' 看成 v 区域:$D'=\{(u,v)\mid -v\leqslant u\leqslant v,$

$0 \leqslant v \leqslant 2\}$. 而变换的雅可比行列式为

$$J=\frac{\partial(x, y)}{\partial(u, v)}=\begin{vmatrix}-\frac{1}{2} & \frac{1}{2} \\ \frac{1}{2} & \frac{1}{2}\end{vmatrix}=-\frac{1}{2}.$$

根据公式⑮,得

$$\iint_{D} \mathrm{e}^{\frac{y-x}{y+x}} \mathrm{d} x \mathrm{d} y=\iint_{D'} \mathrm{e}^{\frac{u}{v}}\left|-\frac{1}{2}\right| \mathrm{d} u \mathrm{d} v=\frac{1}{2} \int_{0}^{2} \mathrm{d} v \int_{-v}^{v} \mathrm{e}^{\frac{u}{v}} \mathrm{d} u$$

$$=\frac{1}{2} \int_{0}^{2}\left(\mathrm{e}-\mathrm{e}^{-1}\right) v \mathrm{d} v=\mathrm{e}-\mathrm{e}^{-1}.$$

9.2 学习要点

习题 9.2

1. 将二重积分 $\iint\limits_{D} f(x, y) \mathrm{d} \sigma$ 化为二次积分(两种次序),其中 D 分别如下:

(1) 以点 $(0, 0)$, $(2, 0)$, $(1, 1)$ 为顶点的三角形;

(2) 由曲线 $y=x^{2}$ 和 $y=1$ 所围成的区域;

(3) 在第一象限中由 $y=2x$, $2y=x$ 和 $xy=2$ 所围成的区域;

(4) 圆域 $x^{2}+(y-a)^{2} \leqslant a^{2}$;

(5) 由直线 $x=3$, $x=5$, $3x-2y+4=0$ 和 $3x-2y+1=0$ 所围成的区域.

2. 画出下列各二次积分所对应的二重积分的积分区域,并更换积分顺序:

(1) $\int_{0}^{1} \mathrm{d} y \int_{0}^{3} f(x, y) \mathrm{d} x$;　　(2) $\int_{1}^{3} \mathrm{d} y \int_{-y}^{2y} f(x, y) \mathrm{d} x$;

(3) $\int_{1}^{\mathrm{e}} \mathrm{d} x \int_{0}^{\ln x} f(x, y) \mathrm{d} y$;　　(4) $\int_{0}^{1} \mathrm{d} x \int_{0}^{x^{2}} f(x, y) \mathrm{d} y+\int_{1}^{3} \mathrm{d} x \int_{0}^{\frac{1}{2}(3-x)} f(x, y) \mathrm{d} y$.

3. 计算下列二重积分:

(1) $\iint\limits_{D} x \ln y \mathrm{d} \sigma$,其中 D 为矩形域:$0 \leqslant x \leqslant 4$, $1 \leqslant y \leqslant \mathrm{e}$;

(2) $\iint\limits_{D}\left(\cos^{2} x+\sin^{2} y\right) \mathrm{d} \sigma$,其中 D 为矩形域:$0 \leqslant x \leqslant \frac{\pi}{4}$, $0 \leqslant y \leqslant \frac{\pi}{4}$;

(3) $\iint\limits_{D} x y^{2} \mathrm{d} \sigma$,其中 D 为抛物线 $y^{2}=2px$ 与直线 $x=\frac{p}{2}$ $(p>0)$ 所围成的区域;

(4) $\iint\limits_{D} \frac{1}{\sqrt{2a-x}} \mathrm{d} \sigma$ $(a>0)$,其中 D 为由 $(x-a)^{2}+(y-a)^{2}=a^{2}$ 的下半圆与直线 $x=0$, $y=0$ 所围成的区域;

(5) $\iint\limits_D \sqrt{x}\mathrm{d}\sigma$,其中 D 为圆域:$x^2+y^2\leqslant x$;

(6) $\iint\limits_D (x-y)\mathrm{d}\sigma$,其中 D 为由曲线 $y=2-x^2$ 与直线 $y=2x-1$ 所围成的区域;

(7) $\iint\limits_D \frac{x^2}{y^2}\mathrm{d}\sigma$,其中 D 为由双曲线 $xy=1$ 与直线 $x=\frac{1}{2}$, $y=x$ 所围成的区域;

(8) $\iint\limits_D x\mathrm{d}\sigma$,其中 D 为由不等式 $x^2+y^2\geqslant 2$ 和 $x^2+y^2\leqslant 2x$ 所决定的区域.

4. 在极坐标系中计算下列二重积分:

(1) $\iint\limits_D \frac{\sin\sqrt{x^2+y^2}}{\sqrt{x^2+y^2}}\mathrm{d}\sigma$,其中 D 为圆环:$\frac{\pi^2}{9}\leqslant x^2+y^2\leqslant \pi^2$;

(2) $\iint\limits_D \sqrt{R^2-x^2-y^2}\mathrm{d}\sigma$,其中 D 为圆域:$x^2+y^2\leqslant Rx$;

(3) $\iint\limits_D \arctan\frac{y}{x}\mathrm{d}\sigma$,其中 D 为由不等式 $1\leqslant x^2+y^2\leqslant 4$, $y\geqslant 0$ 及 $y\leqslant x$ 所决定的区域;

(4) $\iint\limits_D (x^2+y^2)\mathrm{d}\sigma$,其中 D 为由双纽线 $(x^2+y^2)^2=a^2(x^2-y^2)$ 所围成的区域.

5. 利用二重积分求下列图形 D 的面积:

(1) 由抛物线 $y^2=2x+1$, $y^2=-4x+4$ 所围成的图形;

(2) 由曲线 $x^2+y^2=4x$, $x^2+y^2=8x$, $y=x$, $y=\sqrt{3}x$ 所围成的图形;

(3) 由不等式 $r\leqslant a(1+\cos\theta)$ 及 $r\leqslant a$ 所决定的图形.

6. 利用二重积分求下列立体 D 的体积:

(1) 由曲面 $z=1-x^2-y^2$ 和平面 $y=x$, $y=\sqrt{3}x$, $z=0$ 所围成的立体在第一卦限中的部分;

(2) 由曲面 $z=x^2+y^2$ 与 $z=\sqrt{x^2+y^2}$ 所围立体.

9.3 三重积分

一、三重积分的概念和性质

实例 1 非均匀物体的质量. 设非均匀物体分布在三维空间中的一个有界闭域 Ω 上,其体密度 μ 为点坐标 (x, y, z) 的连续函数 $\mu(x, y, z)$,求物体 Ω 的质量 m.

首先,把 Ω 任意分割成 n 个空间小区域 ΔV_1, ΔV_2, $\cdots$, ΔV_n. 在每个小区域 $\Delta V_i(i=1, 2, \cdots,$

n) 中任取一点 $P_i(\xi_i, \eta_i, \zeta_i)$，当小区域 ΔV_i 的直径很小时，由于体密度函数 μ 是 (x, y, z) 的连续函数，故在 ΔV_i 上的体密度可近似地看作常量 $\mu(\xi_i, \eta_i, \zeta_i)$. 若小区域 ΔV_i 的体积用 ΔV_i 表示，则小区域 ΔV_i 的质量 Δm_i 可以用 $\mu(\xi_i, \eta_i, \zeta_i) \cdot \Delta V_i$ 近似代替，即为

$$\Delta m_i \approx \mu(\xi_i, \eta_i, \zeta_i)\Delta V_i.$$

这样，整个 Ω 的质量的近似值为

$$m = \sum_{i=1}^{n} \Delta m_i \approx \sum_{i=1}^{n} \mu(\xi_i, \eta_i, \zeta_i)\Delta V_i.$$

设 $d_i(i = 1, 2, \cdots, n)$ 为小区域 V_i 的直径，并记小区域中的最大直径为

$$\|\Delta V\| = \max\{d_1, d_2, \cdots, d_n\},$$

则当 $\|\Delta V\| \to 0$ 时，和式 $\sum\limits_{i=1}^{n} \mu(\xi_i, \eta_i, \zeta_i)\Delta V_i$ 的极限就是该非均匀物体的质量 m，即

$$m = \lim_{\|\Delta V\| \to 0} \sum_{i=1}^{n} \mu(\xi_i, \eta_i, \zeta_i)\Delta V_i.$$

由此实例可以给出三重积分的定义.

定义1 设 $f(x, y, z)$ 为定义在空间有界闭域 Ω 上的一个有界函数，把区域 Ω 任意分成 n 个空间小区域，其体积和直径分别为

$$\Delta V_i \quad 和 \quad d_i \quad (i = 1, 2, \cdots, n).$$

在每个小区域上任取一点 $P_i(\xi_i, \eta_i, \zeta_i)$，作和式

$$\sum_{i=1}^{n} f(\xi_i, \eta_i, \zeta_i)\Delta V_i. \qquad ①$$

如果当小区域的最大直径 $\|\Delta V\| \to 0$ 时，不论区域 Ω 如何分法以及点 $P_i(\xi_i, \eta_i, \zeta_i)$ 如何取法，和式①有确定的极限 I，则称函数 $f(x, y, z)$ 在区域 Ω 上可积，并称此极限 I 为函数 $f(x, y, z)$ 在区域 Ω 上的三重积分，记作

$$\iiint_{\Omega} f(x, y, z)\,\mathrm{d}V,$$

即

$$\iiint_{\Omega} f(x, y, z)\,\mathrm{d}V = \lim_{\|\Delta V\| \to 0} \sum_{i=1}^{n} f(\xi_i, \eta_i, \zeta_i)\Delta V_i, \qquad ②$$

其中函数 $f(x, y, z)$ 称为**被积函数**，区域 Ω 称为**积分区域**，$\mathrm{d}V$ 称为**体积元素**，x, y, z 称为**积分变量**.

因为三重积分的值与对积分区域 Ω 的分割方式无关,所以在直角坐标关系中经常用平行于坐标平面的三族平面来分割 Ω,这样得到的小区域 ΔV_i,除了包含边界点的小区域以外都是小长方形. 若 ΔV_i 的三条棱长记为 Δx_i, Δy_i, Δz_i,则 $\Delta V_i = \Delta x_i \cdot \Delta y_i \cdot \Delta z_i$. 因此我们也把三重积分记号中的体积元素 $\mathrm{d}V$ 写成 $\mathrm{d}x\mathrm{d}y\mathrm{d}z$,这时

$$\iiint_{\Omega} f(x, y, z)\,\mathrm{d}V = \iiint_{\Omega} f(x, y, z)\,\mathrm{d}x\mathrm{d}y\mathrm{d}z.$$

若函数 $f(x, y, z)$ 在有界闭域 Ω 上连续,则 $f(x, y, z)$ 在 Ω 上可积. 更一般的结论是:若函数 $f(x, y, z)$ 在 Ω 上有界且在 Ω 上除去有限个点或有限条光滑曲线或有限光滑曲面外都连续,则 $f(x, y, z)$ 在 Ω 上可积(证明从略).

设 $f(x, y, z)$ 和 $g(x, y, z)$ 在有界闭域 Ω 上连续,且设 V 为有界闭域 Ω 的体积,则三重积分有以下的性质:

(1) $\iiint_{\Omega} [f(x, y, z) + g(x, y, z)]\,\mathrm{d}V = \iiint_{\Omega} f(x, y, z)\,\mathrm{d}V + \iiint_{\Omega} g(x, y, z)\,\mathrm{d}V.$

(2) $\iiint_{\Omega} k \cdot f(x, y, z)\,\mathrm{d}V = k\iiint_{\Omega} f(x, y, z)\,\mathrm{d}V.$

(3) 如果将区域 Ω 用光滑曲面分成两个区域 Ω_1 和 Ω_2,则

$$\iiint_{\Omega} f(x, y, z)\,\mathrm{d}V = \iiint_{\Omega_1} f(x, y, z)\,\mathrm{d}V + \iiint_{\Omega_2} f(x, y, z)\,\mathrm{d}V.$$

(4) 如果在区域 Ω 上,有 $f(x, y, z) \leqslant g(x, y, z)$,则

$$\iiint_{\Omega} f(x, y, z)\,\mathrm{d}V \leqslant \iiint_{\Omega} g(x, y, z)\,\mathrm{d}V.$$

(5) 如果 M 和 m 分别是 $f(x, y, z)$ 在 Ω 上的最大值与最小值,则

$$mV \leqslant \iiint_{\Omega} f(x, y, z)\,\mathrm{d}V \leqslant MV.$$

(6) $\left|\iiint_{\Omega} f(x, y, z)\,\mathrm{d}V\right| \leqslant \iiint_{\Omega} |f(x, y, z)|\,\mathrm{d}V.$

(7)(三重积分中值定理)如果函数 $f(x, y, z)$ 在有界闭域 Ω 上连续,则在 Ω 上至少存在一点 $P(\xi, \eta, \zeta)$,使得

$$\iiint_{\Omega} f(x, y, z)\,\mathrm{d}V = f(\xi, \eta, \zeta)V,$$

其中 V 表示区域的体积. 特别地,当 $f(x, y, z)$ 在 Ω 上恒等于 1 时,有

$$\iiint_{\Omega} \mathrm{d}V = V.$$

二、三重积分的计算

1. 化三重积分为累次积分

与二重积分类似，三元函数$f(x, y, z)$在区域Ω上的三重积分

$$\iiint\limits_{\Omega} f(x, y, z)\,\mathrm{d}V$$

也可以化为累次（三次）积分来计算. 首先对积分区域作一些讨论.

如图 9.19 所示，设区域Ω是由母线平行于z轴的柱面和曲面$z=z_1(x, y)$，$z=z_2(x, y)$所围成的区域，Ω在坐标平面xOy上的投影区域为有界闭域D_{xy}，且$z_1(x, y)$，$z_2(x, y)$是D_{xy}上的连续函数，满足$z_1(x, y) \leqslant z_2(x, y)$. 这种区域称为$xy$型区域，它可以表示为

$$\Omega = \{(x, y, z) \mid z_1(x, y) \leqslant z \leqslant z_2(x, y),\ (x, y) \in D_{xy}\}.$$

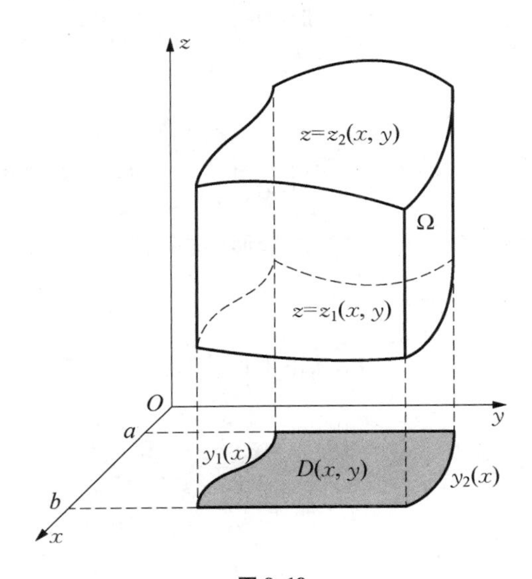

图 9.19

连续函数$f(x, y, z)$在xy型区域Ω上的三重积分可以化为先对z求定积分，再在区域D_{xy}上求二重积分，即

$$\iiint\limits_{\Omega} f(x, y, z)\,\mathrm{d}V = \iint\limits_{D_{xy}} \left[\int_{z_1(x, y)}^{z_2(x, y)} f(x, y, z)\,\mathrm{d}z\right] \mathrm{d}x\mathrm{d}y. \tag{③}$$

公式③的证明从略. 它表明，为求函数$f(x, y, z)$在xy型区域Ω上的三重积分，可先将Ω向坐标平面xOy作投影得到投影区域D_{xy}；接着对任意取定的点$(x, y) \in D_{xy}$，求函数$f(x, y, z)$（看作关于z的一元函数）从点$z_1(x, y)$到$z_2(x, y)$的定积分

$$\int_{z_1(x, y)}^{z_2(x, y)} f(x, y, z)\,\mathrm{d}z,$$

由此得到一个关于 x, y 的二元函数;最后再求该二元函数在区域 D_{xy} 上的二重积分. 通过这三个步骤,就得到 $f(x, y, z)$ 在区域 Ω 上的三重积分.

如果区域 D_{xy} 为

$$D_{xy}=\{(x, y) \mid y_1(x) \leqslant y \leqslant y_2(x), a \leqslant x \leqslant b\},$$

是 x 型区域,则 Ω 可表示为

$$\Omega=\{(x, y, z) \mid z_1(x, y) \leqslant z \leqslant z_2(x, y), y_1(x) \leqslant y \leqslant y_2(x), a \leqslant x \leqslant b\}.$$

于是,三重积分最终化为三次积分

$$\iiint_{\Omega} f(x, y, z) \mathrm{d} V=\int_a^b\left[\int_{y_1(x)}^{y_2(x)}\left(\int_{z_1(x, y)}^{z_2(x, y)} f(x, y, z) \mathrm{d} z\right) \mathrm{d} y\right] \mathrm{d} x . \tag{④}$$

③式和④式又可分别简单地写成

$$\iiint_{\Omega} f(x, y, z) \mathrm{d} V=\iint_{D_{xy}} \mathrm{d} x \mathrm{d} y \int_{z_1(x, y)}^{z_2(x, y)} f(x, y, z) \mathrm{d} z \tag{⑤}$$

和

$$\iiint_{\Omega} f(x, y, z) \mathrm{d} V=\int_a^b \mathrm{d} x \int_{y_1(x)}^{y_2(x)} \mathrm{d} y \int_{z_1(x, y)}^{z_2(x, y)} f(x, y, z) \mathrm{d} z . \tag{⑥}$$

类似地,可以讨论 Ω 为 yz 型和 zx 型区域的情形(这两类区域的定义请读者自行给出).

当 Ω 为 yz 型区域时,则有公式

$$\iiint_{\Omega} f(x, y, z) \mathrm{d} V=\iint_{D_{yz}} \mathrm{d} y \mathrm{d} z \int_{x_1(y, z)}^{x_2(y, z)} f(x, y, z) \mathrm{d} x, \tag{⑦}$$

其中 D_{yz} 是 Ω 在坐标平面 yOz 上的投影区域, $x=x_2(y, z)$ 和 $x=x_1(y, z)$ 分别是围成 Ω 的前后两个曲面的区域.

当 Ω 为 zx 型区域时候,则有公式

$$\iiint_{\Omega} f(x, y, z) \mathrm{d} V=\iint_{D_{zx}} \mathrm{d} z \mathrm{d} x \int_{y_1(z, x)}^{y_2(z, x)} f(x, y, z) \mathrm{d} y, \tag{⑧}$$

其中 D_{zx} 是 Ω 在坐标平面 zOx 上的投影区域, $y=y_1(z, x)$ 和 $y=y_2(z, x)$ 分别是围成 Ω 的左右两个曲面的函数.

⑦式和⑧式右边的积分也可进一步化成三次积分.

注意,这里讨论的区域 Ω 有如下几何特征:若区域 Ω 在某个坐标平面上的投影为平面区域 D,过 D 内任何一点作垂直于 D 所在坐标平面的直线,则该直线与 Ω 的边界曲面至多有两个交点. 对于一般区域,则可通过添加若干辅助平面(或曲面),把空间区域分成有限个 xy 型, yz 型, zx 型区域,然后再分别利用公式④, ⑦和⑧来计算三重积分.

例 1 计算三重积分 $\iiint\limits_{\Omega} x\mathrm{d}x\mathrm{d}y\mathrm{d}z$，其中 Ω 为三个坐标平面与平面 $x+2y+z=1$ 所围成的闭区域.

解 作闭区域 Ω 如图 9.20. 将 Ω 投影到 xOy 平面上得 D_{xy}，于是 $0\leqslant z\leqslant 1-x-2y$. 而 D_{xy} 可以表示为

$$D_{xy}=\left\{(x,y)\,\middle|\,0\leqslant y\leqslant \frac{1}{2}(1-x),\ 0\leqslant x\leqslant 1\right\},$$

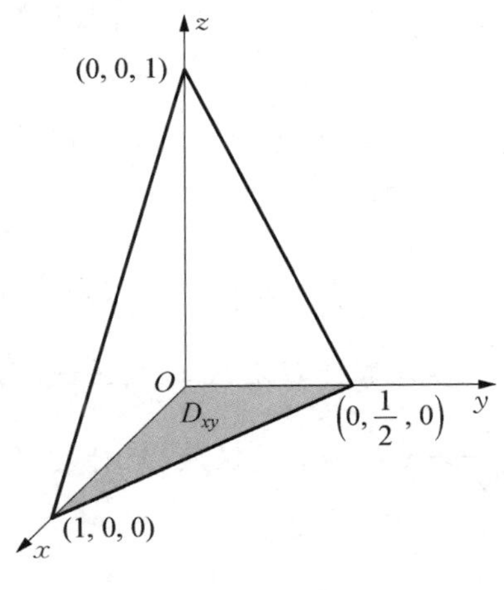

图 9.20

于是

$$\begin{aligned}\iiint\limits_{\Omega} x\mathrm{d}x\mathrm{d}y\mathrm{d}z&=\int_0^1\mathrm{d}x\int_0^{\frac{1}{2}(1-x)}\mathrm{d}y\int_0^{1-x-2y}x\mathrm{d}z\\&=\int_0^1 x\mathrm{d}x\int_0^{\frac{1}{2}(1-x)}(1-x-2y)\mathrm{d}y\\&=\frac{1}{4}\int_0^1 x(1-2x+x^2)\mathrm{d}x=\frac{1}{48}.\end{aligned}$$

例 2 计算三重积分 $I=\iiint\limits_{\Omega} y\cos(z+x)\mathrm{d}V$，其中 Ω 是由抛物柱面 $y=\sqrt{x}$ 与平面 $y=0$，$z=0$，$x+z=\frac{\pi}{2}$ 所围成的区域(图 9.21(a)).

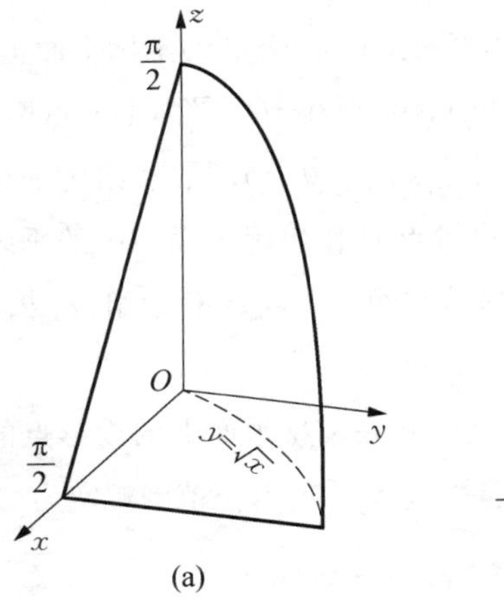

(a)

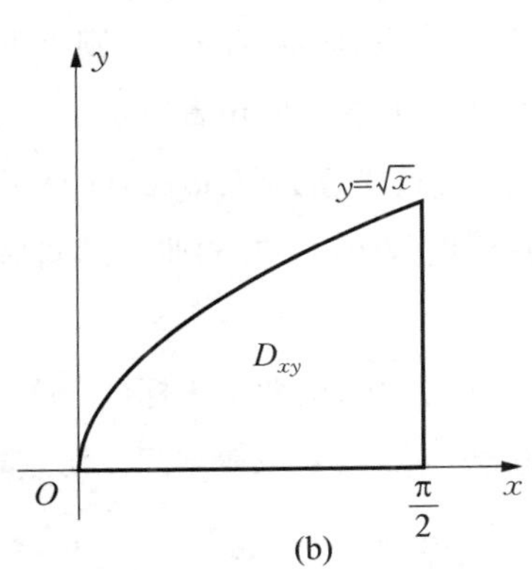

(b)

图 9.21

解 作 Ω 向坐标平面 xOy 的投影(图 9.21(b))，

$$D_{xy}=\left\{(x,y)\,\middle|\,0\leqslant y\leqslant\sqrt{x},\ 0\leqslant x\leqslant\frac{\pi}{2}\right\}.$$

Ω 的上、下两个边界面分别是 $z=\frac{\pi}{2}-x$, $z=0$. 由公式⑥可得

$$
\begin{aligned}
I&=\iint\limits_{D_{xy}}\mathrm{d}x\mathrm{d}y\int_0^{\frac{\pi}{2}-x}y\cos(z+x)\,\mathrm{d}z\\
&=\int_0^{\frac{\pi}{2}}\mathrm{d}x\int_0^{\sqrt{x}}y\mathrm{d}y\int_0^{\frac{\pi}{2}-x}\cos(z+x)\,\mathrm{d}z=\int_0^{\frac{\pi}{2}}\mathrm{d}x\int_0^{\sqrt{x}}y(1-\sin x)\,\mathrm{d}y\\
&=\frac{1}{2}\int_0^{\frac{\pi}{2}}x(1-\sin x)\,\mathrm{d}x=\frac{\pi^2}{16}-\frac{1}{2}.
\end{aligned}
$$

如果将 Ω 看成 zx 型区域,则 Ω 在坐标平面 zOx 上的投影 D_{zx} 是由直线 $z=0$, $x=0$ 和 $z=\frac{\pi}{2}-x$ 所围成的区域,此时 Ω 的左右两个边界分别是平面 $y=0$ 和抛物柱面 $y=\sqrt{x}$. 由公式⑦得到

$$
\begin{aligned}
I&=\iint\limits_{D_{zx}}\mathrm{d}z\mathrm{d}x\int_0^{\sqrt{x}}y\cos(z+x)\,\mathrm{d}y\\
&=\int_0^{\frac{\pi}{2}}\mathrm{d}x\int_0^{\frac{\pi}{2}-x}\cos(z+x)\,\mathrm{d}z\int_0^{\sqrt{x}}y\mathrm{d}y=\frac{1}{2}\int_0^{\frac{\pi}{2}}x\mathrm{d}x\int_0^{\frac{\pi}{2}-x}\cos(z+x)\,\mathrm{d}z\\
&=\frac{1}{2}\int_0^{\frac{\pi}{2}}x(1-\sin x)\,\mathrm{d}x=\frac{\pi^2}{16}-\frac{1}{2}.
\end{aligned}
$$

2. 利用柱面坐标计算三重积分

引入柱面坐标系. 如图 9.22(a)所示,在空间直角坐标系 $Oxyz$ 的坐标平面 xOy 上建立以原点为极点, x 轴的正半轴为极轴的极坐标系,则点 $P(x, y, z)$ 在 xOy 平面上的投影点 Q 可用极坐标表示为 (r, θ). 从而由点 P 的空间位置决定了一个数组 (r, θ, z). 反之,给定一个数组 (r, θ, z),可以在坐标平面上作出极坐标为 (r, θ) 的点 Q,再过点 Q 作坐标平面 xOy 的垂线,在垂线上取竖坐标为 z 的点 P,这说明数组 (r, θ, z) 唯一地对应着空间的一点 P,称数组 (r, θ, z) 为点 P 的**柱面坐标**.

在柱面坐标 (r, θ, z) 中,前两个坐标 (r, θ) 是点 P 在 xOy 平面上的投影点的极坐标,而第三个坐标 z 是点 P 的竖坐标. 当 P 取遍空间一切点时, r, θ, z 的取值范围规定为

$$0\leqslant r<+\infty,\quad 0\leqslant\theta<2\pi,\quad -\infty<z<+\infty.$$

点 P 的直角坐标 (x, y, z) 与其柱面坐标 (r, θ, z) 之间的关系为

$$
\begin{cases}
x=r\cos\theta,\\
y=r\sin\theta,\\
z=z.
\end{cases}
$$

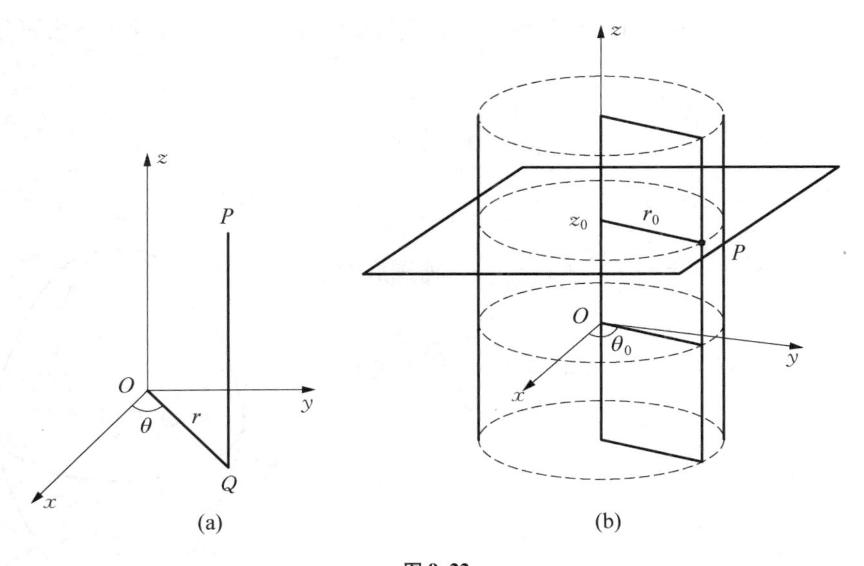

图 9.22

在柱面坐标系下，三组坐标面（见图 9.22（b））分别是

$r=r_0$ 表示以 z 轴为对称轴、r_0 为半径的圆柱面；

$\theta=\theta_0$ 表示过 z 轴的一个半平面，它与坐标半平面 zOx（$x\geqslant 0$）所成二面角为 θ_0；

$z=z_0$ 表示过点 $(0,0,z_0)$ 且平行于坐标平面 xOy 的平面.

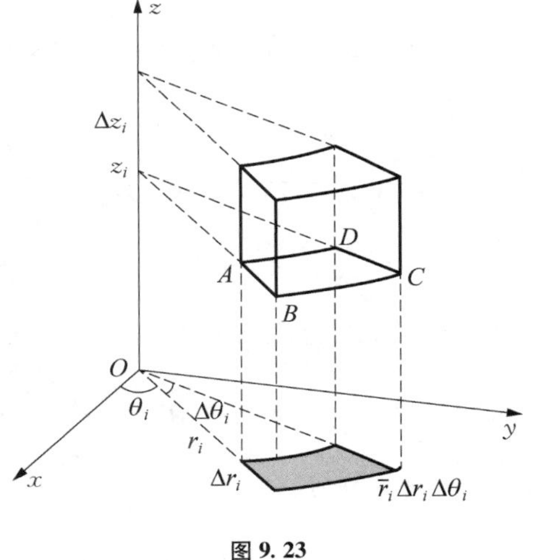

图 9.23

柱面坐标为 (r_0,θ_0,z_0) 的点，是上述柱面坐标系中三个坐标面的唯一交点. 在柱面坐标系中，计算三重积分时，可以用 r 为常数，θ 为常数，z 为常数三组坐标面来分割积分区域 Ω，它们把 Ω 分成 n 个如图 9.23 所示的小区域 $\Delta\Omega_i$ $(i=1,2,\cdots,n)$，其体积 ΔV_i 等于底面 $ABCD$ 的面积 $\bar{r}_i\cdot\Delta r_i\cdot\Delta\theta_i$ 乘以高 Δz_i，即

$$\Delta V_i=\bar{r}_i\cdot\Delta r_i\cdot\Delta\theta_i\cdot\Delta z_i,$$

其中 $\bar{r}_i=r_i+\dfrac{1}{2}\Delta r_i$. 于是，由三重积分的定义，有

$$\begin{aligned}\iiint\limits_{\Omega}f(x,y,z)\mathrm{d}V&=\lim_{\|\Delta V\|\to 0}\sum_{i=1}^{n}f(\bar{r}_i\cos\theta_i,\bar{r}_i\sin\theta_i,z_i)\bar{r}_i\cdot\Delta r_i\cdot\Delta\theta_i\cdot\Delta z_i\\&=\iiint\limits_{\Omega}f(r\cos\theta,r\sin\theta,z)r\mathrm{d}r\mathrm{d}\theta\mathrm{d}z,\end{aligned}\qquad ⑨$$

其中 $\mathrm{d}V=r\mathrm{d}r\mathrm{d}\theta\mathrm{d}z$ 是在柱面坐标系中的体积元素.

在柱面坐标系中的三重积分与直角坐标系中的三重积分类似,也可以化为三次积分.

例3 计算三重积分

$$I=\iiint_{\Omega} z\sqrt{x^2+y^2}\,\mathrm{d}V,$$

其中 Ω 是由抛物面 $x^2+y^2=z$ 与 $x^2+y^2=4-z$ 所围成的空间区域(图 9.24).

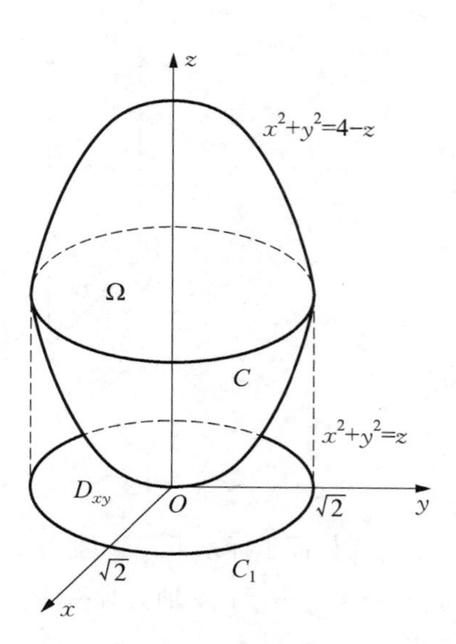

图 9.24

解 抛物面 $x^2+y^2=z$ 与 $x^2+y^2=4-z$ 的交线 C 的方程为

$$C:\begin{cases}x^2+y^2=z,\\x^2+y^2=4-z,\end{cases}$$

从中消去 z,得到它在坐标平面 xOy 上的投影曲线 C_1 的方程为

$$C_1:\begin{cases}x^2+y^2=2,\\z=0.\end{cases}$$

于是,Ω 在坐标平面 xOy 上的投影区域 D_{xy} 是圆域

$$x^2+y^2\leqslant 2.$$

由于抛物线 $x^2+y^2=z$ 与 $x^2+y^2=4-z$ 在柱面坐标系中的方程分别为

$$r^2=z \quad 与 \quad r^2=4-z,$$

所以积分区域 Ω 在柱面坐标系中可以表示为

$$\Omega=\{(r,\theta,z)\mid r^2\leqslant z\leqslant 4-r^2,\ 0\leqslant r\leqslant\sqrt{2},\ 0\leqslant\theta\leqslant 2\pi\}.$$

由公式⑨可得

$$\begin{aligned}I&=\iiint_{\Omega} zr^2\,\mathrm{d}r\mathrm{d}\theta\mathrm{d}z=\int_0^{2\pi}\mathrm{d}\theta\int_0^{\sqrt{2}}\mathrm{d}r\int_{r^2}^{4-r^2} zr^2\,\mathrm{d}z\\&=2\pi\int_0^{\sqrt{2}}\frac{1}{2}r^2[(4-r^2)^2-r^4]\,\mathrm{d}r=8\pi\int_0^{\sqrt{2}}(2r^2-r^4)\,\mathrm{d}r\\&=\frac{64}{15}\sqrt{2}\pi.\end{aligned}$$

3. 利用球面坐标计算三重积分

引入球面坐标系也可以对三重积分进行计算. 如图 9.25 所示,在空间直角坐标系 $Oxyz$ 中的

一个点 P 可以确定一个数组(ρ, θ, φ),其中 ρ 是点 P 到原点 O 的距离,θ 是坐标半平面 zOx $(x \geqslant 0)$ 到通过 z 轴和点 P 的半平面的转角,而 φ 是 z 轴正方向到 $\overline{OP}$ 的转角. 反之,给定了一个数组(ρ, θ, φ),按上述 ρ, θ, φ 的定义即可决定空间上的一个点 P,我们称数组(ρ, θ, φ)为点 P 的**球面坐标**.

当点 P 取遍空间一切点时, ρ, θ, φ 的取值范围规定为

$$0 \leqslant \rho < +\infty, \quad 0 \leqslant \theta < 2\pi, \quad 0 \leqslant \varphi \leqslant \pi,$$

点 P 的直角坐标(x, y, z)与其球面坐标(ρ, θ, φ)之间的关系为

$$\begin{cases} x = \rho\sin\varphi\cos\theta, \\ y = \rho\sin\varphi\sin\theta, \\ z = \rho\cos\varphi. \end{cases} \tag{10}$$

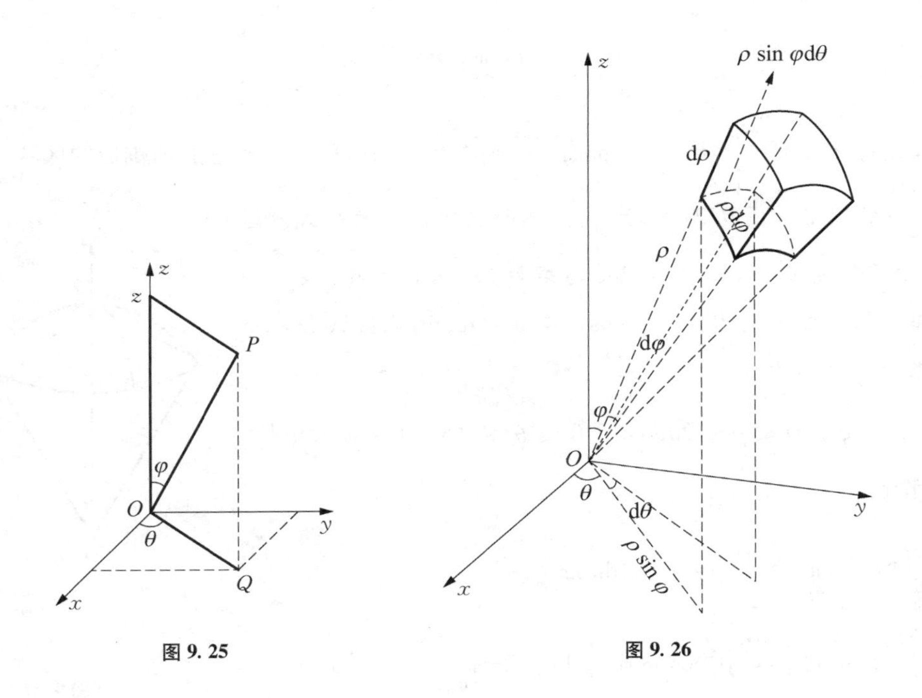

图 9.25　　　　图 9.26

在球面坐标系下,三组坐标面是

$\rho = \rho_0$ 表示以原点为球心, ρ_0 为半径的球面;

$\theta = \theta_0$ 表示过 z 轴且与坐标平面 zOx $(x \geqslant 0)$ 夹角为 θ_0 的半平面;

$\varphi = \varphi_0$ 表示以原点为顶点, z 轴为对称轴且以 $2\varphi_0$ 为顶角的圆锥面.

球面坐标为$(\rho_0, \theta_0, \varphi_0)$的点,是上述球面坐标系中三个坐标面的唯一交点.

在球面坐标系中计算三重积分时,可以用过 $\rho =$ 常数, $\theta =$ 常数, $\varphi =$ 常数三组坐标面来分割区域 Ω,它们把 Ω 分成 n 个如图 9.26 所示的小区域 ΔV_i. 由于 ΔV_i 可近似地看成边长分别为 $\Delta\rho_i$,

$\rho_i\Delta\varphi_i$ 和 $\rho_i\sin\varphi_i\Delta\theta_i$ 的长方体,因而其体积

$$\Delta V_i \approx \rho_i^2\sin\varphi_i\Delta\theta_i\Delta\rho_i\Delta\varphi_i.$$

取 $\mathrm{d}V=\rho^2\sin\varphi\mathrm{d}\rho\mathrm{d}\theta\mathrm{d}\varphi$ 作为球面坐标系下的体积元素,便得到在球面坐标系下三重积分的计算公式:

$$\begin{aligned}&\iiint\limits_{\Omega}f(x,\ y,\ z)\mathrm{d}V\\=&\iiint\limits_{\Omega}f(\rho\cos\theta\sin\varphi,\ \rho\sin\theta\sin\varphi,\ \rho\cos\varphi)\rho^2\sin\varphi\mathrm{d}\rho\mathrm{d}\theta\mathrm{d}\varphi.\end{aligned} \tag{⑪}$$

在球面坐标系中的三重积分同样可以化为三次积分.

例 4 计算三重积分

$$I=\iiint\limits_{\Omega}z^3\mathrm{d}V,$$

其中 Ω 是由球 $x^2+y^2+z^2=2ax$ 与锥面 $\sqrt{x^2+y^2}=z\tan\alpha\left(0<\alpha<\dfrac{\pi}{2}\right)$ 所围成的区域.

解 Ω 的图形如图 9.27 所示,使用球面坐标系下的公式⑪进行计算. 由于球面 $x^2+y^2+z^2=2az$ 与锥面 $\sqrt{x^2+y^2}=z\tan\alpha$ 在球面坐标系下的方程分别为 $\rho=2a\cos\varphi$ 与 $\varphi=\alpha$, 因此区域 Ω 在球面坐标系中可表示为

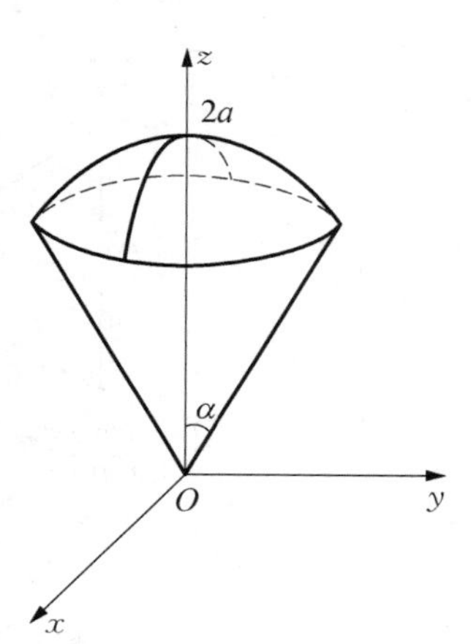

图 9.27

$$\Omega=\{(\rho,\ \theta,\ \varphi)\mid 0\leqslant\rho\leqslant 2a\cos\varphi,\ 0\leqslant\theta\leqslant 2\pi,\ 0\leqslant\varphi\leqslant\alpha\}.$$

由公式⑪可得

$$\begin{aligned}I&=\iiint\limits_{\Omega}z^3\mathrm{d}V=\iiint\limits_{\Omega}\rho^5\cos^3\varphi\sin\varphi\mathrm{d}\rho\mathrm{d}\theta\mathrm{d}\varphi\\&=\int_0^{2\pi}\mathrm{d}\theta\int_0^{\alpha}\mathrm{d}\varphi\int_0^{2a\cos\varphi}\rho^5\cos^3\varphi\sin\varphi\mathrm{d}\rho=2\pi\int_0^{\alpha}\frac{32}{3}a^6\cos^9\varphi\sin\varphi\mathrm{d}\varphi\\&=\frac{32\pi}{15}a^6(1-\cos^{10}\alpha).\end{aligned}$$

9.3 学习要点

习题 9.3

1. 把三重积分 $\iiint\limits_{\Omega}f(x,\ y,\ z)\mathrm{d}V$ 化为三次积分,其中 Ω 分别是

(1) 由平面 $x=1,\ x=2,\ z=0,\ y=x$ 和 $z=y$ 所围成的区域;

(2) 在第一卦限中由柱面 $z=\sqrt{y}$ 与平面 $x+y=4$, $x=0$, $z=0$ 所围成的区域;

(3) 由抛物面 $z=3x^2+y^2$ 和柱面 $z=1-x^2$ 所围成的区域.

2. 计算下列三重积分:

(1) $\iiint\limits_{\Omega} xy\mathrm{d}V$,其中 Ω 是由 $0\leqslant z\leqslant\frac{1}{6}(12-3x-2y)$ 和不等式 $0\leqslant x\leqslant 1$, $0\leqslant y\leqslant 3$ 所确定的区域;

(2) $\iiint\limits_{\Omega}\frac{1}{(1+x+y+z)^3}\mathrm{d}V$,其中 Ω 为平面 $x+y+z=1$, $x=0$, $y=0$, $z=0$ 所围成的区域;

(3) $\iiint\limits_{\Omega} z\mathrm{d}V$,其中 Ω 是由锥面 $z=\frac{h}{R}\sqrt{x^2+y^2}$ 与平面 $z=h$ $(R>0,\ h>0)$ 所围成的闭区域.

3. 用柱面坐标或球面坐标将三重积分 $\iiint\limits_{\Omega} f(x,y,z)\mathrm{d}V$ 化为三次积分,其中 Ω 分别是如下各组不等式所确定的区域:

(1) $x^2+y^2+z^2\leqslant a^2$, $x^2+y^2+z^2\leqslant 2az$;

(2) $0\leqslant z\leqslant x^2+y^2$, $x^2+y^2\leqslant a^2$, $y\geqslant 0$;

(3) $x^2+y^2+z^2\leqslant a^2$, $z^2\leqslant 3(x^2+y^2)$;

(4) $x^2+y^2+z^2\leqslant a^2$, $x\geqslant 0$, $y\geqslant 0$, $z\geqslant 0$.

4. 在柱面坐标系中或球面坐标系中计算下列三重积分:

(1) $\iiint\limits_{\Omega}(x^2+y^2)\mathrm{d}V$,其中 Ω 是由曲面 $x^2+y^2=2z$ 和平面 $z=2$ 所围成的区域;

(2) $\iiint\limits_{\Omega}\sqrt{x^2+y^2+z^2}\mathrm{d}V$,其中 Ω 是由球面 $x^2+y^2+z^2=z$ 所围成的闭区域;

(3) $\iiint\limits_{\Omega} z\sqrt{x^2+y^2}\mathrm{d}V$,其中 Ω 是由 $x=\sqrt{2y-y^2}$ 及平面 $x=0$, $z=0$, $z=1$ 所围成的区域;

(4) $\iiint\limits_{\Omega}\frac{\sin\sqrt{x^2+y^2+z^2}}{x^2+y^2+z^2}\mathrm{d}V$,其中 Ω 是球壳 $\frac{1}{4}\leqslant x^2+y^2+z^2\leqslant 1$ 在第一卦限中的部分.

5. 利用三重积分求下列立体 Ω 的体积,其中 Ω 分别为

(1) 由柱面 $z=9-y^2$ 和平面 $3x+4y=12$, $x=0$, $z=0$ 所围成的区域;

(2) 由抛物面 $x^2+y^2=z$ 与 $x^2+y^2=8-z$ 所围成的区域;

(3) 由抛物面 $z=x^2+y^2$, $z=2(x^2+y^2)$ 和柱面 $x=\sqrt{y}$ 以及平面 $y=x$ 所围成的区域.

9.4 重积分的应用

由引入重积分概念时所举的实例知道,二重积分可用来计算平面区域的面积、空间立体的体积及非均匀物体的质量等. 本节进一步介绍二重积分在计算空间曲面的面积和非均匀物体的重心,平面薄板的转动惯量的应用.

一、曲面的面积

设曲面 S 的方程为 $z=z(x, y)$,它在坐标平面 xOy 上的投影区域为 D, $z(x, y)$ 在 D 上有连续的一阶偏导数 $z_x(x, y)$, $z_y(x, y)$,因而在曲面上每一点处都存在切平面和法线,且切平面的变化是连续的(这种曲面称为**光滑曲面**). 下面用微元法求曲面的面积(为方便起见,不加区别地将曲面 S 的面积仍然记为 S).

如图 9.28 所示,在区域 D 上任取微小区域 $\mathrm{d}\sigma$(其面积仍记作 $\mathrm{d}\sigma$),以 $\mathrm{d}\sigma$ 的边界为准线作母线平行于 z 轴的柱面,此柱面在 S 上截下一个微小的曲面(称为曲面 S 的微元)ΔS,其面积仍然记作 ΔS. 在曲面微元 ΔS 上任取一点 $M(x, y, z(x, y))$,过点 M 作曲面 S 的切平面,此切平面被柱面截下切平面微元 $\Delta\Pi$(其面积仍记为 $\Delta\Pi$). 当 $\mathrm{d}\sigma$ 的直径非常小时,由于 $z=z(x, y)$ 偏导连续,故可用 $\Delta\Pi$ 近似代替 ΔS,也就是

$$\Delta S \approx \Delta\Pi.$$

设此切平面的法向量与 z 轴正向所夹的锐角为 γ,则 $\Delta\Pi$ 与其投影 $\mathrm{d}\sigma$ 的面积之间的关系为

$$\mathrm{d}\sigma = \Delta\Pi\cos\gamma,\ 或者\ \Delta\Pi = \frac{\mathrm{d}\sigma}{\cos\gamma}.$$

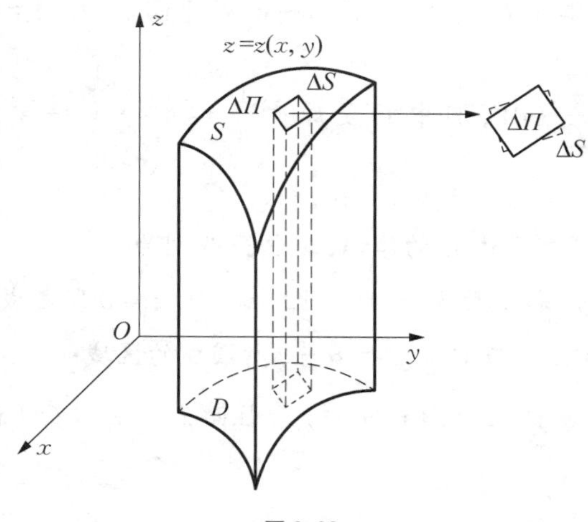

图 9.28

由前面关于曲面的切平面与法线的有关知识可知

$$\cos\gamma=\frac{1}{\sqrt{1+z_x^2+z_y^2}}.$$

可以证明当 $\mathrm{d}\sigma$ 的直径趋于零时 $\Delta S-\Delta\Pi$ 是比 $\mathrm{d}\sigma$ 高阶的无穷小,因而有

$$\mathrm{d}S=\Delta\Pi=\sqrt{1+z_x^2+z_y^2}\,\mathrm{d}\sigma. \quad ①$$

由此得到光滑曲面 S 的面积计算公式:

$$S=\iint_D \mathrm{d}S=\iint_D \sqrt{1+z_x^2+z_y^2}\,\mathrm{d}\sigma. \quad ②$$

由①式给出的 $\mathrm{d}S$ 称为曲面 $z=z(x,\ y)$ 的面积元素.

类似地,当曲面 S 的方程为 $x=x(y,\ z)$ 或 $y=y(x,\ z)$ 时,相应的面积计算公式分别为

$$S=\iint_{D'} \sqrt{1+x_y^2+x_z^2}\,\mathrm{d}\sigma, \quad ③$$

与

$$S=\iint_{D''} \sqrt{1+y_x^2+y_z^2}\,\mathrm{d}\sigma, \quad ④$$

其中 D' 和 D'' 分别是曲面 S 在坐标平面 yOz 和 zOx 上的投影区域.

例 1 求半径为 a 的球的表面积.

解 先求上半球面的表面积. 取上半球面方程 $z=\sqrt{a^2-x^2-y^2}$,它在 xOy 平面上的投影区域 D 可表示为 $x^2+y^2\leqslant a^2$. 由

$$\frac{\partial z}{\partial x}=\frac{-x}{\sqrt{a^2-x^2-y^2}},\quad \frac{\partial z}{\partial y}=\frac{-y}{\sqrt{a^2-x^2-y^2}},$$

所以

$$\sqrt{1+\left(\frac{\partial z}{\partial x}\right)^2+\left(\frac{\partial z}{\partial y}\right)^2}=\frac{a}{\sqrt{a^2-x^2-y^2}}.$$

由于此函数在闭区域 $D=\{(x,\ y)\mid x^2+y^2\leqslant a^2\}$ 上无界,不能直接应用曲面面积公式,所以先取区域 D_1: $x^2+y^2\leqslant b^2(0<b<a)$ 为积分区域,算出相应于 D_1 上的球面面积 A_1 后,令 $b\to a$,取 A_1 的极限就得到半球面的面积.

$$A_1=\iint_{D_1}\frac{a}{\sqrt{a^2-x^2-y^2}}\mathrm{d}\sigma,$$

利用极坐标

$$A_1=\iint\limits_{D_1}\frac{a}{\sqrt{a^2-r^2}}r\mathrm{d}r\mathrm{d}\theta=a\int_0^{2\pi}\mathrm{d}\theta\int_0^b\frac{a}{\sqrt{a^2-r^2}}r\mathrm{d}r$$

$$=2\pi a\int_0^b\frac{1}{\sqrt{a^2-r^2}}r\mathrm{d}r=2\pi a(a-\sqrt{a^2-b^2}),$$

取极限

$$\lim_{b\to a}A_1=\lim_{b\to a}2\pi a(a-\sqrt{a^2-b^2})=2\pi a^2.$$

这就是半个球面的面积. 整个球面积就是

$$A=4\pi a^2.$$

二、物体的重心

设一平面薄板位于平面区域 D 上,它在点 $P(x, y)$ 处的面密度为 $\mu(x, y)$,且 $\mu(x, y)$ 是 D 上的连续函数,下面来求薄板的重心.

在区域 D 上任一点 $P(x, y)$ 处取一面积微元 $\mathrm{d}\sigma$,对应于 $\mathrm{d}\sigma$ 的质量微元为 $\mathrm{d}m=\mu(x, y)\mathrm{d}\sigma$. 当把 $\mathrm{d}m$ 近似看作一个质点时, $\mathrm{d}m$ 关于 y 轴和 x 轴的静力矩分别为

$$\begin{cases}\mathrm{d}M_y=x\mu(x, y)\mathrm{d}\sigma,\\ \mathrm{d}M_x=y\mu(x, y)\mathrm{d}\sigma.\end{cases}$$

于是,整块薄板关于 y 轴和 x 轴的静力矩分别为

$$\begin{cases}M_y=\iint\limits_D x\mu(x, y)\mathrm{d}\sigma,\\ M_x=\iint\limits_D y\mu(x, y)\mathrm{d}\sigma.\end{cases}$$

根据重心的定义,便得到薄板的重心坐标分别为

$$\begin{cases}x_G=\dfrac{M_y}{m}=\dfrac{\iint\limits_D x\mu(x, y)\mathrm{d}\sigma}{\iint\limits_D \mu(x, y)\mathrm{d}\sigma},\\ y_G=\dfrac{M_x}{m}=\dfrac{\iint\limits_D y\mu(x, y)\mathrm{d}\sigma}{\iint\limits_D \mu(x, y)\mathrm{d}\sigma}.\end{cases} \qquad ⑤$$

若平面薄板的密度为常数 μ，则由上式得到

$$\begin{cases} x_G = \dfrac{1}{\sigma}\iint\limits_D x\,\mathrm{d}\sigma, \\ y_G = \dfrac{1}{\sigma}\iint\limits_D y\,\mathrm{d}\sigma. \end{cases} \quad ⑥$$

类似地，设空间物体 Ω 的体密度为 $\mu(x, y, z)$，则 Ω 的重心 $G(x_G, y_G, z_G)$ 的坐标为

$$\begin{cases} x_G = \dfrac{\iiint\limits_\Omega x\mu(x, y, z)\,\mathrm{d}V}{\iiint\limits_\Omega \mu(x, y, z)\,\mathrm{d}V}, \\ y_G = \dfrac{\iiint\limits_\Omega y\mu(x, y, z)\,\mathrm{d}V}{\iiint\limits_\Omega \mu(x, y, z)\,\mathrm{d}V}, \\ z_G = \dfrac{\iiint\limits_\Omega z\mu(x, y, z)\,\mathrm{d}V}{\iiint\limits_\Omega \mu(x, y, z)\,\mathrm{d}V}. \end{cases} \quad ⑦$$

若空间物体 Ω 的体密度为常数 μ，则⑦式就变为

$$\begin{cases} x_G = \dfrac{1}{V}\iiint\limits_\Omega x\,\mathrm{d}V, \\ y_G = \dfrac{1}{V}\iiint\limits_\Omega y\,\mathrm{d}V, \\ z_G = \dfrac{1}{V}\iiint\limits_\Omega z\,\mathrm{d}V, \end{cases}$$

其中 $V = \iiint\limits_G \mathrm{d}V$ 是 Ω 的体积.

例 2 求密度为常数 μ 的均匀椭圆薄板 $\dfrac{x^2}{a^2} + \dfrac{y^2}{b^2} \leqslant 1$ 在第一象限部分的重心.

解 由于该四分之一椭圆域 D 的面积为 $\sigma = \dfrac{1}{4}\pi ab$，根据公式⑥，该薄板的重心坐标为

$$x_G = \frac{1}{\sigma}\iint\limits_D x\,\mathrm{d}\sigma = \frac{4}{\pi ab}\int_0^b \mathrm{d}y\int_0^{\frac{a}{b}\sqrt{b^2-y^2}} x\,\mathrm{d}x = \frac{4a}{3\pi},$$

$$y_G = \frac{1}{\sigma}\iint\limits_D y\,\mathrm{d}\sigma = \frac{4}{\pi ab}\int_0^a \mathrm{d}x\int_0^{\frac{b}{a}\sqrt{a^2-x^2}} y\,\mathrm{d}y = \frac{4b}{3\pi}.$$

三、平面薄板的转动惯量

设在 xOy 平面上有 n 个质点,它们分别位于点 (x_1, y_1), (x_2, y_2), $\cdots$, (x_n, y_n) 处,质量分别为 m_1, m_2, $\cdots$, m_n. 由力学知识知道,该质点系对于 x 轴以及 y 轴的转动惯量分别为

$$I_x = \sum_{i=1}^{n} y_i^2 m_i \quad 和 \quad I_y = \sum_{i=1}^{n} x_i^2 m_i.$$

设有一薄板,占有 xOy 平面上的闭区域 D,在点 (x, y) 处的面密度为 $\rho(x, y)$. 假定 $\rho(x, y)$ 在 D 上连续,现在要求该薄板对于 x 轴的转动惯量 I_x 及对于 y 轴的转动惯量 I_y.

应用微元法,在闭区域 D 上任取一个直径很小的闭区域 $\mathrm{d}\sigma$(这小区域的面积仍记作 $\mathrm{d}\sigma$),(x, y) 是这小区域上的一个点. 因为 $\mathrm{d}\sigma$ 的直径很小,且 $\rho(x, y)$ 在 D 上连续,所以 $\mathrm{d}\sigma$ 的质量近似等于 $\rho(x, y)\mathrm{d}\sigma$,这部分质量可近似看作集中在点 (x, y) 上,于是可写出薄板对于 x 轴及对于 y 轴的转动惯量的微元:

$$\mathrm{d}I_x = y^2\rho(x, y)\mathrm{d}\sigma, \quad \mathrm{d}I_y = x^2\rho(x, y)\mathrm{d}\sigma,$$

这样薄板对 x 轴及对 y 轴的转动惯量分别为

$$I_x = \iint_D y^2\rho(x, y)\mathrm{d}\sigma, \quad I_y = \iint_D x^2\rho(x, y)\mathrm{d}\sigma.$$

例 3 求半径为 a 的均匀半圆薄板(面密度为常量 ρ)对于其直径的转动惯量.

解 取直角坐标系如图 9.29 所示,则薄板所占闭区域 D 可表示为

$$D = \{(x, y) \mid x^2 + y^2 \leqslant a^2, y \geqslant 0\}.$$

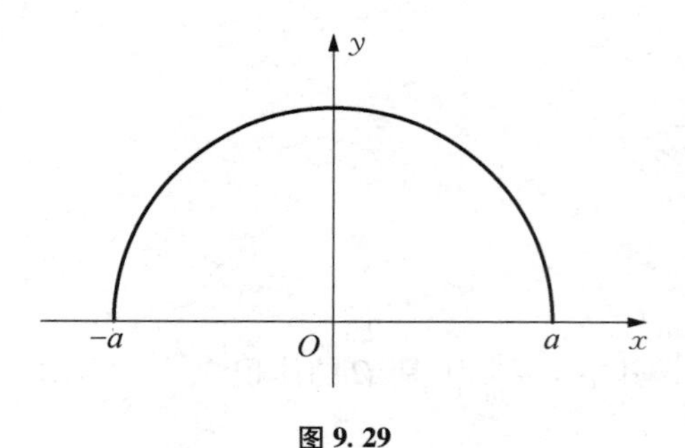

图 9.29

因此所求对于直径的转动惯量就是半圆薄板对于 x 轴的转动惯量 I_x:

$$I_x = \iint_D \rho y^2 \mathrm{d}\sigma = \rho\iint_D r^2\sin^2\theta r\mathrm{d}r\mathrm{d}\theta = \rho\int_0^{\pi}\mathrm{d}\theta\int_0^{a} r^3\sin^2\theta\mathrm{d}r$$

$$= \rho \cdot \frac{a^4}{4}\int_0^{\pi}\sin^2\theta\mathrm{d}\theta = \frac{1}{4}\rho a^4 \cdot \frac{\pi}{2} = \frac{1}{4}Ma^2,$$

其中 $M = \frac{1}{2}\pi a^2\rho$ 为半圆薄板的质量.

类似地,对于体密度为 $\mu(x, y, z)$ 的空间物体 Ω 对于 x 轴、y 轴、z 轴的转动惯量为

$$I_x=\iiint\limits_{\Omega}(y^2+z^2)\mu(x,y,z)\mathrm{d}V,$$

$$I_y=\iiint\limits_{\Omega}(x^2+z^2)\mu(x,y,z)\mathrm{d}V,$$

$$I_z=\iiint\limits_{\Omega}(x^2+y^2)\mu(x,y,z)\mathrm{d}V.$$

9.4 学习要点

习题 9.4

1. 求圆锥面 $z=\sqrt{x^2+y^2}$ 被柱面 $x^2+y^2=x$ 所割下部分的曲面面积.

2. 求由旋转抛物面 $z=x^2+y^2$ 与平面 $z=1$ 所围成立体在第一卦限部分的质量,假定其密度为 $\mu=x+y$.

3. 求圆 $x^2+y^2=a^2$ 与 $x^2+y^2=4a^2$ 所围的均匀环在第一象限部分的重心.

4. 求椭圆抛物面 $z=x^2+y^2$ 与平面 $z=1$ 所围成的均匀物体的重心.

5. 求半径为 a,高为 h 的均匀圆柱体对于过中心而平行于母线的轴的转动惯量(设密度为 $\rho=1$).

总练习题

1. 计算下列二重积分:

(1) $\iint\limits_D(1+x)\sin y\mathrm{d}\sigma$,其中 D 是顶点分别为 $(0,0)$,$(1,0)$,$(1,2)$ 和 $(0,1)$ 的梯形闭区域;

(2) $\iint\limits_D(x^2-y^2)\mathrm{d}\sigma$,其中 D 是闭区域:$0\leqslant y\leqslant\sin x,\ 0\leqslant x\leqslant\pi$;

(3) $\iint\limits_D(y^2+3x-6y+9)\mathrm{d}\sigma$,其中 D 是闭区域:$x^2+y^2\leqslant R^2$.

2. 交换下列二次积分的次序:

(1) $\int_0^4\mathrm{d}y\int_{-\sqrt{4-y}}^{\frac{1}{2}(y-4)}f(x,y)\mathrm{d}x$;

(2) $\int_0^1\mathrm{d}x\int_{\sqrt{x}}^{1+\sqrt{1-x^2}}f(x,y)\mathrm{d}y$;

(3) $\int_{-\sqrt{2}}^{\sqrt{2}}\mathrm{d}x\int_{x^2}^{4-x^2}f(x,y)\mathrm{d}y$.

3. 设函数 $f(x)$ 在 $[0,1]$ 上连续,且有 $\int_0^1 f(x)\mathrm{d}x=A$,求 $\int_0^1\mathrm{d}x\int_x^1 f(x)f(y)\mathrm{d}y$.

4. 求 $\iint\limits_D\ln(x+\sqrt{1+x^2})\mathrm{e}^{y^2}\mathrm{d}x\mathrm{d}y$,其中 D:$|x|\leqslant 1,\ |y|\leqslant 1$.

5. 计算下列三重积分:

(1) $\iiint\limits_{\Omega} z^2 \mathrm{d}V$,其中 Ω 是两个球 $x^2+y^2+z^2 \leqslant R^2$ 和 $x^2+y^2+z^2 \leqslant 2Rz\ (R>0)$ 的公共部分;

(2) 计算 $\iiint\limits_{\Omega} (x^2+y^2+z)\mathrm{d}V$,其中 Ω 是由曲线 $\begin{cases} y^2=2z, \\ x=0 \end{cases}$ 绕 z 轴旋转一周而成的曲面与平面 $z=4$ 所围成的立体;

(3) 求椭球体 $\dfrac{x^2}{a^2}+\dfrac{y^2}{b^2}+\dfrac{z^2}{c^2} \leqslant 1$ 的体积.

6. 在均匀的半径为 R 的半圆形薄板的直径另一边要接上一个一边与直径等长的同样材料的均匀矩形薄板,为了使整个均匀薄板的重心恰好落在圆心上,问接上去的均匀矩形薄板另一边的长度应是多少?

7. 求由抛物线 $y=x^2$ 及直线 $y=1$ 所围成的均匀薄板(面密度为常数 ρ)对于直线 $y=-1$ 的转动惯量.

第 10 章　曲线积分和曲面积分

定积分的积分域是区间,而二重积分的积分域则是平面上的区域,那么在平面中和空间中一段曲线上定义的函数,甚至是空间中一片曲面上定义的函数是否也有类似的积分运算呢? 如在物理学中,力对某个物体沿曲线所做的功,曲面形状非均匀物体的质量等就属于这类问题.

10.1　第一型曲线积分

一、第一型曲线积分的概念

在引入定义之前,先看两个实例.

实例 1　曲线状物体的质量. 设有一平面曲线状的物体 L,已知其线密度为点 $P(x, y)$的连续函数 $\mu(x, y)$,现在要计算 L 的质量 m,运用微元分析的方法,在曲线段 L 上的长度微元就是曲线弧长的微分 $\mathrm{d}s$. 于是该曲线状物体的质量微元相应地便是 $\mathrm{d}m = \mu(x, y)\mathrm{d}s$, 总和起来得到所求曲线状物体的质量为

$$m = \int_L \mathrm{d}m = \int_L \mu(x, y)\mathrm{d}s,$$

这里 $\int_L \mathrm{d}m$ 可以理解为在 L 上将所有质量微元加起来.

实例 2　曲顶柱面的侧面积. 设 $f(x, y)$ 为连续函数,且 $f(x, y) \geqslant 0$, 如图 10.1 所示,在以坐标平面 xOy 上的平面曲线 L 为准线,母线平行于 z 轴的柱面上截取 $0 \leqslant z \leqslant f(x, y)$ 的那部分 A,称为以 L 为底,以 $z = f(x, y)$ 为顶的曲顶柱面. 根据微元法,曲顶柱面的微元是曲线 L 弧长微分 $\mathrm{d}s$ 与 $f(x, y)$ 的乘积,即

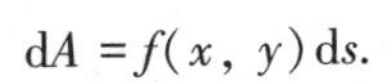

$$\mathrm{d}A = f(x, y)\mathrm{d}s.$$

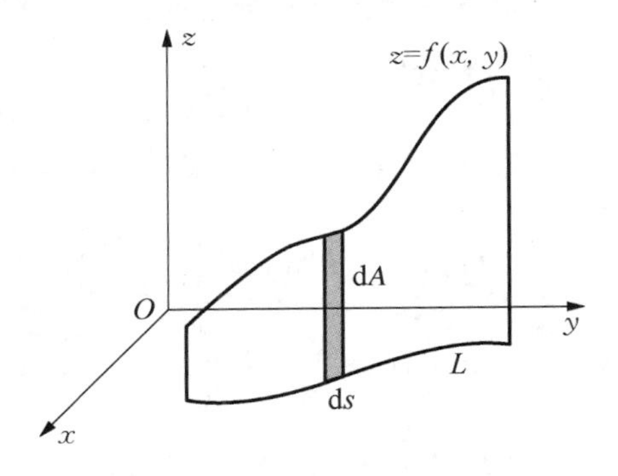

图 10.1

将这些微元加起来就得到曲顶柱面 A 的面积,即

$$A = \int_L \mathrm{d}A = \int_L f(x, y)\,\mathrm{d}s.$$

以上两个实例都是函数在曲线上的积分问题,这类积分的定义如下.

下面所论述到的曲线均指长度为有限的曲线段.

定义 1 设 $f(x, y)$ 是定义在平面光滑曲线 L 上的有界函数,将 L 分成 n 个小曲线段.设第 i 个小曲线段 $\widehat{A_{i-1}A_i}$ 的长度为 Δs_i,在 $\widehat{A_{i-1}A_i}$ 上任取一点 (ξ_i, η_i),作和式 $\sum_{i=1}^{n} f(\xi_i, \eta_i)\Delta s_i$. 如果对任何 L 的分法及分点 (ξ_i, η_i) 的取法,只要各个小弧段的长度的最大值 $\|\Delta s\| \to 0$ 时,上述和式的极限总有确定的值 I,则称 I 为函数 $f(x, y)$ 在曲线 L 上的**第一型曲线积分**或**对弧长的曲线积分**,记作

$$\int_L f(x, y)\,\mathrm{d}s,$$

即

$$\int_L f(x, y)\,\mathrm{d}s = \lim_{\|\Delta s\| \to 0} \sum_{i=1}^{n} f(\xi_i, \eta_i)\Delta s_i, \qquad ①$$

其中函数 $f(x, y)$ 称为被积函数,曲线 L 称为积分路径,$\mathrm{d}s$ 称为弧长元素.

可以证明:若函数 $f(x, y)$ 在光滑曲线 L 或者分段光滑曲线 L 上连续,则 $f(x, y)$ 在曲线 L 上的第一型曲线积分存在.

类似地,可以定义三元函数 $f(x, y, z)$ 沿空间曲线 L 的第一型曲线积分:

$$\int_L f(x, y, z)\,\mathrm{d}s = \lim_{\|\Delta s\| \to 0} \sum_{i=1}^{n} f(\xi_i, \eta_i, \varsigma_i)\Delta s_i.$$

如果 L 是封闭曲线,则常将 $\int_L f(x, y)\,\mathrm{d}s$ 和 $\int_L f(x, y, z)\,\mathrm{d}s$ 记为 $\oint_L f(x, y)\,\mathrm{d}s$ 和 $\oint_L f(x, y, z)\,\mathrm{d}s$.

由第一型曲线积分的定义可知,它有与定积分类似的性质. 例如,当 $f(x, y)$, $g(x, y)$ 在 L 上的积分存在时,有

(1) $\int_L [f(x, y) \pm g(x, y)]\,\mathrm{d}s = \int_L f(x, y)\,\mathrm{d}s \pm \int_L g(x, y)\,\mathrm{d}s$;

(2) $\int_L K \cdot f(x, y)\,\mathrm{d}s = K \cdot \int_L f(x, y)\,\mathrm{d}s$ (K 为常数);

(3) $\int_L f(x, y)\,\mathrm{d}s = \int_{L_1} f(x, y)\,\mathrm{d}s + \int_{L_2} f(x, y)\,\mathrm{d}s$ ($L = L_1 + L_2$);

(4) $\int_L \mathrm{d}s = S$ (S 为 L 的长度);

(5) 若 L 关于 x 轴(或 y 轴)对称, $f(x, y)$ 关于 y(或 x)是奇函数,即 $f(x, -y)=-f(x, y)$(或 $f(-x, y)=-f(x, y)$),则

$$\int_L f(x, y)\,\mathrm{d}s = 0.$$

二、第一型曲线积分的计算

重积分的计算是将重积分化为若干次定积分进行计算的,第一型曲线积分的计算也可以化为定积分来计算.

设函数 $f(x, y)$ 为定义在平面光滑曲线 L 上的连续函数, L 的参数方程为

$$\begin{cases} x = \varphi(t), \\ y = \psi(t) \end{cases} (\alpha \leqslant t \leqslant \beta).$$

若将区间 $[\alpha, \beta]$ 划分为

$$\alpha = t_0 < t_1 < \cdots < t_n = \beta,$$

由弧长的计算公式及定积分的中值定理可得

$$\Delta s_i = \int_{t_{i-1}}^{t_i} \sqrt{\varphi'^2(t) + \psi'^2(t)}\,\mathrm{d}t = \sqrt{\varphi'^2(t_i^*) + \psi'^2(t_i^*)}\,\Delta t_i,$$

其中 $\Delta t_i = t_i - t_{i-1}$, $t_{i-1} < t_i^* < t_i (i = 1, 2, \cdots, n)$.

如果积分 $\int_L f(x, y)\,\mathrm{d}s$ 存在,则其值与点 (ξ_i, η_i) 的取法无关,因此不妨取

$$\xi_i = \varphi(t_i^*), \quad \eta_i = \psi(t_i^*) \quad (i = 1, 2, \cdots, n).$$

由于当 Δs_i 的最大值 $\|\Delta s\| \to 0$ 时, Δt_i 的最大值 $\|\Delta t\| \to 0$,因此

$$\begin{aligned} \int_L f(x, y)\,\mathrm{d}s &= \lim_{\|\Delta s\| \to 0} \sum_{i=1}^{n} f(\xi_i, \eta_i)\Delta s_i \\ &= \lim_{\|\Delta t\| \to 0} \sum_{i=1}^{n} f[\varphi(t_i^*), \psi(t_i^*)] \sqrt{\varphi'^2(t_i^*) + \psi'^2(t_i^*)}\,\Delta t_i \\ &= \int_\alpha^\beta f[\varphi(t), \psi(t)] \sqrt{\varphi'^2(t) + \psi'^2(t)}\,\mathrm{d}t. \end{aligned} \quad ②$$

这就是第一型曲线积分的计算公式.

特别地,如果曲线 L 由方程 $y = y(x)$ $(a \leqslant x \leqslant b)$ 给出,这时可将 L 看成参数方程

$$\begin{cases} x = t, \\ y = y(t) \end{cases} (a \leqslant t \leqslant b),$$

从而可得

$$\int_L f(x, y)\mathrm{d}s = \int_a^b f[x, y(x)]\sqrt{1 + y'^2(x)}\,\mathrm{d}x. \quad ③$$

对空间第一型曲线积分也有类似的结果. 设函数 $f(x, y, z)$ 为定义在空间光滑曲线 L 上的连续函数,若 L 的参数方程为

$$\begin{cases} x = \varphi(t), \\ y = \psi(t), \ (\alpha \leqslant t \leqslant \beta), \\ z = \omega(t) \end{cases}$$

则有

$$\int_L f(x, y, z)\mathrm{d}s = \int_\alpha^\beta f[\varphi(t), \psi(t), \omega(t)]\sqrt{\varphi'^2(t) + \psi'^2(t) + \omega'^2(t)}\,\mathrm{d}t.$$

由于弧长的微分 $\mathrm{d}s$ 总是正的,所以相应的 L 也应当为正的,因此上面等式右边定积分的下限必须小于上限.

例 1 设 L 为单位圆的右半圆周,求 $\int_L |y|\mathrm{d}s$.

解法一 曲线 L 的参数方程为

$$\begin{cases} x = \cos t, \\ y = \sin t \end{cases} \left(-\frac{\pi}{2} \leqslant t \leqslant \frac{\pi}{2}\right),$$

根据公式②得

$$\int_L |y|\mathrm{d}s = \int_{-\frac{\pi}{2}}^{\frac{\pi}{2}} |\sin t|\sqrt{[(\cos t)']^2 + [(\sin t)']^2}\,\mathrm{d}t$$

$$= \int_{-\frac{\pi}{2}}^{0}(-\sin t)\mathrm{d}t + \int_0^{\frac{\pi}{2}}\sin t\mathrm{d}t = 2.$$

解法二 视 y 为参数, L 的方程为

$$L: \begin{cases} x = \sqrt{1 - y^2}, \\ y = y \end{cases} (-1 \leqslant y \leqslant 1),$$

则根据公式③得

$$\int_L |y|\mathrm{d}s = \int_{-1}^1 |y|\sqrt{1 + [(\sqrt{1 - y^2})']^2}\,\mathrm{d}y = \int_{-1}^1 |y|\frac{1}{\sqrt{1 - y^2}}\mathrm{d}y = 2\int_0^1 \frac{y}{\sqrt{1 - y^2}}\mathrm{d}y$$

$$= -\int_0^1 \frac{1}{\sqrt{1 - y^2}}\mathrm{d}(1 - y^2) = -2(1 - y^2)^{\frac{1}{2}}\Big|_0^1 = 2.$$

例 2　计算 $\int_L (x+y)\mathrm{d}s$，其中 L 为 $O(0,0)$，$A(1,0)$，$B(0,1)$ 为顶点的三角形的边界(图 10.2)．

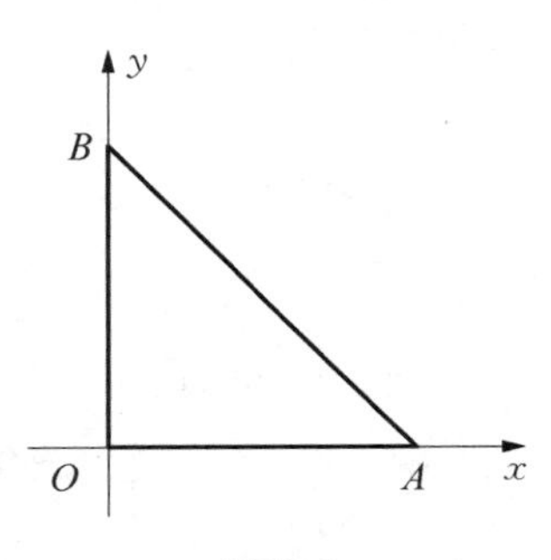

图 10.2

解　因 L 由 AB，BO，OA 三条线段连接而成，故

$$\int_L (x+y)\mathrm{d}s = \int_{AB}(x+y)\mathrm{d}s + \int_{BO}(x+y)\mathrm{d}s + \int_{OA}(x+y)\mathrm{d}s.$$

由于线段 AB，BO，OA 的表示式分别为

$$y = 1-x,\quad x = 0,\quad y = 0,$$

因此可得

$$\int_{AB}(x+y)\mathrm{d}s = \int_0^1 [x+(1-x)]\sqrt{1+(-1)^2}\,\mathrm{d}x = \sqrt{2},$$

$$\int_{BO}(x+y)\mathrm{d}s = \int_0^1 (0+y)\sqrt{1+0^2}\,\mathrm{d}y = \frac{1}{2},$$

$$\int_{OA}(x+y)\mathrm{d}s = \int_0^1 (x+0)\sqrt{1+0^2}\,\mathrm{d}x = \frac{1}{2},$$

从而

$$\int_L (x+y)\mathrm{d}s = \sqrt{2} + \frac{1}{2} + \frac{1}{2} = \sqrt{2} + 1.$$

例 3　计算 $\int_L \sqrt{2y^2+z^2}\,\mathrm{d}s$，$L$ 为球面 $x^2+y^2+z^2=a^2$ 与平面 $x=y$ 相交的圆周，其中 $a>0$.

解　曲线 L：$\begin{cases} x^2+y^2+z^2=a^2, \\ x=y \end{cases}$ 也可以表示为 $\begin{cases} 2y^2+z^2=a^2, \\ x=y, \end{cases}$ 这是一个半径为 a 的圆．由于被积函数 $\sqrt{2y^2+z^2}=\sqrt{a^2}=a$，故

$$\int_L \sqrt{2y^2+z^2}\,\mathrm{d}s = \int_L a\,\mathrm{d}s = a\int_L \mathrm{d}s = a\times(L\text{ 的弧长}) = a\cdot 2\pi a = 2\pi a^2.$$

例 4　计算 $\oint_L (x^2y+xy^2)\mathrm{d}s$，其中 L 为单位圆.

解　$\oint_L (x^2y+xy^2)\mathrm{d}s = \oint_L x^2y\,\mathrm{d}s + \oint_L xy^2\,\mathrm{d}s$，由于 L 关于 x 轴和 y 轴都是对称的，而 x^2y 关于 y 是奇函数，xy^2 关于 x 是奇函数，故

$$\oint_L x^2y\,\mathrm{d}s = 0,\quad \oint_L xy^2\,\mathrm{d}s = 0,$$

从而

$$\oint_L (x^2y + xy^2)\,ds = 0.$$

例 5 求圆柱面 $x^2 + y^2 = a^2$ 被圆柱面 $x^2 + z^2 = a^2$ 所截得的部分面积 A.

解 图 10.3 是被截得的柱面在第一卦限的部分,由被截柱面的对称性可知,它是所求面积 A 的 $\frac{1}{8}$. 设在坐标平面 xOy 上的圆 $x^2 + y^2 = a^2$ 在第一象限部分的曲线记为 L,则被截的柱面在第一卦限的部分正是以曲线 L 为准线,母线平行于 z 轴,以 $z = \sqrt{a^2 - x^2}$ 为顶的曲顶柱面,故

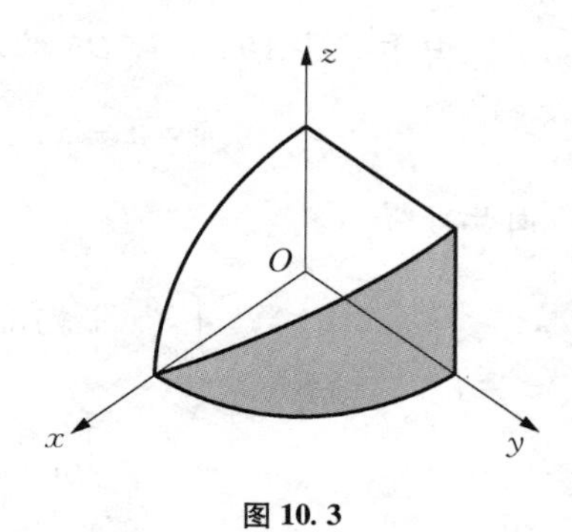

图 10.3

$$\frac{A}{8} = \int_L \sqrt{a^2 - x^2}\,ds.$$

由 L 的参数方程

$$\begin{cases} x = a\cos t, \\ y = a\sin t \end{cases} \left(0 \leqslant t \leqslant \frac{\pi}{2}\right),$$

及 $ds = a\,dt$, 可得

$$A = 8\int_L \sqrt{a^2 - x^2}\,ds = 8\int_0^{\frac{\pi}{2}} a\sqrt{1 - \cos^2 t}\,a\,dt$$

$$= 8a^2\int_0^{\frac{\pi}{2}} \sin t\,dt = 8a^2.$$

10.1 学习要点

习题 10.1

1. 计算下列第一型曲线积分:

(1) $\int_L \sqrt{x^2 + y^2}\,ds$, 其中 L 为以原点为圆心, a 为半径的上半圆周;

(2) $\oint_L \frac{ds}{x^2 + y^2 + z^2}$,其中 L 为 $x^2 + y^2 + z^2 = 5$ 与 $z = 1$ 的交线;

(3) $\int_L xy\,ds$,其中 L 为椭圆 $\frac{x^2}{a^2} + \frac{y^2}{b^2} = 1$ 在第一象限中的弧段;

(4) $\oint_L x\,ds$,其中 L 为由在 xOy 平面上的直线 $y = x$ 及抛物线 $y = x^2$ 所围成区域的边界;

(5) $\int_L (x+y)\mathrm{d}s$，其中 L 为以 $O(0,0)$，$A(1,0)$，$B(1,1)$ 为顶点的三角形边界；

(6) $\oint_L xy\mathrm{d}s$，其中 L 为直线 $x=0$，$y=0$，$x=4$，$y=4$ 所构成的正方形边界；

(7) $\int_L x^2yz\mathrm{d}s$，其中 L 为折线 $OABC$：$O(0,0,0)$，$A(0,0,2)$，$B(1,0,2)$，$C(1,3,2)$；

(8) $\int_L y^2\mathrm{d}s$，其中 L 为 $\begin{cases} x=a(t-\sin t), \\ y=a(1-\cos t) \end{cases}$ $(0\leqslant t\leqslant \pi)$；

(9) $\int_L z\mathrm{d}s$，其中 L 为 $\begin{cases} x=t\cos t, \\ y=t\sin t, \\ z=t \end{cases}$ $(0\leqslant t\leqslant t_0)$.

2. 有一半圆周形物体，曲线方程为

$$\begin{cases} x=a\cos t, \\ y=a\sin t \end{cases} (0\leqslant t\leqslant \pi),$$

其上每一点的密度等于该点的纵坐标，求该物体的质量 M.

3. 求圆柱面 $x^2+y^2=ax$ 被球面 $x^2+y^2+z^2=a^2$ 所截的部分的面积.

4. 设在 xOy 平面内有一曲线弧 L，在点 (x,y) 处它的线密度为 $\mu(x,y)$，试用对弧长的曲线积分分别表达：

(1) 这曲线弧对 x 轴，对 y 轴的转动惯量 I_x，I_y；

(2) 这曲线弧重心的坐标 $(\bar{x},\bar{y})$.

10.2　第二型曲线积分

一、第二型曲线积分的概念

本节要讨论另一种曲线积分——对坐标的曲线积分，在具体讨论之前先看一个实例.

实例1　力沿曲线所做的功. 设质点在变力 $\boldsymbol{F}(x,y)=P(x,y)\boldsymbol{i}+Q(x,y)\boldsymbol{j}$ 的作用下从 A 点沿平面光滑曲线 L 移动到 B 点，现在要计算变力 $\boldsymbol{F}$ 所做的功 W. 运用微元分析的方法，有向曲线的微元为 $\mathrm{d}\boldsymbol{r}$（它的方向是有向曲线的切向，它的长度为曲线弧长的微分 $\mathrm{d}s$）；相应的力做功的微元就是 $\mathrm{d}W=\boldsymbol{F}\cdot\mathrm{d}\boldsymbol{r}$，将这些功微元加起来就得到变力 $\boldsymbol{F}$ 所做的功为

$$W=\int_L \boldsymbol{F}\cdot\mathrm{d}\boldsymbol{r}.$$

因为 $\mathrm{d}\boldsymbol{r}=(\mathrm{d}x,\mathrm{d}y)$，可得到功的另一个表达式为

$$W=\int_L(P(x, y), Q(x, y))(\mathrm{d}x, \mathrm{d}y)=\int_L P(x, y)\mathrm{d}x+Q(x, y)\mathrm{d}y.$$

这就是要讨论的另一类曲线积分,下面给出定义.

定义1 设$P(x, y)$, $Q(x, y)$是定义在平面有向光滑曲线L上的有界函数,将L分成n个小段. 设第i个小曲线段$\widehat{A_{i-1}A_i}$在x轴和y轴上的投影分别是Δx_i和Δy_i,并在$\widehat{A_{i-1}A_i}$上任取一点(ξ_i, η_i),作和式$\sum_{i=1}^{n}P(\xi_i, \eta_i)\Delta x_i$与$\sum_{i=1}^{n}Q(\xi_i, \eta_i)\Delta y_i$. 如果对任何$L$的分法及分点$(\xi_i, \eta_i)$的取法,只要各个小弧段的长度的最大值$\|\Delta s\|\to 0$时,上述两个和式的极限存在且有确定的值,则称这两极限之和为向量函数$(P(x, y), Q(x, y))$在有向曲线L上的**第二型曲线积分**,或**对坐标的曲线积分**,记作

$$\int_L P(x, y)\mathrm{d}x+Q(x, y)\mathrm{d}y,$$

即

$$\int_L P(x, y)\mathrm{d}x+Q(x, y)\mathrm{d}y=\lim_{\|\Delta s\|\to 0}\sum_{i=1}^{n}P(\xi_i, \eta_i)\Delta x_i+\lim_{\|\Delta s\|\to 0}\sum_{i=1}^{n}Q(\xi_i, \eta_i)\Delta y_i, \quad ①$$

其中$P(x, y)$, $Q(x, y)$称为**被积函数**,曲线L称为**积分路径**.

可以证明:若函数$P(x, y)$, $Q(x, y)$分别在有向光滑曲线(或分段光滑曲线)L上连续,则$(P(x, y), Q(x, y))$在有向曲线L上的第二型曲线积分存在.

类似地,可以定义空间向量函数:

$$\boldsymbol{F}(x, y, z)=(P(x, y, z), Q(x, y, z), R(x, y, z))$$

沿空间有向光滑曲线L上的第二型曲线积分

$$\begin{aligned}&\int_L P(x, y, z)\mathrm{d}x+Q(x, y, z)\mathrm{d}y+R(x, y, z)\mathrm{d}z\\&=\lim_{\|\Delta s\|\to 0}\sum_{i=1}^{n}P(\xi_i, \eta_i, \varsigma_i)\Delta x_i+\lim_{\|\Delta s\|\to 0}\sum_{i=1}^{n}Q(\xi_i, \eta_i, \varsigma_i)\Delta y_i\\&\quad+\lim_{\|\Delta s\|\to 0}\sum_{i=1}^{n}R(\xi_i, \eta_i, \varsigma_i)\Delta z_i.\end{aligned}$$

设$\alpha(x, y)$, $\beta(x, y)$为平面有向曲线L上点(x, y)处切线向量的方向角,则由$\cos\alpha\mathrm{d}s=\mathrm{d}x$, $\cos\beta\mathrm{d}s=\mathrm{d}y$可得平面曲线$L$上第一型曲线积分和第二型曲线积分之间的关系式:

$$\int_L P\mathrm{d}x+Q\mathrm{d}y=\int_L(P\cos\alpha+Q\cos\beta)\mathrm{d}s.$$

类似地,空间曲线L上第一型曲线积分和第二型曲线积分之间的关系式为

$$\int_L P\mathrm{d}x + Q\mathrm{d}y + R\mathrm{d}z = \int_L (P\cos\alpha + Q\cos\beta + R\cos\gamma)\,\mathrm{d}s,$$

其中，$\alpha(x, y, z)$，$\beta(x, y, z)$，$\gamma(x, y, z)$为有向曲线 L 上点(x, y, z)处切线向量的方向角.

第二型曲线积分有下列性质：

(1) $\int_L [P_1(x, y) + P_2(x, y)]\mathrm{d}x + [Q_1(x, y) + Q_2(x, y)]\mathrm{d}y$

$= \int_L P_1(x, y)\mathrm{d}x + Q_1(x, y)\mathrm{d}y + \int_L P_2(x, y)\mathrm{d}x + Q_2(x, y)\mathrm{d}y$；

(2) $\int_L K\cdot[P(x, y)\mathrm{d}x + Q(x, y)\mathrm{d}y] = K\cdot\int_L P(x, y)\mathrm{d}x + Q(x, y)\mathrm{d}y$（$K$ 为常数）；

(3) 如果把 L 分成 L_1 和 L_2(L_1, L_2 的方向与 L 相同)，则

$$\int_L P(x, y)\mathrm{d}x + Q(x, y)\mathrm{d}y$$
$$= \int_{L_1} P(x, y)\mathrm{d}x + Q(x, y)\mathrm{d}y + \int_{L_2} P(x, y)\mathrm{d}x + Q(x, y)\mathrm{d}y;$$

(4) 设 L 是有向曲线，L^-是与 L 方向相反的有向曲线，则

$$\int_{L^-} P(x, y)\mathrm{d}x + Q(x, y)\mathrm{d}y = -\int_L P(x, y)\mathrm{d}x + Q(x, y)\mathrm{d}y.$$

二、第二型曲线积分的计算

第二型曲线积分同样可以化为定积分来计算.

设函数 $P(x, y)$与 $Q(x, y)$为定义在平面有向光滑曲线 L 上的连续函数，L 的参数方程为

$$\begin{cases} x = \varphi(t), \\ y = \psi(t) \end{cases} \quad \alpha \leqslant t \leqslant \beta(\text{或}\ \alpha \geqslant t \geqslant \beta),$$

其中 α 对应 L 的起点，β 对应 L 的终点.

设 $\alpha = t_0, t_1, \cdots, t_{n-1}, t_n = \beta$ 为一列单调变化的参数值，根据拉格朗日中值定理有

$$\Delta x_i = x_i - x_{i-1} = \varphi(t_i) - \varphi(t_{i-1}) = \varphi'(t_i^*)(t_i - t_{i-1}),$$

其中 t_i^* 介于 t_{i-1} 与 t_i 之间. 若积分 $\int_L P(x, y)\mathrm{d}x$ 存在，则其值与(ξ_i, η_i)的取法无关. 因此不妨取

$$\xi_i = \varphi(t_i^*), \quad \eta_i = \psi(t_i^*) \quad (i = 1, 2, \cdots, n).$$

由于 $\Delta s = \sqrt{\varphi'^2(t^*) + \psi'^2(t^*)}\,\Delta t$，当 $\|\Delta s\| \to 0$ 时，Δt_i 的最大值 $\|\Delta t\| \to 0$，故可得

$$\begin{aligned}\int_L P(x,y)\mathrm{d}x &= \lim_{\|\Delta s\|\to 0}\sum_{i=1}^{n} P(\xi_i,\eta_i)\Delta x_i \\ &= \lim_{\|\Delta t\|\to 0}\sum_{i=1}^{n} P[\varphi(t_i^*),\psi(t_i^*)]\varphi'(t_i^*)(t_i - t_{i-1}) \\ &= \int_\alpha^\beta P[\varphi(t),\psi(t)]\varphi'(t)\mathrm{d}t.\end{aligned}$$

同样可得

$$\int_L Q(x,y)\mathrm{d}y = \int_\alpha^\beta Q[\varphi(t),\psi(t)]\psi'(t)\mathrm{d}t.$$

于是得到第二型曲线积分计算公式:

$$\begin{aligned}&\int_L P(x,y)\mathrm{d}x + Q(x,y)\mathrm{d}y \\ &= \int_\alpha^\beta \{P[\varphi(t),\psi(t)]\varphi'(t) + Q[\varphi(t),\psi(t)]\psi'(t)\}\mathrm{d}t,\end{aligned} \tag{②}$$

这里下限 α 对应 L 的起点,上限 β 对应 L 的终点.

若 L 由方程 $y=\psi(x)$ 或者 $x=\varphi(y)$ 给出,则此时可将方程看作参数方程的特殊情形. 例如,当 L 由 $y=\psi(x)$ 给出,可把 L 看作 $\begin{cases}x=x,\\ y=\psi(x)\end{cases}$ $(\alpha\leqslant x\leqslant\beta)$, 从而

$$\int_L P(x,y)\mathrm{d}x + Q(x,y)\mathrm{d}y = \int_\alpha^\beta \{P[x,\psi(x)] + Q[x,\psi(x)]\psi'(x)\}\mathrm{d}x. \tag{③}$$

类似地,对于空间有向光滑曲线 L,

$$\begin{cases}x=\varphi(t),\\ y=\psi(t),\ (\alpha\leqslant t\leqslant\beta,\ 或\ \alpha\geqslant t\geqslant\beta),\\ z=\omega(t)\end{cases}$$

有

$$\begin{aligned}&\int_L P(x,y,z)\mathrm{d}x + Q(x,y,z)\mathrm{d}y + R(x,y,z)\mathrm{d}z \\ &= \int_\alpha^\beta \{P[\varphi(t),\psi(t),\omega(t)]\varphi'(t) + Q[\varphi(t),\psi(t),\omega(t)]\psi'(t) \\ &\quad + R[\varphi(t),\psi(t),\omega(t)]\omega'(t)\}\mathrm{d}t,\end{aligned}$$

其中 α 对应 L 的起点, β 对应 L 的终点.

例 1 计算 $\int_L y\mathrm{d}x + x\mathrm{d}y$, 其中 L 分别为图 10.4 的下列路线:

（1）沿抛物线 $y=2x^2$ 从 O 到 B 的一段；

（2）沿直线 $y=2x$ 从 O 到 B 的一段；

（3）沿有向折线 OAB.

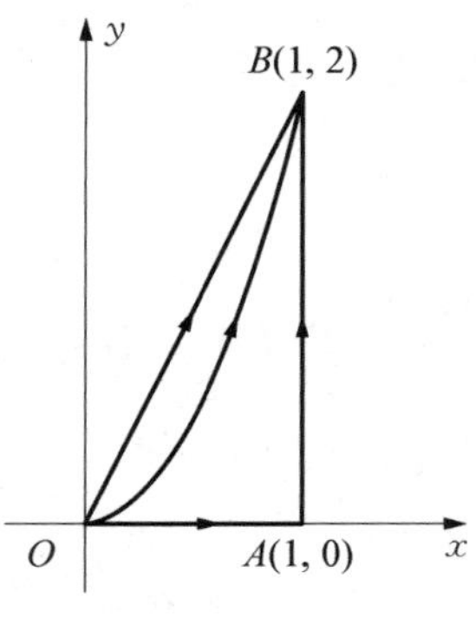

图 10.4

解　（1）抛物线方程为 $y=2x^2(0\leqslant x\leqslant 1)$，起点为 O，终点为 B 的横坐标分别是 0，1，故

$$\int_L y\mathrm{d}x+x\mathrm{d}y=\int_0^1(2x^2+x\cdot 4x)\mathrm{d}x=2;$$

（2）直线方程为 $y=2x\ (0\leqslant x\leqslant 1)$，起点为 O，终点为 B 的横坐标分别是 0，1，故

$$\int_L y\mathrm{d}x+x\mathrm{d}y=\int_0^1(2x+x\cdot 2)\mathrm{d}x=2;$$

（3）沿有向折线段 OAB 的曲线积分等于沿直线段 OA 和 AB 的曲线积分之和，直线段 OA 的方程为 $y=0\ (0\leqslant x\leqslant 1)$，$\mathrm{d}y=0$，故

$$\int_{OA} y\mathrm{d}x+x\mathrm{d}y=\int_0^1 0\mathrm{d}x=0,$$

直线段 AB 的方程为 $x=1\ (0\leqslant y\leqslant 2)$，$\mathrm{d}x=0$，故

$$\int_{AB} y\mathrm{d}x+x\mathrm{d}y=\int_0^2 1\mathrm{d}y=2,$$

于是

$$\int_L y\mathrm{d}x+x\mathrm{d}y=0+2=2.$$

此例可以看出，虽然沿着不同的路径，但是曲线积分的值可以相等.

例 2　计算 $\int_L y^2\mathrm{d}x$，其中 L 分别为图 10.5 的下列路线：

（1）半径为 a，圆心为原点，按逆时针方向绕行的上半圆周；

（2）从点 $A(a,\ 0)$ 沿 x 轴到点 $B(-a,\ 0)$ 的直线段.

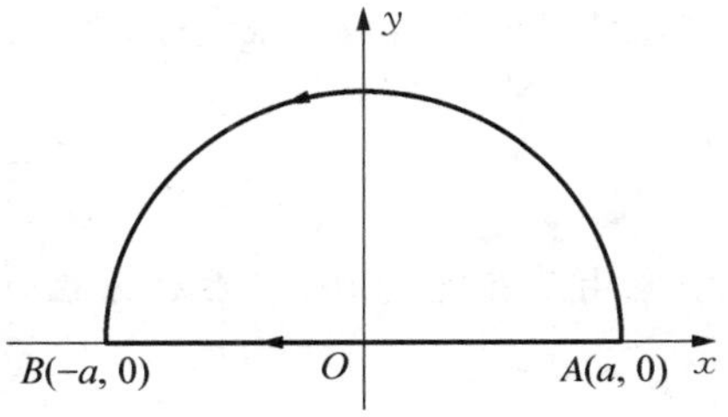

图 10.5

解　（1）L 是参数方程 $\begin{cases}x=a\cos\theta,\\ y=a\sin\theta\end{cases}$ 当参数 θ 从 0 变到 π 的曲线弧，因此

$$\int_L y^2 \mathrm{d}x = \int_0^{\pi} a^2 \sin^2\theta(-a\sin\theta)\mathrm{d}\theta = a^3\int_0^{\pi}(1-\cos^2\theta)\mathrm{d}(\cos\theta)$$

$$= a^3\left(\cos\theta - \frac{\cos^3\theta}{3}\right)\Bigg|_0^{\pi} = -\frac{4}{3}a^3;$$

(2) L 的方程为 $y=0$, x 从 a 变到$-a$,因此

$$\int_L y^2 \mathrm{d}x = \int_a^{-a} 0\mathrm{d}x = 0.$$

本例中两个曲线积分被积函数相同,起点和终点也相同,但沿着不同的路径得出的值并不相等.

例 3 计算 $\oint_L \frac{(y+x)\mathrm{d}x-(x-y)\mathrm{d}y}{x^2+y^2}$,其中 L 为半径为 R 的圆周:

$$x^2+y^2=R^2 \text{(取逆时针方向)}.$$

解 取 L 的参数方程为 $\begin{cases} x=R\cos\theta, \\ y=R\sin\theta, \end{cases}$ 当参数 θ 从 0 变到 2π 时,有

$$\oint_L \frac{(y+x)\mathrm{d}x-(x-y)\mathrm{d}y}{x^2+y^2}$$

$$= \int_0^{2\pi} \frac{R(\cos\theta+\sin\theta)(-R\sin\theta)-R(\cos\theta-\sin\theta)R\cos\theta}{R^2}\mathrm{d}\theta$$

$$= -2\pi.$$

例 4 求质点在变力 $\boldsymbol{F}=(x^3, 3y^2z, -x^2y)$ 的作用下,沿着直线段 MO 从点 $M(3, 2, 1)$ 移动到原点 O 所做的功 W.

解 质点在变力 $\boldsymbol{F}$ 作用下沿着有向线段 $\overrightarrow{MO}$ 移动,力 $\boldsymbol{F}$ 所做的功 W 为向量函数 $\boldsymbol{F}$ 沿直线段 MO 的第二型曲线积分,即

$$W = \int_{MO} x^3\mathrm{d}x + 3y^2z\mathrm{d}y - x^2y\mathrm{d}z.$$

由于直线段 MO 的参数方程为

$$\begin{cases} x=3t, \\ y=2t, \ (0 \leqslant t \leqslant 1), \\ z=t \end{cases}$$

起点 M、终点 O 分别对应参数 1, 0,因此

$$W=\int_1^0[(3t)^3\cdot 3+3(2t)^2\cdot t\cdot 2-(3t)^2\cdot 2t\cdot 1]\mathrm{d}t=\int_1^0 87t^3\mathrm{d}t=-\frac{87}{4}.$$

习题 10.2

10.2 学习要点

1. 计算下列第二型曲线积分：

(1) $\int_L(2a-y)\mathrm{d}x+\mathrm{d}y$，其中 L 为旋轮线

$$\begin{cases}x=a(t-\sin t),\\ y=a(1-\cos t)\end{cases}(0\leqslant t\leqslant 2\pi)$$

沿 t 增加方向的一段；

(2) $\int_L(x^2-y^2)\mathrm{d}x$，其中 L 为抛物线 $y=x^2$ 从点 $(0,0)$ 到点 $(2,4)$ 的一段弧；

(3) $\int_L y\mathrm{d}x+x\mathrm{d}y$，其中 L 为圆周 $x=R\cos t$, $y=R\sin t$ 上对应 t 从 0 到 $\frac{\pi}{2}$ 的一段弧；

(4) $\oint_L\frac{-x\mathrm{d}x+y\mathrm{d}y}{x^2+y^2}$，其中 L 为圆 $x^2+y^2=a^2$ 沿逆时针方向的一周；

(5) $\oint_L y\mathrm{d}x+\sin x\mathrm{d}y$，其中 L 为曲线 $y=\sin x$ $(0\leqslant x\leqslant\pi)$ 与 x 轴所围成的封闭曲线，沿顺时针方向；

(6) $\int_L x^2\mathrm{d}x+3z^2y\mathrm{d}y-2xy\mathrm{d}z$，其中 L 是从点 $A(2,-1,3)$ 到点 $B(1,0,0)$ 的直线段；

(7) $\oint_L(y^2-z^2)\mathrm{d}x+(z^2-x^2)\mathrm{d}y+(x^2-y^2)\mathrm{d}z$，$L$ 为球面 $x^2+y^2+z^2=1$ 在第一卦限部分的边界曲线，其方向沿曲线依次经过坐标平面 xOy, yOz 和 zOx；

(8) $\int_L\frac{x\mathrm{d}x+y\mathrm{d}y+z\mathrm{d}z}{\sqrt{x^2+y^2+z^2-x-y+2z}}$，其中 L 为从点 $A(1,1,1)$ 到点 $B(4,4,4)$ 的直线段；

(9) $\int_L(x^2+y^2)\mathrm{d}x+(x^2-y^2)\mathrm{d}y$，其中 L 为曲线 $y=1-|1-x|$ 从对应于 $x=0$ 的点到 $x=2$ 的点；

(10) $\oint_L 3y\mathrm{d}x-xz\mathrm{d}y+yz^2\mathrm{d}z$，其中 L 为圆周 $\begin{cases}x^2+y^2=2z,\\ z=2,\end{cases}$ 从 z 轴正向看去这圆周取逆时针方向.

2. 设在空间中一质点受力的作用，力的方向指向原点，大小与质点到平面 xOy 的距离成反比（比例系数为 K）. 若质点沿直线从点 $M(a,b,c)$ 移动到点 $N(2a,2b,2c)$ $(c>0)$，求力所做的功.

3. 设位于点(0, 1)的质点 A 对质点 M 的引力大小为 $\frac{K}{r^2}$ ($K>0$ 为常数, r 为质点 A 与 M 之间的距离),质点 M 沿曲线 $y=\sqrt{2x-x^2}$ 自 $B(2, 0)$ 运动到 $O(0, 0)$,求在此运动过程中引力对质点 M 所做的功.

10.3 格林公式 第二型曲线积分与路径无关的条件

一、格林(Green)公式

牛顿-莱布尼茨公式指出函数 $f(x)$ 在区间 $[a, b]$ 上的定积分 $\int_a^b f(x)\,\mathrm{d}x$ 与 $f(x)$ 的原函数 $F(x)$ 在区间的边界 a, b 两点值的关系,那么,二重积分有没有类似的性质呢?这就是本节要讨论的格林公式. 先看一个实例.

实例 1 平面流体速度场的流出量. 考察平面流体的速度场中由封闭曲线所围区域的流出量. 设平面流体的速度场为

$$\boldsymbol{V}(x, y)=\lambda(x, y)\boldsymbol{i}+\mu(x, y)\boldsymbol{j},$$

在此速度场内有一个封闭的光滑曲线 L,它围成一个区域 D (图 10.6). 取 $\boldsymbol{t}$ 为曲线逆时针走向的单位切向量, $\boldsymbol{n}$ 为 L 的单位外法向量. 若 $\boldsymbol{n}$ 与 x 轴、y 轴正向的夹角分别为 α、$\beta=\frac{\pi}{2}-\alpha$, 则 $\boldsymbol{t}$ 与 x 轴、y 轴正向的夹角分别为 $\pi-\beta$ 和 α. 设 L 的弧长微元为 $\mathrm{d}s$,于是 $\cos(\pi-\beta)\mathrm{d}s=\mathrm{d}x$, $\cos\alpha\mathrm{d}s=\mathrm{d}y$. 根据微元法和物理学知识知道,通过 L 的流出量 m 的微元为

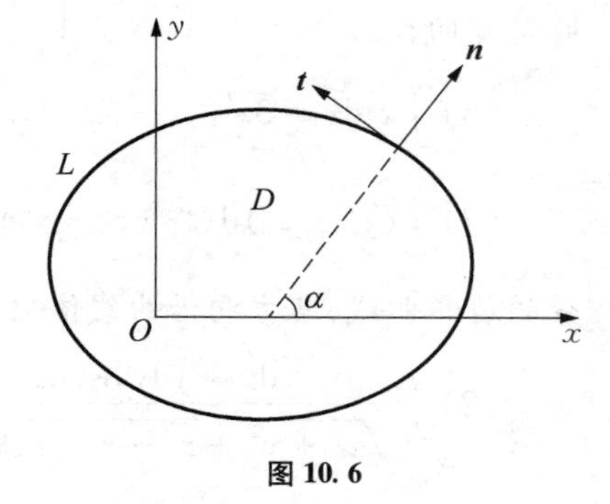

图 10.6

$$\mathrm{d}m=\boldsymbol{V}\cdot\boldsymbol{n}\mathrm{d}s,$$

其中

$$\boldsymbol{n}\cdot\mathrm{d}s=(\cos\alpha\boldsymbol{i}+\cos\beta\boldsymbol{j})\mathrm{d}s=(\cos\alpha\boldsymbol{i}-\cos(\pi-\beta)\boldsymbol{j})\mathrm{d}s=\mathrm{d}y\boldsymbol{i}-\mathrm{d}x\boldsymbol{j}.$$

由此可得

$$\mathrm{d}m=\lambda(x, y)\mathrm{d}y-\mu(x, y)\mathrm{d}x.$$

于是整个边界 L 上的流出量为

$$m=\oint_L\lambda(x, y)\mathrm{d}y-\mu(x, y)\mathrm{d}x,$$

这是一个沿 L 的第二型曲线积分.

另外在 L 内部考察,在 D 内任一点(ξ, η),以长和宽为 Δx, Δy 划出一个小矩形 ΔD(图 10.7). 在此小矩形左边的流出量约为$-\lambda(\xi, \eta)\cdot\Delta y$;在右边的流出量约为 $\lambda(\xi+\Delta x, \eta)\cdot\Delta y$,近似于$\left(\lambda(\xi, \eta)+\frac{\partial\lambda}{\partial x}\Delta x\right)\Delta y$; 在底边的流出量约为$\mu(\xi, \eta)\cdot\Delta x$;在顶边的流出量约为 $\mu(\xi, \eta+\Delta y)\cdot\Delta x$,近似于$\left(\mu(\xi, \eta)+\frac{\partial\mu}{\partial y}\Delta y\right)\Delta x$, 它们的代数和近似等于

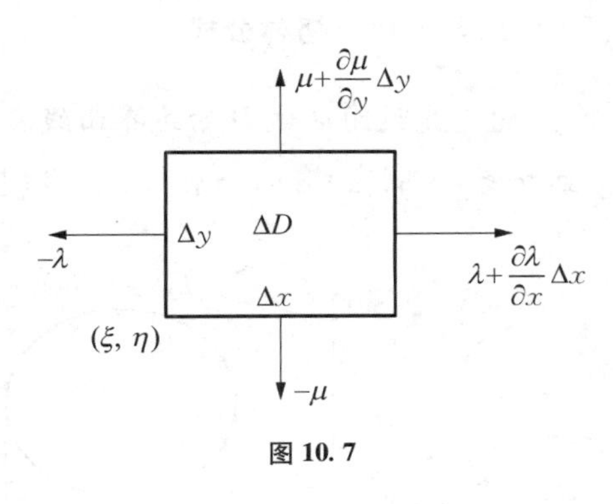

图 10.7

$$\begin{aligned}\Delta m &= -\lambda(\xi, \eta)\Delta y+\left(\lambda(\xi, \eta)+\frac{\partial\lambda}{\partial x}\Delta x\right)\Delta y-\mu(\xi, \eta)\Delta x+\left(\mu(\xi, \eta)+\frac{\partial\mu}{\partial y}\Delta y\right)\Delta x\\ &=\left(\frac{\partial\lambda}{\partial x}+\frac{\partial\mu}{\partial y}\right)\Delta x\Delta y.\end{aligned}$$

由此可知在区域微元 $\mathrm{d}D=\mathrm{d}x\mathrm{d}y$ 上的流出量微元为

$$\mathrm{d}m=\left(\frac{\partial\lambda}{\partial x}+\frac{\partial\mu}{\partial y}\right)\mathrm{d}x\mathrm{d}y.$$

这样在整个 D 上的流出量就是

$$m=\iint_D\left(\frac{\partial\lambda}{\partial x}+\frac{\partial\mu}{\partial y}\right)\mathrm{d}x\mathrm{d}y.$$

这是一个区域 D 内的二重积分.

由于两种方法算得的都是流出量,其结果应该是一样的. 于是得到等式

$$\oint_L -\mu\mathrm{d}x+\lambda\mathrm{d}y=\iint_D\left(\frac{\partial\lambda}{\partial x}+\frac{\partial\mu}{\partial y}\right)\mathrm{d}x\mathrm{d}y,$$

此等式将区域 D 上的二重积分与沿它的边界的有向曲线积分联系了起来,这便是格林公式.

定理 1(格林定理)　设有界闭区域 D 由分段光滑的封闭曲线 L 所围成,若函数 $P(x, y)$, $Q(x, y)$在 D 上具有连续的一阶偏导数,则

$$\iint_D\left(\frac{\partial Q}{\partial x}-\frac{\partial P}{\partial y}\right)\mathrm{d}x\mathrm{d}y=\oint_L P\mathrm{d}x+Q\mathrm{d}y, \quad ①$$

其中 L 为区域 D 的正向边界曲线.

区域 D 的正向这样确定:设平面区域 D 由一条或者几条封闭曲线所围成,当沿 D 的边界的某一方向前进时,如果区域 D 总在左侧,则称此前进方向为区域 D 的边界曲线的正向,反

之则是反向.

公式①称为**格林公式**.

证 先设闭区域 D 的边界曲线 L 与平行于坐标轴的任何直线的交点不多于两个,并设 D 由曲线 $y=y_1(x)$ 和 $y=y_2(x)$ 围成(图 10.8(a)).

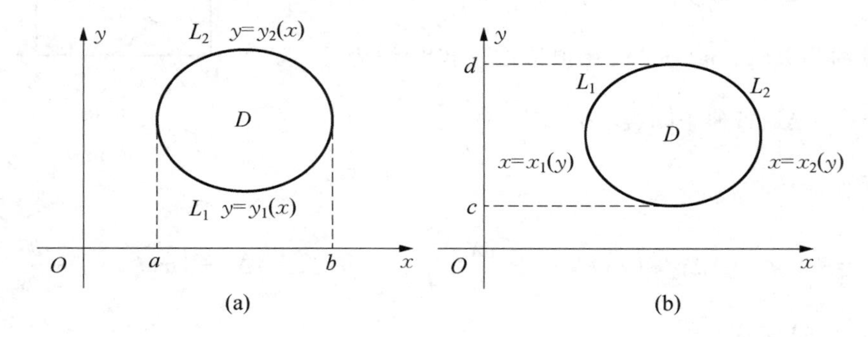

图 10.8

于是,由二重积分计算公式得

$$\iint\limits_D \frac{\partial P}{\partial y}\mathrm{d}x\mathrm{d}y=\int_a^b \mathrm{d}x\int_{y_1(x)}^{y_2(x)}\frac{\partial P}{\partial y}\mathrm{d}y=\int_a^b [P(x,\ y_2(x))-P(x,\ y_1(x))]\mathrm{d}x$$

$$=\int_a^b P(x,\ y_2(x))\mathrm{d}x-\int_a^b P(x,\ y_1(x))\mathrm{d}x,$$

再由第二型曲线积分的性质和计算公式,得

$$\oint_L P\mathrm{d}x=\int_{L_1}P\mathrm{d}x+\int_{L_2}P\mathrm{d}x=\int_a^b P(x,\ y_1(x))\mathrm{d}x+\int_b^a P(x,\ y_2(x))\mathrm{d}x$$

$$=\int_a^b P(x,\ y_1(x))\mathrm{d}x-\int_a^b P(x,\ y_2(x))\mathrm{d}x.$$

比较上述两式即可得

$$-\iint\limits_D \frac{\partial P}{\partial y}\mathrm{d}x\mathrm{d}y=\oint_L P\mathrm{d}x.$$

类似地,借助于图 10.8(b)可推得

$$\iint\limits_D \frac{\partial Q}{\partial x}\mathrm{d}x\mathrm{d}y=\oint_L Q\mathrm{d}y.$$

将以上两个结果相加,得到

$$\iint\limits_D \left(\frac{\partial Q}{\partial x}-\frac{\partial P}{\partial y}\right)\mathrm{d}x\mathrm{d}y=\oint_L P\mathrm{d}x+Q\mathrm{d}y.$$

如果D的边界曲线L与某平行于坐标轴的直线的交点多于两个，则可使用辅助曲线将D分成若干个小区域，使每个小区域都属于前面所述形状，这时在每个小区域上格林公式都成立，然后利用积分的可加性即可证明在区域D上格林公式仍旧成立.

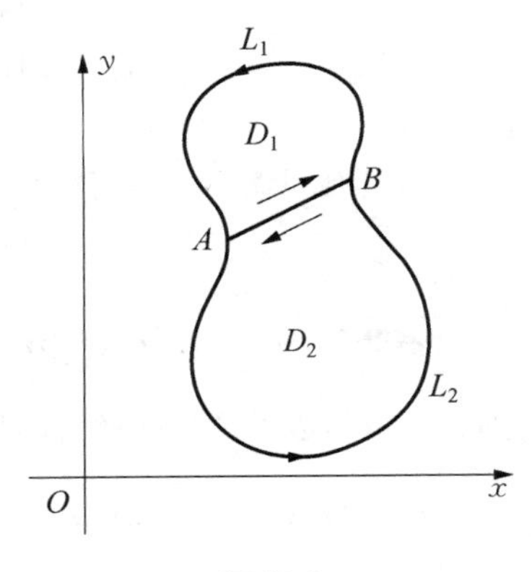

图 10.9

例如，当D为如图10.9所示区域时，利用辅助线$\widehat{AB}$将D分成D_1和D_2，D_1的边界为$L_1+\widehat{AB}$，D_2的边界为$L_2+\widehat{BA}$，于是

$$\iint_D\left(\frac{\partial Q}{\partial x}-\frac{\partial P}{\partial y}\right)\mathrm{d}x\mathrm{d}y=\left(\iint_{D_1}+\iint_{D_2}\right)\left(\frac{\partial Q}{\partial x}-\frac{\partial P}{\partial y}\right)\mathrm{d}x\mathrm{d}y$$

$$=\left(\int_{L_1}+\int_{\widehat{AB}}+\int_{L_2}+\int_{\widehat{BA}}\right)P\mathrm{d}x+Q\mathrm{d}y=\left(\int_{L_1}+\int_{L_2}\right)P\mathrm{d}x+Q\mathrm{d}y$$

$$=\oint_L P\mathrm{d}x+Q\mathrm{d}y.$$

下面说明格林公式的一个简单应用.

在格林公式中令$P(x,y)=-y$，$Q(x,y)=x$，则可得

$$\oint_L x\mathrm{d}y-y\mathrm{d}x=\iint_D 2\mathrm{d}x\mathrm{d}y=2S_D,$$

这里S_D表示区域D的面积，于是有

$$S_D=\frac{1}{2}\oint_L x\mathrm{d}y-y\mathrm{d}x.$$

同样当令$P(x,y)=0$，$Q(x,y)=x$（或$P(x,y)=-y$，$Q(x,y)=0$）时，就有

$$S_D=\oint_L x\mathrm{d}y=-\oint_L y\mathrm{d}x.$$

例1　求椭圆$\frac{x^2}{a^2}+\frac{y^2}{b^2}=1$所围成的区域面积$A$.

解　椭圆边界的正向可描述为

$$L:\begin{cases}x=a\cos t,\\ y=b\sin t,\end{cases}\quad t:0\to 2\pi,$$

其中$t:0\to2\pi$表示参数t从起点0到终点2π的变化方向. 于是

$$A=\frac{1}{2}\oint_L x\mathrm{d}y-y\mathrm{d}x=\frac{1}{2}\int_0^{2\pi}\{a\cos t b\cos t-b\sin t(-a\sin t)\}\mathrm{d}t=\pi ab.$$

与其他计算椭圆面积的方法相比,利用曲线积分的方法更为简便.

例 2 求 $\oint_L x^2y\mathrm{d}x-y^3\mathrm{d}y$,其中 L 为曲线 $y^3=x^2$ 与直线 $y=x$ 围成区域的边界,取顺时针方向(图 10.10).

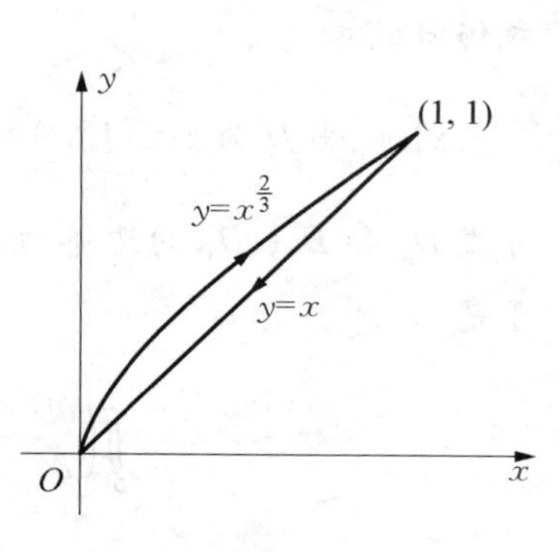

图 10.10

解 这里 $P(x,\ y)=x^2y,\ Q(x,\ y)=-y^3,\ \frac{\partial Q}{\partial x}-\frac{\partial P}{\partial y}=-x^2$. 于是

$$\begin{aligned}\oint_L P\mathrm{d}x+Q\mathrm{d}y&=-\oint_{L^-}P\mathrm{d}x+Q\mathrm{d}y\\&=-\iint_D\left(\frac{\partial Q}{\partial x}-\frac{\partial P}{\partial y}\right)\mathrm{d}x\mathrm{d}y=\iint_D x^2\mathrm{d}x\mathrm{d}y\\&=\int_0^1\mathrm{d}x\int_x^{x^{\frac{2}{3}}}x^2\mathrm{d}y=\int_0^1 x^2(x^{\frac{2}{3}}-x)\mathrm{d}x\\&=\int_0^1(x^{\frac{8}{3}}-x^3)\mathrm{d}x=\left[\frac{3}{11}x^{\frac{11}{3}}-\frac{x^4}{4}\right]\Bigg|_0^1=\frac{1}{44}.\end{aligned}$$

例 3 求 $\int_L(x^2-2y)\mathrm{d}x+(3x+ye^y)\mathrm{d}y$,其中 L 为直线段:$y=1-\frac{1}{2}x,\ x:2\to0$ 与圆弧段 $y=\sqrt{1-x^2},\ x:0\to-1$ 之并(图 10.11).

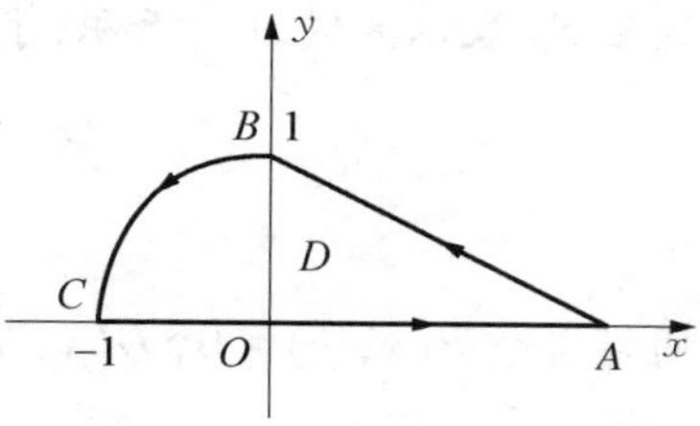

图 10.11

解 因 L 不是封闭曲线,为了应用格林公式,需补上一直线段:

$$y=0,\quad x:-1\to2.$$

这样曲线 $ABCA$ 围成区域 D,于是

$$\begin{aligned}&\int_L(x^2-2y)\mathrm{d}x+(3x+ye^y)\mathrm{d}y\\&=\oint_{ABCA}(x^2-2y)\mathrm{d}x+(3x+ye^y)\mathrm{d}y-\int_{\overline{CA}}(x^2-2y)\mathrm{d}x+(3x+ye^y)\mathrm{d}y\\&=\iint_D[3-(-2)]\mathrm{d}x\mathrm{d}y-\int_{-1}^2 x^2\mathrm{d}x\end{aligned}$$

$$= 5\left(\frac{1}{4}\pi + 1\right) - 3 = \frac{5}{4}\pi + 2.$$

例 4　求 $\oint_L \frac{-y\mathrm{d}x + x\mathrm{d}y}{x^2 + y^2}$，其中 L 为椭圆 $\frac{x^2}{a^2} + \frac{y^2}{b^2} = 1$ 取正向(图 10.12).

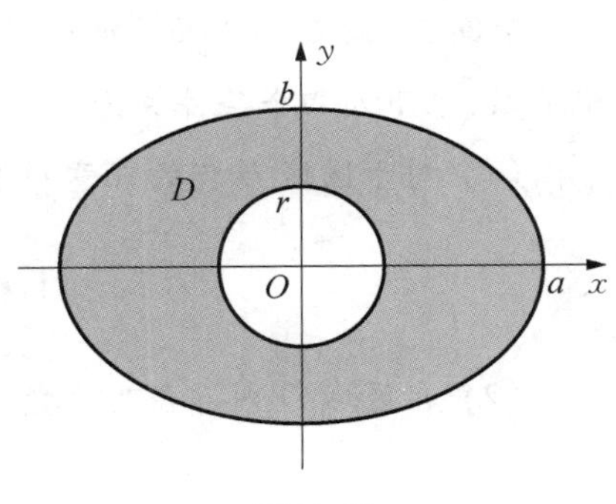

图 10.12

解　因为 $P(x, y) = -\frac{y}{x^2 + y^2}$, $Q(x, y) = \frac{x}{x^2 + y^2}$ 在 $(0, 0)$ 不连续，所以在包含原点的任何区域上不满足格林公式的条件. 因此，以原点为圆心，以 r 为半径(r 小于 a 和 b)作圆周 L_r，取顺时针方向. 这样，在 L 和 L_r 围成的环形区域 D 内满足格林公式，注意到

$$\frac{\partial Q}{\partial x} - \frac{\partial P}{\partial y} = \frac{y^2 - x^2}{(x^2 + y^2)^2} + \frac{x^2 - y^2}{(x^2 + y^2)^2} = 0,$$

故

$$\oint_L \frac{-y\mathrm{d}x + x\mathrm{d}y}{x^2 + y^2} = \left(\oint_L + \oint_{L_r} - \oint_{L_r}\right) \frac{-y\mathrm{d}x + x\mathrm{d}y}{x^2 + y^2}$$

$$= \iint_D 0\mathrm{d}x\mathrm{d}y - \oint_{L_r} \frac{-y\mathrm{d}x + x\mathrm{d}y}{x^2 + y^2} = -\oint_{L_r} \frac{-y\mathrm{d}x + x\mathrm{d}y}{x^2 + y^2}.$$

由于 L_r 的参数方程为 $\begin{cases} x = r\cos t, \\ y = r\sin t \end{cases}$　$(t: 2\pi \to 0)$，因此

$$-\oint_{L_r} \frac{-y\mathrm{d}x + x\mathrm{d}y}{x^2 + y^2} = -\int_{2\pi}^{0} \frac{-(r\sin t)\cdot(-r\sin t) + r\cos t \cdot r\cos t}{r^2}\mathrm{d}t$$

$$= \int_0^{2\pi} \mathrm{d}t = 2\pi,$$

由此可知

$$\oint_L \frac{-y\mathrm{d}x + x\mathrm{d}y}{x^2 + y^2} = 2\pi.$$

二、曲线积分与路径无关的条件

由 10.2 节的例 1 和例 2 可以看到：对于第二型曲线积分，它的值有时与积分路径无关(如例 1)，有时与积分路径有关(如例 2)，那么，在什么条件下第二型曲线积分与积分路径无关呢？下面

定理给出了这个问题的一个答案.

首先介绍一个概念. 对于平面区域 D,如果 D 内的任一封闭曲线皆可不经过 D 外的点而连续地收缩为 D 内的一点,则称平面区域 D 为**单连通区域**.

定理 2 设 D 为平面单连通区域,若函数 $P(x, y)$, $Q(x, y)$ 在区域 D 上具有连续的一阶偏导数,则下列四个条件等价.

(1) 对于区域 D 内的任意两条有相同起点和终点的分段光滑有向曲线 L_1 和 L_2,有

$$\int_{L_1} P\mathrm{d}x + Q\mathrm{d}y = \int_{L_2} P\mathrm{d}x + Q\mathrm{d}y;$$

(2) 在区域 D 内存在某函数 $u(x, y)$,使

$$\mathrm{d}u = P\mathrm{d}x + Q\mathrm{d}y;$$

(3) 在区域 D 内每一点处有

$$\frac{\partial P}{\partial y} = \frac{\partial Q}{\partial x};$$

(4) 沿区域 D 内任一分段光滑的封闭有向曲线 L 有

$$\oint_L P\mathrm{d}x + Q\mathrm{d}y = 0.$$

证 (1)⇒(2). 在 D 内取一定点 $A(x_0, y_0)$,由条件,对 D 内任意点 $B(x, y)$, $\int_{\widehat{AB}} P\mathrm{d}x + Q\mathrm{d}y$ 只与点 A, B 有关,而与路径无关. 因此将它记为

$$u(x, y) = \int_{(x_0, y_0)}^{(x, y)} P\mathrm{d}x + Q\mathrm{d}y.$$

现在来求 $u(x, y)$ 对 x 的偏导数. 如图 10.13 所示,取绝对值充分小的 Δx,使 $B'(x + \Delta x, y) \in D$, 则 u 的增量

$$\begin{aligned}\Delta u &= u(x + \Delta x, y) - u(x, y)\\ &= \int_{(x_0, y_0)}^{(x+\Delta x, y)} P\mathrm{d}x + Q\mathrm{d}y - \int_{(x_0, y_0)}^{(x, y)} P\mathrm{d}x + Q\mathrm{d}y\\ &= \left(\int_{(x_0, y_0)}^{(x, y)} + \int_{(x, y)}^{(x+\Delta x, y)}\right) P\mathrm{d}x + Q\mathrm{d}y - \int_{(x_0, y_0)}^{(x, y)} P\mathrm{d}x + Q\mathrm{d}y\\ &= \int_{(x, y)}^{(x+\Delta x, y)} P\mathrm{d}x + Q\mathrm{d}y.\end{aligned}$$

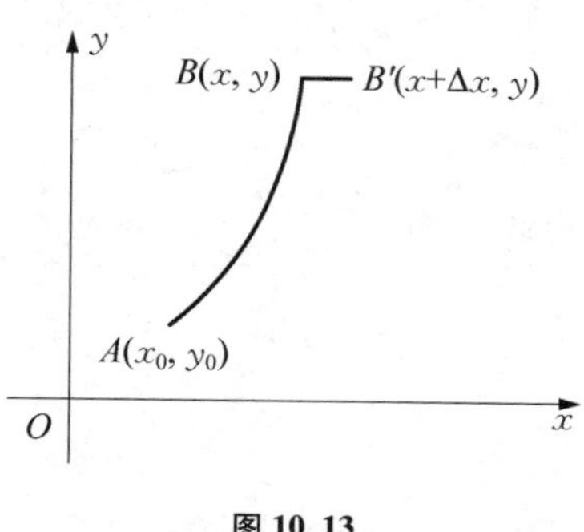

图 10.13

取连结 BB' 的直线段作为积分路径,由于 BB' 平行于 x 轴,因此 $\mathrm{d}y = 0$. 再应用定积分的

中值定理,可得

$$\Delta u=\int_{(x,y)}^{(x+\Delta x,y)}P\mathrm{d}x=\int_{x}^{x+\Delta x}P(t,y)\mathrm{d}t=P(x+\theta\Delta x,y)\Delta x,\quad 0\leqslant\theta\leqslant 1,$$

故

$$\frac{\partial u}{\partial x}=\lim_{\Delta x\to 0}\frac{\Delta u}{\Delta x}=\lim_{\Delta x\to 0}P(x+\theta\Delta x,y)=P(x,y).$$

同理可证 $\frac{\partial u}{\partial y}=Q(x,y)$.

由定理条件可知 P 和 Q 在 D 内连续,故 $u(x,y)$ 在 D 内可微,且

$$\mathrm{d}u=P\mathrm{d}x+Q\mathrm{d}y.$$

(2)⇒(3). 设在 D 内存在 $u(x,y)$,使 $\mathrm{d}u=P\mathrm{d}x+Q\mathrm{d}y$, 则

$$\frac{\partial u}{\partial x}=P,\quad \frac{\partial u}{\partial y}=Q.$$

由于假设 $P(x,y)$, $Q(x,y)$ 在 D 上具有连续的一阶偏导数,因而

$$\frac{\partial P}{\partial y}=\frac{\partial^2 u}{\partial x\partial y}\quad 与\quad \frac{\partial Q}{\partial x}=\frac{\partial^2 u}{\partial y\partial x}$$

在 D 内连续,从而 $\frac{\partial^2 u}{\partial x\partial y}=\frac{\partial^2 u}{\partial y\partial x}$, 即

$$\frac{\partial P}{\partial y}=\frac{\partial Q}{\partial x}.$$

(3)⇒(4). 设 D 内任一分段光滑封闭曲线 L 所围区域为 G,则由格林公式有

$$\oint_L P\mathrm{d}x+Q\mathrm{d}y=\iint_G\left(\frac{\partial Q}{\partial x}-\frac{\partial P}{\partial y}\right)\mathrm{d}x\mathrm{d}y,$$

其中 L 关于 G 取正向. 由条件 $\frac{\partial P}{\partial y}=\frac{\partial Q}{\partial x}$, 所以

$$\oint_L P\mathrm{d}x+Q\mathrm{d}y=\iint_G 0\mathrm{d}x\mathrm{d}y=0.$$

(4)⇒(1). 设区域 D 内两条彼此不相交的从 A 到 B 的分段光滑有向曲线为 L_1 和 L_2(图10.14(a)). 记 L_2^- 为与 L_2 同路径但反向的曲线,则 $L_1\cup L_2^-$ 为一分段光滑的封闭有向曲线,因此

$$\int_{L_1} P\mathrm{d}x + Q\mathrm{d}y - \int_{L_2} P\mathrm{d}x + Q\mathrm{d}y = \int_{L_1} P\mathrm{d}x + Q\mathrm{d}y + \int_{L_2^-} P\mathrm{d}x + Q\mathrm{d}y$$

$$= \left(\int_{L_1} + \int_{L_2^-}\right) P\mathrm{d}x + Q\mathrm{d}y = 0,$$

即

$$\int_{L_1} P\mathrm{d}x + Q\mathrm{d}y = \int_{L_2} P\mathrm{d}x + Q\mathrm{d}y.$$

如果 L_1 与 L_2 彼此相交(图 10.14(b)),可作第三条从 A 到 B 的有向光滑曲线 L_3,使 L_3 与 L_1, L_2 都不相交. 由已证的结果,沿 L_3 的积分与沿 L_1, L_2 的积分都相等,故沿 L_1 的积分与沿 L_2 的积分相等.

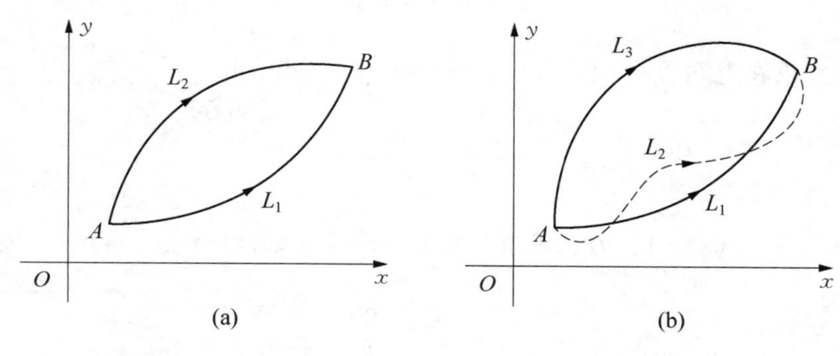

图 10.14

由上述证明可知定理提出的四个条件是等价的. 今后,当曲线积分

$$\int_{\widehat{AB}} P\mathrm{d}x + Q\mathrm{d}y$$

与路径无关时,都可简记为

$$\int_A^B P\mathrm{d}x + Q\mathrm{d}y \quad 或 \quad \int_{(x_0,\ y_0)}^{(x_1,\ y_1)} P\mathrm{d}x + Q\mathrm{d}y,$$

其中(x_0, y_0)与(x_1, y_1)分别是点 A 和点 B 的坐标.

例 5 求 $\int_L (2xy^3 - y^2\cos x)\mathrm{d}x + (1 - 2y\sin x + 3x^2y^2)\mathrm{d}y$, 其中 L 为抛物线 $2x = \pi y^2$ 从点$(0, 0)$到点$\left(\dfrac{\pi}{2}, 1\right)$的一段弧(图 10.15).

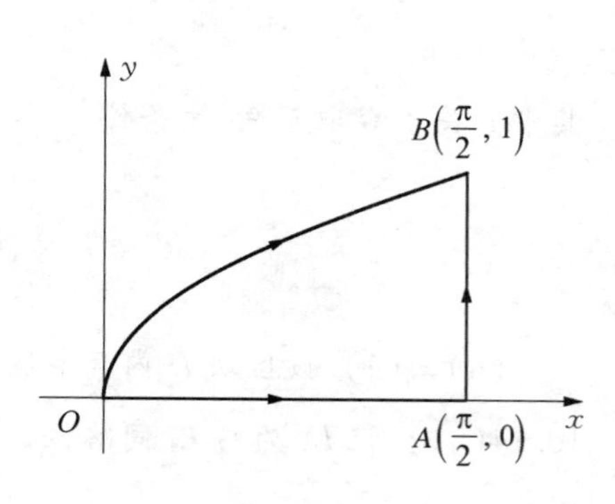

图 10.15

解 因 $\dfrac{\partial P}{\partial y} = 6xy^2 - 2y\cos x = \dfrac{\partial Q}{\partial x}$, 所以积分与路径无

关,故可取积分路径为折线 OAB,其中 OA 为 $y=0,\ x:0\to\frac{\pi}{2}$,$AB$ 为 $x=\frac{\pi}{2},\ y:0\to 1$,于是

$$\int_L P\mathrm{d}x+Q\mathrm{d}y=\int_{\overline{OA}}P\mathrm{d}x+Q\mathrm{d}y+\int_{\overline{AB}}P\mathrm{d}x+Q\mathrm{d}y.$$

由于在 OA 上 $y=0,\ \mathrm{d}y=0$,在 AB 上 $\mathrm{d}x=0$,从而

$$\begin{aligned}\int_L P\mathrm{d}x+Q\mathrm{d}y&=\int_{\overline{AB}}Q\mathrm{d}y=\int_0^1\left(1-2y\sin\frac{\pi}{2}+3\left(\frac{\pi}{2}\right)^2y^2\right)\mathrm{d}y\\&=\left(y-y^2+\frac{\pi^2}{4}y^3\right)\Big|_0^1=\frac{\pi^2}{4}.\end{aligned}$$

如果函数 $P(x,\ y)$,$Q(x,\ y)$ 在单连通区域 D 上具有连续的一阶偏导数,且在区域 D 内每一点处恒有 $\frac{\partial P}{\partial y}=\frac{\partial Q}{\partial x}$,则对 D 内任意点 $(x_0,\ y_0)$,二元函数

$$u(x,\ y)=\int_{(x_0,\ y_0)}^{(x,\ y)}P(x,\ y)\mathrm{d}x+Q(x,\ y)\mathrm{d}y$$

满足

$$\mathrm{d}u(x,\ y)=P(x,\ y)\mathrm{d}x+Q(x,\ y)\mathrm{d}y,$$

这时称函数 $u(x,\ y)$ 为 $P\mathrm{d}x+Q\mathrm{d}y$ 的一个原函数.

设 $u(x,\ y)$,$v(x,\ y)$ 都是 $P\mathrm{d}x+Q\mathrm{d}y$ 的原函数. 令

$$w(x,\ y)=u(x,\ y)-v(x,\ y),$$

则有

$$\frac{\partial w}{\partial x}=\frac{\partial u}{\partial x}-\frac{\partial v}{\partial x}=P-P=0,\quad \frac{\partial w}{\partial y}=\frac{\partial u}{\partial y}-\frac{\partial v}{\partial y}=Q-Q=0.$$

由于 $\frac{\partial w}{\partial x}=0$ 得 $w=f(y)$. 又由 $\frac{\partial w}{\partial y}=0$ 得 $f'(y)=0$,故 $f(y)=C$,即 $w(x,\ y)=C$,故有

$$u(x,\ y)=v(x,\ y)+C.$$

因此要求 $P\mathrm{d}x+Q\mathrm{d}y$ 的全部原函数,只要求出一个原函数,再加上任意常数即可.

在计算原函数 $u(x,\ y)$ 时,由于曲线积分与积分路径无关,因此常用如图 10.16 所示的折线路径 AMB(或 ANB),这样会减少计算工作量. 于是

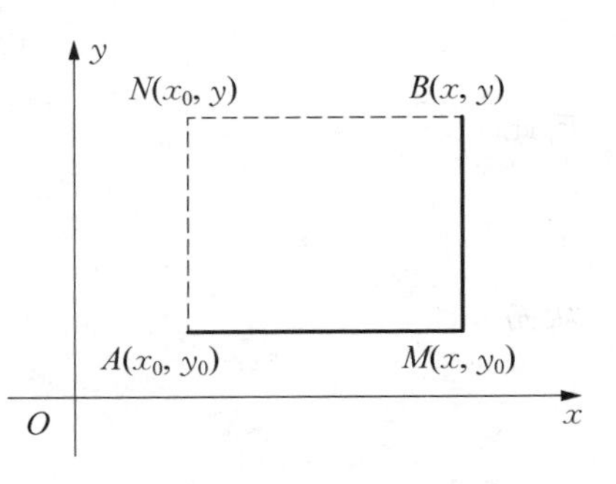

图 10.16

$$u(x,y)=\int_{x_0}^{x}P(x,y_0)\mathrm{d}x+\int_{y_0}^{y}Q(x,y)\mathrm{d}y$$

$$\left(\text{或}=\int_{y_0}^{y}Q(x_0,y)\mathrm{d}y+\int_{x_0}^{x}P(x,y)\mathrm{d}x\right).$$

例 6 试问 $(x^4+4xy^3)\mathrm{d}x+(6x^2y^2-5y^4)\mathrm{d}y$ 是否为某个函数 $u(x,y)$ 的全微分？若是，求出 $u(x,y)$.

解 由 $P(x,y)=x^4+4xy^3$ 与 $Q(x,y)=6x^2y^2-5y^4$，得

$$\frac{\partial P}{\partial y}=\frac{\partial Q}{\partial x}=12xy^2,$$

所以 $(x^4+4xy^3)\mathrm{d}x+(6x^2y^2-5y^4)\mathrm{d}y$ 是某个函数的全微分.

下面介绍三种方法求原函数 $u(x,y)$.

(1) 特殊路径法.

$$u(x,y)=\int_{(0,0)}^{(x,y)}P\mathrm{d}x+Q\mathrm{d}y+C=\int_0^x P(x,0)\mathrm{d}x+\int_0^y Q(x,y)\mathrm{d}y+C$$

$$=\int_0^x x^4\mathrm{d}x+\int_0^y(6x^2y^2-5y^4)\mathrm{d}y+C=\frac{1}{5}x^5+2x^2y^3-y^5+C.$$

(2) 不定积分法.

由于 $\frac{\partial u}{\partial x}=P(x,y)=x^4+4xy^3$，因此

$$u(x,y)=\frac{1}{5}x^5+2x^2y^3+\varphi(y),$$

其中 $\varphi(y)$ 为任意函数. 于是可得 $\frac{\partial u}{\partial y}=Q(x,y)=6x^2y^2+\varphi'(y)$. 又由于

$$\frac{\partial u}{\partial y}=Q(x,y)=6x^2y^2-5y^4,$$

因此

$$\varphi'(y)=-5y^4,$$

从而

$$\varphi(y)=-y^5+C,$$

即得原函数

$$u(x, y)=\frac{1}{5}x^5+2x^2y^3-y^5+C.$$

(3) 用观察的方法凑微分

$$\begin{aligned}
&(x^4+4xy^3)\mathrm{d}x+(6x^2y^2-5y^4)\mathrm{d}y\\
=&x^4\mathrm{d}x-5y^4\mathrm{d}y+4xy^3\mathrm{d}x+6x^2y^2\mathrm{d}y\\
=&\mathrm{d}\left(\frac{1}{5}x^5-y^5\right)+2y^3\mathrm{d}x^2+2x^2\mathrm{d}y^3\\
=&\mathrm{d}\left(\frac{1}{5}x^5-y^5\right)+\mathrm{d}(2x^2y^3)\\
=&\mathrm{d}\left(\frac{1}{5}x^5-y^5+2x^2y^3\right),
\end{aligned}$$

所以

$$u(x, y)=\frac{1}{5}x^5+2x^2y^3-y^5+C.$$

下面为积分与路径无关在物理中的一个应用.

如果力函数 $\boldsymbol{F}=P(x, y)\boldsymbol{i}+Q(x, y)\boldsymbol{j}$ 在区域 D 内从 A 点到 B 点所做的功 W 与路径无关,即

$$\int_{\widehat{AB}}P(x, y)\mathrm{d}x+Q(x, y)\mathrm{d}y$$

只与起点 A 和终点 B 有关,而与曲线 $\widehat{AB}$ 的选取无关时,则称此力 $\boldsymbol{F}(x, y)$ 为**保守力**,而由 $\boldsymbol{F}(x, y)$ 所决定的力场称为**保守力场**. 如前所述,当 $\frac{\partial P}{\partial y}=\frac{\partial Q}{\partial x}$ 时,由 $\boldsymbol{F}(x, y)=P(x, y)\boldsymbol{i}+Q(x, y)\boldsymbol{j}$ 所决定的力场为保守力场.

例 7 在牛顿引力场中,如果在坐标原点处有一质量为 m_0 的物体 M,在点 $A(x, y)$ 处放有质量为 m 的物体 N,则 N 被 M 以力 $\boldsymbol{F}$ 向中心吸引,大小等于 $F=G\frac{m_0m}{r^2}$,其中 $r=\sqrt{x^2+y^2}$, G 为引力常数.

因为这力 $\boldsymbol{F}$ 与坐标轴间夹角的方向余弦为 $-\frac{x}{r}$ 及 $-\frac{y}{r}$,故力 $\boldsymbol{F}$ 在坐标轴上的投影(分量)为

$$P(x, y)=-G\frac{m_0m}{r^3}x,\quad Q(x, y)=-G\frac{m_0m}{r^3}y,$$

于是

$$\frac{\partial P}{\partial y}=\frac{\partial Q}{\partial x}=\frac{3Gm_0mxy}{r^5}.$$

因而牛顿引力场是保守力场.

我们学了第一型曲线积分和第二型曲线积分后,会发现两者之间有着本质的差别.

第一,物理背景不一样,第一型曲线积分是数量函数关于弧长的积分,反映的是数量型的物理问题,如曲线型物体的质量、重心等.而第二型曲线积分则是向量函数的分量关于坐标的积分,反映的是向量型的物理问题,如变力做功问题.

第二,第一型曲线积分与曲线的方向无关,第二型曲线积分则要考虑曲线的方向,不同的方向积分值要差一个负号.

10.3 学习要点

习题 10.3

1. 利用曲线积分,求星形线 $x=a\cos^3 t$, $y=a\sin^3 t$ 所围成区域 D 的面积.

2. 利用格林公式,求下列曲线积分:

(1) $\oint_L (x+y)\mathrm{d}x-(x-y)\mathrm{d}y$,其中 L 为椭圆 $\frac{x^2}{a^2}+\frac{y^2}{b^2}=1$ 沿逆时针方向一周;

(2) $\oint_L (2x-y+4)\mathrm{d}x+(5y+3x-6)\mathrm{d}y$,其中 L 为三顶点分别为 $(0,0)$, $(3,0)$ 和 $(3,2)$ 的三角形正向边界;

(3) $\oint_L \mathrm{e}^{-(x^2-y^2)}(\cos 2xy\mathrm{d}x+\sin 2xy\mathrm{d}y)$,其中 L 为正向圆周 $x^2+y^2=R^2$;

(4) $\oint_L (x^2+y^2)\mathrm{d}x+(x^2-y^2)\mathrm{d}y$,其中 L 为以点 $A(1,1)$, $B(3,2)$, $C(3,5)$ 为顶点的三角形正向边界;

(5) $\oint_L (x^2y\cos x+2xy\sin x-y^2\mathrm{e}^x)\mathrm{d}x+(x^2\sin x-2y\mathrm{e}^x)\mathrm{d}y$,其中 L 为正向星形线 $x^{\frac{2}{3}}+y^{\frac{2}{3}}=a^{\frac{2}{3}}(a>0)$;

(6) $\int_L (\mathrm{e}^x\sin y-y)\mathrm{d}x+(\mathrm{e}^x\cos y-1)\mathrm{d}y$,其中 L 为由点 $A(a,0)$ 到点 $O(0,0)$ 的上半圆周;

(7) $\int_L (x^2-y)\mathrm{d}x+(x+\sin^2 y)\mathrm{d}y$,其中 L 为在圆周 $y=\sqrt{2x-x^2}$ 上由点 $(0,0)$ 到 $(1,1)$ 的一段弧;

(8) $\int_L (x^2+y)\mathrm{d}x+(x-y^2)\mathrm{d}y$,其中 L 为曲线 $y^3=x^2$ 上 $A(0,0)$ 到 $B(1,1)$ 的一段弧;

(9) $\int_L (\mathrm{e}^y-12xy)\mathrm{d}x+(x\mathrm{e}^y-\cos y)\mathrm{d}y$,其中 L 为曲线 $y=x^2$ 上从 $A(-1,1)$ 到 $B(1,1)$

的一段；

(10) $\oint_L \frac{x\mathrm{d}y - y\mathrm{d}x}{4x^2 + y^2}$，其中 L 为以点 $(1, 0)$ 为中心，$R(R > 1)$ 为半径的圆周，取逆时针方向.

3. 验证下列曲线积分与路径无关，并计算其值.

(1) $\int_{(0,0)}^{(1,0)} (x - y)(\mathrm{d}x - \mathrm{d}y)$；

(2) $\int_{(2,1)}^{(1,2)} \frac{y\mathrm{d}x - x\mathrm{d}y}{x^2}$ 沿着与 y 轴不相交的路径；

(3) $\int_{(1,0)}^{(2,1)} (2xy - y^4 + 3)\mathrm{d}x + (x^2 - 4xy^3)\mathrm{d}y$；

(4) $\int_{(1,0)}^{(6,8)} \frac{x\mathrm{d}x + y\mathrm{d}y}{\sqrt{x^2 + y^2}}$，沿着右半平面内不通过原点的路径.

4. 求下列全微分的原函数：

(1) $2xy\mathrm{d}x + x^2\mathrm{d}y$；

(2) $(x^2 + 2xy - y^2)\mathrm{d}x + (x^2 - 2xy - y^2)\mathrm{d}y$；

(3) $4\sin x \sin 3y \cos x\mathrm{d}x - 3\cos 3y \cos 2x\mathrm{d}y$；

(4) $\frac{2x(1 - \mathrm{e}^y)}{(1 + x^2)^2}\mathrm{d}x + \frac{\mathrm{e}^y}{1 + x^2}\mathrm{d}y$；

(5) $\mathrm{e}^x[\mathrm{e}^y(x - y + 2) + y]\mathrm{d}x + \mathrm{e}^x[\mathrm{e}^y(x - y) + 1]\mathrm{d}y$.

5. 确定常数 λ，使在右半平面 $x > 0$ 上的向量

$$\boldsymbol{A}(x, y) = 2xy(x^4 + y^2)^{\lambda}\boldsymbol{i} - x^2(x^4 + y^2)^{\lambda}\boldsymbol{j}$$

为某二元函数 $u(x, y)$ 的梯度，并求 $u(x, y)$.

6. 设函数 $f(x)$ 在 $(-\infty, +\infty)$ 内具有一阶连续导数，L 是上半平面 $(y > 0)$ 内有向分段光滑曲线，其起点为 (a, b)，终点为 (c, d)，记

$$I = \int_L \frac{1}{y}[1 + y^2 f(xy)]\mathrm{d}x + \frac{x}{y^2}[y^2 f(xy) - 1]\mathrm{d}y.$$

(1) 证明曲线积分 I 与路径无关；

(2) 当 $ab = cd$ 时，求 I 的值.

7. 已知平面区域 $D = \{(x, y) \mid 0 \leqslant x \leqslant \pi, 0 \leqslant y \leqslant \pi\}$，$L$ 为 D 的正向边界，证明：

(1) $\oint_L x\mathrm{e}^{\sin y}\mathrm{d}y - y\mathrm{e}^{-\sin x}\mathrm{d}x = \oint_L x\mathrm{e}^{-\sin y}\mathrm{d}y - y\mathrm{e}^{\sin x}\mathrm{d}x$；

(2) $\oint_L x\mathrm{e}^{\sin y}\mathrm{d}y - y\mathrm{e}^{-\sin x}\mathrm{d}x \geqslant 2\pi^2$.

10.4 第一型曲面积分

一、第一型曲面积分的概念

先看一个物理学中的实例.

实例 1 曲面状物体的质量. 设有质量分布不均匀的空间曲面状物体 Σ, 在其上任一点 $P(x, y, z)$ 处的面密度为 $\mu(x, y, z)$,现要求 Σ 的质量 m.

类似于求曲线状物体的质量,运用微元分析法,在曲面 Σ 上取面积微元 $\mathrm{d}S$,于是该曲面状物体质量的微元相应地是 $\mathrm{d}m = \mu(x, y, z)\,\mathrm{d}S$, 总和起来得到所求曲面状物体的质量为

$$m = \iint_{\Sigma} \mathrm{d}m = \iint_{\Sigma} \mu(x, y, z)\,\mathrm{d}S.$$

综合实例中的问题,就可以给出第一型曲面积分的定义.

定义 1 设函数 $f(x, y, z)$ 是定义在光滑曲面 Σ 上的有界函数,把曲面分成 n 个小曲面块,第 i 个小曲面块记为 ΔS_i,其面积也用 ΔS_i 表示. 在每个小面积块上任取一点 (ξ_i, η_i, ζ_i), 作和式 $\sum\limits_{i=1}^{n} f(\xi_i, \eta_i, \zeta_i)\Delta S_i$. 如果对曲面 Σ 任何的分法及点 (ξ_i, η_i, ζ_i) 的任何取法,只要各个小块曲面的直径的最大值 $\|\Delta S\| \to 0$ 时,上述和式的极限总有确定的值 I,则称 I 为函数 $f(x, y, z)$ 在曲面 Σ 上的**第一型曲面积分**,或**对面积的曲面积分**,记作

$$\iint_{\Sigma} f(x, y, z)\,\mathrm{d}S,$$

即

$$\iint_{\Sigma} f(x, y, z)\,\mathrm{d}S = \lim_{\|\Delta S\| \to 0} \sum_{i=1}^{n} f(\xi_i, \eta_i, \zeta_i)\Delta S_i,$$

其中 $f(x, y, z)$ 称为被积函数, Σ 称为积分曲面.

由定义 1 可知,第一型曲面积分具有和第一型曲线积分相类似的性质,请读者自行叙述.

二、第一型曲面积分的计算

设函数 $f(x, y, z)$ 为定义在光滑曲面 Σ 上的连续函数,若曲面 Σ 的方程为 $z = z(x, y)$, 曲面在坐标平面 xOy 平面上的投影区域为有界闭区域 D. 由于函数 $f(x, y, z)$ 定义在曲面 Σ: $z = z(x, y)$ 上,因此变量 x, y, z 的变化受曲面方程 $z = z(x, y)$ 的约束,实际上只有两个独立的变量 x 和 y,即

$$f(x, y, z)=f(x, y, z(x, y)).$$

另外,曲面的微分为 $\mathrm{d}S=\sqrt{1+z_x'^2+z_y'^2}\,\mathrm{d}x\mathrm{d}y$,且 x, y 的变化范围是 Σ 在 xOy 平面上的投影 D. 于是,以 $f(x, y, z(x, y))$, $\sqrt{1+z_x'^2+z_y'^2}\,\mathrm{d}x\mathrm{d}y$ 和 D 分别代替 $f(x, y, z)$, $\mathrm{d}S$ 和 Σ, 即又可得第一型曲面积分化为二重积分的计算公式:

$$\iint_{\Sigma} f(x, y, z)\,\mathrm{d}S=\iint_{D} f(x, y, z(x, y))\sqrt{1+z_x'^2+z_y'^2}\,\mathrm{d}x\mathrm{d}y.$$

若曲面 Σ 的方程为 $x=x(y, z)$ 或 $y=y(z, x)$, Σ 在 yOz 或 zOx 平面上投影区域分别为 D_{yz} 或 D_{zx}, 则有

$$\iint_{\Sigma} f(x, y, z)\,\mathrm{d}S=\iint_{D_{yz}} f(x(y, z), y, z)\sqrt{1+x_y'^2+x_z'^2}\,\mathrm{d}y\mathrm{d}z,$$

或

$$\iint_{\Sigma} f(x, y, z)\,\mathrm{d}S=\iint_{D_{zx}} f(x, y(z, x), z)\sqrt{1+y_x'^2+y_z'^2}\,\mathrm{d}z\mathrm{d}x.$$

这里需要指出的是,如果曲面 Σ 投影到某坐标平面上(如 xOy 平面),则在其投影区域 D_{xy} 内部任一点作垂直于 xOy 平面的直线与曲面 Σ 应该只有一个交点. 如果有两个或两个以上交点,则应将曲面 Σ 分成几个部分使每部分符合上述条件,然后分别计算出各部分曲面上的积分后相加,其和就是在曲面 Σ 上的积分.

例 1 求 $\iint_{\Sigma}(x^2+y^2+z^2)\,\mathrm{d}S$,其中曲面 Σ 为 $x^2+y^2+z^2=2az$.

解 将曲面 Σ 分为上下两块 Σ_1 和 Σ_2(图 10.17),它们在 xOy 平面上的投影均为 D,则

$$\iint_{\Sigma}(x^2+y^2+z^2)\,\mathrm{d}S=\iint_{\Sigma_1}(x^2+y^2+z^2)\,\mathrm{d}S+\iint_{\Sigma_2}(x^2+y^2+z^2)\,\mathrm{d}S.$$

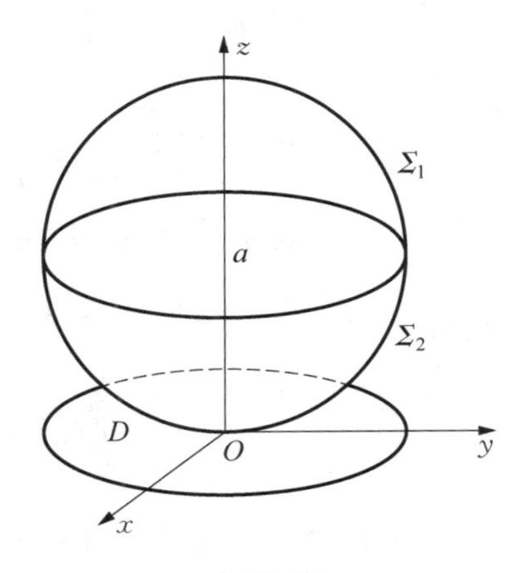

图 10.17

由于 Σ_1 的方程为 $z=a+\sqrt{a^2-x^2-y^2}$, 故

$$\frac{\partial z}{\partial x}=\frac{-x}{\sqrt{a^2-x^2-y^2}},\quad \frac{\partial z}{\partial y}=\frac{-y}{\sqrt{a^2-x^2-y^2}},$$

于是

$$\iint_{\Sigma_1}(x^2+y^2+z^2)\,\mathrm{d}S=\iint_{\Sigma_1}2az\,\mathrm{d}S$$

$$= 2a\iint_{D}(a+\sqrt{a^2-x^2-y^2})\sqrt{1+\left(\frac{-x}{\sqrt{a^2-x^2-y^2}}\right)^2+\left(\frac{-y}{\sqrt{a^2-x^2-y^2}}\right)^2}\,\mathrm{d}x\mathrm{d}y$$

$$= 2a\iint_{D}(a+\sqrt{a^2-x^2-y^2})\frac{a}{\sqrt{a^2-x^2-y^2}}\mathrm{d}x\mathrm{d}y$$

$$= 2a^3\iint_{D}\frac{1}{\sqrt{a^2-x^2-y^2}}\mathrm{d}x\mathrm{d}y+2a^2\iint_{D}\mathrm{d}x\mathrm{d}y$$

$$= 2a^3\int_0^{2\pi}\mathrm{d}\theta\int_0^a\frac{r}{\sqrt{a^2-r^2}}\mathrm{d}r+2a^2\pi a^2=4\pi a^4+2\pi a^4=6\pi a^4.$$

由于 Σ_2 的方程为 $z=a-\sqrt{a^2-x^2-y^2}$，所以

$$\frac{\partial z}{\partial x}=\frac{x}{\sqrt{a^2-x^2-y^2}},\quad \frac{\partial z}{\partial y}=\frac{y}{\sqrt{a^2-x^2-y^2}},$$

从而

$$\iint_{\Sigma_2}(x^2+y^2+z^2)\mathrm{d}S=\iint_{\Sigma_2}2az\mathrm{d}S$$

$$= 2a\iint_{D}(a-\sqrt{a^2-x^2-y^2})\sqrt{1+\left(\frac{x}{\sqrt{a^2-x^2-y^2}}\right)^2+\left(\frac{y}{\sqrt{a^2-x^2-y^2}}\right)^2}\,\mathrm{d}x\mathrm{d}y$$

$$= 2a\iint_{D}(a-\sqrt{a^2-x^2-y^2})\frac{a}{\sqrt{a^2-x^2-y^2}}\mathrm{d}x\mathrm{d}y$$

$$= 2a^3\iint_{D}\frac{1}{\sqrt{a^2-x^2-y^2}}\mathrm{d}x\mathrm{d}y-2a^2\iint_{D}\mathrm{d}x\mathrm{d}y$$

$$= 2a^3\int_0^{2\pi}\mathrm{d}\theta\int_0^a\frac{r}{\sqrt{a^2-r^2}}\mathrm{d}r-2a^2\pi a^2$$

$$= 4\pi a^4-2\pi a^4=2\pi a^4,$$

因此

$$\iint_{\Sigma}(x^2+y^2+z^2)\mathrm{d}s=6\pi a^4+2\pi a^4=8\pi a^4.$$

当然，此题还可以用对 yOz 平面或 zOx 面投影来加以计算，但以对 xOy 面投影的方法计算较为简单.

在计算第一型曲面积分时，还可以利用对称性.

如果 Σ 关于 yOz 平面对称，当 $f(x, y, z)$ 为关于 x 的奇函数时，

$$\iint_{\Sigma} f(x, y, z)\,\mathrm{d}S = 0;$$

当 $f(x, y, z)$ 为关于 x 的偶函数时,

$$\iint_{\Sigma} f(x, y, z)\,\mathrm{d}S = 2\iint_{\Sigma_1} f(x, y, z)\,\mathrm{d}S,$$

其中 $\Sigma_1 = \{(x, y, z) \in \Sigma, x \geqslant 0\}$.

如果 Σ 关于 zOx 或 xOy 面对称,也有类似的结果.

例 2　求 $\iint_{\Sigma}(xy + yz + zx)\,\mathrm{d}S$,其中 Σ 为圆锥面 $z = \sqrt{x^2 + y^2}$ 被柱面 $x^2 + y^2 = 2ax$ 所截部分(图 10.18).

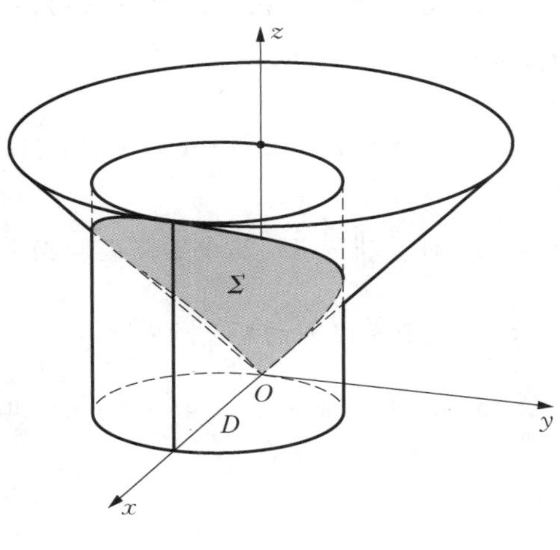

图 10.18

解　由于 Σ 关于 xOz 面对称, xy, yz 关于 y 为奇函数,故

$$\iint_{\Sigma} xy\,\mathrm{d}S = \iint_{\Sigma} yz\,\mathrm{d}S = 0,$$

从而

$$\iint_{\Sigma}(xy + yz + zx)\,\mathrm{d}S = \iint_{\Sigma} zx\,\mathrm{d}S.$$

设 Σ 在 xOy 面上的投影为 D,则 D: $x^2 + y^2 \leqslant 2ax$,故

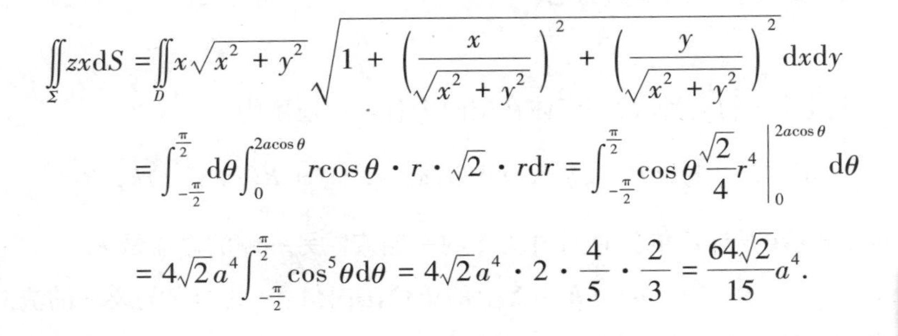

$$\begin{aligned}\iint_{\Sigma} zx\,\mathrm{d}S &= \iint_{D} x\sqrt{x^2 + y^2}\sqrt{1 + \left(\frac{x}{\sqrt{x^2 + y^2}}\right)^2 + \left(\frac{y}{\sqrt{x^2 + y^2}}\right)^2}\,\mathrm{d}x\mathrm{d}y \\ &= \int_{-\frac{\pi}{2}}^{\frac{\pi}{2}}\mathrm{d}\theta\int_0^{2a\cos\theta} r\cos\theta \cdot r \cdot \sqrt{2} \cdot r\mathrm{d}r = \int_{-\frac{\pi}{2}}^{\frac{\pi}{2}}\cos\theta\left.\frac{\sqrt{2}}{4}r^4\right|_0^{2a\cos\theta}\mathrm{d}\theta \\ &= 4\sqrt{2}a^4\int_{-\frac{\pi}{2}}^{\frac{\pi}{2}}\cos^5\theta\,\mathrm{d}\theta = 4\sqrt{2}a^4 \cdot 2 \cdot \frac{4}{5} \cdot \frac{2}{3} = \frac{64\sqrt{2}}{15}a^4.\end{aligned}$$

10.4　学习要点

习题 10.4

1. 计算下列第一型曲面积分:

(1) $\iint_{\Sigma}\frac{1}{2}\,\mathrm{d}S$,其中 Σ 为锥面 $z = \sqrt{x^2 + y^2}$ 介于 $z = 1$ 和 $z = 2$ 的部分;

(2) $\iint\limits_{\Sigma} x^2 \mathrm{d}S$,其中 Σ 为球面 $x^2+y^2+z^2=a^2$;

(3) $\iint\limits_{\Sigma}(x+y+z)\mathrm{d}S$,其中 Σ 为球面 $x^2+y^2+z^2=a^2$ 上 $z \geqslant h\ (0<h<a)$ 的部分;

(4) $\iint\limits_{\Sigma}(x^2+y^2)\mathrm{d}S$,其中 Σ 为锥面 $z=\sqrt{x^2+y^2}$ 与 $z=1$ 所围成立体的表面;

(5) $\iint\limits_{\Sigma}|xyz|\mathrm{d}S$,其中 Σ 为 $z=x^2+y^2$ 被平面 $z=1$ 所割下的有限部分;

(6) $\iint\limits_{\Sigma} z\mathrm{d}S$,其中 Σ 为锥面 $z=\sqrt{x^2+y^2}$ 在柱体 $x^2+y^2 \leqslant 2x$ 内的部分.

2. 若半径为 a 的球面上每点的面密度等于该点到球的某一直径上距离的平方,求球面的质量.

3. 求抛物面壳 $z=\frac{1}{2}(x^2+y^2)\ (0 \leqslant z \leqslant 1)$ 的质量,此壳的面密度大小为 $\mu=z$.

4. 计算 $\iint\limits_{\Sigma}\frac{1}{r^2}\mathrm{d}S$,其中 Σ 是圆柱面 $x^2+y^2=R^2$ 介于平面 $z=0$ 及 $z=H$ 之间的部分,r 是 Σ 上的点到原点之间的距离.

5. 计算 $\iint\limits_{\Sigma}(x+2y+4z+5)^2\mathrm{d}S$,其中 Σ 为正八面体 $|x|+|y|+|z| \leqslant 1$ 的表面.

10.5 第二型曲面积分

一、第二型曲面积分的概念

实例1 通过曲面的流量.设一流体在空间中各点的速度为

$$\boldsymbol{V}(x,y,z)=P(x,y,z)\boldsymbol{i}+Q(x,y,z)\boldsymbol{j}+R(x,y,z)\boldsymbol{k},$$

空间中有一曲面 Σ,现在要计算单位时间内从 Σ 的一侧流向另一侧的总流量 E.

设 $\boldsymbol{n}=\cos\alpha\cdot\boldsymbol{i}+\cos\beta\cdot\boldsymbol{j}+\cos\gamma\cdot\boldsymbol{k}$ 为 Σ 上的单位法向量,$\boldsymbol{n}$ 的指向与要求的流向相同.一般把要求的流向的那一侧称为正向.这时 Σ 称为有向曲面.运用微元分析法,可导出流量表达式.设曲面的面积微元为 $\mathrm{d}S$,在单位时间内,流量微元是流体速度在曲面法向上的投影(即速度与单位法向量的点积)再乘以面积微元,故流量微元

$$\mathrm{d}E=\boldsymbol{V}\cdot\boldsymbol{n}\mathrm{d}S,$$

总和起来得到流量

$$E=\iint_{\Sigma}\mathrm{d}E=\iint_{\Sigma}\boldsymbol{V}\cdot\boldsymbol{n}\mathrm{d}S.$$

若记 $\mathrm{d}y\mathrm{d}z=\cos\alpha\mathrm{d}S$, $\mathrm{d}z\mathrm{d}x=\cos\beta\mathrm{d}S$, $\mathrm{d}x\mathrm{d}y=\cos\gamma\mathrm{d}S$, 它们分别是有向曲面的面积微元 $\boldsymbol{n}\mathrm{d}S$ 在坐标平面 yOz, zOx, xOy 上的有向投影,其值可正可负,于是上述流量又可表达为

$$E=\iint_{\Sigma}\boldsymbol{V}\cdot\boldsymbol{n}\mathrm{d}S=\iint_{\Sigma}P(x,y,z)\mathrm{d}y\mathrm{d}z+Q(x,y,z)\mathrm{d}z\mathrm{d}x+R(x,y,z)\mathrm{d}x\mathrm{d}y.$$

定义1　设 Σ 为光滑的有向曲面,其正侧的单位法向量为

$$\boldsymbol{n}(x,y,z)=\cos\alpha\cdot\boldsymbol{i}+\cos\beta\cdot\boldsymbol{j}+\cos\gamma\cdot\boldsymbol{k}.$$

又设

$$\boldsymbol{V}(x,y,z)=P(x,y,z)\boldsymbol{i}+Q(x,y,z)\boldsymbol{j}+R(x,y,z)\boldsymbol{k}$$

为定义在曲面 Σ 上的向量函数,若数值函数

$$\boldsymbol{V}(x,y,z)\cdot\boldsymbol{n}(x,y,z)=P(x,y,z)\cos\alpha+Q(x,y,z)\cos\beta+R(x,y,z)\cos\gamma$$

在 Σ 上的第一型曲面积分

$$\begin{aligned}&\iint_{\Sigma}\boldsymbol{V}(x,y,z)\cdot\boldsymbol{n}(x,y,z)\mathrm{d}S\\=&\iint_{\Sigma}(P(x,y,z)\cos\alpha+Q(x,y,z)\cos\beta+R(x,y,z)\cos\gamma)\mathrm{d}S\end{aligned}$$

存在,则称此积分为向量函数 $\boldsymbol{V}(x,y,z)$ 在有向曲面 Σ 上的**第二型曲面积分**.

如果记 $\cos\alpha\mathrm{d}S=\mathrm{d}y\mathrm{d}z$, $\cos\beta\mathrm{d}S=\mathrm{d}z\mathrm{d}x$, $\cos\gamma\mathrm{d}S=\mathrm{d}x\mathrm{d}y$, 则第二型曲面积分又可表示为

$$\begin{aligned}&\iint_{\Sigma}\boldsymbol{V}(x,y,z)\cdot\boldsymbol{n}(x,y,z)\mathrm{d}S\\=&\iint_{\Sigma}P(x,y,z)\mathrm{d}y\mathrm{d}z+Q(x,y,z)\mathrm{d}z\mathrm{d}x+R(x,y,z)\mathrm{d}x\mathrm{d}y.\end{aligned}$$

通常,称上式右边的第二型曲面积分为**关于坐标的曲面积分**.

这里要注意的是,同一个记号 $\mathrm{d}x\mathrm{d}y$,在二重积分中是恒为正的面积微元;在关于坐标的曲面积分中它是有向曲面的面积微元在 xOy 平面上的投影,它可正可负,其符号与曲面法向与 z 轴正向的夹角的余弦 $\cos\gamma$ 的符号相同.

大家一定还记得,第二型曲线积分的定义与上面第二型曲面积分的定义用了不同方法,其实,第二型曲线积分也可以用第一型曲线积分来定义.

第二型曲面积分也有与第二型曲线积分相类似的性质,即有线性性质、区域可加性和方向性

$$\left(\iint\limits_{\Sigma} P\mathrm{d}y\mathrm{d}z + Q\mathrm{d}z\mathrm{d}x + R\mathrm{d}x\mathrm{d}y = -\iint\limits_{\Sigma^-} P\mathrm{d}y\mathrm{d}z + Q\mathrm{d}z\mathrm{d}x + R\mathrm{d}x\mathrm{d}y\right),$$

其中 Σ^- 表示与 Σ 取相反侧的有向曲面.

二、第二型曲面积分的计算

由定义,第二型曲面积分可以看成第一型曲面积分,然后按第一型曲面积分方法化为二重积分来计算,即

$$\iint\limits_{\Sigma} R(x, y, z)\mathrm{d}x\mathrm{d}y = \iint\limits_{\Sigma} R(x, y, z)\cos\gamma\mathrm{d}S = \pm\iint\limits_{D_{xy}} R(x, y, z(x, y))\mathrm{d}x\mathrm{d}y.$$

二重积分前的正负号的选取方法:有向曲面 Σ 的方程为 $z=z(x, y)$, Σ 在 xOy 平面上的投影区域为 D_{xy}, Σ 的法向与 z 轴的夹角为 γ. 由于等式左边有向曲面积分中的 $\mathrm{d}x\mathrm{d}y$ 是带有符号的,等式最右边的二重积分中的 $\mathrm{d}x\mathrm{d}y$ 面积元是恒正的,故二重积分前的正负号应这样选取:当 $\cos\gamma$ 为正时取正号,这时有向曲面 Σ 的正侧为上侧;$\cos\gamma$ 为负时取负号,这时有向曲面 Σ 的正侧为下侧.

类似地有

$$\iint\limits_{\Sigma} P(x, y, z)\mathrm{d}y\mathrm{d}z = \pm\iint\limits_{D_{yz}} P(x(y, z), y, z)\mathrm{d}y\mathrm{d}z,$$

其中有向曲面 Σ 的方程为 $x=x(y, z)$, D_{yz} 为 Σ 在 yOz 平面上的投影.

$$\iint\limits_{\Sigma} Q(x, y, z)\mathrm{d}z\mathrm{d}x = \pm\iint\limits_{D_{zx}} Q(x, y(z, x), z)\mathrm{d}z\mathrm{d}x,$$

其中有向曲面 Σ 的方程为 $y=y(z, x)$, D_{zx} 为 Σ 在 zOx 平面上的投影.

例 1 求 $I=\iint\limits_{\Sigma} xyz\mathrm{d}x\mathrm{d}y + xz\mathrm{d}y\mathrm{d}z + z^2\mathrm{d}z\mathrm{d}x$,其中 Σ 是圆柱面 $x^2+z^2=a^2$ 在 $x \geqslant 0$ 的一半被平面 $y=0$ 和 $y=h$ $(h>0)$ 所截下部分的外侧(图 10.19).

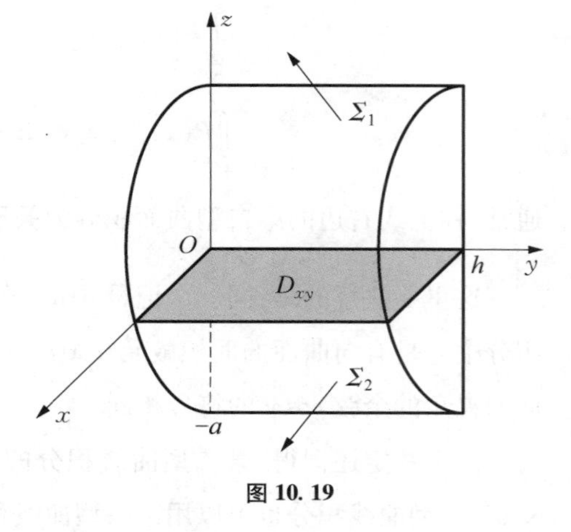

图 10.19

解 为计算 $I_1=\iint\limits_{\Sigma} xyz\mathrm{d}x\mathrm{d}y$,将 Σ 分成两部分 Σ_1 和 Σ_2,其中 Σ_1 为 $z=\sqrt{a^2-x^2}$, $0 \leqslant x \leqslant a$, $0 \leqslant y \leqslant h$,其正侧为上侧;$\Sigma_2$ 为 $z=-\sqrt{a^2-x^2}$, $0 \leqslant x \leqslant a$, $0 \leqslant y \leqslant h$,其正侧为下侧. 它们在 xOy 平面上的投影区域都是

$$D_{xy}: 0 \leqslant x \leqslant a, 0 \leqslant y \leqslant h,$$

故

$$\begin{aligned}\iint\limits_{\Sigma} xyz\mathrm{d}x\mathrm{d}y &= \iint\limits_{\Sigma_1} xyz\mathrm{d}x\mathrm{d}y + \iint\limits_{\Sigma_2} xyz\mathrm{d}x\mathrm{d}y \\ &= \iint\limits_{D_{xy}} xy\sqrt{a^2 - x^2}\,\mathrm{d}x\mathrm{d}y - \iint\limits_{D_{xy}} xy(-\sqrt{a^2 - x^2})\,\mathrm{d}x\mathrm{d}y \\ &= 2\int_0^a \mathrm{d}x \int_0^h xy\sqrt{a^2 - x^2}\,\mathrm{d}y = 2\int_0^a x\sqrt{a^2 - x^2}\,\mathrm{d}x \int_0^h y\mathrm{d}y \\ &= \frac{1}{3}h^2 a^3.\end{aligned}$$

由于 Σ 在 yOz 平面上的投影区域为 D_{yz}：$0 \leqslant y \leqslant h$，$-a \leqslant z \leqslant a$，又 Σ 的正侧为前侧，故

$$\iint\limits_{\Sigma} xz\mathrm{d}y\mathrm{d}z = \iint\limits_{D_{yz}} z\sqrt{a^2 - z^2}\,\mathrm{d}y\mathrm{d}z.$$

注意到被积区域 D_{yz} 关于 y 轴对称，被积函数 $z\sqrt{a^2 - z^2}$ 关于 z 为奇函数，于是可得

$$\iint\limits_{\Sigma} xz\mathrm{d}y\mathrm{d}z = 0.$$

又由于 Σ 在 zOx 平面上投影为一曲线，从而 $\mathrm{d}z\mathrm{d}x = 0$. 因此

$$\iint\limits_{\Sigma} z^2\mathrm{d}z\mathrm{d}x = 0,$$

于是

$$I = \iint\limits_{\Sigma} xyz\mathrm{d}x\mathrm{d}y + xz\mathrm{d}y\mathrm{d}z + z^2\mathrm{d}z\mathrm{d}x = \frac{1}{3}h^2 a^3 + 0 + 0 = \frac{1}{3}h^2 a^3.$$

对于第二型曲面积分的计算再作以下讨论.

如果有向曲面 Σ 的方程为 $z = z(x, y)$，此时曲面的法向为 $\pm\{-z'_x, -z'_y, 1\}$，单位法向为

$$\{\cos\alpha, \cos\beta, \cos\gamma\} = \pm\left\{\frac{-z'_x}{\sqrt{1 + z'^2_x + z'^2_y}}, \frac{-z'_y}{\sqrt{1 + z'^2_x + z'^2_y}}, \frac{1}{\sqrt{1 + z'^2_x + z'^2_y}}\right\},$$

当曲面的正侧为上侧时，法向取正号；当曲面的正侧为下侧时，法向取负号. 由关系 $\cos\alpha\mathrm{d}S = \mathrm{d}y\mathrm{d}z$，$\cos\beta\mathrm{d}S = \mathrm{d}z\mathrm{d}x$，$\cos\gamma\mathrm{d}S = \mathrm{d}x\mathrm{d}y$，可得

$$\mathrm{d}y\mathrm{d}z = \frac{\cos\alpha}{\cos\gamma}\mathrm{d}x\mathrm{d}y = -z'_x\mathrm{d}x\mathrm{d}y, \quad \mathrm{d}z\mathrm{d}x = \frac{\cos\beta}{\cos\gamma}\mathrm{d}x\mathrm{d}y = -z'_y\mathrm{d}x\mathrm{d}y.$$

这样，就可把一个第二型曲面积分全部转换成在 xOy 平面上的二重积分：

$$\iint_{\Sigma} P(x, y, z)\mathrm{d}y\mathrm{d}z + Q(x, y, z)\mathrm{d}z\mathrm{d}x + R(x, y, z)\mathrm{d}x\mathrm{d}y$$

$$= \pm\iint_{D_{xy}} [P(x, y, z(x, y))(-z'_x) + Q(x, y, z(x, y))(-z'_y) + R(x, y, z(x, y))]\mathrm{d}x\mathrm{d}y,$$

这里 D_{xy} 为 Σ 在 xOy 平面上的投影,当 Σ 的正侧为上侧时,二重积分前取正号;当 Σ 的正侧为下侧时,二重积分前取负号.

类似可得有向曲面 Σ 的方程为 $y = y(z, x)$ 时:

$$\iint_{\Sigma} P(x, y, z)\mathrm{d}y\mathrm{d}z + Q(x, y, z)\mathrm{d}z\mathrm{d}x + R(x, y, z)\mathrm{d}x\mathrm{d}y$$

$$= \pm\iint_{D_{zx}} [P(x, y(z, x), z)(-y'_x) + Q(x, y(z, x), z) + R(x, y(z, x), z)(-y'_z)]\mathrm{d}z\mathrm{d}x.$$

Σ 的方程为 $x = x(y, z)$ 时:

$$\iint_{\Sigma} P(x, y, z)\mathrm{d}y\mathrm{d}z + Q(x, y, z)\mathrm{d}z\mathrm{d}x + R(x, y, z)\mathrm{d}x\mathrm{d}y$$

$$= \pm\iint_{D_{yz}} [P(x(y, z), y, z) + Q(x(y, z), y, z)(-x'_y) + R(x(y, z), y, z)(-x'_z)]\mathrm{d}y\mathrm{d}z.$$

在例 1 中,将 Σ 的方程看成 $x = \sqrt{a^2 - z^2}$,取前侧,那么

$$\iint_{\Sigma} xyz\mathrm{d}x\mathrm{d}y + xz\mathrm{d}y\mathrm{d}z + z^2\mathrm{d}z\mathrm{d}x$$

$$= \iint_{D_{yz}} \left(yz\sqrt{a^2 - z^2} \cdot \frac{z}{\sqrt{a^2 - z^2}} + z\sqrt{a^2 - z^2} + z^2 \cdot 0 \right)\mathrm{d}y\mathrm{d}z$$

$$= \int_0^h y\mathrm{d}y\int_{-a}^{a} z^2\mathrm{d}z = \frac{1}{3}h^2a^3.$$

例 2 设 $f(x, y, z)$ 为连续函数,Σ 为平面 $x - y + z = 1$ 在第四卦限部分的上侧,试求

$$I = \iint_{\Sigma} [f(x, y, z) + x]\mathrm{d}y\mathrm{d}z + [2f(x, y, z) + y]\mathrm{d}z\mathrm{d}x + [f(x, y, z) + z]\mathrm{d}x\mathrm{d}y.$$

解 Σ 的方程为 $z = 1 - x + y$,所以 $z'_x = -1$, $z'_y = 1$. 令 D_{xy} 为 Σ 在 xOy 平面上的投影,于是

$$I = \iint_{D_{xy}} \{[f(x, y, 1 - x + y) + x] \cdot 1 + [2f(x, y, 1 - x + y) + y](-1)$$

$$+ [f(x, y, 1 - x + y) + 1 - x + y]\}\mathrm{d}x\mathrm{d}y$$

$$= \iint_{D_{xy}} \mathrm{d}x\mathrm{d}y.$$

由于 D_{xy} 是腰长为 1 的等腰直角三角形，故 D_{xy} 的面积为$\frac{1}{2}$，于是 $I=\frac{1}{2}$.

计算第二型曲面积分也可以利用对称性.

设有向曲面 Σ 关于 xOy 平面对称，注意这里所说的对称包括曲面方向的对称，则当 $f(x, y, z)$ 为关于 z 的奇函数时，$\iint\limits_{\Sigma} f(x, y, z)\,\mathrm{d}x\mathrm{d}y=2\iint\limits_{\Sigma_1} f(x, y, z)\,\mathrm{d}x\mathrm{d}y$，其中 Σ_1 为 Σ 中 $z \geqslant 0$ 的部分；当 $f(x, y, z)$ 为关于 z 的偶函数时，$\iint\limits_{\Sigma} f(x, y, z)\,\mathrm{d}x\mathrm{d}y=0$.

在有向曲面 Σ 关于 zOx 及关于 yOz 对称时，有类似的结果.

例 3 求 $I=\oiint\limits_{\Sigma}(x+y^2+z^3)\,\mathrm{d}y\mathrm{d}z$，其中 Σ 是球面 $x^2+y^2+z^2=R^2$，取外侧.

解 因 Σ 关于 yOz 平面对称，而 y^2, z^3 关于 x 都是偶函数，故

$$\oiint\limits_{\Sigma}(y^2+z^3)\,\mathrm{d}y\mathrm{d}z=0.$$

设 Σ_1 为 Σ 中 $x \geqslant 0$ 的部分，D_{yz} 为 Σ_1 在 yOz 平面上的投影，于是

$$\oiint\limits_{\Sigma}(x+y^2+z^3)\,\mathrm{d}y\mathrm{d}z=2\iint\limits_{\Sigma_1} x\,\mathrm{d}y\mathrm{d}z=2\iint\limits_{D_{yz}}\sqrt{R^2-y^2-z^2}\,\mathrm{d}y\mathrm{d}z$$

$$=2\int_0^{2\pi}\mathrm{d}\theta\int_0^R\sqrt{R^2-r^2}\,r\,\mathrm{d}r=\frac{4}{3}\pi R^3.$$

10.5 学习要点

习题 10.5

1. 求 $\iint\limits_{\Sigma} yz\,\mathrm{d}z\mathrm{d}x+2\,\mathrm{d}x\mathrm{d}y$，其中 Σ 为上半球面 $x^2+y^2+z^2=4$, $z \geqslant 0$, Σ 取外侧.

2. 求 $\iint\limits_{\Sigma} xyz\,\mathrm{d}x\mathrm{d}y$，其中 Σ 为球面 $x^2+y^2+z^2=1$ 在第一、第五卦限部分的外侧.

3. $\iint\limits_{\Sigma}(z^2+x)\,\mathrm{d}y\mathrm{d}z-z\,\mathrm{d}x\mathrm{d}y$，其中 Σ 为旋转抛物面 $z=\frac{1}{2}(x^2+y^2)$ 介于 $z=0$ 及 $z=2$ 之间部分的下侧.

4. 求 $\iint\limits_{\Sigma}(y-z)\,\mathrm{d}y\mathrm{d}z+(z-x)\,\mathrm{d}z\mathrm{d}x+(x-y)\,\mathrm{d}x\mathrm{d}y$，其中 Σ 为圆锥面 $z=\sqrt{x^2+y^2}$ $(0 \leqslant z \leqslant h)$ 的下侧.

5. 求 $\iint\limits_{\Sigma}\frac{\mathrm{e}^z\,\mathrm{d}x\mathrm{d}y}{\sqrt{x^2+y^2}}$，其中 Σ 为由锥面 $z=\sqrt{x^2+y^2}$ 与平面 $z=1$, $z=2$ 所围立体边界曲面的外侧.

6. 求 $\iint\limits_{\Sigma} y\mathrm{d}y\mathrm{d}z - x\mathrm{d}z\mathrm{d}x + z^2\mathrm{d}x\mathrm{d}y$,其中 Σ 为锥面 $z=\sqrt{x^2+y^2}$ 被 $z=1$, $z=2$ 所截部分的下侧.

7. 求 $\iint\limits_{\Sigma}(2z^2+xy)\mathrm{d}y\mathrm{d}z+(x^2-yz)\mathrm{d}x\mathrm{d}y$,其中 Σ 为圆柱面 $x^2+y^2=1$ 被平面 $y+z=1$ 和 $z=0$ 所截出有限部分的外侧.

8. 求 $\iint\limits_{\Sigma} x\mathrm{d}y\mathrm{d}z + y\mathrm{d}z\mathrm{d}x + z\mathrm{d}x\mathrm{d}y$,其中 Σ 为曲面 $z=x^2+y^2$ 在第一卦限 $0\leqslant z\leqslant 1$ 部分的上侧.

10.6 高斯公式,通量与散度

一、流体通过空间封闭曲面的流出量

设空间速度场由 $\boldsymbol{V}(x, y, z)=P(x, y, z)\boldsymbol{i}+Q(x, y, z)\boldsymbol{j}+R(x, y, z)\boldsymbol{k}$ 给出, Σ 为空间一封闭有向曲面,取外侧. 根据 10.5 节讨论可知,通过曲面 Σ 的流出量为

$$E=\oiint\limits_{\Sigma}\boldsymbol{V}\cdot\boldsymbol{n}\mathrm{d}S=\oiint\limits_{\Sigma}[P(x, y, z)\cos\alpha+Q(x, y, z)\cos\beta+R(x, y, z)\cos\gamma]\mathrm{d}S$$

$$=\oiint\limits_{\Sigma}P(x, y, z)\mathrm{d}y\mathrm{d}z+Q(x, y, z)\mathrm{d}z\mathrm{d}x+R(x, y, z)\mathrm{d}x\mathrm{d}y.$$

现在我们在 Σ 所围成的空间区域 Ω 内考察问题,在 Ω 内任意一点 (ξ, η, ζ),以长,宽,高为 Δx, Δy, Δz 划出一个小长方体 $\Delta\Omega$(图 10.20). 易见,在后侧面,流出量约为 $-P(\xi, \eta, \zeta)\Delta y\Delta z$;在前侧面,流出量约为 $P(\xi+\Delta x, \eta, \zeta)\Delta y\Delta z\approx\left[P(\xi, \eta, \zeta)+\dfrac{\partial P}{\partial x}\Delta x\right]\Delta y\Delta z$,两者之和约为 $\dfrac{\partial P}{\partial x}\Delta x\Delta y\Delta z$. 类似可得左、右侧面流出量的和约为

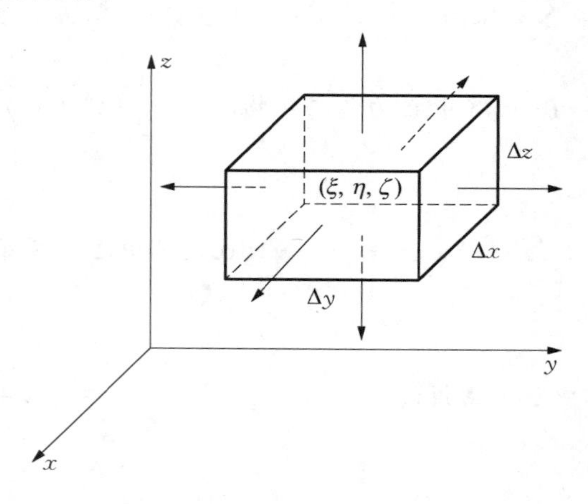

图 10.20

$\frac{\partial Q}{\partial y}\Delta x\Delta y\Delta z$，上、下侧面流出量的和约为 $\frac{\partial R}{\partial z}\Delta x\Delta y\Delta z$. 因此在 $\Delta\Omega$ 上流出量总和约为 $\Delta E \approx \left(\frac{\partial P}{\partial x}+\frac{\partial Q}{\partial y}+\frac{\partial R}{\partial z}\right)\Delta x\Delta y\Delta z$，即在空间区域微元 $\mathrm{d}\Omega = \mathrm{d}x\mathrm{d}y\mathrm{d}z$ 上流出量的微元为

$$\mathrm{d}E = \left(\frac{\partial P}{\partial x}+\frac{\partial Q}{\partial y}+\frac{\partial R}{\partial z}\right)\mathrm{d}x\mathrm{d}y\mathrm{d}z.$$

总和起来，可得整个空间区域 Ω 上流出量为

$$E = \iiint_{\Omega}\left(\frac{\partial P}{\partial x}+\frac{\partial Q}{\partial y}+\frac{\partial R}{\partial z}\right)\mathrm{d}x\mathrm{d}y\mathrm{d}z.$$

两种方法得出的流出量应该是一样的，于是得

$$\iint_{\Sigma}P\mathrm{d}y\mathrm{d}z + Q\mathrm{d}z\mathrm{d}x + R\mathrm{d}x\mathrm{d}y = \iiint_{\Omega}\left(\frac{\partial P}{\partial x}+\frac{\partial Q}{\partial y}+\frac{\partial R}{\partial z}\right)\mathrm{d}x\mathrm{d}y\mathrm{d}z.$$

上述等式将空间区域 Ω 上的三重积分与沿它边界 Σ 上的有向曲面积分联系了起来（试与格林公式比较）.

二、高斯（Gauss）公式

定理 1（高斯公式）　设有界空间闭区域 Ω 是由分片光滑有向曲面 Σ（取外侧）所围成，函数 $P(x, y, z)$，$Q(x, y, z)$，$R(x, y, z)$ 在 Ω 上具有连续的一阶偏导数，则

$$\oint\!\!\!\oint_{\Sigma}P\mathrm{d}y\mathrm{d}z + Q\mathrm{d}z\mathrm{d}x + R\mathrm{d}x\mathrm{d}y = \iiint_{\Omega}\left(\frac{\partial P}{\partial x}+\frac{\partial Q}{\partial y}+\frac{\partial R}{\partial z}\right)\mathrm{d}x\mathrm{d}y\mathrm{d}z.$$

证　设闭区域 Ω 在 xOy 平面上的投影为 D_{xy}，并假定穿过 Ω 内部且平行于 z 轴的直线与 Ω 的边界曲面 Σ 的交点恰好是两个，这样，可设 Σ 由 Σ_1，Σ_2，Σ_3 三部分组成（图 10.21），其中 Σ_1 由方程 $z = z_1(x, y)$，Σ_2 由方程 $z = z_2(x, y)$ 给定，这里 $z_1(x, y) \leqslant z_2(x, y)$，$\Sigma_3$ 是以 D_{xy} 的边界为准线而母线平行于 z 轴的柱面上的一部分，因此

$$\begin{aligned}\iiint_{\Omega}\frac{\partial R}{\partial z}\mathrm{d}x\mathrm{d}y\mathrm{d}z &= \iint_{D_{xy}}\mathrm{d}x\mathrm{d}y\int_{z_1(x,y)}^{z_2(x,y)}\frac{\partial R}{\partial z}\mathrm{d}z\\ &= \iint_{D_{xy}}[R(x, y, z_2(x, y))\\ &\quad - R(x, y, z_1(x, y))]\mathrm{d}x\mathrm{d}y.\end{aligned}$$

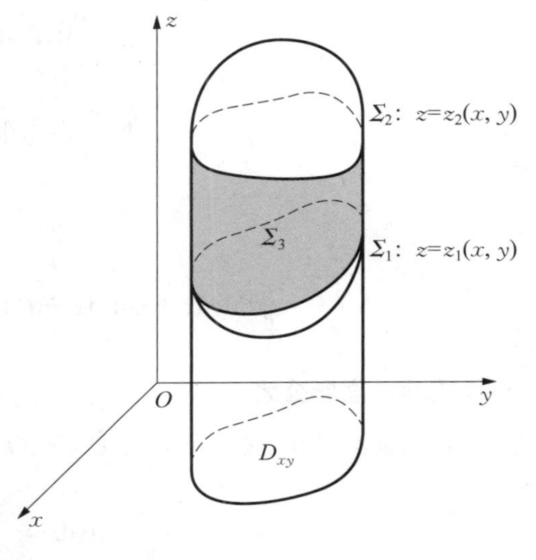

图 10.21

而

$$\oiint_{\Sigma} R\mathrm{d}x\mathrm{d}y = \left(\iint_{\Sigma_1} + \iint_{\Sigma_2} + \iint_{\Sigma_3}\right) R\mathrm{d}x\mathrm{d}y,$$

$$\iint_{\Sigma_1} R\mathrm{d}x\mathrm{d}y = -\iint_{D_{xy}} R(x, y, z_1(x, y))\mathrm{d}x\mathrm{d}y,$$

$$\iint_{\Sigma_2} R\mathrm{d}x\mathrm{d}y = \iint_{D_{xy}} R(x, y, z_2(x, y))\mathrm{d}x\mathrm{d}y,$$

$$\iint_{\Sigma_3} R\mathrm{d}x\mathrm{d}y = 0,$$

故

$$\oiint_{\Sigma} R\mathrm{d}x\mathrm{d}y = \iint_{D_{xy}} [R(x, y, z_2(x, y)) - R(x, y, z_1(x, y))]\mathrm{d}x\mathrm{d}y.$$

于是可得

$$\iiint_{\Omega} \frac{\partial R}{\partial z}\mathrm{d}x\mathrm{d}y\mathrm{d}z = \oiint_{\Sigma} R(x, y, z)\mathrm{d}x\mathrm{d}y.$$

这里假定了穿过Ω内部且平行于z轴的直线与Ω的边界曲面Σ的交点恰好是两点. 如果Ω不满足此条件,总可以把它分割成若干个满足此条件的区域,并注意到分割曲面两侧的两个曲面积分的绝对值相等而符号相反,相加时正好抵消,因此等式对这样的闭区域仍然正确.

类似可得

$$\iiint_{\Omega} \frac{\partial P}{\partial x}\mathrm{d}x\mathrm{d}y\mathrm{d}z = \oiint_{\Sigma} P(x, y, z)\mathrm{d}y\mathrm{d}z,$$

$$\iiint_{\Omega} \frac{\partial Q}{\partial y}\mathrm{d}x\mathrm{d}y\mathrm{d}z = \oiint_{\Sigma} Q(x, y, z)\mathrm{d}z\mathrm{d}x,$$

于是

$$\oiint_{\Sigma} P\mathrm{d}y\mathrm{d}z + Q\mathrm{d}z\mathrm{d}x + R\mathrm{d}x\mathrm{d}y = \iiint_{\Omega} \left(\frac{\partial P}{\partial x} + \frac{\partial Q}{\partial y} + \frac{\partial R}{\partial z}\right)\mathrm{d}x\mathrm{d}y\mathrm{d}z. \quad ①$$

公式①称为**高斯公式**.

在高斯公式中,若令$P = x$, $Q = y$, $R = z$,则可得计算空间区域的体积公式

$$V = \iiint_{\Omega} \mathrm{d}x\mathrm{d}y\mathrm{d}z = \frac{1}{3}\oiint_{\Sigma} x\mathrm{d}y\mathrm{d}z + y\mathrm{d}z\mathrm{d}x + z\mathrm{d}x\mathrm{d}y,$$

其中Σ为区域Ω边界曲面的外侧.

高斯公式将第二型曲面积分化为了三重积分,因此利用高斯公式可以简化某些第二型曲面积分的计算.

例1　求$\oiint\limits_{\Sigma} xz^2\mathrm{d}y\mathrm{d}z+(x^2y-z^3)\mathrm{d}z\mathrm{d}x+(2xy+y^2z)\mathrm{d}x\mathrm{d}y$,其中$\Sigma$为由$z=\sqrt{a^2-x^2-y^2}$与$z=0$所围半球区域$\Omega$的边界曲面的外侧.

解　这里$P=xz^2$, $Q=x^2y-z^3$, $R=2xy+y^2z$, 所以

$$\frac{\partial P}{\partial x}=z^2,\quad \frac{\partial Q}{\partial y}=x^2,\quad \frac{\partial R}{\partial z}=y^2,$$

故

$$\begin{aligned}&\oiint\limits_{\Sigma} xz^2\mathrm{d}y\mathrm{d}z+(x^2y-z^3)\mathrm{d}z\mathrm{d}x+(2xy+y^2z)\mathrm{d}x\mathrm{d}y\\
=&\iiint\limits_{\Omega}(z^2+x^2+y^2)\mathrm{d}x\mathrm{d}y\mathrm{d}z=\int_0^{\frac{\pi}{2}}\mathrm{d}\varphi\int_0^{2\pi}\mathrm{d}\theta\int_0^a r^4\sin\varphi\,\mathrm{d}r\\
=&\frac{2\pi a^5}{5}.\end{aligned}$$

例2　求$\iint\limits_{\Sigma}(y^2-x)\mathrm{d}y\mathrm{d}z+(z^2-y)\mathrm{d}z\mathrm{d}x+(x^2-z)\mathrm{d}x\mathrm{d}y$,其中$\Sigma$为抛物面$z=2-x^2-y^2$位于$z\geqslant 0$部分的上侧(图10.22).

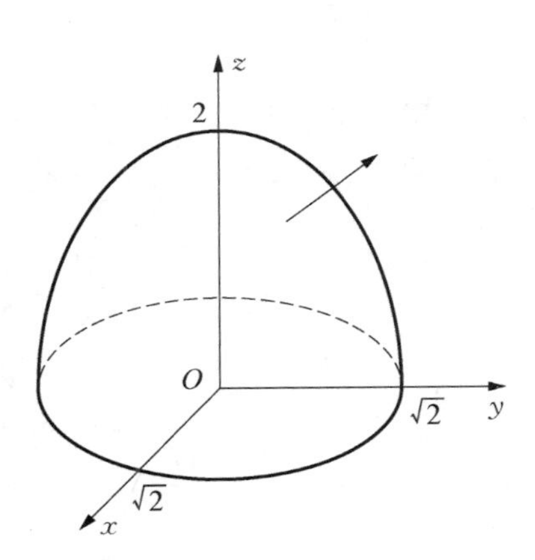

图10.22

解　Σ不是封闭曲面,为了用高斯公式,作辅助曲面Σ_1: $z=0$, $x^2+y^2\leqslant 2$,取下侧,则Σ_1和Σ构成一封闭曲面.设其所围区域为Ω,于是

$$\begin{aligned}&\oiint\limits_{\Sigma+\Sigma_1}(y^2-x)\mathrm{d}y\mathrm{d}z+(z^2-y)\mathrm{d}z\mathrm{d}x+(x^2-z)\mathrm{d}x\mathrm{d}y\\
=&\iiint\limits_{\Omega}(-1-1-1)\mathrm{d}x\mathrm{d}y\mathrm{d}z=-3\int_0^2\mathrm{d}z\iint\limits_{x^2+y^2\leqslant 2-z}\mathrm{d}x\mathrm{d}y\\
=&-3\int_0^2\pi(2-z)\mathrm{d}z=-6\pi.\end{aligned}$$

又

$$\iint_{\Sigma_1}(y^2-x)\mathrm{d}y\mathrm{d}z+(z^2-y)\mathrm{d}z\mathrm{d}x+(x^2-z)\mathrm{d}x\mathrm{d}y$$

$$=-\iint_{x^2+y^2\leqslant 2}x^2\mathrm{d}x\mathrm{d}y=-\int_0^{2\pi}\mathrm{d}\theta\int_0^{\sqrt{2}}r^2\cos^2\theta r\mathrm{d}r$$

$$=-\int_0^{2\pi}\cos^2\theta\mathrm{d}\theta\int_0^{\sqrt{2}}r^3\mathrm{d}r=-\pi,$$

所以

$$\iint_{\Sigma}(y^2-x)\mathrm{d}y\mathrm{d}z+(z^2-y)\mathrm{d}z\mathrm{d}x+(x^2-z)\mathrm{d}x\mathrm{d}y$$

$$=\left(\oiint_{\Sigma+\Sigma_1}-\iint_{\Sigma_1}\right)(y^2-x)\mathrm{d}y\mathrm{d}z+(z^2-y)\mathrm{d}z\mathrm{d}x+(x^2-z)\mathrm{d}x\mathrm{d}y$$

$$=-6\pi-(-\pi)=-5\pi.$$

高斯公式的条件是闭曲面内函数 P, Q, R 都要具有一阶连续偏导数,因此当闭曲面内存在点不满足此条件时,不能马上应用高斯公式. 一般可考虑将这些点挖去,然后再利用高斯公式.

例 3 求 $\oiint_{\Sigma}\frac{x}{r^3}\mathrm{d}y\mathrm{d}z+\frac{y}{r^3}\mathrm{d}z\mathrm{d}x+\frac{z}{r^3}\mathrm{d}x\mathrm{d}y$,其中 Σ 为椭球面 $\frac{x^2}{a^2}+\frac{y^2}{b^2}+\frac{z^2}{c^2}=1$,取外侧, $r=\sqrt{x^2+y^2+z^2}$.

解 作 Σ_ε: $x^2+y^2+z^2=\varepsilon^2$,取内侧,且让 ε 足够小,使得 Σ_ε 围成的小球体 Ω_ε 在 Σ 所围区域内部,则在 Σ 与 Σ_ε 围成的区域 Ω 内满足高斯公式的条件. 由

$$\frac{\partial P}{\partial x}=\frac{\partial}{\partial x}\left(\frac{x}{(x^2+y^2+z^2)^{\frac{3}{2}}}\right)=\frac{y^2+z^2-2x^2}{(x^2+y^2+z^2)^{\frac{5}{2}}},$$

$$\frac{\partial Q}{\partial y}=\frac{x^2+z^2-2y^2}{(x^2+y^2+z^2)^{\frac{5}{2}}},$$

$$\frac{\partial R}{\partial z}=\frac{x^2+y^2-2z^2}{(x^2+y^2+z^2)^{\frac{5}{2}}},$$

得

$$\frac{\partial P}{\partial x}+\frac{\partial Q}{\partial y}+\frac{\partial R}{\partial z}=0,$$

于是

$$\oiint\limits_{\Sigma}\frac{x}{r^3}\mathrm{d}y\mathrm{d}z+\frac{y}{r^3}\mathrm{d}z\mathrm{d}x+\frac{z}{r^3}\mathrm{d}x\mathrm{d}y$$

$$=\left(\oiint\limits_{\Sigma+\Sigma_\varepsilon}-\oiint\limits_{\Sigma_\varepsilon}\right)\frac{x}{r^3}\mathrm{d}y\mathrm{d}z+\frac{y}{r^3}\mathrm{d}z\mathrm{d}x+\frac{z}{r^3}\mathrm{d}x\mathrm{d}y$$

$$=\iiint\limits_{\Omega}0\mathrm{d}V-\oiint\limits_{\Sigma_\varepsilon}\frac{x}{r^3}\mathrm{d}y\mathrm{d}z+\frac{y}{r^3}\mathrm{d}z\mathrm{d}x+\frac{z}{r^3}\mathrm{d}x\mathrm{d}y$$

$$=-\frac{1}{\varepsilon^3}\oiint\limits_{\Sigma_\varepsilon}x\mathrm{d}y\mathrm{d}z+y\mathrm{d}z\mathrm{d}x+z\mathrm{d}x\mathrm{d}y$$

$$=\frac{1}{\varepsilon^3}\iiint\limits_{\Omega_\varepsilon}(1+1+1)\mathrm{d}V=\frac{1}{\varepsilon^3}\cdot 3\cdot\frac{4}{3}\cdot\pi\varepsilon^3=4\pi.$$

三、通量和散度

设有向量场 $\boldsymbol{V}(x,y,z)=P(x,y,z)\boldsymbol{i}+Q(x,y,z)\boldsymbol{j}+R(x,y,z)\boldsymbol{k}$，其中 P，Q，R 具有一阶连续偏导数，Σ 是场内一有向曲面，$\boldsymbol{n}$ 是 Σ 上单位法向量，则 $\iint\limits_{\Sigma}\boldsymbol{V}\cdot\boldsymbol{n}\mathrm{d}S$ 称为向量场 $\boldsymbol{V}$ 通过曲面 Σ 向着指定侧的通量（流量）. 根据高斯公式，有

$$\oiint\limits_{\Sigma}\boldsymbol{V}\cdot\boldsymbol{n}\mathrm{d}S=\iiint\limits_{\Omega}\left(\frac{\partial P}{\partial x}+\frac{\partial Q}{\partial y}+\frac{\partial R}{\partial z}\right)\mathrm{d}V.$$

我们称 $\frac{\partial P}{\partial x}+\frac{\partial Q}{\partial y}+\frac{\partial R}{\partial z}$ 为向量场 $\boldsymbol{V}$ 的散度，记为 $\operatorname{div}\boldsymbol{V}$，即

$$\operatorname{div}\boldsymbol{V}=\frac{\partial P}{\partial x}+\frac{\partial Q}{\partial y}+\frac{\partial R}{\partial z}.$$

现在高斯公式可写成

$$\iiint\limits_{\Omega}\operatorname{div}\boldsymbol{V}\mathrm{d}V=\oiint\limits_{\Sigma}\boldsymbol{V}\cdot\boldsymbol{n}\mathrm{d}S. \tag{②}$$

在“一、流体通过空间封闭曲面的流出量”的讨论中曾得出在空间区域微元 $\mathrm{d}\Omega=\mathrm{d}x\mathrm{d}y\mathrm{d}z$ 上流出量的微元为 $\mathrm{d}E=\left(\frac{\partial P}{\partial x}+\frac{\partial Q}{\partial y}+\frac{\partial R}{\partial z}\right)\mathrm{d}x\mathrm{d}y\mathrm{d}z$，于是散度 $\operatorname{div}\boldsymbol{V}=\frac{\mathrm{d}E}{\mathrm{d}V}$，可以理解为在单位时间单位体积内所产生的流体质量. 当点 M 的散度 $\operatorname{div}\boldsymbol{V}(M)>0$ 时，称点 M 是源，此时围绕点 M 的充分小的封闭曲面 Σ，其流出量 $\oiint\limits_{\Sigma}\boldsymbol{V}\cdot\boldsymbol{n}\mathrm{d}S$ 必定大于 0. 当点 M 的散度 $\operatorname{div}\boldsymbol{V}(M)<0$ 时，称 M 为洞. 如果处处满足 $\operatorname{div}\boldsymbol{V}=0$，这意味着对于任何封闭曲面 Σ 有 $\oiint\limits_{\Sigma}\boldsymbol{V}\cdot\boldsymbol{n}\mathrm{d}S=0$，则称此向量场为

无源场.

习题 10.6

1. 利用高斯公式计算下列曲面积分:

(1) $\oiint\limits_{\Sigma} yz\mathrm{d}y\mathrm{d}z + xz\mathrm{d}z\mathrm{d}x + xy\mathrm{d}x\mathrm{d}y$,其中 Σ 是单位球面 $x^2+y^2+z^2=1$ 的外侧;

(2) $\oiint\limits_{\Sigma} x^2\mathrm{d}y\mathrm{d}z + y^2\mathrm{d}z\mathrm{d}x + z^2\mathrm{d}x\mathrm{d}y$,其中 Σ 是锥面 $x^2+y^2=z^2$ 与平面 $z=h\ (h>0)$ 所围成的立体表面的外侧;

(3) $\oiint\limits_{\Sigma} x^3\mathrm{d}y\mathrm{d}z + y^3\mathrm{d}z\mathrm{d}x + z^3\mathrm{d}x\mathrm{d}y$,其中 Σ 是球面 $x^2+y^2+z^2=a^2$ 的外侧;

(4) $\oiint\limits_{\Sigma} 4xz\mathrm{d}y\mathrm{d}z - y^2\mathrm{d}z\mathrm{d}x + yz\mathrm{d}x\mathrm{d}y$,其中 Σ 是平面 $x=0,\ y=0,\ z=0,\ x=1,\ y=1,\ z=1$ 所围成的立方体的表面的外侧;

(5) $\oiint\limits_{\Sigma} \dfrac{x^3\mathrm{d}y\mathrm{d}z + y^3\mathrm{d}z\mathrm{d}x + z^3\mathrm{d}x\mathrm{d}y}{\sqrt{x^2+y^2+z^2}}$,其中 Σ 为球面 $x^2+y^2+z^2=a^2$ 的外侧;

(6) $\iint\limits_{\Sigma} (x^3\cos\alpha + y^3\cos\beta + z^3\cos\gamma)\mathrm{d}S$,其中 Σ 是锥面 $z^2=x^2+y^2$ 在 $-1\leqslant z\leqslant 0$ 的部分,$\cos\alpha,\ \cos\beta,\ \cos\gamma$ 是 Σ 上任一点 $(x,\ y,\ z)$ 的法线向量的方向余弦,且 $\cos\gamma<0$;

(7) $\iint\limits_{\Sigma} (2x+z)\mathrm{d}y\mathrm{d}z + z\mathrm{d}x\mathrm{d}y$,其中 Σ 为 $z=x^2+y^2(0\leqslant z\leqslant 1)$ 取上侧.

2. 设空间区域 Ω 由曲面 $z=a^2-x^2-y^2$ 与平面 $z=0$ 围成,其中 a 为正常数,记 Ω 表面的外侧为 Σ,Ω 的体积为 V,证明:

$$\oiint\limits_{\Sigma} x^2yz^2\mathrm{d}y\mathrm{d}z - xy^2z^2\mathrm{d}z\mathrm{d}x + z(1+xyz)\mathrm{d}x\mathrm{d}y = V.$$

3. 求下列向量场 $\boldsymbol{V}$ 的散度:

(1) $\boldsymbol{V}=(y^2+z^2)\boldsymbol{i}+(z^2+x^2)\boldsymbol{j}+(x^2+y^2)\boldsymbol{k}$;

(2) $\boldsymbol{V}=\dfrac{x}{yz}\boldsymbol{i}+\dfrac{y}{zx}\boldsymbol{j}+\dfrac{z}{xy}\boldsymbol{k}$;

(3) $\boldsymbol{V}=\mathrm{e}^{xy}\boldsymbol{i}+\cos(xy)\boldsymbol{j}+\cos(xz^2)\boldsymbol{k}$.

4. 求 $\oiint\limits_{\Sigma} z\mathrm{d}x\mathrm{d}y + \dfrac{1}{x}f\left(\dfrac{x}{y}\right)\mathrm{d}z\mathrm{d}x + \dfrac{1}{y}f\left(\dfrac{x}{y}\right)\mathrm{d}y\mathrm{d}z$,其中 $f(u)$ 具有连续的导数,Σ 为曲面 $x^2+y^2=4,\ z=2y^2$,平面 $z=0$ 所围成的立体的表面的内侧.

10.7 斯托克斯公式,环流量与旋度

一、斯托克斯(Stokes)公式

在10.3节中,利用格林公式得到平面力场$\boldsymbol{F}(x, y)=P(x, y)\boldsymbol{i}+Q(x, y)\boldsymbol{j}$为保守力场的充要条件.很自然,我们还希望得到三维空间的力场为保守力场的条件,通过下面的定理,可以回答这个问题.

定理1(斯托克斯公式) 设Σ为标准曲面[1],L为Σ的分段光滑的边界,L的正向与Σ的侧符合右手规则[2],函数$P(x, y, z)$,$Q(x, y, z)$,$R(x, y, z)$在Σ及L上具有连续的一阶导数,则

$$\iint_{\Sigma}\left(\frac{\partial R}{\partial y}-\frac{\partial Q}{\partial z}\right)\mathrm{d}y\mathrm{d}z+\left(\frac{\partial P}{\partial z}-\frac{\partial R}{\partial x}\right)\mathrm{d}z\mathrm{d}x+\left(\frac{\partial Q}{\partial x}-\frac{\partial P}{\partial y}\right)\mathrm{d}x\mathrm{d}y$$

$$=\oint_{L}P\mathrm{d}x+Q\mathrm{d}y+R\mathrm{d}z.$$

证 不失一般性,设Σ取上侧,Σ在xOy平面上投影为D,C为D的正向边界(即L在xOy平面上的投影),Σ的方程为$z=f(x, y)$,我们可把曲面积分化为二重积分,再利用复合函数微分法、格林公式可得

$$\iint_{\Sigma}\frac{\partial P}{\partial z}\mathrm{d}z\mathrm{d}x-\frac{\partial P}{\partial y}\mathrm{d}x\mathrm{d}y=\iint_{\Sigma}\left(\frac{\partial P}{\partial z}(-f_y)-\frac{\partial P}{\partial y}\right)\mathrm{d}x\mathrm{d}y$$

$$=-\iint_{D}\frac{\partial}{\partial y}P[x, y, f(x, y)]\mathrm{d}x\mathrm{d}y=\oint_{C}P[x, y, f(x, y)]\mathrm{d}x$$

$$=\oint_{L}P(x, y, z)\mathrm{d}x.$$

类似可得

$$\iint_{\Sigma}\frac{\partial Q}{\partial x}\mathrm{d}x\mathrm{d}y-\frac{\partial Q}{\partial z}\mathrm{d}y\mathrm{d}z=\oint_{L}Q(x, y, z)\mathrm{d}y,$$

---

[1] 若Σ可同时作如下三种描述:

$$\begin{aligned}\Sigma&=\{(x, y, z)\mid z=z(x, y),\ (x, y)\in D_{xy}\}\\&=\{(x, y, z)\mid y=y(z, x),\ (z, x)\in D_{zx}\}\\&=\{(x, y, z)\mid x=x(y, z),\ (y, z)\in D_{yz}\},\end{aligned}$$

且$z=z(x, y)$,$y=y(z, x)$,$x=x(y, z)$均有连续的偏导数,则称Σ为标准曲面.

[2] 当右手大拇指指向有向曲面Σ的法线方向时,其他四个手指所指的方向为曲面Σ边界L的正向,则称其为符合右手规则.

$$\iint\limits_{\Sigma} \frac{\partial R}{\partial y}\mathrm{d}y\mathrm{d}z - \frac{\partial R}{\partial x}\mathrm{d}z\mathrm{d}x = \oint_L R(x, y, z)\mathrm{d}z,$$

于是

$$\iint\limits_{\Sigma}\left(\frac{\partial R}{\partial y} - \frac{\partial Q}{\partial z}\right)\mathrm{d}y\mathrm{d}z + \left(\frac{\partial P}{\partial z} - \frac{\partial R}{\partial x}\right)\mathrm{d}z\mathrm{d}x + \left(\frac{\partial Q}{\partial x} - \frac{\partial P}{\partial y}\right)\mathrm{d}x\mathrm{d}y$$

$$= \oint_L P\mathrm{d}x + Q\mathrm{d}y + R\mathrm{d}z.$$

显然,对有限多块标准曲面拼成的有向曲面,斯托克斯公式仍然成立,因为此时每两块的公共边界上的曲线积分值恰好抵消.

为了便于记忆,斯托克斯公式可形式地写成

$$\iint\limits_{\Sigma}\begin{vmatrix} \mathrm{d}y\mathrm{d}z & \mathrm{d}z\mathrm{d}x & \mathrm{d}x\mathrm{d}y \\ \dfrac{\partial}{\partial x} & \dfrac{\partial}{\partial y} & \dfrac{\partial}{\partial z} \\ P & Q & R \end{vmatrix} = \oint_L P\mathrm{d}x + Q\mathrm{d}y + R\mathrm{d}z.$$

将等号左式的行列式展开,规定$\dfrac{\partial}{\partial x}$乘 Q 就是$\dfrac{\partial Q}{\partial x}$,其余依次类推. 于是与斯托克斯公式完全相同.

例 1 求$\oint_L 3z\mathrm{d}x + 5x\mathrm{d}y - 2y\mathrm{d}z$,其中 L 为圆柱 $x^2 + y^2 = 1$ 与平面 $z = y + 3$ 的交线,从 z 轴正向看去为逆时针方向.

解 设 Σ 为平面 $z = y + 3$ 被 $x^2 + y^2 = 1$ 所截有限部分的上侧,则 L 的方向为 Σ 的边界曲线的正向. 由斯托克斯公式,得

$$\oint_L 3z\mathrm{d}x + 5x\mathrm{d}y - 2y\mathrm{d}z$$

$$= \iint\limits_{\Sigma}(-2-0)\mathrm{d}y\mathrm{d}z + (3-0)\mathrm{d}z\mathrm{d}x + (5-0)\mathrm{d}x\mathrm{d}y$$

$$= \iint\limits_{x^2+y^2\leqslant 1}[(-2)(-z_x) + 3(-z_y) + 5]\mathrm{d}x\mathrm{d}y = 2\iint\limits_{x^2+y^2\leqslant 1}\mathrm{d}x\mathrm{d}y = 2\pi.$$

例 2 求$\oint_L (y^2 - z^2)\mathrm{d}x + (2z^2 - x^2)\mathrm{d}y + (3x^2 - y^2)\mathrm{d}z$,其中 L 是平面 $x + y + z = 2$ 与柱面 $|x| + |y| = 1$ 的交线,从 z 轴正向看去, L 为逆时针方向.

解 设 Σ 为平面 $x + y + z = 2$ 上 L 所围部分的上侧, D 为 Σ 在 xOy 平面内的投影,由斯托

克斯公式得

$$\begin{aligned}&\oint_L (y^2-z^2)\mathrm{d}x+(2z^2-x^2)\mathrm{d}y+(3x^2-y^2)\mathrm{d}z\\=&\iint_\Sigma(-2y-4z)\mathrm{d}y\mathrm{d}z+(-2z-6x)\mathrm{d}z\mathrm{d}x+(-2x-2y)\mathrm{d}x\mathrm{d}y\\=&\iint_D[(-2y-4z)(-z'_x)+(-2z-6x)(-z'_y)+(-2x-2y)]\mathrm{d}x\mathrm{d}y\\=&\iint_D(-2y-4z-2z-6x-2x-2y)\mathrm{d}x\mathrm{d}y\\=&-2\iint_D(x-y+6)\mathrm{d}x\mathrm{d}y=-12\iint_D\mathrm{d}x\mathrm{d}y=-24.\end{aligned}$$

上式中 $\iint_D x\mathrm{d}x\mathrm{d}y=\iint_D y\mathrm{d}x\mathrm{d}y=0$ 是因为 D 关于 x 轴、y 轴都对称，且函数 x 关于 x 是奇函数，函数 y 关于 y 是奇函数.

二、空间曲线积分与路径无关的条件

现在可以回答本节一开始提出的问题. 根据斯托克斯公式，只要 P, Q, R 有一阶连续偏导数，且 $\frac{\partial P}{\partial y}=\frac{\partial Q}{\partial x}$, $\frac{\partial Q}{\partial z}=\frac{\partial R}{\partial y}$, $\frac{\partial R}{\partial x}=\frac{\partial P}{\partial z}$, 对于任何闭曲线 L，只要 $\oint_L P\mathrm{d}x+Q\mathrm{d}y+R\mathrm{d}z=0$，便可得空间曲线积分 $\int_L P\mathrm{d}x+Q\mathrm{d}y+R\mathrm{d}z$ 与路径无关. 如果力场 $\boldsymbol{F}(x,y,z)=P(x,y,z)\boldsymbol{i}+Q(x,y,z)\boldsymbol{j}+R(x,y,z)\boldsymbol{k}$ 满足上述条件，那么它是保守力场.

实际上上述条件还是一个充要条件. 验证如下：

取 L 位于一个平行于 xOy 平面的某平面上时，在 L 上 z 为常量，故有

$$\oint_L P\mathrm{d}x+Q\mathrm{d}y+R\mathrm{d}z=\oint_L P\mathrm{d}x+Q\mathrm{d}y=\iint_\Sigma\left(\frac{\partial Q}{\partial x}-\frac{\partial P}{\partial y}\right)\mathrm{d}x\mathrm{d}y.$$

由 10.3 节定理 2 可知

$$\frac{\partial Q}{\partial x}=\frac{\partial P}{\partial y}.$$

同样可以推出

$$\frac{\partial R}{\partial y}=\frac{\partial Q}{\partial z},\quad \frac{\partial P}{\partial z}=\frac{\partial R}{\partial x}.$$

例 3　在电场中，如果在坐标原点处有一带电荷 e 的质点，在点 $A(x,y,z)$ 处放一具有单位

正电荷的质点 M,那么由电学知,质点 M 所受力 $\boldsymbol{F}(x, y, z)$ 为

$$\boldsymbol{F}(x, y, z)=\frac{e}{r^{3}}x\boldsymbol{i}+\frac{e}{r^{3}}y\boldsymbol{j}+\frac{e}{r^{3}}z\boldsymbol{k},$$

其中 $r=\sqrt{x^{2}+y^{2}+z^{2}}$. 由于

$$P(x, y, z)=\frac{e}{r^{3}}x,\quad Q(x, y, z)=\frac{e}{r^{3}}y,\quad R(x, y, z)=\frac{e}{r^{3}}z,$$

$$\frac{\partial Q}{\partial x}=\frac{\partial P}{\partial y}=-\frac{3exy}{r^{5}},\quad \frac{\partial R}{\partial y}=\frac{\partial Q}{\partial z}=-\frac{3eyz}{r^{5}},\quad \frac{\partial P}{\partial z}=\frac{\partial R}{\partial x}=-\frac{3exz}{r^{5}},$$

所以此电场是保守力场.

类似于 10.3 节"二、曲线积分与路径无关的条件"的讨论还可得:

在单连通区域 V 内,如果有一阶连续偏导函数 $P(x, y, z)$, $Q(x, y, z)$, $R(x, y, z)$ 满足 $\frac{\partial Q}{\partial x}=\frac{\partial P}{\partial y}$, $\frac{\partial R}{\partial y}=\frac{\partial Q}{\partial z}$, $\frac{\partial P}{\partial z}=\frac{\partial R}{\partial x}$, 那么

$$u(x, y, z)=\int_{(x_0, y_0, z_0)}^{(x, y, z)} P\mathrm{d}x+Q\mathrm{d}y+R\mathrm{d}z$$

是 $P\mathrm{d}x+Q\mathrm{d}y+R\mathrm{d}z$ 的一个原函数,即

$$\mathrm{d}u=P\mathrm{d}x+Q\mathrm{d}y+R\mathrm{d}z.$$

三、环流量与旋度

设有向量场

$$\boldsymbol{V}(x, y, z)=P(x, y, z)\boldsymbol{i}+Q(x, y, z)\boldsymbol{j}+R(x, y, z)\boldsymbol{k},$$

L 为场内一有向闭曲线,则曲线积分

$$\oint_{L} P\mathrm{d}x+Q\mathrm{d}y+R\mathrm{d}z$$

称为向量场 $\boldsymbol{V}$ 沿有向闭曲线 L 的环流量. 设 $\boldsymbol{\Sigma}$ 的边界为 L,且 L 的正向与 $\boldsymbol{\Sigma}$ 的侧符合右手规则,则由斯托克斯公式可得

$$\oint_{L} P\mathrm{d}x+Q\mathrm{d}y+R\mathrm{d}z$$
$$=\iint_{\Sigma}\left(\frac{\partial R}{\partial y}-\frac{\partial Q}{\partial z}\right)\mathrm{d}y\mathrm{d}z+\left(\frac{\partial P}{\partial z}-\frac{\partial R}{\partial x}\right)\mathrm{d}z\mathrm{d}x+\left(\frac{\partial Q}{\partial x}-\frac{\partial P}{\partial y}\right)\mathrm{d}x\mathrm{d}y.$$

我们称

$$\left(\frac{\partial R}{\partial y}-\frac{\partial Q}{\partial z}\right)\boldsymbol{i}+\left(\frac{\partial P}{\partial z}-\frac{\partial R}{\partial x}\right)\boldsymbol{j}+\left(\frac{\partial Q}{\partial x}-\frac{\partial P}{\partial y}\right)\boldsymbol{k}$$

为向量场 $\boldsymbol{V}$ 的旋度,记为 $\mathrm{rot}\,\boldsymbol{V}$. 若 Σ 上的单位法向量记为 $\boldsymbol{n}$, L 上的单位切向量记为 $\boldsymbol{t}$,则斯托克斯公式可写成

$$\oint_L \boldsymbol{V}\cdot\boldsymbol{t}\mathrm{d}s=\iint_{\Sigma}\mathrm{rot}\,\boldsymbol{V}\cdot\boldsymbol{n}\mathrm{d}S.$$

因此斯托克斯公式可以这样描述:向量场 $\boldsymbol{V}$ 沿有向闭曲线 L 的环流量等于向量场 $\boldsymbol{V}$ 的旋度通过 L 所张曲面 Σ 的通量,这里 L 的正向与 Σ 的侧符合右手规则. 为了便于记忆,将 $\mathrm{rot}\,\boldsymbol{V}$ 形式地表示为

$$\mathrm{rot}\,\boldsymbol{V}=\begin{vmatrix}\boldsymbol{i}&\boldsymbol{j}&\boldsymbol{k}\\ \frac{\partial}{\partial x}&\frac{\partial}{\partial y}&\frac{\partial}{\partial z}\\ P&Q&R\end{vmatrix}.$$

由前小节讨论知,当 $\mathrm{rot}\,\boldsymbol{V}=\boldsymbol{0}$(零向量)时,空间曲线积分与路径无关.

例 4 求 $\boldsymbol{V}=(x^2-yz)\boldsymbol{i}+(y^2-xz)\boldsymbol{j}+(z^2-xy)\boldsymbol{k}$ 的旋度,并求曲线积分 $\int_L(x^2-yz)\mathrm{d}x+(y^2-xz)\mathrm{d}y+(z^2-xy)\mathrm{d}z$, 其中 L 是沿螺旋线

$$\begin{cases}x=a\cos\theta,\\ y=a\sin\theta,\\ z=\dfrac{h\theta}{2\pi}\end{cases}$$

从点 $A(a,\ 0,\ 0)$ 到点 $B(a,\ 0,\ h)$ 的有向曲线.

解 因为

$$\mathrm{rot}\,\boldsymbol{V}=\begin{vmatrix}\boldsymbol{i}&\boldsymbol{j}&\boldsymbol{k}\\ \frac{\partial}{\partial x}&\frac{\partial}{\partial y}&\frac{\partial}{\partial z}\\ x^2-yz&y^2-xz&z^2-xy\end{vmatrix}=\boldsymbol{0},$$

所以曲线积分与路径无关. 特别取 $A(a,\ 0,\ 0)$ 到 $B(a,\ 0,\ h)$ 的直线段为积分路径,则有

$$\int_L(x^2-yz)\mathrm{d}x+(y^2-xz)\mathrm{d}y+(z^2-xy)\mathrm{d}z=\int_0^h z^2\mathrm{d}z=\frac{1}{3}h^3.$$

10.7 学习要点

习题 10.7

1. 利用斯托克斯公式,计算下列曲线积分:

(1) $\oint_L (2y+z)\mathrm{d}x+(x-z)\mathrm{d}y+(y-x)\mathrm{d}z$,其中 L 是 $x+y+z=1$ 与坐标平面的交线,从 z 轴的正向看取逆时针方向;

(2) $\oint_L x^2y^3\mathrm{d}x+\mathrm{d}y+\mathrm{d}z$,其中 L 为坐标平面 xOy 上的圆周 $x^2+y^2=a^2$,并取逆时针方向;

(3) $\oint_L y^2\mathrm{d}x+z^2\mathrm{d}y+x^2\mathrm{d}z$,其中 L 为球面 $x^2+y^2+z^2=a^2$ 与柱面 $x^2+y^2=ax\ (a>0)$ 位于 xOy 平面上方的交线,从 x 轴正向看去,L 取逆时针方向;

(4) $\oint_L 2y\mathrm{d}x+3x\mathrm{d}y-z^2\mathrm{d}z$,其中 L 为 $x^2+y^2+z^2=9$ 与 $z=0$ 交线,从 z 轴正向看去,取逆时针方向.

2. 求向量场 $\boldsymbol{V}=(x-z)\boldsymbol{i}+(x^3+yz)\boldsymbol{j}-3xy^2\boldsymbol{k}$ 沿闭曲线 L: $\begin{cases} z=2-\sqrt{x^2+y^2}, \\ z=0 \end{cases}$ (从 z 轴正向看,L 取逆时针方向)的环流量.

3. 求下列向量场 $\boldsymbol{V}$ 的旋度:

(1) $\boldsymbol{V}=x^2\sin y\boldsymbol{i}+y^2\sin(xz)\boldsymbol{j}+xy\sin(\cos z)\boldsymbol{k}$;

(2) $\boldsymbol{V}=4xz\boldsymbol{i}+yz^2\boldsymbol{j}+(x^2+2y^2z-1)\boldsymbol{k}$.

4. 证明 $(yz\mathrm{e}^{xyz}+2x)\mathrm{d}x+(zx\mathrm{e}^{xyz}+3y^2)\mathrm{d}y+(xy\mathrm{e}^{xyz}+4z^3)\mathrm{d}z$ 是全微分,并求其原函数.

总练习题

1. 计算下列曲线积分:

(1) $\int_L xyz\mathrm{d}s$,其中 L 为螺线 $x=a\cos t,\ y=a\sin t,\ z=bt\ (0\leqslant t\leqslant 2\pi,\ 0<a<b)$;

(2) $\int_L (xy+yz+zx)\mathrm{d}s$,其中 L 为球面 $x^2+y^2+z^2=a^2$ 与平面 $x+y+z=0$ 的交线;

(3) $\int_L \frac{\mathrm{d}s}{x-y}$,其中 L 是直线 $y=\frac{1}{2}x-2$ 上从(0, −2)到(4, 0)之间的一段;

(4) $\oint_L \frac{x\mathrm{d}y-y\mathrm{d}x}{x^2+4y^2}$,其中 L 为正向椭圆 $\frac{(x-4)^2}{9}+\frac{(y-3)^2}{4}=1$;

(5) $\int_L (\mathrm{e}^y-12xy)\mathrm{d}x+(x\mathrm{e}^y-\cos y)\mathrm{d}y$,其中 L 为曲线 $y=x^2$ 上从 $A(-1,1)$ 到 $B(1,1)$ 的一段;

(6) $\int_L (\mathrm{e}^x\sin y-b(x+y))\mathrm{d}x+(\mathrm{e}^x\cos y-ax)\mathrm{d}y$,其中 a, b 为正的常数,L 为从点 $A(2a,0)$

沿曲线 $y=\sqrt{2ax-x^2}$ 到点 $O(0,\ 0)$ 的弧；

(7) $\int_L \frac{(3y-x)\mathrm{d}x+(y-3x)\mathrm{d}y}{(x+y)^3}$，其中 L 是由点 $A\left(\frac{\pi}{2},\ 0\right)$ 沿曲线 $y=\frac{\pi}{2}\cos x$ 到点 $B\left(0,\ \frac{\pi}{2}\right)$ 的弧.

2. 计算下列曲面积分：

(1) $\iint\limits_{\Sigma} z^3\mathrm{d}S$，其中 Σ 为上半球面 $z=\sqrt{a^2-x^2-y^2}$ 被柱面 $x^2+y^2=ax$ 所截得的部分；

(2) $\iint\limits_{\Sigma} \frac{z}{\rho(x,\ y,\ z)}\mathrm{d}S$，其中 Σ 为椭球面 $\frac{x^2}{2}+\frac{y^2}{2}+z^2=1$ 的上半部分，$\rho(x,\ y,\ z)$ 为 Σ 上点 $(x,\ y,\ z)$ 处的切平面到点 $O(0,\ 0,\ 0)$ 的距离；

(3) $\iint\limits_{\Sigma}(x^4-y^4+y^2z^2-x^2z^2+1)\mathrm{d}S$，其中 Σ 是圆锥 $z=\sqrt{x^2+y^2}$ 被柱面 $x^2+y^2=2x$ 所截下的部分；

(4) $\iint\limits_{\Sigma} z(x\cos\alpha+y\cos\beta+z\cos\gamma)\mathrm{d}S$，其中 Σ 为椭球面 $\frac{x^2}{a^2}+\frac{y^2}{b^2}+\frac{z^2}{c^2}=1$ 的上半部分，$\cos\alpha$，$\cos\beta$，$\cos\gamma$ 为其外法线方向的方向余弦；

(5) $\iint\limits_{\Sigma} z\mathrm{d}x\mathrm{d}y+x\mathrm{d}y\mathrm{d}z+y\mathrm{d}z\mathrm{d}x$，其中 Σ 为柱面 $x^2+y^2=1$ 被平面 $z=0$ 及 $z=3$ 所截得的在第一卦限内的部分的前侧；

(6) $\iint\limits_{\Sigma}(8y+1)x\mathrm{d}y\mathrm{d}z+2(1-y^2)\mathrm{d}z\mathrm{d}x-4yz\mathrm{d}x\mathrm{d}y$，其中 Σ 是由曲线 $\begin{cases}z=\sqrt{y-1},\\x=0\end{cases}$ $(1\leqslant y\leqslant 3)$ 绕 y 轴旋转一周所成的曲面，它们的法向量与 y 轴正向的夹角大于 $\frac{\pi}{2}$；

(7) $\oiint\limits_{\Sigma}\sqrt{x^2+y^2+z^2}(x\mathrm{d}y\mathrm{d}z+y\mathrm{d}z\mathrm{d}x+z\mathrm{d}x\mathrm{d}y)$，其中 Σ 为曲面 $x^2+y^2+z^2=R^2$ 的外侧；

(8) $\oiint\limits_{\Sigma} x^3\mathrm{d}y\mathrm{d}z+\left[\frac{1}{z}f\left(\frac{y}{z}\right)+y^3\right]\mathrm{d}z\mathrm{d}x+\left[\frac{1}{y}f\left(\frac{y}{z}\right)+z^3\right]\mathrm{d}x\mathrm{d}y$，其中 $f(u)$ 一阶连续可导，Σ 为锥面 $y^2+z^2-x^2=0\ (x>0)$ 与球面 $x^2+y^2+z^2=1$，$x^2+y^2+z^2=4$ 所围立体表面的外侧.

3. 验证下列曲线积分与路径无关，并求其值：

(1) $\int_{(0,\,0)}^{(a,\,b)}\mathrm{e}^x(\cos y\mathrm{d}x-\sin y\mathrm{d}y)$；

(2) $\int_{(1,\,1,\,1)}^{(2,\,3,\,-4)} x\mathrm{d}x+y^2\mathrm{d}y-z^3\mathrm{d}z$；

(3) $\int_{(x_1,\,y_1,\,z_1)}^{(x_2,\,y_2,\,z_2)}\frac{x\mathrm{d}x+y\mathrm{d}y+z\mathrm{d}z}{\sqrt{x^2+y^2+z^2}}$，其中 $(x_1,\ y_1,\ z_1)$，$(x_2,\ y_2,\ z_2)$ 在球面 $x^2+y^2+z^2=R^2$ 上.

4. 试确定 a，b 的值，使 $\frac{ax+y}{x^2+y^2}\mathrm{d}x-\frac{x-y+b}{x^2+y^2}\mathrm{d}y$ 是某函数 $u(x,\ y)$ 的全微分，并求出这样的一

个原函数.

5. 设$f(x)$为正值连续函数,试证不等式

$$\oint_L \frac{-y}{f(x)}\mathrm{d}x + xf(y)\mathrm{d}y \geqslant 2\pi a^2,$$

其中L是圆周$(x-a)^2+(y-a)^2=a^2(a>0)$取逆时针方向.

6. 试证:若Σ是光滑的封闭曲面,且它围成的立体的体积为V,则有

$$V=\frac{1}{3}\oiint_{\Sigma}(x\cos\alpha + y\cos\beta + z\cos\gamma)\mathrm{d}S,$$

其中$\cos\alpha$, $\cos\beta$, $\cos\gamma$是曲面Σ的外法线的方向余弦.

7. 已知流体速度$\boldsymbol{V}=xy\boldsymbol{i}+yz\boldsymbol{j}+xz\boldsymbol{k}$,求由平面$z=1$, $x=0$, $y=0$和锥面$z^2=x^2+y^2$所围成的立体在第一卦限部分向外流出的流量.

8. 求力$\boldsymbol{F}=y\boldsymbol{i}+z\boldsymbol{j}+x\boldsymbol{k}$沿有向闭曲线$L$所做的功,其中$L$为平面$x+y+z=1$被三个坐标面所截成的三角形的边界,从$z$轴正向看去,沿顺时针方向.

第11章 无穷级数

我们在上册中已经学过泰勒公式，知道在一定条件下，一个函数可以用多项式近似表示，多项式的次数越高，精确程度也就越高. 但是要用多项式精确表示一个函数是做不到的，这就启发我们去研究这样一个问题：是否有可能用无限多项幂函数的和来精确表示函数. 另外，在数学和实际问题中碰到的很多值，如 e，$\sin 13°$，$\ln 3$ 等很难计算，如果能将这类值精确地表示成无限多个容易计算的有理数的和，那么求出这类值的近似值就不那么困难了. 这些“无限项”求和的问题涉及微积分中的一个重要的内容——无穷级数.

11.1 数项级数的概念和性质

一、无穷级数的概念

设有数列

$$u_1,\ u_2,\ \cdots,\ u_n,\ \cdots, \qquad ①$$

对数列①的各项依次用加号连接起来的表达式

$$u_1+u_2+\cdots+u_n+\cdots \qquad ②$$

称为常数项无穷级数，简称数项级数或级数. 其中 u_n 称为级数②的一般项（或通项）. ②也可写成 $\sum\limits_{n=1}^{\infty} u_n$，即

$$\sum_{n=1}^{\infty} u_n = u_1+u_2+\cdots+u_n+\cdots.$$

应该注意，无穷级数中的无限个数相加只是形式上的. 因为无限相加与有限相加本质上是有差别的，有限相加的和总是存在的，而无限相加是否一定有和还不知道，即使有和，和是什么？这些就构成了无穷级数的基本问题.

如级数 $1-1+1-1+1+\cdots$，若加括号 $(1-1)+(1-1)+(1-1)+\cdots$，则其和为0；换一种方法加括号 $1-(1-1)-(1-1)+\cdots$，则其和为1.

为了搞清楚这些问题，先从有限和着手，考虑级数 $\sum\limits_{n=1}^{\infty} u_n$ 前面有限项的和：

$$S_1 = u_1,$$
$$S_2 = u_1 + u_2,$$
$$\cdots\cdots\cdots\cdots$$
$$S_n = u_1 + u_2 + \cdots + u_n,$$

称数列$\{S_n\}$为级数 $\sum_{n=1}^{\infty} u_n$ 的**部分和数列**,称第 n 项

$$S_n = u_1 + u_2 + \cdots + u_n$$

为级数 $\sum_{n=1}^{\infty} u_n$ 的前 n 项部分和.

定义1 如果级数 $\sum_{n=1}^{\infty} u_n$ 的部分和数列$\{S_n\}$有极限,即

$$\lim_{n\to\infty} S_n = S,$$

则称级数 $\sum_{n=1}^{\infty} u_n$ 收敛,并称 S 为级数 $\sum_{n=1}^{\infty} u_n$ 的和,记作

$$S = \sum_{n=1}^{\infty} u_n.$$

如果$\{S_n\}$没有极限,则称级数 $\sum_{n=1}^{\infty} u_n$ 发散.

根据定义,级数 $\sum_{n=1}^{\infty} u_n$ 是否有和(是否收敛)的问题转化为部分和数列$\{S_n\}$是否收敛的问题.

例1 证明几何级数

$$a + aq + aq^2 + \cdots + aq^{n-1} + \cdots \quad (a \neq 0)$$

当 $|q| < 1$ 时收敛, $|q| \geqslant 1$ 时发散.

证 $|q| \neq 1$ 时,级数的部分和为

$$S_n = a + aq + aq^2 + \cdots + aq^{n-1} = \frac{a(1-q^n)}{1-q}.$$

所以,当 $|q| < 1$ 时,有

$$\lim_{n\to\infty} S_n = \lim_{n\to\infty} \frac{a(1-q^n)}{1-q} = \frac{a}{1-q},$$

原级数收敛,其和为 $S = \dfrac{a}{1-q}$;

当 $|q| > 1$ 时,有

$$\lim_{n\to\infty} S_n = \lim_{n\to\infty} \frac{a(1-q^n)}{1-q} = \infty,$$

原级数发散.

$q = 1$ 时,级数为

$$a + a + a + \cdots + a + \cdots.$$

它的部分和 $S_n = na$, $\lim_{n\to\infty} S_n = \infty$,所以级数发散.

$q = -1$ 时,级数为

$$a - a + a - \cdots + a + \cdots.$$

于是 $S_{2n} = 0$, $S_{2n+1} = a$. 因此 $\{S_n\}$ 没有极限,所以级数也发散.

综合起来,$|q| < 1$ 时,几何级数 $\sum_{n=1}^{\infty} aq^{n-1}$ 收敛;$|q| \geq 1$ 时,几何级数 $\sum_{n=1}^{\infty} aq^{n-1}$ 发散.

例2 证明级数 $\sum_{n=1}^{\infty} \frac{1}{n(n+1)} = \frac{1}{1\cdot 2} + \frac{1}{2\cdot 3} + \frac{1}{3\cdot 4} + \cdots + \frac{1}{n\cdot(n+1)} + \cdots$ 收敛,并求和.

证 由于 $\frac{1}{1\cdot 2} = 1 - \frac{1}{2}$, $\frac{1}{2\cdot 3} = \frac{1}{2} - \frac{1}{3}$, $\frac{1}{n\cdot(n+1)} = \frac{1}{n} - \frac{1}{n+1}$,

$$\begin{aligned} S_n &= \frac{1}{1\cdot 2} + \frac{1}{2\cdot 3} + \frac{1}{3\cdot 4} + \cdots + \frac{1}{n\cdot(n+1)} \\ &= \left(1 - \frac{1}{2}\right) + \left(\frac{1}{2} - \frac{1}{3}\right) + \cdots + \left(\frac{1}{n} - \frac{1}{n+1}\right) \\ &= 1 - \frac{1}{n+1}, \end{aligned}$$

所以 $\lim_{n\to\infty} S_n = 1$. 因此级数收敛,其和为 1.

例3 证明级数 $1 + 2 + 3 + \cdots + n + \cdots = \sum_{n=1}^{\infty} n$ 发散.

证 因为 $S_n = 1 + 2 + 3 + \cdots + n = \frac{1}{2}n(n+1)$,所以 $\lim_{n\to\infty} S_n = +\infty$,从而级数 $\sum_{n=1}^{\infty} n$ 发散.

例4 证明级数

$$1 + \frac{1}{2} + \frac{1}{3} + \cdots + \frac{1}{n} + \cdots \tag{③}$$

是发散的(这个级数称为**调和级数**).

证 这个级数的一般项 $u_n=\frac{1}{n}$ 可以用一个积分表示:$\frac{1}{n}=\int_n^{n+1}\frac{1}{n}\mathrm{d}x$. 当 $n\leqslant x\leqslant n+1$ 时,有$\frac{1}{n}\geqslant\frac{1}{x}$,所以

$$\frac{1}{n}=\int_n^{n+1}\frac{1}{n}\mathrm{d}x\geqslant\int_n^{n+1}\frac{1}{x}\mathrm{d}x=\ln(n+1)-\ln n.$$

于是

$$\begin{aligned}S_n&=1+\frac{1}{2}+\frac{1}{3}+\cdots+\frac{1}{n}\\&\geqslant(\ln 2-\ln 1)+(\ln 3-\ln 2)+\cdots+(\ln(n+1)-\ln n)\\&=\ln(n+1),\end{aligned}$$

因此 $\lim\limits_{n\to\infty}S_n=+\infty$,从而调和级数③发散.

二、收敛级数的性质

上面用级数的定义对几个级数的收敛性进行了判断. 一般来说,要用 $\lim\limits_{n\to\infty}S_n$ 是否存在来判断级数是否收敛是困难的,需要对级数的收敛性建立一些基于级数本身性质的判断法. 首先引进收敛级数的一些性质,利用这些性质可以判断一些级数的收敛或发散(敛散性).

定理 1(级数收敛的必要条件) 如果级数 $\sum\limits_{n=1}^{\infty}u_n$ 收敛,则$\lim\limits_{n\to\infty}u_n=0$,即收敛级数的一般项收敛于 0.

证 设级数 $\sum\limits_{n=1}^{\infty}u_n$ 收敛于和 S,则其部分和数列$\{S_n\}$也收敛于 S. 由于 $u_n=S_n-S_{n-1}$,所以

$$\lim_{n\to\infty}u_n=\lim_{n\to\infty}S_n-\lim_{n\to\infty}S_{n-1}=0.$$

定理 1 说明级数 $\sum\limits_{n=1}^{\infty}u_n$ 的一般项 u_n 收敛于 0 是该级数收敛的必要条件. 也就是如果 $\lim\limits_{n\to\infty}u_n\neq0$,则级数 $\sum\limits_{n=1}^{\infty}u_n$ 一定发散. 如上面的例 3.

例 5 讨论级数 $\sum\limits_{n=1}^{\infty}\frac{n}{2n+1}$ 的敛散性.

解 因为

$$\lim_{n\to\infty}u_n=\lim_{n\to\infty}\frac{n}{2n+1}=\frac{1}{2}\neq 0,$$

所以级数 $\sum_{n=1}^{\infty}\frac{n}{2n+1}$ 发散.

值得注意的是 $\lim_{n\to\infty}u_n=0$ 只是级数 $\sum_{n=1}^{\infty}u_n$ 收敛的必要条件，$\lim_{n\to\infty}u_n=0$ 并不能保证 $\sum_{n=1}^{\infty}u_n$ 收敛(即不是 $\sum_{n=1}^{\infty}u_n$ 收敛的充分条件). 如调和级数③的一般项 $u_n=\frac{1}{n}$ 趋于0,但不收敛.

定理2 设级数 $\sum_{n=1}^{\infty}u_n$ 与 $\sum_{n=1}^{\infty}v_n$ 都收敛,其和分别为 S 与 T,则级数 $\sum_{n=1}^{\infty}(u_n\pm v_n)$ 也收敛,且其和为 $S\pm T$. 也就是

$$\sum_{n=1}^{\infty}(u_n\pm v_n)=\sum_{n=1}^{\infty}u_n\pm\sum_{n=1}^{\infty}v_n.$$

证 设收敛级数 $\sum_{n=1}^{\infty}u_n$ 与 $\sum_{n=1}^{\infty}v_n$ 的部分和分别为 S_n 与 T_n,则 $\lim_{n\to\infty}S_n=S$, $\lim_{n\to\infty}T_n=T$. 于是 $\sum_{n=1}^{\infty}(u_n\pm v_n)$ 的部分和为

$$W_n=(u_1\pm v_1)+(u_2\pm v_2)+\cdots+(u_n\pm v_n)=S_n\pm T_n.$$

因此

$$\lim_{n\to\infty}W_n=\lim_{n\to\infty}S_n\pm\lim_{n\to\infty}T_n=S\pm T,$$

即两个收敛级数可以逐项相加或逐项相减.

定理3 如果级数 $\sum_{n=1}^{\infty}u_n$ 收敛,其和为 S, k 是任一常数,则级数 $\sum_{n=1}^{\infty}k\cdot u_n$ 也收敛,且其和为 kS,即

$$\sum_{n=1}^{\infty}k\cdot u_n=k\sum_{n=1}^{\infty}u_n.$$

证明留作习题.

推论 级数 $\sum_{n=1}^{\infty}u_n$ 与 $\sum_{n=1}^{\infty}k\cdot u_n$ (k 是不为0的常数)有相同的敛散性.

定理4 增加、去掉或改变级数的有限项不影响该级数的敛散性.

证 设原级数为 $\sum_{n=1}^{\infty}u_n$，其部分和为 S_n. 改变这个级数有限项后得到的级数为 $\sum_{n=1}^{\infty}v_n$，其

部分和为 T_n. 设改变的项中下标最大的项为 u_p,则当 $n>p$ 时,有 $u_n=v_n$. 于是当 $n>p$ 时,

$$\begin{aligned}T_n-S_n&=(v_1+v_2+\cdots+v_p+v_{p+1}+\cdots+v_n)-(u_1+u_2+\cdots+u_p+u_{p+1}+\cdots+u_n)\\&=T_p-S_p=M,\end{aligned}$$

这里 $M=T_p-S_p$ 是与 n 无关的常数. 由此可得数列 $\{S_n\}$ 与 $\{T_n\}$ 同时收敛或同时发散,即改变级数的有限项,不改变级数敛散性(当然会影响收敛级数的和).

根据定理 4,如果级数 $\sum\limits_{n=1}^{\infty}u_n$ 收敛,其和为 S,则级数

$$u_{n+1}+u_{n+2}+\cdots$$

也收敛,其和为

$$R_n=S-S_n,$$

R_n 称为收敛级数 $\sum\limits_{n=1}^{\infty}u_n$ 的第 n 项后的**余项**,表示以部分和 S_n 近似代替 S 时产生的误差. 发散级数没有和,因此也没有余项的概念.

定理 5 如果级数 $\sum\limits_{n=1}^{\infty}u_n$ 收敛,则对该级数的项任意加括号后得到的级数

$$(u_1+u_2+\cdots+u_{n_1})+(u_{n_1+1}+u_{n_1+2}+\cdots+u_{n_2})+\cdots+(u_{n_{k-1}+1}+\cdots+u_{n_k})+\cdots \qquad ④$$

仍然收敛,且和不变.

证 设原级数 $\sum\limits_{n=1}^{\infty}u_n$ 的部分和为 S_n,级数④的前 k 项部分和为 A_k,则有

$$A_1=u_1+u_2+\cdots+u_{n_1}=S_{n_1},$$
$$A_2=(u_1+u_2+\cdots+u_{n_1})+(u_{n_1+1}+u_{n_1+2}+\cdots+u_{n_2})=S_{n_2},$$
$$\cdots\cdots\cdots\cdots$$
$$A_k=(u_1+u_2+\cdots+u_{n_1})+(u_{n_1+1}+u_{n_1+2}+\cdots+u_{n_2})+\cdots+(u_{n_{k-1}+1}+\cdots+u_{n_k})=S_{n_k}.$$

所以④的部分和数列 $\{A_k\}$ 是原级数部分和数列 $\{S_n\}$ 的一个子列,由 $\{S_n\}$ 的收敛性知道,其子列 $\{A_k\}$ 也收敛,且

$$\lim_{k\to\infty}A_k=\lim_{n\to\infty}S_n.$$

注 加括号后的级数收敛,不能得出原级数收敛,这与数列的一个子列收敛不能得出该数列收敛的理由是一样的. 如级数 $(1-1)+(1-1)+\cdots$ 收敛于 0,去掉括号后的级数 $1-1+1-1+\cdots$ 发散.

根据数列的性质,如果数列的某个子列发散,那么该数列也发散,可以推得如果加了括号后的级数发散,那么原级数一定发散.

最后,再讨论级数与数列的关系.由前面讨论知道可以由级数 $\sum_{n=1}^{\infty} u_n$ 得到部分和数列 $\{S_n\}$,并且级数的敛散性由部分和数列确定;反之,对任一数列 $\{a_n\}$,如果令

$$u_1 = a_1,\ u_2 = a_2 - a_1,\ \cdots,\ u_n = a_n - a_{n-1},\ \cdots,$$

则级数 $\sum_{n=1}^{\infty} u_n = a_1 + (a_2 - a_1) + \cdots + (a_n - a_{n-1}) + \cdots$ 与数列 $\{a_n\}$ 有相同的敛散性,且收敛时有

$$\sum_{n=1}^{\infty} u_n = \lim_{n\to\infty} a_n.$$

数列与级数的这种关系,对我们理解级数的敛散性很有帮助.

三、柯西(Cauchy)收敛准则

在学习数列时,已经知道可以用数列一般项的特性来判断数列是否会收敛,这就是柯西收敛判断准则.根据数列与级数的关系,同样,可以对级数建立柯西准则.

定理6(柯西准则) 级数 $\sum_{n=1}^{\infty} u_n$ 收敛的充分必要条件是对于任意给定的 $\varepsilon > 0$,存在 $N \in \mathbb{N}$,使当 $n > N$ 时,对一切自然数 p,都有

$$|u_{n+1} + u_{n+2} + \cdots + u_{n+p}| < \varepsilon.$$

证 设级数 $\sum_{n=1}^{\infty} u_n$ 的部分和为 S_n,由于

$$|u_{n+1} + u_{n+2} + \cdots + u_{n+p}| = |S_{n+p} - S_n|,$$

根据数列的柯西准则,即得定理的结论.

例6 用柯西准则判别级数 $\sum_{n=1}^{\infty} \frac{1}{n^2}$ 的敛散性.

解 对任何自然数 p,有

$$\begin{aligned}
&|u_{n+1} + u_{n+2} + \cdots + u_{n+p}| \\
&= \frac{1}{(n+1)^2} + \frac{1}{(n+2)^2} + \cdots + \frac{1}{(n+p)^2} \\
&< \frac{1}{n(n+1)} + \frac{1}{(n+1)(n+2)} + \cdots + \frac{1}{(n+p-1)(n+p)}
\end{aligned}$$

$$=\frac{1}{n}-\frac{1}{n+p}<\frac{1}{n},$$

所以对任一给定的 $\varepsilon>0$,只要取自然数 $N\geqslant\left[\frac{1}{\varepsilon}\right]+1$,则当 $n>N$ 时,对一切 $p\in\mathbb{N}$,都有

$$\left|\frac{1}{(n+1)^2}+\frac{1}{(n+2)^2}+\cdots+\frac{1}{(n+p)^2}\right|<\frac{1}{n}<\varepsilon.$$

11.1 学习要点

根据柯西准则,$\sum_{n=1}^{\infty}\frac{1}{n^2}$ 收敛.

习题 11.1

1. 写出下列级数的第 5 个部分和 S_5:

(1) $\sum_{n=1}^{\infty}\frac{1+n}{1+n^2}$;　(2) $\sum_{n=1}^{\infty}\frac{(-1)^{n-1}}{5^n}$;

(3) $\sum_{n=1}^{\infty}\frac{1\cdot3\cdots(2n-1)}{2\cdot4\cdots(2n)}$;　(4) $\sum_{n=1}^{\infty}\frac{n!}{n^n}$.

2. 写出下列级数的一般项 u_n:

(1) $2-1+\frac{4}{5}-\frac{5}{7}+\frac{6}{9}+\cdots$;

(2) $\frac{\sqrt{x}}{2}+\frac{x}{2\cdot4}+\frac{x\sqrt{x}}{2\cdot4\cdot6}+\frac{x^2}{2\cdot4\cdot6\cdot8}+\cdots$;

(3) $\frac{a^2}{3}-\frac{a^3}{5}+\frac{a^4}{7}-\frac{a^5}{9}+\cdots$;

(4) $\frac{1}{2}+\frac{1\cdot2}{3\cdot4}+\frac{1\cdot2\cdot3}{4\cdot5\cdot6}+\frac{1\cdot2\cdot3\cdot4}{5\cdot6\cdot7\cdot8}+\cdots$.

3. 根据级数收敛与发散的定义判别下列级数的敛散性:

(1) $\sum_{n=1}^{\infty}\ln\frac{n}{n+1}$;　(2) $\sum_{n=1}^{\infty}\frac{1}{(2n-1)(2n+1)}$;

(3) $\sum_{n=1}^{\infty}(\sqrt{n+1}-\sqrt{n})$;　(4) $\sum_{n=1}^{\infty}\sin\frac{n\pi}{6}$.

4. 一个收敛级数与一个发散级数逐项相加得到的级数收敛还是发散?两个发散数列逐项相加得到的级数是否一定发散?

5. 证明级数 $\sum_{n=1}^{\infty}u_n$ 与 $\sum_{n=1}^{\infty}k\cdot u_n$($k\neq0$ 是常数)有相同的敛散性.

6. 讨论下列级数的敛散性:

(1) $\frac{1}{1\,001}+\frac{2}{2\,001}+\frac{3}{3\,001}+\cdots+\frac{n}{1\,000n+1}+\cdots$;

(2) $\frac{\pi}{\sqrt{10}}+\frac{\pi^2}{10}+\frac{\pi^3}{10\sqrt{10}}+\cdots+\frac{\pi^n}{10^{\frac{n}{2}}}+\cdots$;

(3) $\frac{8}{9}-\frac{8^2}{9^2}+\frac{8^3}{9^3}+\cdots+(-1)^{n-1}\frac{8^n}{9^n}+\cdots$;

(4) $\sum_{n=1}^{\infty}\left[\left(\frac{e}{3}\right)^n+\left(\frac{2}{e}\right)^n\right]$;　　(5) $\sum_{n=1}^{\infty}n\sin\frac{\pi}{n}$;

(6) $\sum_{n=1}^{\infty}\left(\frac{1}{2^n}+\frac{1}{2n}\right)$;　　(7) $\sum_{n=1}^{\infty}\frac{1}{\sqrt[n]{3}}$;

(8) $\sum_{n=1}^{\infty}\frac{n(n+1)+2^n}{n(n+1)\cdot 2^n}$;　　(9) $\sum_{n=1}^{\infty}\frac{1}{\left(1+\frac{1}{n}\right)^n}$.

7. 用柯西准则判别下列级数的敛散性:

(1) $\sum_{n=1}^{\infty}\frac{(-1)^{n+1}}{n}$;　　(2) $\sum_{n=1}^{\infty}\frac{\sin nx}{2^n}$.

11.2 正项级数

一、正项级数的收敛准则

如果级数 $\sum_{n=1}^{\infty}u_n$ 的每一项都是非负实数(即 $u_n\geqslant 0,\ n=1,2,\cdots$),则称该级数为**正项级数**. 对于每一项都是非正的级数,可以用(-1)乘以每一项而得到正项级数,这类级数的敛散性可以化为正项级数来讨论. 由于正项级数比较简单,也容易讨论,首先建立一个有关正项级数收敛性的判别准则,然后再建立一些判别级数敛散性的方法.

定理1 正项级数 $\sum_{n=1}^{\infty}u_n$ 收敛的充分必要条件是其部分和数列 $\{S_n\}$ 有界.

证 由于 $\sum_{n=1}^{\infty}u_n$ 是正项级数,它的部分和数列 $\{S_n\}$ 满足

$$S_{n+1}=S_n+u_{n+1}\geqslant S_n,$$

所以 $\{S_n\}$ 是单调增加数列.

必要性 $\sum_{n=1}^{\infty} u_n$ 收敛,则 $\{S_n\}$ 也收敛,从而 $\{S_n\}$ 有界.

充分性 由于 $\{S_n\}$ 是单调增加数列,如果 $\{S_n\}$ 有界,则根据数列单调有界准则,知 $\{S_n\}$ 收敛,也就是 $\sum_{n=1}^{\infty} u_n$ 收敛.

例 1 证明 p 级数

$$\sum_{n=1}^{\infty} \frac{1}{n^p} = 1 + \frac{1}{2^p} + \frac{1}{3^p} + \cdots + \frac{1}{n^p} + \cdots$$

当 $p \leqslant 1$ 时发散, $p > 1$ 时收敛.

证 当 $p \leqslant 1$ 时,

$$S_n = 1 + \frac{1}{2^p} + \frac{1}{3^p} + \cdots + \frac{1}{n^p} \geqslant 1 + \frac{1}{2} + \frac{1}{3} + \cdots + \frac{1}{n}.$$

上式右边是调和级数 $\sum_{n=1}^{\infty} \frac{1}{n}$ 的部分和,它发散到正无穷大,因此 p 级数也发散到正无穷大.

当 $p > 1$ 时,有 $x^p \leqslant n^p$,或 $\frac{1}{x^p} \geqslant \frac{1}{n^p}(n-1 \leqslant x \leqslant n)$, 于是

$$\int_{n-1}^{n} \frac{\mathrm{d}x}{n^p} \leqslant \int_{n-1}^{n} \frac{\mathrm{d}x}{x^p},\ n = 1,\ 2,\ 3,\ \cdots,$$

从而

$$\begin{aligned} S_n &= 1 + \frac{1}{2^p} + \frac{1}{3^p} + \cdots + \frac{1}{n^p} \leqslant 1 + \int_{1}^{2} \frac{\mathrm{d}x}{x^p} + \int_{2}^{3} \frac{\mathrm{d}x}{x^p} + \cdots + \int_{n-1}^{n} \frac{\mathrm{d}x}{x^p} \\ &= 1 + \int_{1}^{n} \frac{\mathrm{d}x}{x^p} = 1 + \frac{1}{p-1}\left(1 - \frac{1}{n^{p-1}}\right) < 1 + \frac{1}{p-1}, \end{aligned}$$

即 $\{S_n\}$ 有上界. 因此当 $p > 1$ 时, p 级数收敛.

由例 1 可知,级数

$$\sum_{n=1}^{\infty} \frac{1}{\sqrt{n}} = 1 + \frac{1}{\sqrt{2}} + \frac{1}{\sqrt{3}} + \cdots + \frac{1}{\sqrt{n}} + \cdots$$

发散,而级数

$$\sum_{n=1}^{\infty} \frac{1}{n^2} = 1 + \frac{1}{2^2} + \frac{1}{3^2} + \cdots + \frac{1}{n^2} + \cdots$$

收敛.

二、比较判别法

当了解了正项级数的收敛准则及有了若干敛散性已知的级数,就可以建立以下比较判别法.

定理2 设级数 $\sum_{n=1}^{\infty} u_n$ 和 $\sum_{n=1}^{\infty} v_n$ 都是正项级数,且 $u_n \leqslant v_n(n=1, 2, \cdots)$.

(1) 如果级数 $\sum_{n=1}^{\infty} v_n$ 收敛,则级数 $\sum_{n=1}^{\infty} u_n$ 也收敛;

(2) 如果级数 $\sum_{n=1}^{\infty} u_n$ 发散,则级数 $\sum_{n=1}^{\infty} v_n$ 也发散.

证 (1) 证 $\{S_n\}$ 为 $\sum_{n=1}^{\infty} u_n$ 的部分和. $\{T_n\}$ 为 $\sum_{n=1}^{\infty} v_n$ 的部分和. 由于 $\sum_{n=1}^{\infty} v_n$ 收敛,所以 $\{T_n\}$ 有上界 M. 而 $0 \leqslant u_n \leqslant v_n(n=1, 2, \cdots)$, 于是

$$0 \leqslant S_n \leqslant T_n \leqslant M,$$

由定理1知 $\sum_{n=1}^{\infty} u_n$ 也收敛.

(2) 如果 $\sum_{n=1}^{\infty} v_n$ 收敛,则由(1)知 $\sum_{n=1}^{\infty} u_n$ 也收敛,与 $\sum_{n=1}^{\infty} u_n$ 发散的假设矛盾,故 $\sum_{n=1}^{\infty} v_n$ 发散.

根据11.1节定理3和定理4,可将定理2的条件“$u_n \leqslant v_n(n=1, 2, \cdots)$”改为“存在 $N \in \mathbb{N}^+$ 及常数 $k>0$,使得当 $n>N$ 时,有 $u_n \leqslant kv_n$”,定理2的结论仍然成立.

例2 判别下列级数的敛散性:

(1) $\sum_{n+1}^{\infty} \frac{1}{\sqrt{n(n+1)}}$; (2) $\sum_{n=1}^{\infty} \frac{1}{\sqrt{n(n^2+1)}}$.

解 (1) 由于 $\frac{1}{\sqrt{n(n+1)}} > \frac{1}{n+1}$, 而级数 $\sum_{n=1}^{\infty} \frac{1}{(n+1)}$ 发散(为什么), 所以 $\sum_{n=1}^{\infty} \frac{1}{\sqrt{n(n+1)}}$ 发散.

(2) 因为 $\frac{1}{\sqrt{n(n^2+1)}} < \frac{1}{n^{\frac{3}{2}}}$, 而 $\sum_{n=1}^{\infty} \frac{1}{n^{\frac{3}{2}}}$ 是 $p=\frac{3}{2}>1$ 的 p 级数,是收敛级数,所以 $\sum_{n=1}^{\infty} \frac{1}{\sqrt{n(n^2+1)}}$ 收敛.

注 使用比较判别法的关键是要找到敛散性已知可以比较的级数,如 p 级数、几何级数.

推论(比较判别法的极限形式) 设 $\sum_{n=1}^{\infty} u_n$, $\sum_{n=1}^{\infty} v_n$ 都是正项级数,且 $v_n \neq 0$. 如果 $\lim_{n\to\infty} \frac{u_n}{v_n} = l$, 则

(i) 当 $0 < l < +\infty$ 时, $\sum_{n=1}^{\infty} u_n$, $\sum_{n=1}^{\infty} v_n$ 有相同的敛散性;

(ii) 当 $l = 0$ 且 $\sum_{n=1}^{\infty} v_n$ 收敛时, $\sum_{n=1}^{\infty} u_n$ 也收敛;

(iii) 当 $l = +\infty$ 且 $\sum_{n=1}^{\infty} v_n$ 发散时, $\sum_{n=1}^{\infty} u_n$ 也发散.

证 (i) 因为 $\lim_{n\to\infty} \frac{u_n}{v_n} = l > 0$,对 $\varepsilon = \frac{l}{2} > 0$,存在 $N \in \mathbb{N}^+$,使当 $n > N$ 时,有

$$\left| \frac{u_n}{v_n} - l \right| < \frac{l}{2},$$

即 $\frac{l}{2} v_n < u_n < \frac{3}{2} l v_n$. 所以 $\sum_{n=1}^{\infty} u_n$ 与 $\sum_{n=1}^{\infty} v_n$ 同时收敛或者同时发散.

(ii) 由于 $\lim_{n\to\infty} \frac{u_n}{v_n} = 0$,对 $\varepsilon = 1$,存在 $N \in \mathbb{N}^+$, 当 $n > N$ 时,有

$$\left| \frac{u_n}{v_n} \right| = \frac{u_n}{v_n} < 1,$$

即 $u_n < v_n$. 所以当 $\sum_{n=1}^{\infty} v_n$ 收敛时, $\sum_{n=1}^{\infty} u_n$ 也收敛.

(iii) 由于 $\lim_{n\to\infty} \frac{u_n}{v_n} = +\infty$,对 $M = 1$,存在 $N \in \mathbb{N}^+$,当 $n > N$ 时,有

$$\frac{u_n}{v_n} > 1,$$

即 $u_n > v_n$. 所以当 $\sum_{n=1}^{\infty} v_n$ 发散时, $\sum_{n=1}^{\infty} u_n$ 也发散.

例 3 判别下列级数的敛散性:

(1) $\sum_{n=1}^{\infty} \ln\left(1 + \frac{1}{n^2}\right)$; (2) $\sum_{n=1}^{\infty} \sin \frac{1}{n}$; (3) $\sum_{n=1}^{\infty} \left(1 - \cos \frac{1}{n}\right)$.

解 (1) 因为

$$\lim_{n\to\infty}\frac{\ln\left(1+\frac{1}{n^2}\right)}{\frac{1}{n^2}}=\lim_{n\to\infty}\ln\left(1+\frac{1}{n^2}\right)^{n^2}=\ln\left(\lim_{n\to\infty}\left(1+\frac{1}{n^2}\right)^{n^2}\right)=\ln \mathrm{e}=1,$$

而级数 $\sum_{n=1}^{\infty}\frac{1}{n^2}$ 收敛,所以级数 $\sum_{n=1}^{\infty}\ln\left(1+\frac{1}{n^2}\right)$ 收敛.

(2) 因为 $\lim_{n\to\infty}\frac{\sin\frac{1}{n}}{\frac{1}{n}}=1$,而级数 $\sum_{n=1}^{\infty}\frac{1}{n}$ 发散,所以级数 $\sum_{n=1}^{\infty}\sin\frac{1}{n}$ 发散.

(3) 因为

$$\lim_{n\to\infty}\frac{1-\cos\frac{1}{n}}{\frac{1}{n^2}}=\lim_{n\to\infty}\frac{2\sin^2\frac{1}{2n}}{\frac{1}{n^2}}=\lim_{n\to\infty}\frac{1}{2}\left(\frac{\sin\frac{1}{2n}}{\frac{1}{2n}}\right)^2=\frac{1}{2},$$

所以 $\sum_{n=1}^{\infty}\left(1-\cos\frac{1}{n}\right)$ 收敛.

三、比式判别法和根式判别法

使用比较判别法的困难是要找到一个可供比较的已知敛散性的级数,从使用的角度讲,能根据级数一般项本身的性质直接判定级数是否收敛比较方便.

定理3(比式判别法) 设 $\sum_{n=1}^{\infty}u_n$ 为正项级数,如果 $\lim_{n\to\infty}\frac{u_{n+1}}{u_n}=\rho$,则当 $\rho<1$ 时,级数收敛;当 $\rho>1$(或 $\rho=+\infty$)时,级数发散.

证 当 $\rho<1$ 时,取 $\varepsilon=\frac{1-\rho}{2}>0$. 由于 $\lim_{n\to\infty}\frac{u_{n+1}}{u_n}=\rho$,存在 $N\in\mathbb{N}^+$,当 $n>N$ 时,有

$$\frac{u_{n+1}}{u_n}<\rho+\varepsilon=\frac{1+\rho}{2}=q<1.$$

由此可以得到

$$u_{N+2}<qu_{N+1},$$

$$u_{N+3}<qu_{N+2}<q^2u_{N+1},$$

$$\cdots\cdots\cdots\cdots$$

$$u_{N+k} < q^k u_{N+1}.$$

而级数

$$u_{N+1} + qu_{N+1} + q^2 u_{N+1} + \cdots + q^k u_{N+1} + \cdots = \sum_{k=1}^{\infty} u_{N+1} q^k$$

是公比 $|q| < 1$ 的正项几何级数,是收敛的,所以根据比较判别法知 $\sum_{n=1}^{\infty} u_n$ 收敛.

当 $\lim_{n\to\infty}\frac{u_{n+1}}{u_n}=\rho > 1$ 或 $\lim_{n\to\infty}\frac{u_{n+1}}{u_n}=+\infty$ 时,根据极限的保号性,存在 $N \in \mathbb{N}^+$,当 $n > N$ 时,有

$$\frac{u_{n+1}}{u_n} > 1 \quad 即 \quad u_{n+1} > u_n > 0.$$

因此当 $n \to +\infty$ 时,u_n 不可能趋于0,于是 $\sum_{n=1}^{\infty} u_n$ 发散.

比式判别法也称为**达朗贝尔(d'Alembert)判别法**.

特别注意,当 $\rho=1$ 时,比式判别法无法确定级数 $\sum_{n=1}^{\infty} u_n$ 的敛散性. 但是如果存在N,当 $n > N$ 时,有 $\frac{u_{n+1}}{u_n} \geqslant 1$,则级数 $\sum_{n=1}^{\infty} u_n$ 发散(请读者自己证明).

由于比式判别法的实质是与几何级数进行比较,而几何级数的一般项收敛速度比较快,所以当被考察的级数收敛速度较慢时,比式判别法就失效了,如 p 级数 $\sum_{n=1}^{\infty}\frac{1}{n^p}$ 对任何 $p > 0$ 都有

$$\lim_{n\to\infty}\frac{u_{n+1}}{u_n}=\lim_{n\to\infty}\left(\frac{n}{n+1}\right)^p = 1.$$

例 4 判别下列级数的敛散性:

(1) $\sum_{n=1}^{\infty}\frac{1}{n!} = 1 + \frac{1}{2!} + \frac{1}{3!} + \cdots + \frac{1}{n!} + \cdots$;

(2) $\sum_{n=1}^{\infty}\frac{n!}{10^n} = \frac{1}{10} + \frac{2!}{10^2} + \cdots + \frac{n!}{10^n} + \cdots$;

(3) $\sum_{n=1}^{\infty}\frac{(n!)^2}{(2n)!}$.

解 (1) 由于

$$\lim_{n\to\infty}\frac{u_{n+1}}{u_n}=\lim_{n\to\infty}\frac{\frac{1}{(n+1)!}}{\frac{1}{n!}}=\lim_{n\to\infty}\frac{1}{n+1}=0,$$

所以级数 $\sum_{n=1}^{\infty}\frac{1}{n!}$ 收敛.

(2) 因为

$$\lim_{n\to\infty}\frac{u_{n+1}}{u_n}=\lim_{n\to\infty}\frac{\frac{(n+1)!}{10^{n+1}}}{\frac{n!}{10^n}}=\lim_{n\to\infty}\frac{n+1}{10}=+\infty,$$

所以级数 $\sum_{n=1}^{\infty}\frac{n!}{10^n}$ 发散.

(3) 因为

$$\lim_{n\to\infty}\frac{u_{n+1}}{u_n}=\lim_{n\to\infty}\frac{\frac{[(n+1)!]^2}{[2(n+1)]!}}{\frac{(n!)^2}{(2n)!}}=\lim_{n\to\infty}\frac{(n+1)^2}{(2n+1)(2n+2)}=\frac{1}{4}<1,$$

所以级数 $\sum_{n=1}^{\infty}\frac{(n!)^2}{(2n)!}$ 收敛.

定理4(根式判别法) 设 $\sum_{n=1}^{\infty}u_n$ 是正项级数,如果

$$\lim_{n\to\infty}\sqrt[n]{u_n}=\rho,$$

则当 $\rho<1$ 时,级数收敛;当 $\rho>1$(或 $\rho=+\infty$)时,级数发散.

证 当 $\lim\limits_{n\to\infty}\sqrt[n]{u_n}=\rho<1$ 时,对 $\varepsilon=\frac{1-\rho}{2}>0$,存在 $N\in\mathbb{N}^+$,当 $n>N$ 时,有

$$\sqrt[n]{u_n}<\rho+\varepsilon=\frac{1+\rho}{2}=q<1,$$

或 $u_n<q^n(n=N+1, N+2, \cdots)$,而级数 $\sum_{n=N+1}^{\infty}q^n$ 是公比 $|q|<1$ 的收敛几何级数,所以 $\sum_{n=1}^{\infty}u_n$ 也收敛.

当 $\lim\limits_{n\to\infty}\sqrt[n]{u_n}=\rho>1$ 或 $\lim\limits_{n\to\infty}\sqrt[n]{u_n}=+\infty$ 时,根据极限的保号性,存在 $N\in\mathbb{N}^+$,当 $n>N$ 时,有

$$\sqrt[n]{u_n} > 1 \quad 即 \quad u_n > 1.$$

因此当 $n \to +\infty$ 时, u_n 不可能趋于0,于是 $\sum_{n=1}^{\infty} u_n$ 发散.

根式判别法也称为**柯西判别法**.

与比式判别法一样,当 $\rho = 1$ 时,根式判别法无法判别级数的敛散性.

例 5 判别下列级数的敛散性:

(1) $\sum_{n=1}^{\infty} \frac{1}{(\ln n)^n}$; (2) $\sum_{n=1}^{\infty} \left(\frac{n}{2n+1}\right)^n$.

解 (1) 因为

$$\lim_{n\to\infty} \sqrt[n]{u_n} = \lim_{n\to\infty} \sqrt[n]{\frac{1}{(\ln n)^n}} = \lim_{n\to\infty} \frac{1}{\ln n} = 0,$$

所以级数 $\sum_{n=1}^{\infty} \frac{1}{(\ln n)^n}$ 收敛.

(2) 因为

$$\lim_{n\to\infty} \sqrt[n]{u_n} = \lim_{n\to\infty} \sqrt[n]{\left(\frac{n}{2n+1}\right)^n} = \lim_{n\to\infty} \frac{n}{2n+1} = \frac{1}{2} < 1,$$

所以级数 $\sum_{n=1}^{\infty} \left(\frac{n}{2n+1}\right)^n$ 收敛.

比较例 4 与例 5 中的例子,不难找到使用比式和根式判别法的级数类型. 另外,在通常情况下,级数发散其一般项也可以趋于0. 但如果用比式或根式判别法判定级数发散时,该级数的一般项一定不趋于0,而这个性质在判别非正项级数时将起重要作用.

11.2 学习要点

习题 11.2

1. 用比较判别法判别下列级数的敛散性:

(1) $\sum_{n=1}^{\infty} \frac{1}{n^2 + a^2}$; (2) $\sum_{n=1}^{\infty} \sin \frac{\pi}{n^2}$; (3) $\sum_{n=1}^{\infty} \frac{1}{\sqrt[3]{n^2 + a^2}}$;

(4) $\sum_{n=1}^{\infty} 2^n \sin \frac{\pi}{3^n}$; (5) $\sum_{n=1}^{\infty} \frac{n}{\sqrt{n^2 + 2n}}$; (6) $\sum_{n=1}^{\infty} \frac{1}{1 + a^n}$ $(a > 0)$.

2. 用比式或者根式判别法判别下列级数的敛散性:

(1) $\sum_{n=1}^{\infty} \frac{2^n}{n!}$; (2) $\sum_{n=1}^{\infty} \left(\frac{n}{2n+1}\right)^{2n}$; (3) $\sum_{n=1}^{\infty} \frac{3^n \cdot n!}{n^n}$;

(4) $\sum_{n=1}^{\infty}\frac{(10+n)!}{(2n+1)!}$； (5) $\sum_{n=1}^{\infty}\frac{n^2}{3^n}$； (6) $\sum_{n=1}^{\infty}n\tan\frac{\pi}{2^{n+1}}$；

(7) $\sum_{n=1}^{\infty}n^2\sin^n\frac{2}{n}$； (8) $\sum_{n=1}^{\infty}\left(\frac{b}{a_n}\right)^n$，其中 $a_n\to a\ (n\to\infty)$，a_n，a，b 均为正数.

3. 判别下列级数的敛散性：

(1) $\sum_{n=1}^{\infty}\frac{1}{\sqrt{n(n^2+1)}}$； (2) $\sum_{n=1}^{\infty}\frac{1\cdot3\cdot5\cdots(2n-1)}{2\cdot5\cdot8\cdots(3n-1)}$； (3) $\sum_{n=1}^{\infty}\frac{n^{10}}{\left(2+\frac{1}{n}\right)^n}$；

(4) $\sum_{n=1}^{\infty}\frac{1}{1+\alpha n^2}\ (\alpha>0)$； (5) $\sum_{n=1}^{\infty}\frac{n+1}{n(n+2)}$； (6) $\sum_{n=1}^{\infty}\sqrt{\frac{n+1}{n}}$；

(7) $\sum_{n=1}^{\infty}\frac{1}{na+b}\ (a>0,\ b>0)$.

4. 设 $a_n\geqslant0$ 且 $\{na_n\}$ 有界，证明级数 $\sum_{n=1}^{\infty}a_n^2$ 收敛.

5. 利用级数收敛的必要条件证明：

(1) $\lim_{n\to\infty}\frac{n^n}{(n!)^2}=0$； (2) $\lim_{n\to\infty}\frac{(2n)!}{a^{n!}}=0\ (a>1)$.

6. 设级数 $\sum_{n=1}^{\infty}\frac{1}{n^{1+\frac{1}{n}}}$，由于 $1+\frac{1}{n}>1$，是否能用 p 级数的敛散性判断该级数是收敛的？

7. 设 $\sum_{n=1}^{\infty}u_n$ 是正项级数，如果 $\frac{u_{n+1}}{u_n}<1$，则级数 $\sum_{n=1}^{\infty}u_n$ 收敛，这个论断是否正确？请说明理由.

8. 设有正项级数 $\sum_{n=1}^{\infty}u_n$，以下论断是否正确？

(1) 如果 $\sum_{n=1}^{\infty}u_n$ 收敛，则 $\sum_{n=1}^{\infty}u_n^2$ 也收敛；

(2) 如果 $\sum_{n=1}^{\infty}u_n$ 发散，则 $\sum_{n=1}^{\infty}u_n^2$ 也发散.

正确请证明，不正确请举反例说明.

9. 试证明，对于正项级数 $\sum_{n=1}^{\infty}u_n$，如果存在 $N\in\mathbb{N}^+$，当 $n>N$ 时，有 $\frac{u_{n+1}}{u_n}>1$，则 $\sum_{n=1}^{\infty}u_n$ 发散.

11.3 一般项级数

前面讨论了正项级数敛散性的判别，本节要对一般的级数进行讨论. 对于仅有有限多个负数项或有限多个正数项的级数都可以归到正项级数来讨论. 因此,这里所讨论的**一般项级数**是指含有无穷多个正数项和无穷多个负数项的级数.

一、交错级数

在一般项级数中有一类是比较特殊的,就是正负项交替出现的级数:

$$\sum_{n=1}^{\infty}(-1)^{n-1}u_n = u_1 - u_2 + u_3 - \cdots + (-1)^{n-1}u_n + \cdots \qquad ①$$

或

$$\sum_{n=1}^{\infty}(-1)^{n}u_n = -u_1 + u_2 - u_3 + \cdots + (-1)^{n}u_n + \cdots, \qquad ②$$

其中 $u_n > 0,\ n = 1, 2, \cdots$.

这类级数称为交错级数. ②可以看成①的各项乘以-1所得,因此只需讨论①的敛散性.

定理1(莱布尼茨(Leibniz)判别法) 如果交错级数①满足下面条件:

(i) $u_n \geqslant u_{n+1} \quad (n = 1, 2, \cdots)$;

(ii) $\lim\limits_{n\to\infty} u_n = 0$,

则交错级数①收敛,且其和 S 满足 $0 \leqslant S \leqslant u_1$,其余项 R_n 满足 $|R_n| \leqslant u_{n+1}$.

证 交错级数①的前 $2n$ 项部分和为

$$\begin{aligned} S_{2n} &= u_1 - u_2 + u_3 - u_4 + \cdots + u_{2n-1} - u_{2n} \\ &= (u_1 - u_2) + (u_3 - u_4) + \cdots + (u_{2n-1} - u_{2n}). \end{aligned}$$

根据条件(i)知括号内每一项都是非负的,所以 $S_{2n} \geqslant 0$, 且 $\{S_{2n}\}$ 是单调增加数列. 另一方面

$$S_{2n} = u_1 - (u_2 - u_3) - (u_4 - u_5) - \cdots - (u_{2n-2} - u_{2n-1}) - u_{2n}.$$

同样由于条件(i)可知 $S_{2n} \leqslant u_1$, 即 $\{S_{2n}\}$ 有界,由数列的单调有界准则,得 $\{S_{2n}\}$ 有极限 S,即

$$\lim_{n\to\infty} S_{2n} = S \quad 且 \quad 0 \leqslant S \leqslant u_1.$$

由于

$$S_{2n+1} = S_{2n} + u_{2n+1},$$

根据条件(ii),得

$$\lim_{n\to\infty} S_{2n+1} = \lim_{n\to\infty} S_{2n} + \lim_{n\to\infty} u_{2n+1} = S.$$

综合上述两个结论,有 $\lim\limits_{n\to\infty} S_n = S$. 所以级数①收敛,其和 S 满足 $S \leqslant u_1$. 不难得到,这个级数的余项 R_n 可以写成

$$R_n = \pm(u_{n+1} - u_{n+2} + \cdots), \quad |R_n| = u_{n+1} - u_{n+2} + \cdots,$$

$|R_n|$是交错级数,并且满足莱布尼茨判别法的条件,因此

$$|R_n| \leqslant u_{n+1}.$$

例 1 判别级数 $\sum_{n=1}^{\infty}(-1)^{n-1}\frac{1}{n^p}\ (p>0)$ 的敛散性.

解 这是一个交错级数,满足

(1) $u_n = \frac{1}{n^p} > \frac{1}{(n+1)^p} = u_{n+1}$;

(2) $\lim_{n\to\infty} u_n = \lim_{n\to\infty}\frac{1}{n^p} = 0.$

所以这个级数收敛,且它的和 $S \leqslant 1$.

二、绝对收敛和条件收敛

现在来讨论一般项级数

$$\sum_{n=1}^{\infty} u_n = u_1 + u_2 + \cdots + u_n + \cdots \qquad ③$$

的敛散性及其判别法.

称由级数③各项的绝对值构成的正项级数

$$\sum_{n=1}^{\infty} |u_n| = |u_1| + |u_2| + \cdots + |u_n| + \cdots \qquad ④$$

为对应于级数③的**绝对值级数**. ③和④的敛散性有下列关系.

定理 2 如果级数 $\sum_{n=1}^{\infty}|u_n|$收敛,则级数$\sum_{n=1}^{\infty}u_n$ 收敛.

证 因为

$$u_n = |u_n| - (|u_n| - u_n), \quad 0 \leqslant |u_n| - u_n \leqslant 2|u_n|,$$

而级数 $\sum_{n=1}^{\infty}|u_n|$收敛,则由比较判别法知级数$\sum_{n=1}^{\infty}(|u_n| - u_n)$ 收敛,从而级数 $\sum_{n=1}^{\infty}u_n$ 收敛.

但是级数 $\sum_{n=1}^{\infty}u_n$ 收敛不能得出级数$\sum_{n=1}^{\infty}|u_n|$收敛,如交错级数$\sum_{n=1}^{\infty}(-1)^{n-1}\frac{1}{n}$ 收敛,而 $\sum_{n=1}^{\infty}\left|(-1)^{n-1}\frac{1}{n}\right| = \sum_{n=1}^{\infty}\frac{1}{n}$ 发散.

定义 1 如果级数 $\sum_{n=1}^{\infty}|u_n|$ 收敛，则称级数 $\sum_{n=1}^{\infty}u_n$ 绝对收敛；如果级数 $\sum_{n=1}^{\infty}u_n$ 收敛，而 $\sum_{n=1}^{\infty}|u_n|$ 发散，则称级数 $\sum_{n=1}^{\infty}u_n$ 条件收敛.

定理 2 告诉我们：**绝对收敛级数一定是收敛级数**.

由于 $\sum_{n=1}^{\infty}|u_n|$ 是正项级数，前面有关正项级数的判别法都可以用来判别一般项级数的绝对收敛.

例 2 讨论下列级数的敛散性，收敛时指出是绝对收敛还是条件收敛：

(1) $\sum_{n=1}^{\infty}\frac{\sin nx}{n^2}$； (2) $\sum_{n=1}^{\infty}(-1)^{n-1}\frac{1}{\sqrt{n}}$；

(3) $\sum_{n=1}^{\infty}(-1)^n\frac{1}{2^n}\left(1+\frac{1}{n}\right)^{n^2}$； (4) $\sum_{n=1}^{\infty}n!\left(\frac{x}{n}\right)^n$.

解 (1) 由于 $\left|\frac{\sin nx}{n^2}\right|\leqslant\frac{1}{n^2}$，而级数 $\sum_{n=1}^{\infty}\frac{1}{n^2}$ 收敛，所以级数 $\sum_{n=1}^{\infty}\frac{\sin nx}{n^2}$ 绝对收敛.

(2) 由于 $\left|(-1)^{n-1}\frac{1}{\sqrt{n}}\right|=\frac{1}{\sqrt{n}}$，而级数 $\sum_{n=1}^{\infty}\frac{1}{\sqrt{n}}$ 发散，但由例 1 知 $\sum_{n=1}^{\infty}\frac{(-1)^{n-1}}{\sqrt{n}}$ 收敛 $\left(p=\frac{1}{2}\right)$，所以级数 $\sum_{n=1}^{\infty}(-1)^{n-1}\frac{1}{\sqrt{n}}$ 条件收敛.

(3) 由于 $|u_n|=\frac{1}{2^n}\left(1+\frac{1}{n}\right)^{n^2}$，而 $\lim_{n\to\infty}\sqrt[n]{|u_n|}=\lim_{n\to\infty}\frac{1}{2}\left(1+\frac{1}{n}\right)^n=\frac{\mathrm{e}}{2}>1$，所以 $|u_n|$ 不趋于零 $(n\to\infty)$，从而级数 $\sum_{n=1}^{\infty}(-1)^n\frac{1}{2^n}\left(1+\frac{1}{n}\right)^{n^2}$ 发散.

(4) 由于

$$|u_n|=n!\left(\frac{|x|}{n}\right)^n,\quad \frac{|u_{n+1}|}{|u_n|}=\frac{(n+1)!\left(\frac{|x|}{n+1}\right)^{n+1}}{n!\left(\frac{|x|}{n}\right)^n}=\frac{|x|}{\left(1+\frac{1}{n}\right)^n},$$

所以

$$\lim_{n\to\infty}\frac{|u_{n+1}|}{|u_n|}=\frac{|x|}{\mathrm{e}}\begin{cases}<1, & |x|<\mathrm{e},\\ >1, & |x|>\mathrm{e}.\end{cases}$$

当 $|x|<\mathrm{e}$ 时，级数 $\sum_{n=1}^{\infty}n!\left(\frac{x}{n}\right)^n$ 绝对收敛.

当 $|x| > e$ 时,级数的一般项 $|u_n|$ 不趋于零($n\to\infty$),所以级数 $\sum_{n=1}^{\infty} n!\left(\frac{x}{n}\right)^n$ 发散.

而当 $|x| = e$ 时,注意到 $\frac{|u_{n+1}|}{|u_n|} = \frac{e}{\left(1+\frac{1}{n}\right)^n} > 1$(因为 $\left(1+\frac{1}{n}\right)^n$ 单调增加趋于 e),所以 $|u_n|$ 不趋于 0 ($n\to\infty$),故原级数 $\sum_{n=1}^{\infty} n!\left(\frac{x}{n}\right)^n$ 发散.

综合起来,当 $|x| < e$ 时, $\sum_{n=1}^{\infty} n!\left(\frac{x}{n}\right)^n$ 绝对收敛;当 $|x| \geqslant e$ 时, $\sum_{n=1}^{\infty} n!\left(\frac{x}{n}\right)^n$ 发散.

三、绝对收敛级数的乘积

前面讨论了绝对收敛和条件收敛,从中看出条件收敛之所以能收敛是依靠各项正负抵消.而绝对收敛有更好的性质.

定理3 绝对收敛级数的项经过重排后构成的新级数仍然收敛,且与原级数有相同的和.

定理证明从略.通俗地讲,绝对收敛级数的项有交换性,对于条件收敛级数,上述定理不成立.

有了定理3,就可以讨论级数的乘法.设 $\sum_{n=1}^{\infty} u_n$, $\sum_{n=1}^{\infty} v_n$ 都收敛,将两个级数的项的所有可能的乘积 $u_i v_j (i, j = 1, 2, \cdots)$ 排列如下:

$$
\begin{array}{ccccc}
u_1v_1 & u_1v_2 & u_1v_3 & \cdots & u_1v_n\cdots \\
u_2v_1 & u_2v_2 & u_2v_3 & \cdots & u_2v_n\cdots \\
u_3v_1 & u_3v_2 & u_3v_3 & \cdots & u_3v_n\cdots \\
 & & \cdots\cdots\cdots & & \\
u_nv_1 & u_nv_2 & u_nv_3 & \cdots & u_nv_n\cdots \\
 & & \cdots\cdots\cdots & &
\end{array}
$$

这些乘积项可以按照一定的方法排成一列进行相加,最常见的是对角线法:

$$
\begin{array}{ccccc}
u_1v_1 & u_1v_2 & u_1v_3 & \cdots & u_1v_n\cdots \\
u_2v_1\swarrow & u_2v_2\swarrow & u_2v_3\swarrow & \cdots & u_2v_n\cdots \\
u_3v_1\swarrow & u_3v_2\swarrow & u_3v_3 & \cdots & u_3v_n\cdots \\
 & & \cdots\cdots\cdots & & \\
u_nv_1 & u_nv_2 & u_nv_3 & \cdots & u_nv_n\cdots \\
 & & \cdots\cdots\cdots & &
\end{array}
$$

相加后得到

$$u_1v_1+(u_1v_2+u_2v_1)+(u_1v_3+u_2v_2+u_3v_1)+\cdots. \qquad ⑤$$

称按“对角线法”所构成的级数⑤为两个级数 $\sum\limits_{n=1}^{\infty}u_n$ 和 $\sum\limits_{n=1}^{\infty}v_n$ 的柯西乘积. 这个乘积是否也有有限和乘积一样的性质呢?

定理 4 如果级数 $\sum\limits_{n=1}^{\infty}u_n$ 和 $\sum\limits_{n=1}^{\infty}v_n$ 都绝对收敛,其和分别为 S 和 T,则它们的柯西乘积⑤也绝对收敛,且其和等于 $S\cdot T$.

对于条件收敛级数,定理 4 的结论不一定成立,其根本原因是条件收敛级数重排级数的项以后不能保证收敛,也就是定理 3 的结论不能成立. 如交错级数 $\sum\limits_{n=1}^{\infty}(-1)^{n-1}\dfrac{1}{\sqrt{n}}$ 条件收敛,自身相乘得到的柯西乘积 $\sum\limits_{n=1}^{\infty}w_n$ 的一般项为

$$\begin{aligned}w_n&=(-1)^{n-1}\left(\frac{1}{\sqrt{n}}\cdot 1+\frac{1}{\sqrt{n-1}}\cdot\frac{1}{\sqrt{2}}+\frac{1}{\sqrt{n-2}}\cdot\frac{1}{\sqrt{3}}+\cdots+1\cdot\frac{1}{\sqrt{n}}\right)\\&=(-1)^{n-1}\left(\frac{1}{\sqrt{n}}\cdot 1+\frac{1}{\sqrt{2(n-1)}}+\frac{1}{\sqrt{3(n-2)}}+\cdots+\frac{1}{\sqrt{n}}\right).\end{aligned}$$

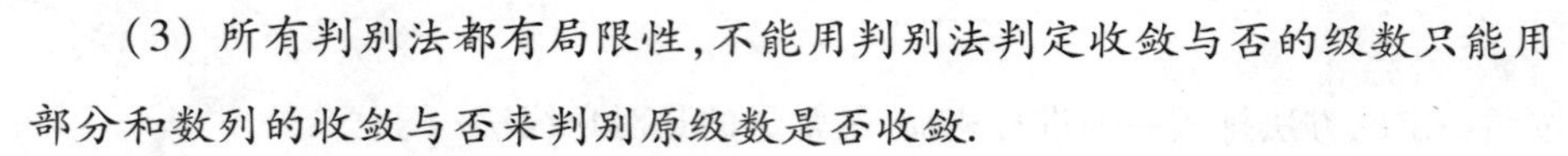

由于 $|w_n|>\underbrace{\left\{\dfrac{1}{\sqrt{n}\cdot\sqrt{n}}+\dfrac{1}{\sqrt{n}\cdot\sqrt{n}}+\dfrac{1}{\sqrt{n}\cdot\sqrt{n}}+\cdots+\dfrac{1}{\sqrt{n}\cdot\sqrt{n}}\right\}}_{n项}=1$,所以 $\sum\limits_{n=1}^{\infty}w_n$ 发散.

最后对一般项级数的敛散性的判别作一些总结:

(1) 绝对值级数收敛是原级数收敛的充分条件,如果级数的绝对值级数发散,不能断定原级数发散,有可能是条件收敛.

11.3 学习要点

(2) 如果用比式或根式判别法得出绝对值级数发散,那么原级数一定发散.

(3) 所有判别法都有局限性,不能用判别法判定收敛与否的级数只能用部分和数列的收敛与否来判别原级数是否收敛.

习题 11.3

1. 如果一般项级数 $\sum\limits_{n=1}^{\infty}u_n$ 满足

$$\lim_{n\to\infty}\left|\frac{u_{n+1}}{u_n}\right|=l>1,\quad 或者 \lim_{n\to\infty}\sqrt[n]{|u_n|}=l>1,$$

试证级数 $\sum_{n=1}^{\infty} u_n$ 发散.

2. 如果 $\sum_{n=1}^{\infty} u_n$, $\sum_{n=1}^{\infty} v_n$ 都是绝对收敛,则 $\sum_{n=1}^{\infty}(u_n+v_n)$ 也绝对收敛.

3. 判别下列级数的敛散性,如果收敛,是绝对收敛还是条件收敛?

(1) $\sum_{n=1}^{\infty} \frac{(-1)^n}{\ln(n+1)}$;　　(2) $\sum_{n=1}^{\infty} \frac{\cos n\pi}{\sqrt{n}}$;

(3) $\sum_{n=1}^{\infty} \frac{\sin 3^n}{2^n}$;　　(4) $\sum_{n=1}^{\infty} \frac{(-1)^{n-1}n}{3^n}$;

(5) $\sum_{n=1}^{\infty} \frac{(-1)^n \ln(n+1)}{n+1}$;　　(6) $\sum_{n=1}^{\infty} \left(\frac{n}{2n+1}\right)^n$;

(7) $\sum_{n=1}^{\infty} (-1)^{n-1} \frac{1+(-1)^n}{n}$;　　(8) $\sum_{n=1}^{\infty} (-1)^{n+1} \frac{2^{n^2}}{n!}$.

4. 级数 $\sum_{n=1}^{\infty} v_n$ 是一般项级数,且有 $0 \leqslant u_n \leqslant |v_n|$,能根据 $\sum_{n=1}^{\infty} v_n$ 收敛得出 $\sum_{n=1}^{\infty} u_n$ 收敛的结论吗?为什么?

11.4 幂级数

本节要讨论的级数的一般项是一个最简单的函数——幂函数. 这类级数称为幂级数.

一、函数项级数的概念

设 $u_n(x)$ $(n=1, 2, \cdots)$ 是定义在区间 I 上的一列函数,则表达式

$$\sum_{n=1}^{\infty} u_n(x) = u_1(x) + u_2(x) + \cdots + u_n(x) + \cdots \quad (x \in I) \tag{①}$$

称为定义在 I 上的**函数项级数**.

对于 I 中的每个值 x_0,函数项级数①就成了数项级数

$$\sum_{n=1}^{\infty} u_n(x_0) = u_1(x_0) + u_2(x_0) + \cdots + u_n(x_0) + \cdots. \tag{②}$$

如果级数②收敛,就称函数项级数①在点 x_0 处收敛,x_0 称为①的**收敛点**. 如果函数②发散,就称函数项级数①在点 x_0 处发散.

函数项级数①的收敛点的全体称为①的**收敛域**,记作 D.

对于①的收敛域中的一点 x,都有一个确定的和 $S(x)$ 与之对应,这样就构成了定义在收敛域

D 上的函数 $S(x)$,称为函数项级数①的**和函数**,记作

$$S(x)=u_1(x)+u_2(x)+\cdots+u_n(x)+\cdots,\quad x\in D.$$

记 $S_n(x)$ 为函数项级数①的前 n 项部分和,则有

$$S(x)=\lim_{n\to\infty}S_n(x),\quad x\in D.$$

记 $R_n(x)=S(x)-S_n(x)$ 为函数项级数①的余项,则有

$$\lim_{n\to\infty}R_n(x)=0,\quad x\in D.$$

例 1 定义在 $(-\infty,+\infty)$ 上的函数项级数

$$1+x+x^2+\cdots+x^{n-1}+\cdots=\sum_{n=0}^{\infty}x^n.$$

当 $|x|<1$ 时,级数收敛,和是 $\frac{1}{1-x}$;当 $|x|\geqslant 1$ 时级数发散.

所以几何级数 $\sum\limits_{n=0}^{\infty}x^n$ 的收敛域是 $(-1,1)$,和函数 $S(x)=\frac{1}{1-x}$,即

$$\frac{1}{1-x}=1+x+x^2+\cdots+x^{n-1}+\cdots,\quad |x|<1.$$

二、幂级数及其收敛半径

在函数项级数中,最简单和最重要的一类是幂级数,其一般形式为

$$\sum_{n=0}^{\infty}a_n(x-x_0)^n=a_0+a_1(x-x_0)+a_2(x-x_0)^2+\cdots+a_n(x-x_0)^n+\cdots, \tag{③}$$

其中 x_0 和 $a_0,a_1,\cdots,a_n,\cdots$ 都是常数,$a_0,a_1,\cdots,a_n,\cdots$ 称为幂级数的系数. 如果作变换 $y=x-x_0$,③就化为

$$\sum_{n=0}^{\infty}a_ny^n=a_0+a_1y+a_2y^2+\cdots+a_ny^n+\cdots.$$

所以,只要讨论 $x_0=0$ 时的情形,即

$$\sum_{n=0}^{\infty}a_nx^n=a_0+a_1x+a_2x^2+\cdots+a_nx^n+\cdots. \tag{④}$$

对于幂级数,首先要讨论它的收敛域的形式,一个明显的事实是,幂级数④在 $x=0$ 处收敛,除此之外的收敛点是怎样的呢?

定理 1 如果幂级数④在 $\bar{x}\neq 0$ 处收敛,则对于任何满足 $|x|<|\bar{x}|$ 的 x,幂级数④都收

敛，而且绝对收敛；如果幂级数④在 $\bar{x} \neq 0$ 处发散，则对任何满足 $|x| > |\bar{x}|$ 的 x，④都发散.

证 由于级数 $\sum_{n=0}^{\infty} a_n \bar{x}^n$ 收敛，根据收敛的必要条件，有 $\lim_{n\to\infty} a_n \bar{x}^n = 0$. 于是存在常数 $M > 0$，使得

$$|a_n \bar{x}^n| \leqslant M \quad (n = 0, 1, 2, \cdots).$$

对于满足 $|x| < |\bar{x}|$ 的 x，记 $r = \left|\frac{x}{\bar{x}}\right| < 1$，这样级数 $\sum_{n=1}^{\infty} a_n x^n$ 的一般项 $a_n x^n$ 的绝对值满足

$$|a_n x^n| = \left|a_n \bar{x}^n \cdot \frac{x^n}{\bar{x}^n}\right| = |a_n \bar{x}^n| \cdot \left|\frac{x^n}{\bar{x}^n}\right| \leqslant Mr^n.$$

由级数 $\sum_{n=0}^{\infty} Mr^n$ 收敛可知，当 $|x| < |\bar{x}|$ 时 $\sum_{n=0}^{\infty} a_n x^n$ 绝对收敛.

如果幂级数 $\sum_{n=0}^{\infty} a_n x^n$ 在 $\bar{x}$ 处发散，而在 x_1，$|x_1| > |\bar{x}|$ 处收敛，根据定理第一部分的结论，级数 $\sum_{n=0}^{\infty} a_n x^n$ 在 $\bar{x}$ 处收敛，这与假设矛盾. 从而对任何满足 $|x| > |\bar{x}|$ 的 x，级数 $\sum_{n=0}^{\infty} a_n x^n$ 发散.

定理 1 告诉我们，如果幂级数 $\sum_{n=0}^{\infty} a_n x^n$ 除 $x = 0$ 外还有其他收敛点，则它的收敛域一定是一个以原点为中心的区间. 这个区间有下面三种情况：

(1) 幂级数的收敛域是以原点为中心，R 为半径的有限区间，即幂级数在 $(-R, R)$ 内收敛，在 $[-R, R]$ 外一定发散，在端点 $x = \pm R$ 处，可能收敛，也可能发散，此时称 R 为幂级数④的收敛半径.

(2) 幂级数的收敛域是无穷区间 $(-\infty, +\infty)$，此时称幂级数④的收敛半径为无穷大，即 $R = +\infty$.

(3) 幂级数④仅在 $x = 0$ 处收敛，此时称收敛半径 $R = 0$.

如何找出收敛级数半径 R 呢？有下面的定理.

定理 2 对于幂级数 $\sum_{n=0}^{\infty} a_n x^n$，如果

$$\lim_{n\to\infty} \left|\frac{a_{n+1}}{a_n}\right| = \rho,$$

则

(i) 当 $0 < \rho < +\infty$ 时，$R = \frac{1}{\rho}$；

(ii) 当 $\rho=0$ 时, $R=+\infty$;

(iii) 当 $\rho=+\infty$ 时, $R=0$.

证 对于幂级数 $\sum_{n=0}^{\infty}a_nx^n$ 的绝对值级数 $\sum_{n=0}^{\infty}|a_nx^n|$, 有

$$\lim_{n\to\infty}\frac{|a_{n+1}x^{n+1}|}{|a_nx^n|}=\lim_{n\to\infty}\left|\frac{a_{n+1}}{a_n}\right||x|=\rho|x|.$$

(i) 如果 $0<\rho<+\infty$,根据比式判别法,当 $\rho|x|<1$,即 $|x|<\frac{1}{\rho}$ 时, $\sum_{n=0}^{\infty}|a_nx^n|$ 收敛,从而 $\sum_{n=0}^{\infty}a_nx^n$ 绝对收敛. 当 $\rho|x|>1$,即 $|x|>\frac{1}{\rho}$ 时,级数 $\sum_{n=0}^{\infty}|a_nx^n|$ 发散,而且 $\lim_{n\to\infty}|a_nx^n|\neq 0$,从而 $\sum_{n=0}^{\infty}a_nx^n$ 发散. 于是此时幂级数 $\sum_{n=0}^{\infty}a_nx^n$ 的收敛半径 $R=\frac{1}{\rho}$.

(ii) 如果 $\rho=0$,则对任何 x,都有 $\rho|x|=0<1$,即在任何 x 处,级数 $\sum_{n=0}^{\infty}|a_nx^n|$ 收敛,从而 $\sum_{n=0}^{\infty}a_nx^n$ 绝对收敛,于是 $R=+\infty$.

(iii) 如果 $\rho=+\infty$,则对任何 $x\neq 0$, $\lim_{n\to\infty}\frac{|a_{n+1}x^{n+1}|}{|a_nx^n|}=+\infty$,即级数对任何 $x\neq 0$,都有 $\lim_{n\to\infty}|a_nx^n|\neq 0$,于是 $R=0$.

注 定理中的 ρ,也可以用根式极限 $\lim_{n\to\infty}\sqrt[n]{|a_n|}=\rho$ 得出.

例 2 求幂级数 $\sum_{n=1}^{\infty}\frac{x^n}{2^nn}$ 的收敛半径和收敛域.

解 因为

$$\rho=\lim_{n\to\infty}\frac{|a_{n+1}|}{|a_n|}=\lim_{n\to\infty}\frac{\frac{1}{2^{n+1}(n+1)}}{\frac{1}{2^nn}}=\lim_{n\to\infty}\frac{n}{2(n+1)}=\frac{1}{2},$$

所以这个级数的收敛半径为 $R=\frac{1}{\rho}=2$. 当 $x=2$ 时,级数为 $\sum_{n=1}^{\infty}\frac{1}{n}$ 发散;当 $x=-2$ 时,级数为 $\sum_{n=1}^{\infty}\frac{(-1)^n}{n}$ 收敛. 于是原级数的收敛域为 $[-2,2)$.

例3 求幂级数 $\sum_{n=0}^{\infty} n!\,x^n$ 的收敛半径.

解 这里 $0!=1$. 因为 $\rho=\lim_{n\to\infty}\left|\frac{a_{n+1}}{a_n}\right|=\lim_{n\to\infty}\frac{(n+1)!}{n!}=+\infty$，所以收敛半径 $R=0$，级数仅在 $x=0$ 处收敛，也就是级数的收敛域是 $\{0\}$.

例4 求幂级数 $\sum_{n=0}^{\infty}\frac{x^{2n}}{4^n}$ 的收敛域.

解 由于少了奇次幂的项，不能直接用定理2，我们直接用根式法来求收敛半径.

$$\lim_{n\to\infty}\sqrt[n]{\frac{|x^{2n}|}{4^n}}=\frac{|x|^2}{4},$$

当 $\frac{|x|^2}{4}<1$，即 $|x|<2$ 时原级数收敛. 在 $x=\pm 2$ 时，原级数为 $\sum_{n=0}^{\infty}1$，是发散的，故收敛域为 $(-2,\ 2)$.

例5 求幂级数 $\sum_{n=1}^{\infty}\frac{(x-1)^n}{3^n n^2}$ 的收敛域.

解 令 $t=x-1$，代入原级数，得

$$\sum_{n=1}^{\infty}\frac{t^n}{3^n n^2}. \qquad ⑤$$

由于 $\rho=\lim_{n\to\infty}\frac{|a_{n+1}|}{|a_n|}=\lim_{n\to\infty}\frac{\frac{1}{3^{n+1}(n+1)^2}}{\frac{1}{3^n n^2}}=\frac{1}{3}$，所以⑤的收敛半径为 3. 当 $t=3$ 时，级数⑤成为 $\sum_{n=1}^{\infty}\frac{1}{n^2}$，收敛. 当 $t=-3$ 时，级数⑤成为 $\sum_{n=1}^{\infty}\frac{(-1)^n}{n^2}$，也收敛. 因此⑤的收敛域是 $[-3,\ 3]$，根据 $t=x-1$，知原级数的收敛域是 $[-2,\ 4]$.

三、幂级数的运算

首先给出两个幂级数的加、减、乘、除运算性质.

设有两个幂级数 $\sum_{n=0}^{\infty}a_n x^n$，$\sum_{n=0}^{\infty}b_n x^n$，它们的收敛半径分别为 R_a 和 R_b，令 $R=\min\{R_a,\ R_b\}$，则有以下四则运算：

$$\sum_{n=0}^{\infty} a_n x^n \pm \sum_{n=0}^{\infty} b_n x^n = \sum_{n=0}^{\infty} (a_n \pm b_n) x^n, \quad |x| < R,$$

$$\left(\sum_{n=0}^{\infty} a_n x^n\right)\left(\sum_{n=0}^{\infty} b_n x^n\right) = \sum_{n=0}^{\infty} c_n x^n, \quad |x| < R,$$

其中 $c_n = \sum_{k=0}^{n} a_k b_{n-k}$,

$$\frac{\sum_{n=0}^{\infty} a_n x^n}{\sum_{n=0}^{\infty} b_n x^n} = c_0 + c_1 x + c_2 x^2 + \cdots + c_n x^n + \cdots,$$

这里 $b_0 \neq 0$, c_0, c_1, c_2, …由下列方程决定:

$$a_0 = b_0 c_0,$$
$$a_1 = b_1 c_0 + b_0 c_1,$$
$$a_2 = b_2 c_0 + b_1 c_1 + b_0 c_2,$$
$$\cdots\cdots\cdots\cdots$$

根据上述方程组,可以依顺序求出 c_0, c_1, c_2, …, c_n, ….

相除后得到的幂函数的收敛半径可能比 $R = \min\{R_a, R_b\}$ 小得多. 如级数 $\sum_{n=0}^{\infty} a_n x^n = 1$ 与 $\sum_{n=0}^{\infty} b_n x^n = 1 - x$ 的收敛半径为 $+\infty$,而 $\frac{\sum_{n=0}^{\infty} a_n x^n}{\sum_{n=0}^{\infty} b_n x^n} = \frac{1}{1-x} = \sum_{n=0}^{\infty} x^n$ 的收敛半径仅为 1.

除上述运算性质外,幂级数还有以下重要的分析性质(我们略去证明,仅列出结果).

定理 3 幂级数 $\sum_{n=0}^{\infty} a_n x^n$ 的和函数 $S(x)$ 在其收敛区间 $(-R, R)$ 上连续,即

$$\lim_{x \to x_0} S(x) = \lim_{x \to x_0} \sum_{n=0}^{\infty} a_n x^n = \sum_{n=0}^{\infty} a_n x_0^n = \sum_{n=0}^{\infty} \lim_{x \to x_0} a_n x^n. \qquad ⑥$$

也就是说,幂级数在其收敛区间内,极限运算"$\lim\limits_{x \to x_0}$"与求和运算"$\sum\limits_{n=0}^{\infty}$"可以交换,或称"可以逐项求极限".

定理 4 如果幂级数 $\sum_{n=0}^{\infty} a_n x^n$ 的和函数为 $S(x)$,收敛半径为 R,则对于任意 x, $|x| < R$ 都有

$$\int_0^x S(t)\,dt = \int_0^x \left(\sum_{n=0}^{\infty} a_n t^n\right) dt = \sum_{n=0}^{\infty} \int_0^x a_n t^n\,dt = \sum_{n=0}^{\infty} \frac{a_n}{n+1} x^{n+1}. \qquad ⑦$$

即幂函数在其收敛区间$(-R,\ R)$内可以逐项求积分,且积分后的级数收敛半径仍为R.

定理5 如果幂级数$\sum\limits_{n=0}^{\infty} a_n x^n$的和函数为$S(x)$,收敛半径为$R$,则对于任意$x$, $|x|<R$,都有

$$S'(x)=\Big(\sum_{n=0}^{\infty} a_n x^n\Big)'=\sum_{n=0}^{\infty}(a_n x^n)'=\sum_{n=1}^{\infty} a_n n x^{n-1}. \qquad ⑧$$

即$S(x)$在收敛的区间$(-R,\ R)$内可导,且导数可以通过逐项求导得到,求导后的幂级数收敛半径仍为R.

推论 幂级数$\sum\limits_{n=0}^{\infty} a_n x^n$的和函数$S(x)$在收敛区间$(-R,\ R)$上具有任意阶导数,且

$$S^{(n)}(x)=\sum_{k=0}^{\infty}(a_k x^k)^{(n)}.$$

另外,还可以证明,如果逐项求极限、逐项求导、逐项积分后所得的幂级数在$x=R$或$x=-R$处收敛,则在$x=R$或$x=-R$处等式⑥~⑧仍然成立.

例6 求级数$\sum\limits_{n=1}^{\infty}\dfrac{1}{n}x^n$的和函数,并证明$\ln 2=\sum\limits_{n=1}^{\infty}\dfrac{1}{2^n n}$.

解 由于$\rho=\lim\limits_{n\to\infty}\dfrac{\frac{1}{n+1}}{\frac{1}{n}}=1$,所以$\sum\limits_{n=1}^{\infty}\dfrac{1}{n}x^n$在$[-1,\ 1)$内收敛. 设其和函数为$S(x)$,则$S(x)=\sum\limits_{n=1}^{\infty}\dfrac{x^n}{n}$. 于是

$$S'(x)=\sum_{n=1}^{\infty}\left(\frac{x^n}{n}\right)'=\sum_{n=1}^{\infty}x^{n-1}=\sum_{n=0}^{\infty}x^n=\frac{1}{1-x}\quad(|x|<1),$$

因此

$$S(x)=\sum_{n=1}^{\infty}\frac{x^n}{n}=\int_0^x\frac{1}{1-t}\mathrm{d}t+S(0)=-\ln(1-x),\quad -1\leqslant x<1.$$

取$x=\dfrac{1}{2}$,代入上式得

$$\ln 2=\sum_{n=1}^{\infty}\frac{1}{2^n n}.$$

例 7 求级数 $\sum\limits_{n=0}^{\infty}\dfrac{x^n}{n!}$ 的和函数.

解 由于 $\rho=\lim\limits_{n\to\infty}\dfrac{\dfrac{1}{(n+1)!}}{\dfrac{1}{n!}}=\lim\limits_{n\to\infty}\dfrac{1}{n+1}=0$，所以 $\sum\limits_{n=0}^{\infty}\dfrac{x^n}{n!}$ 在$(-\infty,+\infty)$内收敛. 设其和函数为 $S(x)$，则

$$S(x)=1+x+\frac{x^2}{2!}+\frac{x^3}{3!}+\cdots+\frac{x^n}{n!}+\cdots,$$

$$S'(x)=1+x+\frac{x^2}{2!}+\frac{x^3}{3!}+\cdots+\frac{x^{n-1}}{(n-1)!}+\cdots,$$

即 $S(x)=S'(x)$，或$\dfrac{S'(x)}{S(x)}=1$. 两边求不定积分得

$$\int\frac{S'(x)}{S(x)}\mathrm{d}x=\int\frac{1}{S(x)}\mathrm{d}S(x)=\ln|S(x)|=x+C_1,$$

从而有 $S(x)=C\mathrm{e}^x$，其中 $C=\pm\mathrm{e}^{C_1}$. 根据 $S(0)=1$，可得 $C=1$，所以所求和函数为 $S(x)=\mathrm{e}^x$.

11.4 学习要点

习题 11.4

1. 求下列幂级数的收敛半径和收敛域：

(1) $\sum\limits_{n=1}^{\infty}nx^n$；　　(2) $\sum\limits_{n=1}^{\infty}\dfrac{x^n}{2\cdot4\cdots(2n)}$；

(3) $\sum\limits_{n=1}^{\infty}\dfrac{2^n}{n^2+1}x^n$；　　(4) $\sum\limits_{n=1}^{\infty}\dfrac{(x+2)^n}{n\cdot2^n}$；

(5) $\sum\limits_{n=1}^{\infty}(-1)^n\dfrac{x^{2n+1}}{2n+1}$；　　(6) $\sum\limits_{n=1}^{\infty}(-1)^n\dfrac{x^n}{n^p}\quad(p>0)$；

(7) $\sum\limits_{n=0}^{\infty}\dfrac{x^{3n}}{2^n}$；　　(8) $\sum\limits_{n=1}^{\infty}\dfrac{x^{4n+1}}{\left(4+\dfrac{1}{4n}\right)^n}$.

2. 应用幂级数的逐项求导和逐项求积的方法，求下列幂级数的和函数：

(1) $\sum\limits_{n=1}^{\infty}nx^{n-1}$；　　(2) $\sum\limits_{n=0}^{\infty}\dfrac{x^{2n+1}}{2n+1}$.

11.5 函数的幂级数展开式

经过前面的讨论,我们知道一个幂级数在其收敛域上可以表示某个函数(即和函数).在导数应用一章,还知道满足一定条件的函数可以表示成一个多项式及一个余项的和(泰勒公式).由于幂级数形式简单且有很好的性质,能否将泰勒公式中的多项式变成幂级数呢?或者说满足一定条件的一个函数能否用一个收敛半径不为0的幂级数来表示它呢?这是本节要解决的问题.

一、泰勒(Taylor)级数

如果函数$f(x)$在x_0的某个邻域$U(x_0)$内可用一个收敛的幂级数来表示,即

$$f(x)=\sum_{n=0}^{\infty}a_n(x-x_0)^n,\quad x\in U(x_0),$$

则称幂级数$\sum\limits_{n=0}^{\infty}a_n(x-x_0)^n$为函数$f(x)$在点$x=x_0$处的**幂级数展开式**,也称函数$f(x)$在$x_0$处可展开为幂级数$\sum\limits_{n=0}^{\infty}a_n(x-x_0)^n$.

现在需要解决两个问题.

首先函数$f(x)$在点x_0处可以展开为幂级数,如何求出这个幂级数呢?

定理1 如果$f(x)$在点x_0处可展开为幂级数$f(x)=\sum\limits_{n=0}^{\infty}a_n(x-x_0)^n$,则

$$a_n=\frac{f^{(n)}(x_0)}{n!},\ n=0,1,2,\cdots,\qquad ①$$

这里约定$f^{(0)}(x)=f(x)$,$0!=1$.

证 因为对任意$x\in U(x_0)$,有

$$f(x)=a_0+a_1(x-x_0)+a_2(x-x_0)^2+a_3(x-x_0)^3+\cdots+a_n(x-x_0)^n+\cdots,$$

根据收敛幂级数可逐项求导,得

$$f'(x)=a_1+2a_2(x-x_0)+3a_3(x-x_0)^2+\cdots+na_n(x-x_0)^{n-1}+\cdots,$$
$$f''(x)=2a_2+3\cdot 2a_3(x-x_0)+\cdots+n(n-1)a_n(x-x_0)^{n-2}+\cdots,$$
$$\cdots\cdots\cdots\cdots$$
$$f^{(n)}(x)=n!a_n+(n+1)n(n-1)\cdots 2a_{n+1}(x-x_0)+\cdots,$$

用 $x=x_0$ 代入上面各式,可得

$$a_0=f(x_0),\quad a_1=f'(x_0),\quad a_2=\frac{f''(x_0)}{2!},\cdots,\quad a_n=\frac{f^{(n)}(x_0)}{n!},\cdots.$$

定理 1 还说明,如果 $f(x)$ 能展开成幂级数,其展开式是唯一的.

定义 1 如果函数 $f(x)$ 在点 x_0 处有任意阶导数,则称级数

$$\sum_{n=0}^{\infty}\frac{f^{(n)}(x_0)}{n!}(x-x_0)^n \tag{②}$$

为函数 $f(x)$ 在点 x_0 处的泰勒级数. 当 $x_0=0$ 时,这个级数又称为 Maclaurin(麦克劳林)级数.

现在的问题是级数②是否在点 x_0 的某邻域内收敛,如果收敛,是否收敛到 $f(x)$,这是需要解决的第二个问题.

由第 4 章 4.3 节可知,当函数 $f(x)$ 在点 x_0 的邻域 $U(x_0)$ 内有直到 $n+1$ 阶导数时,就有泰勒公式

$$f(x)=f(x_0)+f'(x_0)(x-x_0)+\frac{f''(x_0)}{2!}(x-x_0)^2+\cdots$$
$$+\frac{f^{(n)}(x_0)}{n!}(x-x_0)^n+R_n(x),$$

其中 $R_n(x)$ 为泰勒公式在点 x_0 处的 n 阶拉格朗日余项,可以表示为

$$R_n(x)=\frac{f^{(n+1)}(\xi)}{(n+1)!}(x-x_0)^{n+1},\quad \xi \text{ 介于 } x \text{ 与 } x_0 \text{ 之间}.$$

这样,函数 $f(x)$ 与多项式

$$p_n(x)=f(x_0)+f'(x_0)(x-x_0)+\frac{f''(x_0)}{2!}(x-x_0)^2+\cdots+\frac{f^{n}(x_0)}{n!}(x-x_0)^n$$

的差就是 $R_n(x)=f(x)-p_n(x)$.

如果当 n 趋于 ∞ 时, $R_n(x)$ 趋于 0,则 $f(x)$ 在点 x_0 的某邻域 $U(x_0)$ 内就可以用它的泰勒级数来表示了.

定理 2 设 $f(x)$ 在 x_0 处有任意阶导数,则 $f(x)$ 的泰勒级数②在点 x_0 处的某个邻域 $U(x_0)$ 内收敛于 $f(x)$ 的充分必要条件是对一切 $x\in U(x_0)$,有

$$\lim_{n\to\infty}R_n(x)=0.$$

证 必要性 如果 $f(x)$ 的泰勒级数②在 $U(x_0)$ 内收敛于 $f(x)$,则

$$f(x)=\sum_{n=0}^{\infty}\frac{f^{(n)}(x_0)}{n!}(x-x_0)^n,\quad x\in U(x_0).$$

记 $S_n(x)$ 为泰勒级数的前 n 项部分和，则

$$R_n(x)=f(x)-S_n(x),\quad 且\quad \lim_{n\to\infty}S_n(x)=f(x),\ x\in U(x_0).$$

于是

$$\lim_{n\to\infty}R_n(x)=\lim_{n\to\infty}(f(x)-S_n(x))=0,\quad x\in U(x_0).$$

充分性 设对一切 $x\in U(x_0)$ 有 $\lim_{n\to\infty}R_n(x)=0$. 因为

$$f(x)=S_n(x)+R_n(x),\quad 或\ S_n(x)=f(x)-R_n(x),$$

于是 $\lim_{n\to\infty}S_n(x)=\lim_{n\to\infty}(f(x)-R_n(x))=f(x)$，即 $f(x)$ 的泰勒级数②在 x_0 的邻域 $U(x_0)$ 内收敛于 $f(x)$.

定理 2 指出，当函数 $f(x)$ 的泰勒公式的余项 $R_n(x)$ 趋于 $0(n\to\infty)$ 时，$f(x)$ 可以展开成幂级数，而且这种展开式根据定理 1 是唯一的. 下面来讨论如何将一个函数展开成幂级数.

二、初等函数的幂级数展开式

设 $f(x)$ 在 x_0 处任意阶可导，将函数 $f(x)$ 在点 x_0 处展开成幂级数的步骤为

(1) 求出 $f(x)$ 在点 x_0 处的各阶导数：

$$f(x_0),\quad f'(x_0),\quad f''(x_0),\ \cdots,\ f^{(n)}(x_0),\ \cdots.$$

(2) 写出 $f(x)$ 在 x_0 处的泰勒级数

$$\sum_{n=0}^{\infty}\frac{f^{(n)}(x_0)}{n!}(x-x_0)^n=f(x_0)+f'(x_0)(x-x_0)+\cdots+\frac{f^{(n)}(x_0)}{n!}(x-x_0)^n+\cdots,$$

并求出它的收敛半径.

(3) 写出 $f(x)$ 的拉格朗日余项

$$R_n(x)=\frac{f^{(n+1)}(\xi)}{(n+1)!}(x-x_0)^{n+1},\ \xi\ 介于\ x\ 与\ x_0\ 之间.$$

考察极限

$$\lim_{n\to\infty}R_n(x)=\lim_{n\to\infty}\frac{f^{(n+1)}(\xi)}{(n+1)!}(x-x_0)^{n+1},\quad |x-x_0|<R$$

是否为零. 如果为零，则函数 $f(x)$ 在 $(x_0-R,\ x_0+R)$ 内可以展开成 $(x-x_0)$ 的幂级数，即

$$f(x)=\sum_{n=0}^{\infty}\frac{f^{(n)}(x_0)}{n!}(x-x_0)^n,\quad x\in(x_0-R,\ x_0+R).\tag{③}$$

上述求函数$f(x)$幂级数展开式的方法称为直接法.

例 1 将$f(x)=\mathrm{e}^x$在$x=0$处展开成幂级数.

解 因为$f^{(n)}(x)=\mathrm{e}^x$, $f^{(n)}(0)=1\ (n=0,1,2,\cdots)$,所以$\mathrm{e}^x$的麦克劳林级数为

$$\sum_{n=0}^{\infty}\frac{x^n}{n!}=1+x+\frac{x^2}{2!}+\cdots+\frac{x^n}{n!}+\cdots,$$

其收敛半径为$R=+\infty$. 对于任意一个$x\in(-\infty,+\infty)$, e^x的拉格朗日余项为

$$R_n(x)=\frac{\mathrm{e}^{\xi}}{(n+1)!}x^{n+1},$$

其绝对值

$$|R_n(x)|=\left|\frac{\mathrm{e}^{\xi}}{(n+1)!}x^{n+1}\right|\leqslant\frac{\mathrm{e}^{|x|}}{(n+1)!}|x|^{n+1}\quad(\xi\text{ 在 }0\text{ 与 }x\text{ 之间}).$$

$\mathrm{e}^{|x|}$是与n无关的实数,而$\dfrac{|x|^{n+1}}{(n+1)!}$是收敛级数$\sum_{n=0}^{\infty}\dfrac{|x|^n}{n!}$的一般项,故对于一切$x\in(-\infty,+\infty)$有

$$\lim_{n\to\infty}\frac{|x|^{n+1}}{(n+1)!}=0.$$

从而$\lim\limits_{n\to\infty}R_n(x)=0$, $x\in(-\infty,+\infty)$. 于是得e^x在$x=0$处的幂级数展开式

$$\mathrm{e}^x=\sum_{n=0}^{\infty}\frac{x^n}{n!},\quad x\in(-\infty,+\infty).$$

例 2 求函数$f(x)=\sin x$在$x=0$处的幂级数展开式.

解 由于$f^{(n)}(x)=\sin\left(x+\dfrac{n\pi}{2}\right)$, $n=1,2,\cdots$, 故

$$f^{(2k)}(0)=0,\ f^{(2k+1)}(0)=(-1)^k,\ k=0,1,2,\cdots,$$

所以$\sin x$的麦克劳林级数为

$$x-\frac{x^3}{3!}+\frac{x^5}{5!}+\cdots+(-1)^k\frac{x^{2k+1}}{(2k+1)!}+\cdots.$$

其收敛半径为 $R=+\infty$,对任意 $x\in(-\infty,+\infty)$,函数 $\sin x$ 的拉格朗日余项的绝对值为

$$|R_n(x)|=\left|\frac{\sin\left(\xi+(n+1)\dfrac{\pi}{2}\right)}{(n+1)!}x^{n+1}\right|\leqslant\frac{|x|^{n+1}}{(n+1)!},\quad \xi\text{ 在 }0\text{ 与 }x\text{ 之间}.$$

因此 $\lim\limits_{n\to\infty}R_n(x)=0$, $x\in(-\infty,+\infty)$. 于是得 $f(x)=\sin x$ 在 $x=0$ 处的幂级数展开式

$$\sin x=x-\frac{x^3}{3!}+\frac{x^5}{5!}+\cdots+(-1)^k\frac{x^{2k+1}}{(2k+1)!}+\cdots,\quad x\in(-\infty,+\infty).$$

例3 将函数 $f(x)=(1+x)^\alpha(\alpha\in\mathbb{R})$ 在 $x=0$ 处展开为幂级数.

解 $f(x)$ 的各阶导数为

$$f'(x)=\alpha(1+x)^{\alpha-1},$$
$$\cdots\cdots$$
$$f^{(n)}(x)=\alpha(\alpha-1)\cdots(\alpha-n+1)(1+x)^{\alpha-n}(n>1),$$
$$f(0)=1,\ f'(0)=\alpha,\ \cdots,\ f^{(n)}(0)=\alpha(\alpha-1)\cdots(\alpha-n+1),\ \cdots,$$

所以 $(1+x)^\alpha$ 的麦克劳林级数为

$$1+\frac{\alpha}{1!}x+\frac{\alpha(\alpha-1)}{2!}x^2+\cdots+\frac{\alpha(\alpha-1)\cdots(\alpha-n+1)}{n!}x^n+\cdots.$$

由于 $\lim\limits_{n\to\infty}\left|\dfrac{a_{n+1}}{a_n}\right|=\lim\limits_{n\to\infty}\left|\dfrac{\alpha-n}{n+1}\right|=1$,级数的收敛半径为 $R=1$. 可以证明在 $(-1,1)$ 内级数的余项 $R_n(x)\to0(n\to\infty)$(证明从略),于是得 $(1+x)^\alpha$ 在 $x=0$ 处的幂级数展开式

$$\begin{aligned}(1+x)^\alpha&=1+\frac{\alpha}{1!}x+\frac{\alpha(\alpha-1)}{2!}x^2+\cdots+\frac{\alpha(\alpha-1)\cdots(\alpha-n+1)}{n!}x^n+\cdots\\&=1+\sum_{n=1}^{\infty}\frac{\alpha(\alpha-1)\cdots(\alpha-n+1)}{n!}x^n,\quad x\in(-1,1).\end{aligned}\qquad ④$$

公式④称为二项展开式. 在区间端点处展开式是否成立要看 α 的值而定,当 α 是正整数时,级数成为 x 的 α 次多项式,就是代数学中的二项式公式.

当 $\alpha=\dfrac{1}{2}$ 和 $\alpha=-\dfrac{1}{2}$ 时,相应的二项展开式为

$$\sqrt{1+x}=1+\frac{1}{2}x-\frac{1}{2\cdot4}x^2+\frac{1\cdot3}{2\cdot4\cdot6}x^3+\cdots+(-1)^{n+1}\frac{(2n-3)!!}{(2n)!!}x^n+\cdots,\ -1\leqslant x\leqslant1;$$

$$\frac{1}{\sqrt{1+x}}=1-\frac{1}{2}x+\frac{1\cdot3}{2\cdot4}x^2-\frac{1\cdot3\cdot5}{2\cdot4\cdot6}x^3+\cdots+(-1)^n\frac{(2n-1)!!}{(2n)!!}x^n+\cdots,\ -1<x\leqslant1.$$

直接法展开幂级数除了计算量比较大,最困难的是要确定余项$R_n(x)$是否趋于0. 如果利用幂级数展开的唯一性及幂级数运算性质,从一些已知函数的幂级数展开式得到所需函数的展开式,这种方法称为**间接法**. 下面就是用间接法展开幂级数的几个例子.

例 4 将$f(x)=\cos x$展开成x的幂级数.

解 由于$\sin x=\sum_{n=0}^{\infty}\frac{(-1)^n}{(2n+1)!}x^{2n+1}$, $x\in(-\infty,+\infty)$, 逐项求导,得

$$\cos x=\sum_{n=0}^{\infty}\frac{(-1)^n}{(2n)!}x^{2n}=1-\frac{x^2}{2!}+\frac{x^4}{4!}+\cdots+(-1)^n\frac{x^{2n}}{(2n)!}+\cdots,\ x\in(-\infty,+\infty).$$

例 5 将函数$f(x)=\frac{1}{1+x^2}$展开成x的幂级数.

解 因为$\frac{1}{1-x}=\sum_{n=0}^{\infty}x^n$, $-1<x<1$, 所以

$$\frac{1}{1+x^2}=\sum_{n=0}^{\infty}(-1)^nx^{2n},\quad -1<x<1.$$

例 6 将函数$f(x)=\arctan x$展开成x的幂级数.

解 因为$(\arctan x)'=\frac{1}{1+x^2}=\sum_{n=0}^{\infty}(-1)^nx^{2n}$, 从0到$x$逐项积分后得

$$\begin{aligned}\arctan x&=\int_0^x\frac{1}{1+t^2}\mathrm{d}t+\arctan 0\\&=x-\frac{x^3}{3}+\frac{x^5}{5}+\cdots+(-1)^n\frac{x^{2n+1}}{2n+1}+\cdots,\quad -1<x<1,\end{aligned}$$

上式右边的幂级数在$x=\pm1$处收敛,所以上述展开式在区间端点$x=\pm1$处也成立,即

$$\arctan x=x-\frac{x^3}{3}+\frac{x^5}{5}+\cdots+(-1)^n\frac{x^{2n+1}}{2n+1}+\cdots,\quad -1\leqslant x\leqslant 1.$$

特别取$x=1$, 可得

$$\frac{\pi}{4}=1-\frac{1}{3}+\frac{1}{5}-\frac{1}{7}+\cdots.$$

例 7 将函数$f(x)=\ln(1+x)$展开成x的幂级数.

解 对几何级数

$$\frac{1}{1+x}=1-x+x^2+\cdots+(-1)^n x^n+\cdots,\quad -1<x<1$$

从0到x逐项积分,得

$$\ln(1+x)=x-\frac{x^2}{2}+\frac{x^3}{3}-\frac{x^4}{4}+\cdots+(-1)^{n-1}\frac{x^n}{n}+\cdots,\quad -1<x\leqslant 1.$$

例8 求$f(x)=\ln\dfrac{1+x}{1-x}$在$x=0$处的幂级数的展开式.

解 因为$\ln\dfrac{1+x}{1-x}=\ln(1+x)-\ln(1-x)$,而

$$\ln(1+x)=x-\frac{x^2}{2}+\frac{x^3}{3}-\frac{x^4}{4}+\cdots+(-1)^{n-1}\frac{x^n}{n}+\cdots,\quad -1<x\leqslant 1,$$

以$-x$代x得

$$\ln(1-x)=-x-\frac{x^2}{2}-\frac{x^3}{3}-\frac{x^4}{4}-\cdots-\frac{x^n}{n}+\cdots,\quad -1\leqslant x<1,$$

在共同收敛域内将上述两式相减,得

$$\ln\frac{1+x}{1-x}=2\left(x+\frac{x^3}{3}+\frac{x^5}{5}+\cdots+\frac{x^{2k-1}}{2k-1}+\cdots\right),\quad -1<x<1.$$

例9 求函数$f(x)=\sin x$在$x=\dfrac{\pi}{4}$处的幂级数展开式.

解 因为

$$\begin{aligned}\sin x&=\sin\left(\frac{\pi}{4}+\left(x-\frac{\pi}{4}\right)\right)=\frac{1}{\sqrt{2}}\left(\cos\left(x-\frac{\pi}{4}\right)+\sin\left(x-\frac{\pi}{4}\right)\right)\\&=\frac{1}{\sqrt{2}}(\cos t+\sin t),\end{aligned}$$

这里$t=x-\dfrac{\pi}{4}$. 由

$$\cos t=1-\frac{t^2}{2!}+\frac{t^4}{4!}+\cdots+(-1)^n\frac{t^{2n}}{2n!}+\cdots,$$

$$\sin t=t-\frac{t^3}{3!}+\frac{t^5}{5!}+\cdots+(-1)^n\frac{t^{2n+1}}{(2n+1)!}+\cdots,$$

得

$$\sin x=\frac{1}{\sqrt{2}}\left(1+t-\frac{t^2}{2!}-\frac{t^3}{3!}+\frac{t^4}{4!}+\frac{t^5}{5!}-\cdots\right)$$

$$=\frac{1}{\sqrt{2}}\left[1+\left(x-\frac{\pi}{4}\right)-\frac{\left(x-\frac{\pi}{4}\right)^2}{2!}-\frac{\left(x-\frac{\pi}{4}\right)^3}{3!}+\frac{\left(x-\frac{\pi}{4}\right)^4}{4!}+\frac{\left(x-\frac{\pi}{4}\right)^5}{5!}-\cdots\right],$$

$$-\infty<x<+\infty.$$

上面介绍的 e^x, $\ln(1+x)$, $\sin x$, $\cos x$, $(1+x)^\alpha$ 的展开式是很重要的基本公式,非常有用,务必记住.

三、近似计算

在中学学习时我们就熟悉了对数函数表和三角函数表,这些表中的数值是怎么计算得到的?有了函数的幂级数展开就可以解开这个谜了.

例 10 计算 e 的近似值(精确到小数点后第四位).

解 在 e 展开式中令 $x=1$, 得

$$e=1+1+\frac{1}{2!}+\frac{1}{3!}+\cdots+\frac{1}{n!}+\cdots.$$

如果取前 $n+1$ 项作为 e 的近似值,其误差为

$$|R_n(1)|=\frac{e^\xi}{(n+1)!}\times 1^{n+1}<\frac{3}{(n+1)!},\quad 0<\xi<1.$$

经过简单计算可以知道当 $n=7$ 时,有

$$|R_7(1)|<\frac{3}{8!}=\frac{3}{40\,320}=0.000\,074<0.000\,1,$$

因此可取级数前 8 项的和作为 e 的近似值:

$$e\approx 1+1+\frac{1}{2}+\frac{1}{6}+\frac{1}{24}+\frac{1}{120}+\frac{1}{720}+\frac{1}{5\,040}\approx 2.718\,3.$$

例 11 计算 $\sqrt[5]{240}$ 的近似值,精确到小数点后第四位.

解 首先对 $\sqrt[5]{240}$ 进行代数变形,使其变为熟知的函数形式:

$$\sqrt[5]{240}=\sqrt[5]{243-3}=\sqrt[5]{3^5-3}=3\left(1-\frac{1}{3^4}\right)^{\frac{1}{5}},$$

可在二项展开式中令 $\alpha=\frac{1}{5}$, $x=-\frac{1}{3^4}$ 得

$$\sqrt[5]{240}=3\left(1-\frac{1}{5}\cdot\frac{1}{3^4}-\frac{1\cdot 4}{5^2\cdot 2!}\cdot\frac{1}{3^8}-\frac{1\cdot 4\cdot 9}{5^3\cdot 3!}\cdot\frac{1}{3^{12}}-\cdots\right).$$

经试算,可取前2项的和作为$\sqrt[5]{240}$的近似值,其误差为

$$\begin{aligned}|R_2|&=3\left(\frac{1\cdot 4}{5^2\cdot 2!}\cdot\frac{1}{3^8}+\frac{1\cdot 4\cdot 9}{5^3\cdot 3!}\cdot\frac{1}{3^{12}}+\frac{1\cdot 4\cdot 9\cdot 14}{5^4\cdot 4!}\cdot\frac{1}{3^{16}}+\cdots\right)\\&<3\cdot\frac{1\cdot 4}{5^2\cdot 2!}\cdot\frac{1}{3^8}\left[1+\frac{1}{81}+\left(\frac{1}{81}\right)^2+\cdots\right]\\&=\frac{6}{25}\cdot\frac{1}{3^8}\cdot\frac{1}{1-\frac{1}{81}}=\frac{1}{25\cdot 27\cdot 40}=0.000\,037<0.000\,1,\end{aligned}$$

于是

$$\sqrt[5]{240}\approx 3\left(1-\frac{1}{5}\cdot\frac{1}{3^4}\right)\approx 3(1-0.002\,47)\approx 2.992\,6.$$

注 在近似值计算中会产生两种误差,一是截断误差,是由于截断级数取有限项引起的,由$|R_n|$给出.二是舍入误差,是计算中“四舍五入”引起的.因此为了使两种误差之和小于规定的误差值(如上面两例都是小于0.0001),在计算时每一项都应多保留一位小数,相加后再四舍五入.

例12 计算 $\ln 2$ 的近似值,精确到0.0001.

解 如果在函数 $\ln(1+x)$ 的展开式中令 $x=1$, 得

$$\ln 2=1-\frac{1}{2}+\frac{1}{3}-\cdots+(-1)^{n-1}\frac{1}{n}+\cdots,$$

这是交错级数,故 $|R_n|<\frac{1}{n+1}$. 为了使误差小于0.0001,就必须计算级数前10000项的和,计算量很大.希望找到更快捷的方法,由例8,在$\ln\frac{1+x}{1-x}$展开式中令$\frac{1+x}{1-x}=2$, $x=\frac{1}{3}$, 代入展开式中,得

$$\ln 2 = 2\left(\frac{1}{3} + \frac{1}{3} \cdot \frac{1}{3^3} + \cdots + \frac{1}{2n+1} \cdot \frac{1}{3^{2n+1}} + \cdots\right).$$

如果取前 n 项之和作为 $\ln 2$ 的近似值,其误差为

$$\begin{aligned} 0 < R_n &= 2\left(\frac{1}{2n+1} \cdot \frac{1}{3^{2n+1}} + \frac{1}{2n+3} \cdot \frac{1}{3^{2n+3}} + \cdots\right) \\ &< \frac{2}{(2n+1) \cdot 3^{2n+1}}\left(1 + \frac{1}{3^2} + \frac{1}{3^4} + \cdots\right) \\ &= \frac{2}{(2n+1) \cdot 3^{2n+1}} \cdot \frac{1}{1 - \frac{1}{3^2}} = \frac{1}{4(2n+1) \cdot 3^{2n-1}}. \end{aligned}$$

经简单计算,取 $n = 4$, 得

$$0 < R_4 < \frac{1}{4 \cdot 9 \cdot 3^7} = \frac{1}{78\,732} < 10^{-4},$$

因此

$$\begin{aligned} \ln 2 &\approx 2\left(\frac{1}{3} + \frac{1}{3} \cdot \frac{1}{3^3} + \frac{1}{5} \cdot \frac{1}{3^5} + \frac{1}{7} \cdot \frac{1}{3^7}\right) \\ &\approx 2(0.333\,33 + 0.012\,35 + 0.000\,82 + 0.000\,07) \\ &\approx 0.693\,1. \end{aligned}$$

例 13 计算定积分 $\frac{2}{\sqrt{\pi}}\int_0^{\frac{1}{2}} e^{-x^2} dx$ 的近似值,精确到 0.000 1.

解 用幂级数展开式来计算. 在 $e^x = \sum_{n=0}^{\infty} \frac{x^n}{n!}$ 中用 $-x^2$ 代替 x,得

$$e^{-x^2} = 1 - x^2 + \frac{x^4}{2!} - \frac{x^6}{3!} + \cdots, \quad -\infty < x < +\infty.$$

对上式逐项积分,得到

$$\begin{aligned} \frac{2}{\sqrt{\pi}}\int_0^{\frac{1}{2}} e^{-x^2} dx &= \frac{2}{\sqrt{\pi}}\int_0^{\frac{1}{2}}\left(1 - x^2 + \frac{x^4}{2!} - \frac{x^6}{3!} + \cdots\right) dx \\ &= \frac{1}{\sqrt{\pi}}\left(1 - \frac{1}{2^2 \cdot 3} + \frac{1}{2^4 \cdot 5 \cdot 2!} - \frac{1}{2^6 \cdot 7 \cdot 3!} + \cdots\right). \end{aligned}$$

括号内是交错级数,满足莱布尼茨收敛条件,因此其余项

$$|R_n| < \frac{1}{\sqrt{\pi}} \cdot \frac{1}{2^{2n} \cdot (2n+1) \cdot n!}.$$

经简单计算,当 $n = 4$ 时,

$$|R_4| < \frac{1}{\sqrt{\pi}} \cdot \frac{1}{2^8 \cdot 9 \cdot 4!} = \frac{1}{\sqrt{\pi}} \times \frac{1}{55\,296} < 10^{-4},$$

因此,可取级数的前 4 项作为积分的近似值:

$$\begin{aligned}\frac{2}{\sqrt{\pi}}\int_0^{\frac{1}{2}} e^{-x^2} dx &\approx \frac{1}{\sqrt{\pi}}\left(1 - \frac{1}{2^2 \cdot 3} + \frac{1}{2^4 \cdot 5 \cdot 2!} - \frac{1}{2^6 \cdot 7 \cdot 3!}\right) \\ &\approx 0.564\,19 \times (1 - 0.083\,33 + 0.006\,25 - 0.000\,37) \\ &\approx 0.520\,5.\end{aligned}$$

积分 $\Phi(a) = \dfrac{2}{\sqrt{\pi}}\int_0^a e^{-x^2} dx$ 称为概率积分,有关 $\Phi(a)$ 的积分表可以查阅. 例 3 给出了这个积分表的制作方法.

四、欧拉公式

设有复数项级数

$$(u_1 + iv_1) + (u_2 + iv_2) + \cdots + (u_3 + iv_3) + \cdots, \tag{⑤}$$

其中 u_n, $v_n (n = 1, 2, \cdots)$ 是实数或实函数. 如果实部组成的级数 $\sum_{n=1}^{\infty} u_n$ 和虚部组成的级数 $\sum_{n=1}^{\infty} v_n$ 都收敛,且其和分别为 u 和 v,则称级数⑤收敛且其和为 $u + iv$.

如果由级数⑤各项的模构成的级数 $\sum_{n=1}^{\infty} \sqrt{u_n^2 + v_n^2}$ 收敛,则称级数⑤绝对收敛. 当⑤绝对收敛时,由于

$$|u_n| \leqslant \sqrt{u_n^2 + v_n^2}, \quad |v_n| \leqslant \sqrt{u_n^2 + v_n^2} \quad (n = 1, 2, \cdots), \tag{⑥}$$

则级数⑤的实部级数 $\sum_{n=1}^{\infty} u_n$ 和虚部级数 $\sum_{n=1}^{\infty} v_n$ 都绝对收敛,从而级数⑤也收敛.

利用 e^x 的幂级数展开

$$e^x = 1 + x + \frac{x^2}{2!} + \cdots + \frac{x^n}{n!} + \cdots, \quad -\infty < x < +\infty,$$

将 x 换成复数 z,就可以定义复平面上的指数函数 e^z,即

$$e^z = 1 + z + \frac{z^2}{2!} + \cdots + \frac{z^n}{n!} + \cdots, \quad |z| < \infty. \tag{⑦}$$

容易证明级数⑦的右端在整个复平面上绝对收敛. 特别当 $z=\mathrm{i}y$ 时,⑦式变为

$$\begin{aligned}
\mathrm{e}^{\mathrm{i}y}&=1+\mathrm{i}y+\frac{1}{2!}(\mathrm{i}y)^2+\cdots+\frac{1}{n!}(\mathrm{i}y)^n+\cdots\\
&=1+\mathrm{i}y-\frac{y^2}{2!}-\mathrm{i}\frac{y^3}{3!}+\frac{y^4}{4!}+\mathrm{i}\frac{y^5}{5!}-\cdots\\
&=\left(1-\frac{y^2}{2!}+\frac{y^4}{4!}-\cdots\right)+\mathrm{i}\left(y-\frac{y^3}{3!}+\frac{y^5}{5!}-\cdots\right)\\
&=\cos y+\mathrm{i}\sin y,
\end{aligned}$$

或

$$\mathrm{e}^{\mathrm{i}x}=\cos x+\mathrm{i}\sin x. \tag{8}$$

这就是有名的欧拉(Euler)公式.

利用公式⑧,复数 z 可以表示为指数形式

$$z=r(\cos\theta+\mathrm{i}\sin\theta)=r\mathrm{e}^{\mathrm{i}\theta}, \tag{9}$$

其中 $r=|z|$是复数的模, $\theta=\arg z$ 是 z 的主辐角. 用$-x$ 代 x,公式⑧变为

$$\mathrm{e}^{-\mathrm{i}x}=\cos x-\mathrm{i}\sin x. \tag{10}$$

从⑧, ⑩两式可得

$$\cos x=\frac{\mathrm{e}^{\mathrm{i}x}+\mathrm{e}^{-\mathrm{i}x}}{2},\quad \sin x=\frac{\mathrm{e}^{\mathrm{i}x}-\mathrm{e}^{-\mathrm{i}x}}{2\mathrm{i}}.$$

利用幂级数的乘法,有

$$\mathrm{e}^{z_1+z_2}=\mathrm{e}^{z_1}\mathrm{e}^{z_2},$$

于是

$$\mathrm{e}^{z}=\mathrm{e}^{x+\mathrm{i}y}=\mathrm{e}^{x}\mathrm{e}^{\mathrm{i}y}=\mathrm{e}^{x}(\cos y+\mathrm{i}\sin y).$$

11.5 学习要点

习题 11.5

1. 用间接法求下列函数在点 $x=0$ 处的幂级数展开式:

(1) $f(x)=\mathrm{e}^{2x}$;

(2) $f(x)=\operatorname{sh}x$;

(3) $f(x)=\ln(3+x)$;

(4) $f(x)=\sin^2 x$;

(5) $f(x)=\arctan x$;

(6) $f(x)=\dfrac{1}{(1+x)^2}\quad(x\neq-1)$;

(7) $f(x)=\dfrac{x}{\sqrt{1+x^2}}$;

(8) $f(x)=\displaystyle\int_0^x\frac{\arctan t}{t}\mathrm{d}t$.

2. 求下列函数在指定点处的幂级数展开式：

(1) $f(x)=\dfrac{1}{x}$，在 $x=3$ 处；

(2) $f(x)=\cos x$，在 $x=-\dfrac{\pi}{3}$ 处；

(3) $f(x)=\dfrac{1}{x^2+3x+2}$，在 $x=-4$ 处；

(4) $f(x)=\sqrt{x^3}$，在 $x=1$ 处.

3. 利用幂级数展开，求近似值(精确到 0.0001)：

(1) $\sqrt{e}$；

(2) $\cos 5°$；

(3) $\ln 3$；

(4) $\sqrt[3]{500}$；

(5) $\int_0^1 \dfrac{\sin t}{t}\mathrm{d}t$；

(6) $\int_0^{\frac{1}{2}} \dfrac{1}{1+x^4}\mathrm{d}x$.

11.6 傅里叶级数

在前面讨论函数的幂级数展开时知道，一个函数能够展开成幂级数要求是很高的，如任意阶可导，余项随 n 增大趋于零等. 如果函数没有这么好的性质，我们还是希望能够用一些熟知的函数组成的级数来表示该函数，这就是本节要讨论的傅里叶级数，即将一个周期函数展开成三角函数级数. 傅里叶级数在物理学中有非常重要的应用.

一、三角级数，三角函数系的正交性

在物理学中常常要研究一些非正弦函数的周期函数，如电子技术中常用矩形波，反映的是一种复杂的周期运动. 下面讨论复杂的周期函数在什么情况下能展开成三角函数组成的级数(简称三角级数).

三角级数的一般形式是

$$\frac{a_0}{2}+\sum_{n=1}^{\infty}(a_n\cos nx+b_n\sin nx). \tag{①}$$

显然，如果三角级数①收敛，其和函数也是周期函数. 反过来，一个周期函数 $f(x)$ 是否能展开成三角级数？如果能够展开成三角级数，如何由 $f(x)$ 确定系数 a_n，b_n，这些系数确定后，三角级数是否一定都收敛于 $f(x)$ 呢？下面我们来一一解决这些问题.

首先介绍三角函数系的正交性.

三角函数系

$$1, \cos x, \sin x, \cos 2x, \sin 2x, \cdots, \cos nx, \sin nx, \cdots \quad ②$$

有两个重要的性质:

(1) 每一个函数自身平方在长度为 2π 的区间上的积分为正;

(2) 任何两个不同函数的乘积在长度为 2π 的区间上积分为零.

具有这两个性质的函数系通常称为在所述区间上具有**正交性**.

不失一般性,在区间$[-\pi, \pi]$上对三角函数系验证上述两个性质.

$$\int_{-\pi}^{\pi} 1^2 \mathrm{d}x = 2\pi > 0,$$

$$\int_{-\pi}^{\pi} \sin^2 kx \mathrm{d}x = \int_{-\pi}^{\pi} \cos^2 kx \mathrm{d}x = \pi > 0 \quad (k = 1, 2, \cdots),$$

$$\begin{aligned}\int_{-\pi}^{\pi} \cos kx \cdot \cos lx \mathrm{d}x &= \frac{1}{2}\int_{-\pi}^{\pi} [\cos(k+l)x + \cos(k-l)x] \mathrm{d}x \\ &= \frac{1}{2}\left[\frac{\sin(k+l)x}{k+l} + \frac{\sin(k-l)x}{k-l}\right]\Bigg|_{-\pi}^{\pi} \\ &= 0 \quad (k, l = 1, 2, 3, \cdots, k \neq l).\end{aligned}$$

类似可得

$$\int_{-\pi}^{\pi} \sin kx \cdot \cos lx \mathrm{d}x = 0 \quad (k, l = 1, 2, 3, \cdots),$$

$$\int_{-\pi}^{\pi} \sin kx \cdot \sin lx \mathrm{d}x = 0 \quad (k, l = 1, 2, 3, \cdots, k \neq l),$$

所以三角函数系②是正交的.

二、周期为 2π 的函数的傅里叶级数

设$f(x)$是周期为 2π 的周期函数,且能展开成三角函数:

$$f(x) = \frac{a_0}{2} + \sum_{n=1}^{\infty} (a_n \cos nx + b_n \sin nx). \quad ③$$

如果三角级数③可以逐项积分,于是有

$$\int_{-\pi}^{\pi} f(x) \mathrm{d}x = \int_{-\pi}^{\pi} \frac{a_0}{2} \mathrm{d}x + \sum_{n=1}^{\infty} \int_{-\pi}^{\pi} (a_n \cos nx + b_n \sin nx) \mathrm{d}x = \pi a_0,$$

所以

$$a_0 = \frac{1}{\pi}\int_{-\pi}^{\pi} f(x) \mathrm{d}x. \quad ④$$

用 $\cos nx$ 乘①式两端,再从 $-\pi$ 到 π 逐项积分可得

$$\int_{-\pi}^{\pi} f(x)\cos nx\mathrm{d}x = \int_{-\pi}^{\pi} \frac{a_0}{2}\cos nx\mathrm{d}x + \sum_{k=1}^{\infty}\int_{-\pi}^{\pi}(a_k\cos kx + b_k\sin kx)\cos nx\mathrm{d}x$$
$$= \pi a_n,$$

所以

$$a_n = \frac{1}{\pi}\int_{-\pi}^{\pi} f(x)\cos nx\mathrm{d}x. \qquad ⑤$$

类似可得

$$b_n = \frac{1}{\pi}\int_{-\pi}^{\pi} f(x)\sin nx\mathrm{d}x. \qquad ⑥$$

公式④可以看作公式⑤当 $n=0$ 时的特殊情形.

由公式④~⑥所确定的实数 a_n, b_n 称为函数 $f(x)$ 的**傅里叶系数**. 将这些系数代入③式右端所得的三角级数称为函数 $f(x)$ 的**傅里叶级数**,记作

$$f(x) \sim \frac{a_0}{2} + \sum_{n=1}^{\infty}(a_n\cos nx + b_n\sin nx).$$

以上的计算过程中有很多假定,首先假定所给函数可以展开成三角级数,其次假定级数可以逐项积分,但这些假定是否合理现在尚且不知,是我们要解决的重要的问题. 下面定理给出了这个问题的一个重要结论.

定理1(收敛定理) 设以 2π 为周期的函数 $f(x)$ 在区间 $[-\pi, \pi]$ 上满足下列条件:

(1) 连续或只有有限个第一类间断点;

(2) 最多只有有限个极值点.

则 $f(x)$ 的傅里叶级数收敛,而且当 x 是 $f(x)$ 的连续点时,级数收敛于 $f(x)$;当 x 是 $f(x)$ 的间断点时,级数收敛于 $\frac{1}{2}[f(x-0)+f(x+0)]$.

证明略去.

德国数学家狄利克雷(G. L. Dirichlet)首先提出了这个定理并给出了严格的证明,因此定理中所述的条件常称为**狄利克雷条件**.

例1 设 $f(x)$ 是周期为 2π 的周期函数,其在 $[-\pi, \pi]$ 上的表达式为(图11.1)

$$f(x) = \begin{cases} -\dfrac{\pi}{4}, & -\pi \leqslant x \leqslant 0, \\ \dfrac{\pi}{4}, & 0 < x < \pi, \end{cases}$$

试将$f(x)$展开成傅里叶级数.

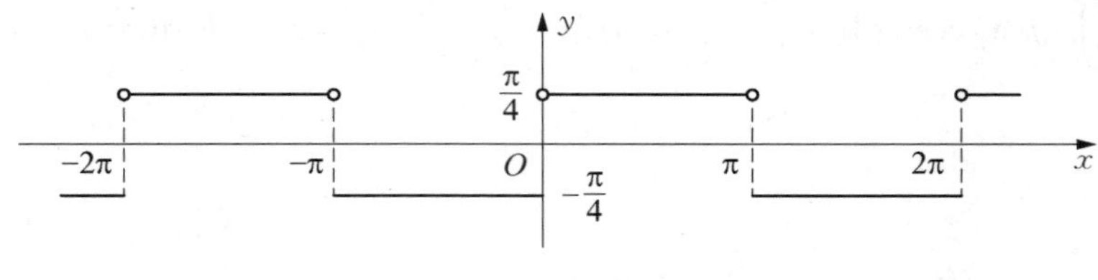

图 11.1

解 $a_0=\frac{1}{\pi}\int_{-\pi}^{\pi}f(x)\,\mathrm{d}x=\frac{1}{\pi}\left[\int_{-\pi}^{0}\left(-\frac{\pi}{4}\right)\mathrm{d}x+\int_0^{\pi}\frac{\pi}{4}\mathrm{d}x\right]=0,$

$$a_n=\frac{1}{\pi}\int_{-\pi}^{\pi}f(x)\cos nx\mathrm{d}x=\frac{1}{\pi}\left[\int_{-\pi}^{0}\left(-\frac{\pi}{4}\right)\cos nx\mathrm{d}x+\int_0^{\pi}\frac{\pi}{4}\cos nx\mathrm{d}x\right]=0$$

$$b_n=\frac{1}{\pi}\int_{-\pi}^{\pi}f(x)\sin nx\mathrm{d}x=\frac{1}{\pi}\left[\int_{-\pi}^{0}\left(-\frac{\pi}{4}\right)\sin nx\mathrm{d}x+\int_0^{\pi}\frac{\pi}{4}\sin nx\mathrm{d}x\right]$$

$$=\frac{1}{4}\left(\frac{1}{n}\cos nx\Big|_{-\pi}^{0}-\frac{1}{n}\cos nx\Big|_0^{\pi}\right)=\frac{1}{2n}(1-\cos n\pi)$$

$$=\begin{cases}\frac{1}{n}, & n=1,3,5,\cdots,\\ 0, & n=2,4,6,\cdots,\end{cases}$$

故

$$f(x)\sim\sin x+\frac{1}{3}\sin 3x+\frac{1}{5}\sin 5x+\cdots+\frac{1}{2n-1}\sin(2n-1)x+\cdots.$$

根据收敛定理,知$f(x)$的傅里叶级数在$x\neq k\pi$ $(k=0,\pm1,\cdots)$处收敛于$f(x)$,在$x=k\pi$ $(k=0,\pm1,\cdots)$处,收敛于0.

例 2 将示波器、电视和雷达中扫描用的周期为2π的锯齿波的波形函数(图 11.2)展开成傅里叶级数.

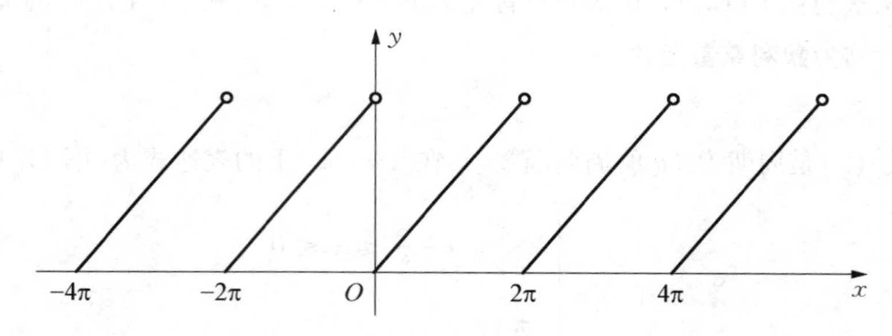

图 11.2

解 锯齿波函数在$[0, 2\pi)$内的表达式为$f(x)=\frac{Ax}{2\pi}$，所以

$$a_0=\frac{1}{\pi}\int_0^{2\pi}\frac{Ax}{2\pi}\mathrm{d}x=A,$$

$$a_n=\frac{1}{\pi}\int_0^{2\pi}\frac{Ax}{2\pi}\cos nx\mathrm{d}x=0\ (n=1, 2, \cdots),$$

$$b_n=\frac{1}{\pi}\int_0^{2\pi}\frac{Ax}{2\pi}\sin nx\mathrm{d}x=-\frac{A}{n\pi}\ (n=1, 2, \cdots),$$

故

$$f(x)\sim\frac{A}{2}-\frac{A}{\pi}\sum_{n=1}^{\infty}\frac{\sin nx}{n}.$$

根据收敛定理，当$x\neq 2k\pi$（k为整数）时，$f(x)$的傅里叶级数收敛于$f(x)$；当$x=2k\pi$（k为整数）时，收敛于$\frac{A}{2}$.

如果周期为2π的函数$f(x)$是奇函数，那么$f(x)\cos nx$是奇函数，$f(x)\sin nx$是偶函数.根据奇、偶函数在对称区间上的积分性质可知，此时傅里叶系数为

$$a_n=0\quad(n=0, 1, 2, \cdots),$$

$$b_n=\frac{2}{\pi}\int_0^{\pi}f(x)\sin nx\mathrm{d}x\quad(n=1, 2, \cdots),$$

$$f(x)\sim\sum_{n=1}^{\infty}b_n\sin nx,$$

我们将只含正弦项的傅里叶级数称为正弦级数.

同样，当周期为2π的函数$f(x)$是偶函数时，

$$b_n=0\quad(n=1, 2, \cdots),$$

$$a_n=\frac{2}{\pi}\int_0^{\pi}f(x)\cos nx\mathrm{d}x\quad(n=0, 1, 2, \cdots),$$

$$f(x)\sim\frac{a_0}{2}+\sum_{n=1}^{\infty}a_n\cos nx,$$

称只含常数项和余弦项的傅里叶级数为余弦级数.

如果函数$f(x)$只在区间$[-\pi, \pi]$上有定义并满足收敛定理的条件，可将$f(x)$周期延拓到整个实数轴上，即在$(-\infty, +\infty)$上作周期为2π的函数$F(x)$，使$F(x)$在$[-\pi, \pi)$（或$(-\pi, \pi]$）上等于$f(x)$，即

$$F(x)=\begin{cases}f(x), & x\in[-\pi,\pi),\\ f(x-2k\pi), & x\in[(2k-1)\pi,(2k+1)\pi)\end{cases}\quad (k=0,\ \pm1,\ \pm2,\ \cdots).$$

将 $F(x)$ 展开成傅里叶级数,则在 $(-\pi,\pi)$ 上,由于 $F(x)\equiv f(x)$,所以 $F(x)$ 的傅里叶级数收敛到 $f(x)$,并且在区间端点处收敛到 $\frac{1}{2}[f(\pi-0)+f(-\pi+0)]$.

如果函数 $f(x)$ 定义在区间 $(0,\pi]$ 上且满足收敛定理的条件,那么根据需要可把它展开为正弦级数或者余弦级数. 首先在区间 $[-\pi,0]$ 上补充函数 $f(x)$ 的定义,得到定义在 $[-\pi,\pi]$ 上为奇(偶)函数的 $F(x)$,这个过程称为奇(偶)延拓;然后将奇(偶)延拓后的函数 $F(x)$ 按前面所讲方法展开成傅里叶级数,该级数必定是正弦(余弦)级数,限制在 $(0,\pi]$ 上便是 $f(x)$ 的正弦(余弦)级数.

例 3 将函数 $f(x)=e^{2x}$ 在区间 $[0,\pi]$ 上展开为余弦级数.

解 先对 $f(x)$ 进行偶延拓,得到 $[-\pi,\pi]$ 上的偶函数 $F(x)$,于是

$$a_0=\frac{2}{\pi}\int_0^{\pi}e^{2x}dx=\frac{2}{\pi}\left(\frac{1}{2}e^{2x}\right)\Big|_0^{\pi}=\frac{1}{\pi}(e^{2\pi}-1),$$

$$a_n=\frac{2}{\pi}\int_0^{\pi}e^{2x}\cos nx\,dx=\frac{2}{\pi}\left[\frac{e^{2x}(2\cos nx+n\sin nx)}{2^2+n^2}\right]\Big|_0^{\pi}$$

$$=\frac{2}{\pi(4+n^2)}(e^{2\pi}\cdot 2\cos n\pi-2),$$

故

$$e^{2x}=\frac{1}{2\pi}(e^{2\pi}-1)+\frac{4}{\pi}\sum_{n=1}^{\infty}\frac{(-1)^n e^{2\pi}-1}{4+n^2}\cos nx,\quad x\in[0,\pi].$$

注 如果将 $f(x)=e^{2x}$ 作奇延拓,就可以将其展开成正弦级数.

由于展开傅里叶级数只要考虑函数在区间 $[0,2\pi)$(或 $(0,2\pi]$)上的函数值,因此非周期函数一样能展开成傅里叶级数.

三、周期为 $2l$ 的函数的傅里叶级数

对于周期为 $2l$ 的函数可以通过变量代换将其转变为周期为 2π 的函数.

设周期为 $2l$ 的函数 $f(x)$ 满足收敛定理条件. 作变量替代 $t=\frac{\pi x}{l}$,则 $g(t)=f(x)=f\left(\frac{lt}{\pi}\right)$ 是周期为 2π 的函数,且满足收敛定理条件. 于是

$$g(t) \sim \frac{a_0}{2} + \sum_{n=1}^{\infty} (a_n \cos nt + b_n \sin nt),$$

其中

$$a_n = \frac{1}{\pi}\int_{-\pi}^{\pi} g(t)\cos nt\mathrm{d}t \quad (n = 0, 1, 2, \cdots),$$

$$b_n = \frac{1}{\pi}\int_{-\pi}^{\pi} g(t)\sin nt\mathrm{d}t \quad (n = 1, 2, \cdots).$$

用 $t = \frac{\pi x}{l}$ 将变量代回 x,得到

$$f(x) \sim \frac{a_0}{2} + \sum_{n=1}^{\infty}\left(a_n \cos\frac{n\pi x}{l} + b_n \sin\frac{n\pi x}{l}\right), \qquad ⑦$$

其中

$$a_n = \frac{1}{\pi}\int_{-\pi}^{\pi} f\left(\frac{lt}{\pi}\right)\cos nt\mathrm{d}t = \frac{1}{l}\int_{-l}^{l} f(x)\cos\frac{n\pi x}{l}\mathrm{d}x \quad (n = 0, 1, 2, \cdots),$$

$$b_n = \frac{1}{\pi}\int_{-\pi}^{\pi} f\left(\frac{lt}{\pi}\right)\sin nt\mathrm{d}t = \frac{1}{l}\int_{-l}^{l} f(x)\sin\frac{n\pi x}{l}\mathrm{d}x \quad (n = 1, 2, \cdots).$$

⑦式就是周期为 $2l$ 的函数的傅里叶级数.

类似于前面的讨论可得,当 $f(x)$ 为奇函数时

$$a_n = 0 \quad (n = 0, 1, 2, \cdots),$$

$$b_n = \frac{2}{l}\int_{0}^{l} f(x)\sin\frac{n\pi x}{l}\mathrm{d}x \quad (n = 1, 2, \cdots).$$

当 $f(x)$ 为偶函数时

$$b_n = 0 \quad (n = 1, 2, \cdots),$$

$$a_n = \frac{2}{l}\int_{0}^{l} f(x)\cos\frac{n\pi x}{l}\mathrm{d}x \quad (n = 0, 1, 2, \cdots).$$

例 4 设 $f(x)$ 是周期为 4 的周期函数,它在 $(-2, 2]$ 上的表达式为

$$f(x) = \begin{cases} x + 1, & -2 < x \leqslant 0, \\ -x + 1, & 0 \leqslant x \leqslant 2, \end{cases}$$

将 $f(x)$ 展开成傅里叶级数.

解 这时 $l = 2$, 因为 $f(x)$ 是偶函数,所以

$$b_n = 0 \quad (n = 1, 2, \cdots),$$

$$a_0 = \frac{2}{2}\int_0^2 (1 - x)\mathrm{d}x = 0,$$

$$a_n = \frac{2}{2}\int_0^2 (1 - x)\cos\frac{n\pi x}{2}\mathrm{d}x$$

$$= \begin{cases} \dfrac{8}{(2k-1)^2\pi^2}, & n = 2k - 1, \\ 0, & n = 2k \end{cases} \quad (k = 1, 2, \cdots),$$

于是

$$f(x) \sim \frac{8}{\pi^2}\sum_{k=1}^{\infty}\frac{1}{(2k-1)^2}\cos\frac{(2k-1)\pi x}{2}.$$

由于$f(x)$是连续函数,因此$f(x)$的傅里叶级数在$(-2, 2]$内处处收敛于$f(x)$.

如果令$x = 0$,得到

$$\frac{\pi^2}{8} = \sum_{k=1}^{\infty}\frac{1}{(2k-1)^2}.$$

这给出了求圆周率π的一个方法.

注 对于定义在区间$[a, b]$上的函数,如果满足收敛定理的条件,用上述方法同样可以展开成三角级数.

11.6 学习要点

习题 11.6

1. 将下列以2π为周期的函数$f(x)$展开为傅里叶级数,如果$f(x)$在$[-\pi, \pi]$上的表达式为

(1) $f(x) = |x| \quad (-\pi \leqslant x < \pi)$;

(2) $f(x) = \sin^2 x \quad (-\pi \leqslant x < \pi)$;

(3) $f(x) = 3x^2 + 1 \quad (-\pi \leqslant x < \pi)$;

(4) $f(x) = \sin ax \quad$ (a不是整数);

(5) $f(x) = \mathrm{e}^{2x} \quad (-\pi \leqslant x < \pi)$;

(6) $f(x) = \begin{cases} bx, & -\pi \leqslant x < 0, \\ ax, & 0 \leqslant x < \pi \end{cases} \quad (a > b > 0)$.

2. 证明周期为2π的函数$f(x)$的傅里叶级数的系数为

$$a_n = \frac{1}{\pi}\int_0^{2\pi} f(x)\cos nx\mathrm{d}x, \quad b_n = \frac{1}{\pi}\int_0^{2\pi} f(x)\sin nx\mathrm{d}x.$$

3. 求函数$f(x) = |\sin x|$的傅里叶展开式,并求级数$\sum_{n=1}^{\infty} \frac{1}{4n^2 - 1}$的和.

4. 将函数$f(x) = x^2 \quad (0 \leqslant x \leqslant \pi)$分别展开成正弦级数和余弦级数.

5. 将下列各周期函数$f(x)$展开成傅里叶级数,如果$f(x)$在一个周期的表达式为

(1) $f(x) = \begin{cases} 1, & 1 < x \leqslant 2, \\ 3 - x, & 2 < x \leqslant 3; \end{cases}$

(2) $f(x) = |x| \quad (-1 < x \leqslant 1)$;

(3) $f(x) = \begin{cases} x, & 0 \leqslant x \leqslant 1, \\ 0, & 1 < x < 2. \end{cases}$

6. 将$f(x) = \begin{cases} x, & 0 \leqslant x \leqslant 1, \\ 1, & 1 < x < 2 \end{cases}$展开为正弦级数和余弦级数.

7. 设$f(x) = \begin{cases} -1, & -\pi < x \leqslant 0, \\ 1 + x^2, & 0 < x \leqslant \pi, \end{cases}$ $f(x)$为以2π为周期的傅里叶级数在$x = \pi$处收敛于A,求A的值.

8. 设$f(x) = x^2$, $S(x) = \sum_{n=1}^{\infty} b_n \sin n\pi x \ (-\infty < x < +\infty)$, 其中

$$b_n = 2\int_0^1 f(x)\sin n\pi x\mathrm{d}x, \quad n = 1, 2, 3, \cdots,$$

求$S\left(-\frac{1}{2}\right)$.

总练习题

1. 判别下列正项级数的敛散性:

(1) $\sum_{n=2}^{\infty} \frac{1}{\ln^2 n}$;

(2) $\sum_{n=1}^{\infty} \frac{1}{n\sqrt[n]{n}}$;

(3) $\sum_{n=1}^{\infty} \frac{n^s}{a^n} \ (a > 1, s > 1)$;

(4) $\sum_{n=1}^{\infty} \frac{n^n}{(n!)^2}$;

(5) $\sum_{n=1}^{\infty} \frac{n\cos^2 \frac{n\pi}{3}}{2^n}$.

2. 设正项级数$\sum_{n=1}^{\infty} u_n$, $\sum_{n=1}^{\infty} v_n$都收敛,试证级数$\sum_{n=1}^{\infty} (u_n + v_n)^2$也收敛.

3. 判别下列级数的敛散性(指出绝对收敛、条件收敛或发散):

(1) $\sum_{n=1}^{\infty}\frac{(-1)^n}{n^p}$;　　(2) $\sum_{n=1}^{\infty}\frac{n^{10}}{(-3)^n}$;

(3) $\sum_{n=1}^{\infty}(-1)^n\ln\frac{n+1}{n}$;　　(4) $\sum_{n=1}^{\infty}(-1)^n\frac{(n+1)!}{n^{n+1}}$.

4. 求下列幂级数的收敛域:

(1) $\sum_{n=1}^{\infty}\frac{x^{2n}}{(2n-1)!}$;　　(2) $\sum_{n=1}^{\infty}\frac{(x+4)^n}{n}$;

(3) $\sum_{n=1}^{\infty}\frac{3^n+5^n}{n}x^n$;　　(4) $\sum_{n=0}^{\infty}10^n(x-1)^n$;

(5) $\sum_{n=1}^{\infty}\left(1+\frac{1}{n}\right)^{n^2}x^n$;　　(6) $\sum_{n=1}^{\infty}\frac{n}{2^n}x^{2n}$.

5. 求下列幂级数的收敛域并求和函数:

(1) $\sum_{n=1}^{\infty}nx^{n+1}$;　　(2) $\sum_{n=1}^{\infty}ne^{-nx}$;

(3) $\sum_{n=1}^{\infty}\frac{2n-1}{2^n}x^{2(n-1)}$;　　(4) $\sum_{n=1}^{\infty}\frac{x^n}{n(n+1)}$.

6. 证明等式

$$\sum_{n=1}^{\infty}n^2x^n=\frac{x+x^2}{(1-x)^3},\quad |x|<1.$$

$\left(\text{提示:利用几何级数的求和公式}\sum_{n=0}^{\infty}x^n=\frac{1}{1-x}.\right)$

7. 求数项级数 $\sum_{n=1}^{\infty}\frac{n^2}{n!}$ 的和.

8. 求下列函数的幂级数展开:

(1) $f(x)=\int_0^x\frac{\sin t}{t}dt$,在 $x=0$ 处;

(2) $f(x)=\ln(x+\sqrt{1+x^2})$,在 $x=0$ 处;

(3) $f(x)=\sqrt{x}$,在 $x=4$ 处.

9. 将以 2π 为周期的函数 $f(x)$ 展开成傅里叶级数,其中 $f(x)$ 在 $[-\pi,\pi)$ 上的表达式为

$$f(x)=\begin{cases}0, & x\in[-\pi,0),\\ e^x, & x\in[0,\pi).\end{cases}$$

第12章 微 分 方 程

在研究自然现象和社会现象,或解决工程技术问题时,往往需要寻求与问题有关的那些变量之间的函数关系.这种函数关系有时可以直接找到,有时却难以找到,而只能根据问题所提供的情况列出含有问题中的未知函数及其导数或微分的关系式,这种关系式就是所谓的"微分方程".微分方程建立以后,对它进行研究,求出未知函数,就是解微分方程.

本章主要介绍微分方程的一些基本概念和几种常见的微分方程及其解法.

12.1 微分方程的概念

下面先通过一些具体的例子来说明微分方程的基本概念.

例 1 某市人口统计资料表明,在没有人员迁入或迁出的情况下,该市的人口出生率(即单位时间内出生的人数)和死亡率(即单位时间内死亡的人数)均与总人数成正比,且它们的比例系数分别为 m(出生率)和 n(死亡率).又设某初始时刻的人口数为 P_0,试求人口数 P 与时间 t 的函数关系 $P(t)$.

解 在时刻 t,人口的变化率为$\frac{\mathrm{d}P}{\mathrm{d}t}$,由题意可知,$P(t)$应满足关系式

$$\frac{\mathrm{d}P}{\mathrm{d}t}=rP(t), \qquad ①$$

其中 $r=m-n$ 为常数,表示人口的自然增长率.另外,由题设 $P(t)$还应满足条件

$$P(0)=P_0. \qquad ②$$

不难验证,函数

$$P(t)=C\mathrm{e}^{rt}\quad (C\text{ 是任意常数}) \qquad ③$$

满足关系式①,即将③式中的函数代入①后,①式成为恒等式.为满足条件②,可把 $t=0$,$P(0)=P_0$ 同时代入③式,求得 $C=P_0$.于是所求的函数关系为

$$P(t)=P_0\mathrm{e}^{rt}. \tag{④}$$

例 2 一质量为 m 的物体只受重力的作用,从静止开始自由下落,求该物体在时刻 t 的位移 $s(t)$.

解 取物体开始下落处为原点,作 x 轴铅直向下. 由于加速度是位移的二阶导数 $s''(t)$,因此由牛顿定律知, $s(t)$ 应满足关系式

$$m\frac{\mathrm{d}^2s}{\mathrm{d}t^2}=mg,$$

即

$$\frac{\mathrm{d}^2s}{\mathrm{d}t^2}=g, \tag{⑤}$$

其中 g 是常数. 又因为该物体的初始位移和初速度都为零,所以 $s(t)$ 还需满足条件

$$s(0)=0, \tag{⑥}$$

$$s'(0)=0. \tag{⑦}$$

为求 $s(t)$,可把⑤式两边对 t 积分两次即得

$$s'(t)=\int g\mathrm{d}t=gt+C_1,$$

$$s(t)=\int(gt+C_1)\mathrm{d}t=\frac{1}{2}gt^2+C_1t+C_2, \tag{⑧}$$

其中 C_1, C_2 都是任意常数. 把条件⑥、⑦分别代入上面两式,得 $C_1=0$, $C_2=0$. 于是所求位移

$$s(t)=\frac{1}{2}gt^2. \tag{⑨}$$

上述两个例子中的关系式①和⑤都含有未知函数的导数,它们都是微分方程.

定义 1 含有未知函数的导数或微分的等式称为**微分方程**. 当未知函数是一元函数时,称为**常微分方程**;当未知函数是多元函数时,称为**偏微分方程**(这时出现在方程中的是未知函数的各阶偏导数).

本章只讨论常微分方程,在不致混淆的情况下,也称常微分方程为微分方程或方程.

在微分方程中出现的未知函数的导数之最高阶数称为该微分方程的**阶**. 例如,例 1 的方程①是一阶微分方程;例 2 的方程⑤是二阶微分方程.

一般地, n 阶微分方程的形式为

$$F(x, y(x), y'(x), \cdots, y^{(n)}(x))=0,$$

其中 x 是自变量，$y(x)$ 是未知函数. 注意这里的 $y^{(n)}(x)$ 必须出现.

若函数 $y=\phi(x)$ 满足微分方程，即用 $\phi(x)$ 代替微分方程中的未知函数 $y(x)$ 后使方程成为恒等式，则 $y=\phi(x)$ 称为微分方程的**解**.

例如，例 1 中的函数③和④都是微分方程①的解；例 2 中的函数⑧和⑨都是微分方程⑤的解.

若微分方程的解中含有任意常数，且所含独立的任意常数的个数与微分方程的阶数相同，则称这样的解为该方程的**通解**.

例如，例 1 中的函数③是方程①的通解；例 2 中的函数⑧是方程⑤的通解.

由于通解中含有任意常数，所以它还不能完全确定地反映某客观事物的规律性. 要完全地反映客观事物的规律性，必须确定这些常数的值. 为此，要根据问题的实际情况列出未知函数及其导数在某些特殊点上应该满足的条件，这种条件称为**定解条件**. 当由定解条件确定了通解中的所有任意常数时，得到的解称为**特解**.

例如，例 1 中的函数④是方程①的一个特解；例 2 中的函数⑨是方程⑤的一个特解.

定解条件的形式有很多，其中最基本的一种称为**初始条件**，其形式为

$$y\big|_{x=x_0}=y_0,\quad y'\big|_{x=x_0}=y_1,\ \cdots,\quad y^{(n-1)}\big|_{x=x_0}=y_{n-1},$$

其中 $y_0, y_1, \cdots, y_{n-1}$ 都是已知常数.

例如，例 1 中的条件②是方程①的初始条件；例 2 中的条件⑥，⑦是方程⑤的初始条件.

下面讨论一阶微分方程 $F(x, y, y')=0$ 的解的几何意义.

因为一阶微分方程的通解含有一个任意常数 C，所以其通解的形式为

$$y=\phi(x, C) \quad 或 \quad \Phi(x, y, C)=0. \tag{*}$$

对每一确定的 C，(*)式表示平面上的一条曲线，称为微分方程 $F(x, y, y')=0$ 的一条**积分曲线**. 当 C 变动时，(*)式就表示平面上的一族曲线. 在这个曲线族中，每一条曲线在其上任意点 (x, y) 处的切线斜率 y' 都满足方程 $F(x, y, y')=0$. 这族曲线称为微分方程 $F(x, y, y')=0$ 的**积分曲线族**. 该方程满足初始条件

$$y\big|_{x=x_0}=y_0$$

的特解表示族中过点 (x_0, y_0) 的积分曲线.

12.1 学习要点

习题 12.1

1. 指出下列微分方程的阶数：

(1) $\dfrac{dy}{dx}=3x^2+y$；　　(2) $y''+5y'+6y=e^x\sin x$；

(3) $yy''-(y')^2+(y')^3=0$;　　(4) $(x+2y)\mathrm{d}x+(3x+y)\mathrm{d}y=0$;

(5) $\dfrac{\mathrm{d}^4y}{\mathrm{d}x^4}-2\dfrac{\mathrm{d}y^2}{\mathrm{d}x^2}+y=x^5-3$;　　(6) $y^3y''+1=0$.

2. 验证函数 $y=2+C\mathrm{e}^{-x^2}$(其中 C 是任意常数)是微分方程$\dfrac{\mathrm{d}y}{\mathrm{d}x}+2xy=4x$ 的通解,并求满足初始条件 $y(0)=1$ 的特解.

3. 验证下列函数都是微分方程 $y''-2y'+y=0$ 的解:

(1) $y=\mathrm{e}^x$;　　(2) $y=x\mathrm{e}^x$;

(3) $y=C_1\mathrm{e}^x+C_2x\mathrm{e}^x$(其中 C_1, C_2 为任意常数).

4. 求下列微分方程的通解:

(1) $\dfrac{\mathrm{d}y}{\mathrm{d}x}=2x$;　　(2) $\dfrac{\mathrm{d}y}{\mathrm{d}x}=\tan x$;

(3) $\dfrac{\mathrm{d}^2y}{\mathrm{d}x^2}=6$;　　(4) $\mathrm{e}^x\dfrac{\mathrm{d}^2y}{\mathrm{d}x^2}+1=0$.

5. 求下列微分方程满足所给初始条件的特解:

(1) $\dfrac{\mathrm{d}y}{\mathrm{d}x}=\dfrac{1}{x}$, $y|_{x=1}=1$;

(2) $\dfrac{\mathrm{d}^2y}{\mathrm{d}x^2}=\sin x+2$, $y|_{x=0}=2$, $\left.\dfrac{\mathrm{d}y}{\mathrm{d}x}\right|_{x=0}=1$.

6. 已知函数 $y=\mathrm{e}^{rx}$ 是微分方程 $y''+3y'+2y=0$ 的解,求常数 r 的值.

7. 已知一条曲线通过坐标原点,并且在该曲线上任一点 $M(x, y)$ 处的切线斜率为 $3x^2$,求这曲线的方程.

8. 求函数族 $y=\mathrm{e}^{Cx+2x^2}$(C 为常数)满足的一阶微分方程.

9. 已知 $\displaystyle\int_0^x \frac{2t}{1+t^2}y(t)\,\mathrm{d}t=y(x)-x-\frac{x^3}{3}$,求 $y(x)$ 满足的微分方程.

*10. 将某高温物体放入某介质中冷却,已知热量总是从温度高的物体向温度低的物体传播,物体的温度变化与该物体与介质的温度差成正比,设在冷却过程中该介质保持常温. 试推导物体冷却过程所满足的微分方程.

*11. 设某罐子中有2000升浓盐水,其中有1000g 盐溶解其中. 假设现在以40升/分钟的速度向罐中注入浓度为20g/升的盐水,同时混合的盐水以45升/分钟的速度流出. 推导罐中盐水所含盐的质量所满足的微分方程和初始条件.

*12. 牛顿第二定律 $F=ma$ 说明物体的加速度 a 与所受的外力 F 成正比,与质量 m 成反比. 设在 $t=0$ 时有一辆速度为 v_0 质量为 m 的公交车熄火开始沿直线滑行靠站,t 时刻后公交车滑行了 $s(t)$ 米. 假设在滑行期间受到的阻力与速度成正比,求 $s(t)$ 所满足的微分方程和初

始条件.

12.2 一阶微分方程

设一阶微分方程 $F(x, y, y')=0$ 可以表示为

$$y'=f(x, y), \tag{①}$$

本节讨论方程①的一些解法. 注意方程①也可以写成如下的对称形式:

$$P(x, y)\mathrm{d}x+Q(x, y)\mathrm{d}y=0.$$

在这个方程中,变量 x 与 y 对称,它可以看作是以 x 为自变量、y 为未知函数的方程

$$\frac{\mathrm{d}y}{\mathrm{d}x}=-\frac{P(x, y)}{Q(x, y)}$$

(这里 $Q(x, y) \neq 0$), 同时也可以看作是以 y 为自变量、x 为未知函数的方程

$$\frac{\mathrm{d}x}{\mathrm{d}y}=-\frac{Q(x, y)}{P(x, y)}$$

(这里 $P(x, y) \neq 0$).

一、可分离变量型微分方程

若一阶微分方程①可以写为

$$\frac{\mathrm{d}y}{\mathrm{d}x}=f(x)g(y), \tag{②}$$

则称方程②为**可分离变量型微分方程**,其中 $f(x)$ 和 $g(y)$ 分别是 x, y 的连续函数.

当 $g(y) \neq 0$ 时,方程②可改写为

$$\frac{\mathrm{d}y}{g(y)}=f(x)\mathrm{d}x, \tag{③}$$

即把未知函数 y 及其微分 $\mathrm{d}y$ 与自变量 x 及其微分 $\mathrm{d}x$ 分离在等号的两边.

若函数 $y=\phi(x)$ 是方程③的任意一个解,则 $y=\phi(x)$ 满足方程③,即

$$\frac{\phi'(x)}{g[\phi(x)]}\mathrm{d}x=f(x)\mathrm{d}x.$$

将上式两边积分得

$$\int \frac{\phi'(x)}{g[\phi(x)]}\mathrm{d}x = \int f(x)\mathrm{d}x,$$

由 $y=\phi(x)$ 引进变量 y,得

$$\int \frac{1}{g(y)}\mathrm{d}y = \int f(x)\mathrm{d}x.$$

设 $F(x)$ 和 $G(y)$ 分别是 $f(x)$ 和 $\frac{1}{g(y)}$ 的原函数,于是有

$$G(y) = F(x) + C. \tag{④}$$

因此,方程②或③的解满足关系式④. 反之,若 $y=\phi(x)$ 是由关系式④所确定的隐函数,则得恒等式

$$G(\phi(x)) = F(x) + C.$$

由隐函数的求导法则,可得

$$\phi'(x) = f(x)g(\phi(x)) \quad 或 \quad \frac{\mathrm{d}\phi(x)}{g(\phi(x))} = f(x)\mathrm{d}x,$$

这说明由关系式④所确定的隐函数是方程②或③的解. 又由于关系式④中含有任意常数,所以④式所确定的隐函数是方程②或③的通解.

可分离变量型方程的这种求解方法称为**分离变量法**.

例 1 求微分方程 $y' = 2x\sqrt{1-y^2}$ 的通解.

解 这是可分离变量型微分方程,分离变量后得

$$\frac{\mathrm{d}y}{\sqrt{1-y^2}} = 2x\mathrm{d}x \quad (y \neq \pm 1).$$

两边分别积分,得

$$\arcsin y = x^2 + C,$$

或

$$y = \sin(x^2 + C).$$

这就是原方程的通解.

注意,$y=1$, $y=-1$ 也是原方程的解,这些解并不包含在通解之中. 此例说明通解不一定包含所有的解.

例2 求微分方程

$$\frac{\mathrm{d}y}{\mathrm{d}x}=\frac{y}{1+x^2} \tag{5}$$

的通解和满足初始条件 $y(0)=1$ 的特解.

解 方程⑤是可分离变量型微分方程,分离变量后得

$$\frac{\mathrm{d}y}{y}=\frac{\mathrm{d}x}{1+x^2} \quad (y\neq 0),$$

两边分别积分,得

$$\ln|y|=\arctan x+C_1,$$

即

$$|y|=\mathrm{e}^{\arctan x+C_1}$$

或

$$y=\pm\mathrm{e}^{C_1}\mathrm{e}^{\arctan x}.$$

因为$\pm\mathrm{e}^{C_1}$ 仍然是任意常数,把它记为 C,便得方程⑤的通解

$$y=C\mathrm{e}^{\arctan x}. \tag{6}$$

再把 $y(0)=1$ 代入通解 ⑤,得 $C=1$, 于是得所求的特解为

$$y=\mathrm{e}^{\arctan x}.$$

二、齐次型微分方程

若一阶微分方程①可以写为

$$\frac{\mathrm{d}y}{\mathrm{d}x}=\phi\left(\frac{y}{x}\right), \tag{7}$$

其中 $\phi(u)$ 为一元连续函数,则称方程⑦为**一阶齐次型微分方程**.

为了求解齐次型方程⑦,引进新的未知函数

$$u(x)=\frac{y(x)}{x}.$$

由变换 $y(x)=xu(x)$ 得

$$\frac{\mathrm{d}y}{\mathrm{d}x}=u+x\frac{\mathrm{d}u}{\mathrm{d}x},$$

代入方程⑦,得

$$x\frac{\mathrm{d}u}{\mathrm{d}x}=\phi(u)-u.$$

这是关于 $u(x)$ 的可分离变量型微分方程.用分离变量法解这个方程以后,再以$\frac{y(x)}{x}$代替 $u(x)$,便得到齐次型方程⑦的通解.

例 3 求微分方程 $\frac{\mathrm{d}y}{\mathrm{d}x}=\left(\frac{x}{y}\right)^2+\frac{y}{x}$ 的通解.

解 这是齐次型微分方程.令 $u(x)=\frac{y(x)}{x}$,方程可化为

$$u+x\frac{\mathrm{d}u}{\mathrm{d}x}=u^{-2}+u,$$

即

$$x\frac{\mathrm{d}u}{\mathrm{d}x}=u^{-2}.$$

这是可分离变量型方程,分离变量后得

$$u^2\mathrm{d}u=\frac{\mathrm{d}x}{x}.$$

两边积分,得

$$u^3=3\ln|x|+C,$$

其中 C 是任意常数.再以 $u(x)=\frac{y(x)}{x}$ 代回,便得原方程的通解

$$\left(\frac{y}{x}\right)^3=3\ln|x|+C,$$

即

$$y^3=x^3(3\ln|x|+C).$$

三、可化为齐次型的微分方程

形如

$$\frac{dy}{dx}=\frac{a_1x+b_1y+c_1}{a_2x+b_2y+c_2} \tag{⑧}$$

的方程可以通过变量替换化为齐次型的微分方程,其中 a_1, a_2, b_1, b_2, c_1, c_2 都是常数.

(i) 当 $c_1=c_2=0$ 时,方程⑧是齐次型微分方程.

(ii) 当 c_1, c_2 不同时为零时,可以通过下列变换把它化为齐次型的微分方程:

令

$$x=\xi+\alpha,\quad y=\eta+\beta,$$

其中 α 和 β 都是待定的常数,则方程⑧成为

$$\frac{d\eta}{d\xi}=\frac{a_1\xi+b_1\eta+a_1\alpha+b_1\beta+c_1}{a_2\xi+b_2\eta+a_2\alpha+b_2\beta+c_2}.$$

如果 $\begin{vmatrix} a_1 & b_1 \\ a_2 & b_2 \end{vmatrix}\neq 0$,即 $\frac{a_1}{a_2}\neq\frac{b_1}{b_2}$,那么由代数方程组

$$\begin{cases} a_1x+b_1y+c_1=0, \\ a_2x+b_2y+c_2=0 \end{cases}$$

可以定出 α 和 β,使它们满足上面的代数方程组. 这样方程⑧就化为齐次型微分方程 $\frac{d\eta}{d\xi}=\frac{a_1\xi+b_1\eta}{a_2\xi+b_2\eta}$.

求出这齐次型微分方程的通解后,再用变量 $\xi=x-\alpha$, $\eta=y-\beta$ 代回,便得方程⑧的通解.

当 $\begin{vmatrix} a_1 & b_1 \\ a_2 & b_2 \end{vmatrix}=0$,即 $\frac{a_1}{a_2}=\frac{b_1}{b_2}$ 时,令 $\frac{a_1}{a_2}=\frac{b_1}{b_2}=k$,则方程⑧可写为

$$\frac{dy}{dx}=\frac{k(a_2x+b_2y)+c_1}{a_2x+b_2y+c_2}\triangleq f(a_2x+b_2y).$$

于是令 $u=a_2x+b_2y$ 之后,方程⑧成为

$$\frac{du}{dx}=a_2+b_2f(u),$$

这是可分离变量型微分方程.

上述方法也适用于比方程⑧更一般的如下方程:

$$\frac{dy}{dx}=f\left(\frac{a_1x+b_1y+c_1}{a_2x+b_2y+c_2}\right).$$

例 4 求解方程

$$\frac{dy}{dx}=\frac{x-y+1}{x+y-3}.$$

解 (1) 求出代数方程组

$$\begin{cases}x-y+1=0,\\x+y-3=0\end{cases}$$

的解 $x=1$, $y=2$.

(2) 令 $x=\xi+1$, $y=\eta+2$. 将此代入原方程得

$$\frac{d\eta}{d\xi}=\frac{\xi-\eta}{\xi+\eta}.$$

再令 $u=\frac{\eta}{\xi}$, 则

$$\frac{du}{d\xi}=\frac{1-2u-u^2}{(1+u)\xi}.$$

这是可分离变量型微分方程,分离变量,两边积分得(设 $u^2+2u-1\neq 0$)

$$\ln\xi^2=-\ln|u^2+2u-1|+\tilde{c},$$

再以 $u=\frac{\eta}{\xi}$ 及 $\xi=x-1$, $\eta=y-2$ 代回,便得原方程的通解

$$y^2+2xy-x^2-6y-2x=C,$$

其中 C 为任意常数.

四、一阶线性微分方程

若一阶微分方程关于未知函数 $y(x)$ 及其导数 $y'(x)$ 是线性的,则称此方程为**一阶线性微分方程**,它的一般形式为

$$\frac{dy}{dx}+p(x)y=q(x), \tag{9}$$

其中 $p(x)$ 和 $q(x)$ 都是已知的连续函数.

当 $q(x)\equiv 0$ 时,方程⑨变为

$$\frac{dy}{dx}+p(x)y=0, \tag{10}$$

方程⑩称为方程⑨所对应的线性**齐次**方程. 当 $q(x) \not\equiv 0$ 时,方程⑨又称为线性**非齐次方程**,习惯上把 $q(x)$ 称为方程⑨的**非齐次项**.

1. 一阶线性齐次方程的解法

方程⑩实际上是一个可分离变量型方程,将它分离变量后,得

$$\frac{\mathrm{d}y}{y}=-p(x)\mathrm{d}x,$$

两边积分后得

$$\ln y=-\int p(x)\mathrm{d}x+\ln C,$$

其中 $\int p(x)\mathrm{d}x$ 是 $p(x)$ 的某个确定的原函数. 因此,一阶线性齐次方程⑩的通解为

$$y=C\mathrm{e}^{-\int p(x)\mathrm{d}x}, \tag{⑪}$$

其中 C 是任意常数.

2. 一阶线性非齐次方程的解法

现在用**常数变易法**来求线性非齐次方程⑨的通解,该方法是把对应的齐次方程的通解⑪中的任意常数 C 变易成待定函数 $C(x)$,即设方程⑨的解具有形式

$$y=C(x)\mathrm{e}^{-\int p(x)\mathrm{d}x}, \tag{⑫}$$

于是

$$y'=C'(x)\mathrm{e}^{-\int p(x)\mathrm{d}x}-p(x)C(x)\mathrm{e}^{-\int p(x)\mathrm{d}x}. \tag{⑬}$$

将⑫和⑬代入方程⑨得

$$C'(x)\mathrm{e}^{-\int p(x)\mathrm{d}x}-p(x)C(x)\mathrm{e}^{-\int p(x)\mathrm{d}x}+p(x)C(x)\mathrm{e}^{-\int p(x)\mathrm{d}x}=q(x),$$

即

$$C'(x)=q(x)\mathrm{e}^{\int p(x)\mathrm{d}x},$$

两边积分,得

$$C(x)=\int q(x)\mathrm{e}^{\int p(x)\mathrm{d}x}\mathrm{d}x+C,$$

其中 $\int q(x)\mathrm{e}^{\int p(x)\mathrm{d}x}\mathrm{d}x$ 是 $q(x)\mathrm{e}^{\int p(x)\mathrm{d}x}$ 的某个确定的原函数. 不含有任意常数. 将上式代入⑫,便得线性非齐次方程⑨的通解

$$y = e^{-\int p(x)dx}\left(\int q(x)e^{\int p(x)dx}dx + C\right). \qquad ⑭$$

把⑭写成两项之和

$$y = Ce^{-\int p(x)dx} + e^{-\int p(x)dx}\int q(x)e^{\int p(x)dx}dx.$$

上式右边第一项是对应的线性齐次方程⑩的通解,第二项是线性非齐次方程⑨的一个特解(在⑨)的通解⑭中取 $C=0$ 便得到这个特解).因此,**一阶线性非齐次方程的通解等于它的一个特解与它所对应的齐次方程的通解之和.**

例 5 求微分方程 $\frac{dy}{dx} - 2xy = 3x^2e^{x^2}$ 的通解.

解 这是一阶线性非齐次方程.先用分离变量法求得对应齐次方程 $\frac{dy}{dx} - 2xy = 0$ 的通解为

$$y = Ce^{x^2}.$$

然后用常数变易法.把其中的任意常数 C 换成待定函数 $C(x)$,即令

$$y = C(x)e^{x^2}, \qquad ⑮$$

把⑮式及其导数代入原方程,得

$$C'(x)e^{x^2} + C(x)e^{x^2}2x - 2xC(x)e^{x^2} = 3x^2e^{x^2},$$

即

$$C'(x) = 3x^2.$$

两边积分,得

$$C(x) = x^3 + C.$$

再把上式代入⑮式,便得原方程的通解为

$$y = (x^3 + C)e^{x^2}.$$

注意,这个解也可以直接由公式⑭求得.

3. 伯努利(Bernoulli)方程

方程

$$\frac{dy}{dx} + p(x)y = q(x)y^{\alpha}, \qquad ⑯$$

称为**伯努利方程**,其中 α 是常数,且 $\alpha \neq 0, 1$. 注意当 $\alpha = 0$ 或 $\alpha = 1$ 时,⑯是线性方程,不再是伯努

利方程. 尽管伯努利方程不是线性方程,但通过变量代换,可以把它化为一阶线性微分方程. 事实上,在方程⑯两边同乘 $y^{-\alpha}$,得

$$y^{-\alpha}\frac{dy}{dx}+p(x)y^{1-\alpha}=q(x),$$

即

$$\frac{1}{1-\alpha}\cdot\frac{d}{dx}(y^{1-\alpha})+p(x)y^{1-\alpha}=q(x).$$

因此,若令 $z=y^{1-\alpha}$, 则得到关于 $z(x)$ 的线性方程

$$\frac{dz}{dx}+(1-\alpha)p(x)z=(1-\alpha)q(x).$$

对于这个方程,我们可以利用前面的一阶线性非齐次方程的解法求出它的通解,并以 $z=y^{1-\alpha}$ 代回,便得到伯努利方程⑯的通解.

例 6 求微分方程 $4xydx+(y-x^2)dy=0$ 的通解.

解 若将 y 看成 x 的函数,则方程不是前面所见的类型,不便求解.

若将 x 看成 y 的函数,则原方程可改写为

$$\frac{dx}{dy}-\frac{x}{4y}=-\frac{1}{4}x^{-1},$$

这是伯努利方程. 令 $z=x^2$, 则上式可化为线性方程

$$\frac{dz}{dy}-\frac{1}{2y}z=-\frac{1}{2}.$$

此线性方程的通解为

$$z=-y+Cy^{\frac{1}{2}},$$

再以 $z=x^2$ 代回,便得原方程的通解为

$$x^2=-y+Cy^{\frac{1}{2}}.$$

五、全微分方程

一阶微分方程还可以写成

$$P(x,y)dx+Q(x,y)dy=0 \qquad ⑰$$

的形式,若它的左边恰好是某个函数 $u(x, y)$ 的全微分,即

$$\mathrm{d}u(x, y) = P(x, y)\mathrm{d}x + Q(x, y)\mathrm{d}y, \tag{18}$$

则称方程⑰为**全微分方程**. 这里

$$\frac{\partial u}{\partial x} = P(x, y), \quad \frac{\partial u}{\partial y} = Q(x, y),$$

而方程⑰等同于

$$\mathrm{d}u(x, y) = 0.$$

由此可知,全微分方程⑰的通解是方程

$$u(x, y) = C \quad (\text{其中 } C \text{ 为任意常数})$$

所确定的隐函数.

由第二型曲线积分与路径无关的等价条件可知,当 $P(x, y)$, $Q(x, y)$ 在某平面区域 D 上具有连续的一阶偏导数时,方程⑰是全微分方程的充要条件为

$$\frac{\partial P}{\partial y} = \frac{\partial Q}{\partial x}. \tag{19}$$

而且满足⑱的原函数可由积分

$$u(x, y) = \int_{x_0}^{x} P(x, y_0)\mathrm{d}x + \int_{y_0}^{y} Q(x, y)\mathrm{d}y \tag{20}$$

或

$$u(x, y) = \int_{y_0}^{y} Q(x_0, y)\mathrm{d}y + \int_{x_0}^{x} P(x, y)\mathrm{d}x \tag{21}$$

求得,其中 (x_0, y_0) 为 D 中任意选定的点.

例 7 求微分方程 $(2x + \mathrm{e}^{y^2})\mathrm{d}x + (2xy\mathrm{e}^{y^2} - 2y)\mathrm{d}y = 0$ 的通解.

解 因为

$$\frac{\partial}{\partial y}(2x + \mathrm{e}^{y^2}) = 2y\mathrm{e}^{y^2} = \frac{\partial}{\partial x}(2xy\mathrm{e}^{y^2} - 2y),$$

所以这是全微分方程. 在⑳式中取 $x_0 = y_0 = 0$, 则

$$\begin{aligned} u(x, y) &= \int_0^x (2x + 1)\mathrm{d}x + \int_0^y (2xy\mathrm{e}^{y^2} - 2y)\mathrm{d}y \\ &= x^2 + x + x\mathrm{e}^{y^2} - x - y^2 = x^2 + x\mathrm{e}^{y^2} - y^2. \end{aligned}$$

因此,原方程的通解为

$$x^2 + xe^{y^2} - y^2 = C.$$

当条件⑲不满足时,方程⑰就不是全微分方程. 这时如果存在连续可微函数 $\mu = \mu(x, y)(\mu(x, y) \neq 0)$, 使得

$$\mu(x, y)M(x, y)\mathrm{d}x + \mu(x, y)N(x, y)\mathrm{d}y = 0 \tag{*}$$

为全微分方程,亦即存在函数 $v = v(x, y)$ 使得

$$\mathrm{d}v(x, y) = \mu(x, y)M(x, y)\mathrm{d}x + \mu(x, y)N(x, y)\mathrm{d}y,$$

则称 $\mu(x, y)$ 为方程⑰的**积分因子**. 这时 $v(x, y) = C$ 是方程(*)的通解,也是方程⑰的通解.

一般来说,不容易求到积分因子 μ. 但是在一些特殊情况下,可以通过观察得到.

例如,方程

$$x\mathrm{d}x + y\mathrm{d}y + (x^2 + y^2)x\mathrm{d}x = 0$$

不是全微分方程. 但是由

$$\mathrm{d}[\ln(x^2 + y^2) + x^2] = 2\left(\frac{x\mathrm{d}x + y\mathrm{d}y}{x^2 + y^2} + x\mathrm{d}x\right)$$

知, $\frac{1}{x^2 + y^2}$ 是积分因子. 若方程两边同乘 $\mu(x, y) = \frac{1}{x^2 + y^2}$, 使得所求方程的通解为

$$x^2 + \ln(x^2 + y^2) = C.$$

12.2 学习要点

习题 12.2

1. 用分离变量法求下列微分方程的通解:

(1) $2y\mathrm{d}x - x\mathrm{d}y = 0$;

(2) $\tan x \dfrac{\mathrm{d}y}{\mathrm{d}x} = y\ln y$;

(3) $2yy' = (1 + y^2)e^x$;

(4) $e^x \sin y\mathrm{d}x + (1 - e^x)\cos y\mathrm{d}y = 0$;

(5) $y' = e^{2x+y}$;

(6) $(x^2 + 1)\dfrac{\mathrm{d}y}{\mathrm{d}x} - 2x = 2xe^y$.

2. 求下列齐次型微分方程的通解:

(1) $\dfrac{\mathrm{d}y}{\mathrm{d}x} = \dfrac{xy}{x^2 + y^2}$;

(2) $x\dfrac{\mathrm{d}y}{\mathrm{d}x} - xe^{\frac{y}{x}} - y - x = 0$;

(3) $\dfrac{\mathrm{d}y}{\mathrm{d}x} = \left(\dfrac{y}{x}\right)^2 + \dfrac{y}{x}$;

(4) $\dfrac{\mathrm{d}y}{\mathrm{d}x} = \dfrac{y - x}{x + 4y}$;

(5) $xyy' = x^2 + y^2$;　(6) $2xy\mathrm{d}x + (y^2 - 3x^2)\mathrm{d}y = 0$.

3. 求下列线性微分方程的通解:

(1) $\dfrac{\mathrm{d}y}{\mathrm{d}x} - y = \mathrm{e}^x$;　(2) $y' - 2y = -2x + 3$;

(3) $y' + y\sin x = 2x\mathrm{e}^{\cos x}$;　(4) $(x+2)\dfrac{\mathrm{d}y}{\mathrm{d}x} = 4y + \mathrm{e}^x(x+2)^6$;

(5) $\dfrac{\mathrm{d}y}{\mathrm{d}x} - y\cot x = \sin 2x$;　(6) $xy' - (x+2)y = x^3$.

4. 求下列伯努利方程的通解:

(1) $\dfrac{\mathrm{d}y}{\mathrm{d}x} - xy = x^3y^3$;　(2) $\dfrac{\mathrm{d}y}{\mathrm{d}x} - \dfrac{1}{x}y = x^5y^{-3}$;

(3) $xy' + 2y = x^3\mathrm{e}^xy^2$;　(4) $\dfrac{\mathrm{d}y}{\mathrm{d}x} + \dfrac{2}{x+1}y = 3(x+1)^2y^{\frac{4}{3}}$.

5. 判别下列方程中哪些是全微分方程,并求全微分方程的通解:

(1) $(2x + y)\mathrm{d}x + (x + 4y)\mathrm{d}y = 0$;

(2) $\left(\dfrac{1}{y}\sin\dfrac{x}{y} - \dfrac{y}{x^2}\cos\dfrac{y}{x}\right)\mathrm{d}x + \left(\dfrac{1}{x}\cos\dfrac{y}{x} - \dfrac{x}{y^2}\sin\dfrac{x}{y}\right)\mathrm{d}y = 0$;

(3) $(\mathrm{e}^x + y^2)\mathrm{d}x + 6xy\mathrm{d}y = 0$;

(4) $y\sin(x+y)\mathrm{d}x + [y\sin(x+y) - \cos(x+y)]\mathrm{d}y = 0$.

6. 求下列微分方程满足所给初始条件的特解:

(1) $xy' - y\ln y = 0$, $y|_{x=1} = \mathrm{e}$;

(2) $\dfrac{\mathrm{d}y}{\mathrm{d}x} = \dfrac{y}{2x} + \dfrac{x}{2y}$, $y|_{x=-1} = 2$;

(3) $\left(x + y\cos\dfrac{y}{x}\right)\mathrm{d}x - x\cos\dfrac{y}{x}\mathrm{d}y = 0$, $y|_{x=1} = 0$;

(4) $y' = 2xy + \mathrm{e}^{x^2}\sin x$, $y|_{x=0} = 1$.

7. 选择适当的方法求下列微分方程的通解:

(1) $\dfrac{\mathrm{d}y}{\mathrm{d}x} = \dfrac{y}{x + y^6}$;　(2) $(1 + y^2)\mathrm{d}x - (xy + x^3y)\mathrm{d}y = 0$;

(3) $(x^2 - y)\mathrm{d}x + (3y^2 - x)\mathrm{d}y = 0$;　(4) $xy^2y' = x^3 + y^3$;

(5) $xy' = y - x^2y^2$;　(6) $y(xy + 1)\mathrm{d}x + \mathrm{d}y = 0$.

8. 设函数 $y(x)$ 是微分方程 $y' + xy = \mathrm{e}^{-\frac{x^2}{2}}$ 满足初始条件 $y(0) = 0$ 的特解.

(1) 求 $y(x)$;

(2) 求曲线 $y = y(x)$ 的凹凸区间及拐点.

9. (1) 求微分方程 $y'+y=x$ 的通解;

(2) 设 $f(x)$ 是 $(-\infty, +\infty)$ 上连续以 T 为周期的周期函数,证明:微分方程 $y'+y=f(x)$ 存在唯一以 T 为周期的特解.

12.3 高阶微分方程

一、可降阶的微分方程

二阶以及二阶以上的微分方程称为高阶微分方程. 一般来说,微分方程的阶数越高,求解的难度越大. 求解高阶方程的一个常用方法就是降低阶数. 就二阶方程

$$y''=f(x, y, y')$$

而言,如果能用变量代换把它化成一阶方程,那么就可以用前面所讲的方法来求它的解了. 下面对二阶方程的三种容易降阶的情形进行讨论.

1. $y''=f(x)$ 型微分方程

这类方程的左边是未知函数的二阶导数,右边只是自变量 x 的函数,只要对方程接连积分两次,便得到原方程的含有两个任意常数的通解.

例 1 求微分方程 $y''=e^{2x}-\sin x$ 的通解.

解 对所给方程接连积分两次,得

$$y'=\frac{1}{2}e^{2x}+\cos x+C_1,$$

$$y=\frac{1}{4}e^{2x}+\sin x+C_1x+C_2.$$

2. $y''=f(x, y')$ 型微分方程

在这类方程中不显含未知函数 y. 若设 $z(x)=y'$, 则

$$y''=\frac{dz}{dx}=z'.$$

把这些代入原方程后,就得到一个关于 $z(x)$ 的一阶方程

$$z'=f(x, z).$$

若能求得它的通解

$$z=\phi(x, C_1),$$

则又得到关于 $y(x)$ 的一阶方程

$$y' = \phi(x, C_1),$$

对它进行积分,便得到原方程的通解

$$y = \int \phi(x, C_1)\mathrm{d}x + C_2.$$

例 2 求微分方程 $y'' - 4y' = 3\mathrm{e}^x$ 的通解.

解 所给方程是 $y'' = f(x, y')$ 型的. 令 $z = y'$, 代入方程后,得

$$z' - 4z = 3\mathrm{e}^x,$$

这是关于 $z(x)$ 的一阶线性非齐次方程,它的通解为

$$z = -\mathrm{e}^x + \overline{C}_1\mathrm{e}^{4x},$$

即

$$y' = -\mathrm{e}^x + \overline{C}_1\mathrm{e}^{4x}.$$

两边积分,便得原方程的通解为

$$y = -\mathrm{e}^x + C_1\mathrm{e}^{4x} + C_2,$$

其中 $C_1 = \dfrac{1}{4}\overline{C}_1$.

3. $y'' = f(y, y')$ 型微分方程

在这类方程中不显含自变量 x. 为了求出它的解,令 $z(y) = y'$, 利用复合函数求导法则把 y'' 表示为 z 对 y 的导数,即

$$y'' = \frac{\mathrm{d}z}{\mathrm{d}x} = \frac{\mathrm{d}z}{\mathrm{d}y} \cdot \frac{\mathrm{d}y}{\mathrm{d}x} = \frac{\mathrm{d}z}{\mathrm{d}y} \cdot z,$$

这样,原方程就化为关于 $z(y)$ 的一阶方程

$$z\frac{\mathrm{d}z}{\mathrm{d}y} = f(y, z).$$

若能求得它的通解

$$z = \phi(y, C_1),$$

则又得到关于 $y(x)$ 的一阶方程

$$y' = \phi(y, C_1).$$

再通过分离变量法就可以求得原方程的通解为

$$x=\int\frac{\mathrm{d}y}{\phi(y,\ C_1)}+C_2.$$

例3 求微分方程 $y''=2y^3$ 满足初始条件 $y|_{x=1}=2$, $y'|_{x=1}=-4$ 的特解.

解 所给方程是 $y''=f(y,\ y')$ 型的. 设 $y'=z$,则 $y''=z\frac{\mathrm{d}z}{\mathrm{d}y}$,把这些代入方程并分离变量,就有

$$z\mathrm{d}z=2y^3\mathrm{d}y.$$

两边积分,得

$$z^2=y^4+C_1,$$

即

$$(y')^2=y^4+C_1.$$

把条件 $y|_{x=1}=2$, $y'|_{x=1}=-4$ 代入上式,得 $C_1=0$. 注意到 $y'|_{x=1}=-4<0$, 于是有

$$y'=-y^2.$$

再分离变量并两边积分,得

$$\frac{1}{y}=x+C_2.$$

再由条件 $y|_{x=1}=2$ 得 $C_2=-\frac{1}{2}$. 因此所求的特解为

$$y=\frac{2}{2x-1}.$$

二、线性微分方程解的性质

若 n 阶微分方程关于未知函数及其各阶导数都是线性的,则称该方程为 **n 阶线性微分方程**,它的一般形式为

$$y^{(n)}+p_1(x)y^{(n-1)}+p_2(x)y^{(n-2)}+\cdots+p_n(x)y=q(x), \qquad ①$$

其中 $p_1(x)$, $p_2(x)$, $\cdots$, $p_n(x)$ 和 $q(x)$ 都是已知的连续函数.

当 $q(x)\equiv 0$ 时,方程①变为

$$y^{(n)}+p_1(x)y^{(n-1)}+p_2(x)y^{(n-2)}+\cdots+p_n(x)y=0, \quad ②$$

方程②称为方程①所对应的 **n 阶线性齐次方程**. 当 $q(x)\not\equiv 0$ 时,方程①又称为 **n 阶线性非齐次方程**,习惯上把 $q(x)$ 称为方程①的**非齐次项**.

当 $n=1$ 时,①就是前面讨论过的一阶线性微分方程;当 $n=2$ 时,方程①和②分别成为

$$y''+p_1(x)y'+p_2(x)y=q(x), \quad ③$$

$$y''+p_1(x)y'+p_2(x)y=0. \quad ④$$

下面讨论二阶线性微分方程的解的一些性质,这些性质可以推广到 n 阶线性微分方程. 关于二阶线性齐次微分方程④有如下定理.

定理 1 设 $y_1(x)$ 与 $y_2(x)$ 是二阶线性齐次微分方程④的两个特解,则

$$y(x)=C_1y_1(x)+C_2y_2(x) \quad ⑤$$

也是方程④的解,其中 C_1, C_2 是两个任意常数.

证 由 $y=C_1y_1+C_2y_2$ 可知,

$$y'=C_1y_1'+C_2y_2', \quad y''=C_1y_1''+C_2y_2''.$$

代入方程④的左边,得

$$\begin{aligned}&C_1y_1''+C_2y_2''+p_1(x)(C_1y_1'+C_2y_2')+p_2(x)(C_1y_1+C_2y_2)\\=&C_1[y_1''+p_1(x)y_1'+p_2(x)y_1]+C_2[y_2''+p_1(x)y_2'+p_2(x)y_2].\end{aligned}$$

因为 y_1 和 y_2 都是方程④的解,所以上式右边方括号中的表达式都恒等于零,从而整个式子恒等于零,因此 $y(x)=C_1y_1(x)+C_2y_2(x)$ 也是方程④的解.

从⑤式的形式上来看,它含有 C_1, C_2 两个任意常数,读者自然要问:它是不是方程④的通解?例如,可以直接验证 $y_1=\mathrm{e}^x$ 与 $y_2=\mathrm{e}^{2x}$ 都是二阶线性微分方程

$$y''-3y'+2y=0$$

的解. 由定理 1 可知,对于两个任意常数 C_1 和 C_2, $y=C_1\mathrm{e}^x+C_2\mathrm{e}^{2x}$ 一定是方程 $y''-3y'+2y=0$ 的解. 由于这个解中含有两个互相独立的任意常数 C_1 和 C_2,所以 $y=C_1\mathrm{e}^x+C_2\mathrm{e}^{2x}$ 是这个方程的通解. 然而,对于这个方程的任意两个解 y_1, y_2, $y=C_1y_1+C_2y_2$ 就不一定是方程的通解. 例如,取方程 $y''-3y'+2y=0$ 的两个解 $y_1=\mathrm{e}^x$, $y_2=2\mathrm{e}^x$, 因为

$$y=C_1y_1+C_2y_2=(C_1+2C_2)\mathrm{e}^x,$$

其中 (C_1+2C_2) 可以合并为一个任意常数. 所以解 $y(x)$ 中不含两个互相独立的任意常数,因此它不是方程 $y''-3y'+2y=0$ 的通解. 由此可以看出,当 $y_1(x)$, $y_2(x)$ 是二阶齐次线性微分方程④的

解时，对于两个任意常数 C_1，C_2，$y=C_1y_1+C_2y_2$ 一定是方程④的解，但不一定是方程④的通解，$y=C_1y_1+C_2y_2$ 是不是方程④的通解与函数 $y_1(x)$，$y_2(x)$ 有关. 从上面的分析可以看出，若

$$y_1(x)\equiv ky_2(x)\quad (k\text{是常数}),$$

则 $y=C_1y_1+C_2y_2$ 不是方程④的通解（此时函数 $y_1(x)$，$y_2(x)$ 称为线性相关）；若对任意常数 k，

$$y_1(x)\not\equiv ky_2(x)$$

则 $y=C_1y_1+C_2y_2$ 中的两个任意常数是独立的，它们不能合并成一个任意常数，所以 $y=C_1y_1+C_2y_2$ 是方程④的通解.

如果一个函数是另一个函数的常数倍，那么称这两个函数**线性相关**；否则，**线性无关**. 也可以说，如果两个函数的商恒等于一个常数，那么这两个函数线性相关；否则，线性无关. 因此考察两个函数是否线性相关，只要看它们的商是否恒等于一个常数.

例如，上面提到的 $y_1=e^x$ 与 $y_2=2e^x$，因为

$$\frac{y_1}{y_2}\equiv\text{常数},$$

所以 $y_1=e^x$ 与 $y_2=2e^x$ 线性相关；又如，对于 $y_1=e^x$ 与 $y_2=e^{2x}$，由于

$$\frac{y_1}{y_2}=e^{-x},$$

其中 e^{-x} 不是常数，因此 $y_1=e^x$ 与 $y_2=e^{2x}$ 线性无关.

一般地，n 个函数的线性相关与线性无关的定义叙述如下：

设 $y_1(x)$，$y_2(x)$，…，$y_n(x)$ 是定义在区间 I 上的 n 个函数，若存在不全为零的常数 k_1，k_2，…，k_n，使得在 I 上有

$$k_1y_1(x)+k_2y_2(x)+\cdots+k_ny_n(x)\equiv 0,$$

则称这 n 个函数在区间 I 上线性相关，否则称为线性无关. 也就是说，如果由在区间 I 上

$$k_1y_1(x)+k_2y_2(x)+\cdots+k_ny_n(x)\equiv 0,$$

可得 $k_1=k_2=\cdots=k_n=0$，那么这 n 个函数在区间 I 上线性无关.

设 $y_1(x)$，$y_2(x)$，…，$y_n(x)$ 在区间 I 上线性相关，则存在不全为零的常数 k_1，k_2，…，k_n，使得

$$k_1y_1(x)+k_2y_2(x)+\cdots+k_ny_n(x)=0,$$

不妨设 $k_n\neq 0$，那么

$$y_n(x)=-\frac{k_1}{k_n}y_1(x)-\frac{k_2}{k_n}y_2(x)-\cdots-\frac{k_{n-1}}{k_n}y_{n-1}(x).$$

反之，若 n 个函数 $y_1(x)$，$y_2(x)$，…，$y_n(x)$ 中有一个函数，如 $y_n(x)$，可由其他 $n-1$ 个函数的线性

组合来表示:

$$y_n(x)=k_1y_1(x)+k_2y_2(x)+\cdots+k_{n-1}y_{n-1}(x),$$

其中 $k_1, k_2, \cdots, k_{n-1}$ 都是常数,则

$$k_1y_1(x)+k_2y_2(x)+\cdots+k_{n-1}y_{n-1}(x)+(-1)y_n=0,$$

所以 $y_1(x), y_2(x), \cdots, y_n(x)$在区间 I 上线性相关.

由此可知,n 个函数线性相关的充要条件是其中一个函数可表示成其他 $n-1$ 个函数的线性组合.

例如,由 $\cos 2x=\cos^2x-\sin^2x$ 可知,函数 $\cos 2x, \sin^2x, \cos^2x$ 在$(-\infty, +\infty)$上线性相关.

又例如,函数 $1, x, x^2, \cdots, x^{n-1}$ 在$(-\infty, +\infty)$上线性无关. 事实上,若存在常数 $k_1, k_2, \cdots, k_n$,使得

$$k_1+k_2x+k_3x^2+\cdots+k_nx^{n-1}=0,$$

对$(-\infty, +\infty)$内的所有 x 都成立,则根据代数学基本定理, $n-1$ 次多项式至多只有 $n-1$ 个零点,可得 $k_1=k_2=\cdots=k_n=0$. 因此函数 $1, x, x^2, \cdots, x^{n-1}$ 在$(-\infty, +\infty)$上线性无关.

有了线性无关的概念以后,就有如下关于二阶线性齐次微分方程通解的定理.

定理 2 设 $y_1(x)$和 $y_2(x)$是二阶线性齐次微分方程④的两个线性无关的特解,则

$$y(x)=C_1y_1(x)+C_2y_2(x)$$

是方程④的通解,其中 C_1, C_2 是任意常数.

由定理 2 可知,只要求出二阶线性齐次微分方程的两个线性无关的特解,就可以得到该方程的通解.

在本章 12.2 节中已经看到,一阶线性非齐次微分方程的通解是对应的齐次方程的通解加上非齐次方程本身的一个特解. 实际上,不仅一阶线性非齐次微分方程的通解具有这样的结构,而且二阶及更高阶的线性非齐次微分方程的通解也具有这样的结构.

定理 3 设 $\tilde{y}(x)$是二阶线性非齐次方程③的一个特解, $Y(x)=C_1y_1(x)+C_2y_2(x)$ 是相应的线性齐次方程④的通解,则

$$y(x)=Y(x)+\tilde{y}(x)=C_1y_1(x)+C_2y_2(x)+\tilde{y}(x)$$

是二阶线性非齐次方程③的通解.

证 由定理假设可知

$$\tilde{y}''+p_1(x)\tilde{y}'+p_2(x)\tilde{y}\equiv q(x),$$

$$Y'' + p_1(x)Y' + p_2(x)Y \equiv 0.$$

把 $y = Y + \tilde{y}$ 代入方程③的左边，得

$$\begin{aligned} & y'' + p_1(x)y' + p_2(x)y \\ = & Y'' + \tilde{y}'' + p_1(x)(Y' + \tilde{y}') + p_2(x)(Y + \tilde{y}) \\ = & [Y'' + p_1(x)Y' + p_2(x)Y] + [\tilde{y}'' + p_1(x)\tilde{y}' + p_2(x)\tilde{y}] \\ \equiv & q(x), \end{aligned}$$

所以 $y = Y + \tilde{y}$ 是方程③的解. 又因为其中含有两个独立的任意常数，所以 $y = Y + \tilde{y}$ 是方程③的通解.

类似可以证明如下线性微分方程解的**叠加原理**.

定理 4 设 $y_1(x)$, $y_2(x)$ 分别是二阶线性非齐次方程

$$y'' + p_1(x)y' + p_2(x)y = q_1(x)$$

和

$$y'' + p_1(x)y' + p_2(x)y = q_2(x)$$

的解，则 $y(x) = ay_1(x) + by_2(x)$ 是非齐次方程

$$y'' + p_1(x)y' + p_2(x)y = aq_1(x) + bq_2(x)$$

的解，其中 a, b 是常数.

思考 以上结果可以推广到 n 阶线性微分方程，请读者自行叙述.

三、二阶常系数线性齐次方程的解

在 n 阶线性微分方程②中，若未知函数及其导数的系数都是常数，即②成为

$$y^{(n)} + p_1 y^{(n-1)} + p_2 y^{(n-2)} + \cdots + p_n y = 0, \tag{7}$$

其中 p_1, p_2, $\cdots$, p_n 都是常数，则称⑦为 ***n* 阶常系数线性齐次微分方程**. 下面先讨论二阶常系数线性齐次微分方程

$$y'' + p_1 y' + p_2 y = 0. \tag{8}$$

由定理 2 可知，若能求得方程⑧的两个线性无关特解 $y_1(x)$ 和 $y_2(x)$，则 $y(x) = C_1 y_1(x) + C_2 y_2(x)$ 就是它的通解.

对一阶常系数线性齐次微分方程 $y' + p_1 y = 0$ 来说，可以用分离变量法求得它的通解 $y =$

Ce^{-p_1x},从而得到它的一个特解 $y=e^{-p_1x}$. 因此自然想知道,二阶常系数线性齐次微分方程⑧是否也有指数函数形式的特解? 为此,我们用指数函数 $y=e^{rx}$ 来尝试,看是否能够找到适当的常数 r,使得 $y=e^{rx}$ 满足方程⑧.

将

$$y=e^{rx},\ y'=re^{rx} \quad 及 \quad y''=r^2e^{rx}$$

代入方程⑧,得到

$$(r^2+p_1r+p_2)e^{rx}=0.$$

因为 $e^{rx}\neq 0$, 所以

$$r^2+p_1r+p_2=0. \tag{9}$$

因此,函数 $y=e^{rx}$ 是微分方程⑧解的充要条件为 r 是二次代数方程⑨的根. 代数方程⑨称为微分方程⑧的**特征方程**.

由代数学知道,特征方程⑨有两个根,分别记为 r_1 和 r_2. 它们有三种不同的情形:

1. r_1, r_2 为两个不同的实根

这时 $y_1=e^{r_1x}$ 和 $y_2=e^{r_2x}$ 是微分方程⑧的两个解,并且 $\frac{y_2}{y_1}=\frac{e^{r_2x}}{e^{r_1x}}=e^{(r_2-r_1)x}$ 不是常数,所以它们是线性无关的,因此微分方程⑧的通解为

$$y=C_1e^{r_1x}+C_2e^{r_2x}.$$

2. $r_1=r_2=r$ 为两个相同的实根

这时只得到方程⑧的一个特解

$$y_1=e^{rx}.$$

为了得到方程⑧的通解,还需要找出与 y_1 线性无关的另一个特解 y_2,这就要求 $\frac{y_2}{y_1}$ 不是常数. 为此,设

$$y_2=u(x)e^{rx},$$

其中 $u(x)$ 是一个待定的函数,则

$$y_2'=[u'(x)+ru(x)]e^{rx},$$
$$y_2''=[u''(x)+2ru'(x)+r^2u(x)]e^{rx}.$$

把 y_2, y_2' 和 y_2'' 代入方程⑧,得到

$$[u''(x)+2ru'(x)+r^2u(x)]e^{rx}+p_1[u'(x)+ru(x)]e^{rx}+p_2u(x)e^{rx}=0,$$

即

$$u''(x)+(2r+p_1)u'(x)+(r^2+p_1r+p_2)u(x)=0.$$

由于 r 是特征方程⑨的重根,可得 $r^2+p_1r+p_2=0$,而且 $2r+p_1=0$, 所以

$$u''(x)=0.$$

因此,只要找一个满足这个条件简单又不是常数的函数即可. 例如可取 $u(x)=x$. 由此可得微分方程⑧的另一个特解

$$y_2=xe^{rx},$$

它与 $y_1=e^{rx}$ 线性无关. 于是方程⑧的通解为

$$y=C_1e^{rx}+C_2xe^{rx},$$

即

$$y=(C_1+C_2x)e^{rx}.$$

3. $r_{1,2}=\alpha\pm\beta i$ 为一对共轭复根($\beta\neq0$)

这时得到方程⑧的两个复值函数形式的解

$$y_1=e^{(\alpha+i\beta)x} \quad 和 \quad y_2=e^{(\alpha-i\beta)x}.$$

为了得到实值函数形式的解,利用欧拉公式 $e^{i\theta}=\cos\theta+i\sin\theta$ 把 y_1, y_2 改写成

$$y_1=e^{(\alpha+i\beta)x}=e^{\alpha x}\cdot e^{i\beta x}=e^{\alpha x}(\cos\beta x+i\sin\beta x),$$
$$y_2=e^{(\alpha-i\beta)x}=e^{\alpha x}\cdot e^{-i\beta x}=e^{\alpha x}(\cos\beta x-i\sin\beta x).$$

由线性微分方程解的叠加原理(定理4)可知

$$\frac{1}{2}(y_1+y_2)=e^{\alpha x}\cos\beta x \quad 和 \quad \frac{1}{2i}(y_1-y_2)=e^{\alpha x}\sin\beta x$$

也是方程⑧的解,而且由 $\dfrac{e^{\alpha x}\cos\beta x}{e^{\alpha x}\sin\beta x}=\dfrac{\cos\beta x}{\sin\beta x}$ 不是常数知,它们是线性无关的. 因此方程⑧的通解为

$$y=C_1e^{\alpha x}\cos\beta x+C_2e^{\alpha x}\sin\beta x,$$

即

$$y=e^{\alpha x}(C_1\cos\beta x+C_2\sin\beta x).$$

例4 求方程 $y''-2y'+y=0$ 的通解.

解 所给方程的特征方程为

$$r^2 - 2r + 1 = 0,$$

它的根是 $r_1 = r_2 = 1$. 于是所求的通解为

$$y = e^x(C_1 + C_2 x).$$

例 5 求方程 $y'' - 4y' + 5y = 0$ 的通解.

解 所给方程的特征方程为

$$r^2 - 4r + 5 = 0,$$

它的根是 $r_{1,2} = 2 \pm i$. 于是所求的通解为

$$y = e^{2x}(C_1 \cos x + C_2 \sin x).$$

上述方法可以推广到 n 阶常系数线性齐次方程

$$y^{(n)} + p_1 y^{(n-1)} + p_2 y^{(n-2)} + \cdots + p_n y = 0,$$

其中 $p_1, p_2, \cdots, p_n$ 都是常数,它的特征方程为

$$r^n + p_1 r^{n-1} + p_2 r^{n-2} + \cdots + p_n = 0.$$

由定理 2′可知,只要求得方程的 n 个线性无关的特解,就可以得到方程的通解. 根据特征方程的 n 个根的各种情况,可以写出相应的 n 个线性无关的特解:

(1) 若特征方程有 n 个不同的实根 $r_1, r_2, \cdots, r_n$,则 $e^{r_1 x}, e^{r_2 x}, \cdots, e^{r_n x}$ 是 n 个线性无关的特解.

(2) 若特征方程的相异实根为 $r_1, r_2, \cdots, r_k$,重数分别为 $n_1, n_2, \cdots, n_k(n_1 + n_2 + \cdots + n_k = n)$,则

$$\begin{gathered} e^{r_1 x}, xe^{r_1 x}, \cdots, x^{n_1 - 1} e^{r_1 x}, \\ e^{r_2 x}, xe^{r_2 x}, \cdots, x^{n_2 - 1} e^{r_2 x}, \\ \cdots\cdots\cdots\cdots \\ e^{r_k x}, xe^{r_k x}, \cdots, x^{n_k - 1} e^{r_k x} \end{gathered}$$

是 n 个线性无关的特解.

(3) 若特征方程相异实根为 $r_1, r_2, \cdots, r_k$,重数分别为 $n_1, n_2, \cdots, n_k$,相异复根为 $\alpha_1 \pm i\beta_1, \alpha_2 \pm i\beta_2, \cdots, \alpha_l \pm i\beta_l$,重数分别为 $m_1, m_2, \cdots, m_l(n_1 + n_2 + \cdots + n_k + 2m_1 + 2m_2 + \cdots + 2m_l = n)$,则

$$\begin{array}{llll} e^{r_s x}, & xe^{r_s x}, & \cdots, & x^{n_s - 1} e^{r_s x} \quad (s = 1, 2, \cdots, k), \\ e^{\alpha_j x} \cos \beta_j x, & xe^{\alpha_j x} \cos \beta_j x, & \cdots, & x^{m_j - 1} e^{\alpha_j x} \cos \beta_j x, \\ e^{\alpha_j x} \sin \beta_j x, & xe^{\alpha_j x} \sin \beta_j x, & \cdots, & x^{m_j - 1} e^{\alpha_j x} \sin \beta_j x \quad (j = 1, 2, \cdots, l) \end{array}$$

是 n 个线性无关的特解.

例 6 求方程 $y^{(4)}-2y'''+y''=0$ 的通解.

解 所给方程的特征方程为

$$r^4-2r^3+r^2=0,$$

它的根是 $r_1=r_2=1$, $r_3=r_4=0$. 于是所求的通解为

$$y=C_1e^x+C_2xe^x+C_3+C_4x.$$

例 7 求方程 $y^{(4)}+5y''-36y=0$ 的通解.

解 所给方程的特征方程为

$$r^4+5r^2-36=0,$$

它的根是 $r_1=2$, $r_2=-2$, $r_{3,4}=\pm 3\mathrm{i}$. 于是所求的通解为

$$y=C_1e^{2x}+C_2e^{-2x}+C_3\cos 3x+C_4\sin 3x.$$

四、二阶常系数线性非齐次方程的解

n 阶常系数线性非齐次微分方程的一般形式为

$$y^{(n)}+p_1y^{(n-1)}+p_2y^{(n-2)}+\cdots+p_ny=q(x),$$

其中 $p_1, p_2, \cdots, p_n$ 都是常数. 同样先讨论二阶常系数线性非齐次微分方程

$$y''+p_1y'+p_2y=q(x). \qquad ⑩$$

由定理 3 可知,只要求出相应的齐次方程

$$y''+p_1y'+p_2y=0$$

的通解

$$Y(x)=C_1y_1(x)+C_2y_2(x)$$

与非齐次方程⑩的一个特解 $\tilde{y}(x)$,把两者相加,即

$$y=Y(x)+\tilde{y}(x),$$

就可以得到非齐次方程⑩的通解.

现在介绍当非齐次项 $q(x)$ 取两种特殊形式时求 $\tilde{y}(x)$ 的方法. 这种方法称为**待定系数法**,它的特点是不用积分就可以求出 $\tilde{y}(x)$.

1. $q(x)=e^{\lambda x}P_m(x)$，其中 λ 是实数，$P_m(x)$ 为 x 的 m 次实系数多项式,即

$$P_m(x)=a_0x^m+a_1x^{m-1}+\cdots+a_m.$$

根据 $f(x)=e^{\lambda x}P_m(x)$ 的特点，y'', py', qy 的和为 $e^{\lambda x}P_m(x)$,而多项式函数与指数函数乘积的导数仍然是多项式与指数函数的乘积. 因此可以断定方程⑩有一个特解 $\tilde{y}$ 是某个多项式函数与指数函数的乘积,即

$$\tilde{y}(x)=e^{\lambda x}Q(x),$$

其中 $Q(x)$是一个系数待定的多项式. 把 $\tilde{y}(x)$和它的导数

$$\tilde{y}'(x)=e^{\lambda x}[\lambda Q(x)+Q'(x)],$$
$$\tilde{y}''(x)=e^{\lambda x}[\lambda^2Q(x)+2\lambda Q'(x)+Q''(x)]$$

代入方程⑩并消去 $e^{\lambda x}$,得

$$Q''(x)+(2\lambda+p_1)Q'(x)+(\lambda^2+p_1\lambda+p_2)Q(x)=P_m(x). \quad ⑪$$

(i) 如果 λ 不是相应齐次方程的特征方程 $r^2+p_1r+p_2=0$ 的根,即

$$\lambda^2+p_1\lambda+p_2\neq 0,$$

由于 $P_m(x)$是一个 m 次多项式,那么要使⑪式成为恒等式，$Q(x)$必须是一个 m 次多项式:

$$Q(x)=Q_m(x)=b_0x^m+b_1x^{m-1}+\cdots+b_m.$$

把它代入⑪式,比较等式两边 x 同次幂的系数,求解 $m+1$ 元一次方程组就可确定 b_0, b_1, $\cdots$, b_m 的值,从而得到非齐次方程⑩的特解为

$$\tilde{y}(x)=e^{\lambda x}Q_m(x).$$

(ii) 如果 λ 是相应齐次方程的特征方程 $r^2+p_1r+p_2=0$ 的单根,即

$$\lambda^2+p_1\lambda+p_2=0,\quad 2\lambda+p_1\neq 0,$$

那么⑪式成为

$$Q''(x)+(2\lambda+p_1)Q'(x)=P_m(x).$$

要使上式两边恒等，$Q'(x)$必须是一个 m 次多项式. 不妨取

$$Q(x)=xQ_m(x)=b_0x^{m+1}+b_1x^m+\cdots+b_mx,$$

并用与(i)同样的方法确定其中的系数 b_0, b_1, $\cdots$, b_m,从而得到非齐次方程⑩的特解为

$$\tilde{y}(x)=e^{\lambda x}xQ_m(x).$$

(iii) 如果 λ 是相应齐次方程的特征方程 $r^2+p_1r+p_2=0$ 的重根,即

$$\lambda^2 + p_1\lambda + p_2 = 0, \quad 2\lambda + p_1 = 0,$$

那么⑪式成为

$$Q''(x) = P_m(x).$$

要使上式两边恒等，$Q''(x)$必须是一个 m 次多项式,不妨取

$$Q(x) = x^2Q_m(x) = b_0x^{m+2} + b_1x^{m+1} + \cdots + b_mx^2,$$

并确定其中的系数 b_0, b_1, $\cdots$, b_m,从而得到非齐次方程⑩的特解为

$$\tilde{y}(x) = \mathrm{e}^{\lambda x}x^2Q_m(x).$$

综上所述,当

$$q(x) = \mathrm{e}^{\lambda x}P_m(x)$$

时,二阶常系数线性非齐次方程⑩具有如下形式的特解:

$$\tilde{y}(x) = \mathrm{e}^{\lambda x}x^kQ_m(x),$$

其中 $Q_m(x)$是与 $P_m(x)$同次(m 次)的待定多项式,而 k 则依据 λ 不是特征方程的根、是特征方程的单根或是特征方程的二重根而分别取值为 0、1 或 2.

2. $q(x) = \mathrm{e}^{\lambda x}[P_l(x)\cos\omega x + P_n(x)\sin\omega x]$,其中 λ, $\omega(\omega \neq 0)$ 是实常数, $P_l(x)$, $P_n(x)$分别是 l 次和 n 次多项式.

由欧拉公式 $\mathrm{e}^{\mathrm{i}\theta} = \cos\theta + \mathrm{i}\sin\theta$, 可得

$$\cos\omega x = \frac{\mathrm{e}^{\mathrm{i}\omega x} + \mathrm{e}^{-\mathrm{i}\omega x}}{2}, \quad \sin\omega x = \frac{\mathrm{e}^{\mathrm{i}\omega x} - \mathrm{e}^{-\mathrm{i}\omega x}}{2\mathrm{i}},$$

所以

$$\begin{aligned} q(x) &= \mathrm{e}^{\lambda x}[P_l(x)\cos\omega x + P_n(x)\sin\omega x] \\ &= \mathrm{e}^{\lambda x}\left[P_l(x)\frac{\mathrm{e}^{\mathrm{i}\omega x} + \mathrm{e}^{-\mathrm{i}\omega x}}{2} + P_n(x)\frac{\mathrm{e}^{\mathrm{i}\omega x} - \mathrm{e}^{-\mathrm{i}\omega x}}{2\mathrm{i}}\right] \\ &= \mathrm{e}^{(\lambda+\mathrm{i}\omega)x}\left(\frac{1}{2}P_l(x) + \frac{1}{2\mathrm{i}}P_n(x)\right) + \mathrm{e}^{(\lambda-\mathrm{i}\omega)x}\left(\frac{1}{2}P_l(x) - \frac{1}{2\mathrm{i}}P_n(x)\right) \\ &= \mathrm{e}^{(\lambda+\mathrm{i}\omega)x}P(x) + \mathrm{e}^{(\lambda-\mathrm{i}\omega)x}\overline{P}(x), \end{aligned}$$

其中

$$P(x) = \frac{1}{2}P_l(x) + \frac{1}{2\mathrm{i}}P_n(x) \quad \text{和} \quad \overline{P}(x) = \frac{1}{2}P_l(x) - \frac{1}{2\mathrm{i}}P_n(x)$$

是互为共轭的 m 次多项式(即它们的同次幂系数是共轭复数), $m = \max\{l, n\}$.

由前面的结果,方程

$$y''+p_1y'+p_2y=\mathrm{e}^{(\lambda+\mathrm{i}\omega)x}P(x)$$

具有形如

$$\tilde{y}_1(x)=\mathrm{e}^{(\lambda+\mathrm{i}\omega)x}x^kQ_m(x)$$

的特解,其中 $Q_m(x)$ 是 m 次多项式,而 k 则依据 $\lambda+\mathrm{i}\omega$ 不是或者是特征方程的根而分别取 0 或 1. 由于函数 $\mathrm{e}^{(\lambda-\mathrm{i}\omega)x}\overline{P}(x)$ 是函数 $\mathrm{e}^{(\lambda+\mathrm{i}\omega)x}P(x)$ 的共轭函数,所以 $\tilde{y}_1(x)$ 的共轭函数 $\tilde{y}_2(x)=\mathrm{e}^{(\lambda-\mathrm{i}\omega)x}x^k\overline{Q}_m(x)$ 必然是方程

$$y''+p_1y'+p_2y=\mathrm{e}^{(\lambda-\mathrm{i}\omega)x}\overline{P}(x)$$

的特解,这里 $\overline{Q}_m(x)$ 是与 $Q_m(x)$ 互为共轭的 m 次多项式. 因此由定理 4 可知,函数

$$\tilde{y}(x)=\mathrm{e}^{(\lambda+\mathrm{i}\omega)x}x^kQ_m(x)+\mathrm{e}^{(\lambda-\mathrm{i}\omega)x}x^k\overline{Q}_m(x)$$

是方程⑩的特解. 注意,上式又可以写成

$$\begin{aligned}\tilde{y}(x)&=\mathrm{e}^{\lambda x}x^k[\mathrm{e}^{\mathrm{i}\omega x}Q_m(x)+\mathrm{e}^{-\mathrm{i}\omega x}\overline{Q}_m(x)]\\&=\mathrm{e}^{\lambda x}x^k[(\cos\omega x+\mathrm{i}\sin\omega x)Q_m(x)+(\cos\omega x-\mathrm{i}\sin\omega x)\overline{Q}_m(x)]\\&=\mathrm{e}^{\lambda x}x^k[(Q_m(x)+\overline{Q}_m(x))\cos\omega x+\mathrm{i}(Q_m(x)-\overline{Q}_m(x))\sin\omega x]\\&=\mathrm{e}^{\lambda x}x^k[A_m(x)\cos\omega x+B_m(x)\sin\omega x],\end{aligned}$$

这里

$$A_m(x)=Q_m(x)+\overline{Q}_m(x),\quad B_m(x)=\mathrm{i}(Q_m(x)-\overline{Q}_m(x)).$$

因为 $Q_m(x)$, $\overline{Q}_m(x)$ 是互为共轭的 m 次多项式,所以 $A_m(x)$, $B_m(x)$ 是实系数的 m 次多项式. 因此,二阶常系数线性非齐次方程⑩具有如下形式的特解:

$$\tilde{y}(x)=\mathrm{e}^{\lambda x}x^k[A_m(x)\cos\omega x+B_m(x)\sin\omega x],$$

其中 $A_m(x)$, $B_m(x)$ 是 m 次的待定多项式, $m=\max\{l,n\}$, 而 k 则依据 $\lambda+\mathrm{i}\omega$ 不是或者是特征方程的根而分别取 0 或 1.

例 8 求方程 $y''+4y'+3y=x-2$ 的通解.

解 (1) 相应齐次方程 $y''+4y'+3y=0$ 的特征方程

$$r^2+4r+3=0$$

有根 $r_1=-1$, $r_2=-3$, 所以齐次方程的通解为

$$Y(x)=C_1\mathrm{e}^{-x}+C_2\mathrm{e}^{-3x}.$$

(2) 原方程的非齐次项可写为

$$q(x)=e^{\lambda x}(x-2),$$

其中 $\lambda=0$ 不是特征方程的根,所以应设原方程的特解为

$$\tilde{y}=b_0x+b_1.$$

把它代入原方程,得

$$3b_0x+4b_0+3b_1=x-2.$$

令等式两边同次幂项的系数相等,得

$$\begin{cases}3b_0=1,\\4b_0+3b_1=-2.\end{cases}$$

由此解得 $b_0=\dfrac{1}{3}$, $b_1=-\dfrac{10}{9}$. 因此原方程有一个特解 $\tilde{y}=\dfrac{1}{3}x-\dfrac{10}{9}$, 从而原方程的通解为

$$y=C_1e^{-x}+C_2e^{-3x}+\frac{1}{3}x-\frac{10}{9}.$$

例 9 求方程 $y''-y=4xe^x$ 的通解.

解 (1) 相应齐次方程 $y''-y=0$ 的特征方程

$$r^2-1=0$$

有根 $r_1=1$, $r_2=-1$, 所以齐次方程的通解为

$$Y(x)=C_1e^x+C_2e^{-x}.$$

(2) 原方程的非齐次项可写为

$$q(x)=e^{\lambda x}P_m(x),$$

其中 $\lambda=1$ 是特征方程的单根, $P_m(x)=4x$ 是一次多项式,所以应设原方程的特解为

$$\tilde{y}=x(b_0x+b_1)e^x.$$

把它代入原方程,得

$$e^x[b_0x^2+(b_1+4b_0)x+2b_1+2b_0]-(b_0x^2+b_1x)e^x=4xe^x.$$

经整理,得

$$4b_0x+2b_0+2b_1=4x.$$

令等式两边同次幂项的系数相等,得

$$\begin{cases}4b_0 = 4,\\2b_0 + 2b_1 = 0.\end{cases}$$

由此解得 $b_0 = 1$, $b_1 = -1$. 因此原方程有一个特解 $\tilde{y} = x(x-1)e^x$, 从而原方程的通解为

$$y = C_1e^x + C_2e^{-x} + x(x-1)e^x.$$

例 10 求方程 $y'' - 2y' + 5y = e^x\sin 2x$ 的通解.

解 (1) 相应齐次方程 $y'' - 2y' + 5y = 0$ 的特征方程

$$r^2 - 2r + 5 = 0$$

有根 $r_{1,2} = 1 \pm 2i$, 所以齐次方程的通解为

$$Y(x) = e^x(C_1\cos 2x + C_2\sin 2x).$$

(2) 原方程的非齐次项可写为

$$e^{\lambda x}[P_l(x)\cos\omega x + P_n(x)\sin\omega x],$$

其中 $\lambda = 1$, $\omega = 2$, $P_l(x) = 0$, $P_n(x) = 1$, $\lambda + \omega i = 1 + 2i$ 是特征方程的根,所以应设原方程的特解为

$$\tilde{y} = xe^x[a\cos 2x + b\sin 2x].$$

把它代入原方程,得

$$e^x[4b\cos 2x - 4a\sin 2x] = e^x\sin 2x.$$

令等式两边同类项的系数相等,得 $a = -\dfrac{1}{4}$, $b = 0$. 因此原方程有一个特解 $\tilde{y} = -\dfrac{x}{4}e^x\cos 2x$, 从而原方程的通解为

$$y = e^x(C_1\cos 2x + C_2\sin 2x) - \frac{x}{4}e^x\cos 2x.$$

上面讨论的求二阶常系数线性非齐次微分方程特解的待定系数法也可以推广到 n 阶常系数线性非齐次微分方程上去,对此我们不再详细讨论,只简单叙述如下:

n 阶常系数线性非齐次微分方程的一般形式是

$$y^{(n)} + p_1y^{(n-1)} + p_2y^{(n-2)} + \cdots + p_ny = q(x),$$

其中 $p_1, p_2, \cdots, p_n$ 都是常数.

(1) 若 $q(x)=e^{\lambda x}P_m(x)$，其中 λ 是实数，$P_m(x)$ 为 x 的 m 次实系数多项式，则方程有特解

$$\tilde{y}(x)=e^{\lambda x}x^kQ_m(x),$$

其中 $Q_m(x)$ 是与 $P_m(x)$ 同次（m 次）的待定多项式，而 k 则依据 λ 不是特征方程的根或是特征方程的 s 重根而分别取值为 0 或 s $(1\leqslant s\leqslant n)$.

(2) 若 $q(x)=e^{\lambda x}[P_l(x)\cos\omega x+P_n(x)\sin\omega x]$，其中 λ，$\omega(\omega\neq 0)$ 是实常数，$P_l(x)$，$P_n(x)$ 分别是 l 次和 n 次多项式，则方程有特解

$$\tilde{y}(x)=e^{\lambda x}x^k[A_m(x)\cos\omega x+B_m(x)\sin\omega x],$$

其中 $A_m(x)$，$B_m(x)$ 是 m 次的待定多项式，$m=\max\{l,n\}$，而 k 则依据 $\lambda+i\omega$ 不是特征方程的根或者是特征方程的 s 重根而分别取 0 或 s $(1\leqslant s\leqslant n)$.

*五、欧拉(Euler)方程

所谓**欧拉方程**是指如下的变系数线性微分方程

$$x^n\frac{d^ny}{dx^n}+p_1x^{n-1}\frac{d^{n-1}y}{dx^{n-1}}+\cdots+p_{n-1}x\frac{dy}{dx}+p_ny=f(x),$$

其中 $p_1,p_2,\cdots,p_n$ 都是常数. 变系数线性微分方程，一般来说，都不容易求解. 但对于欧拉方程，可以通过变量替换：

$$x=e^t \quad 或 \quad t=\ln x$$

把它变成以 t 为自变量、y 为未知函数的常系数线性微分方程，因而可以求解.

例 11 求方程 $x^2y''-4xy'+6y=x\ln x$ 的通解.

解 这是欧拉方程. 令 $t=\ln x$，则

$$\frac{dy}{dx}=\frac{dy}{dt}\frac{dt}{dx}=\frac{1}{x}\frac{dy}{dt},$$

$$\frac{d^2y}{dx^2}=\frac{1}{x^2}\left(\frac{d^2y}{dt^2}-\frac{dy}{dt}\right),$$

于是原方程化为

$$\frac{d^2y}{dt^2}-5\frac{dy}{dt}+6y=te^t.$$

这是常系数线性非齐次微分方程，它的通解为

$$y=C_1e^{2t}+C_2e^{3t}+\left(\frac{1}{2}t+\frac{3}{4}\right)e^t.$$

再把 $t=\ln x$ 代回,便得原方程的通解:

$$y=C_1x^2+C_2x^3+x\left(\frac{1}{2}\ln x+\frac{3}{4}\right).$$

12.3 学习要点

习题 12.3

1. 求下列微分方程的通解:

(1) $y''=x\sin x$;

(2) $y'''=x+e^x$;

(3) $xy''-y'\ln y'=0$;

(4) $y''-y'-2x=0$;

(5) $y''=\sqrt{1-(y')^2}$;

(6) $yy''+2(y')^2-(y')^3=0$;

(7) $y''+\frac{1}{2-y}(y')^2=0$;

(8) $yy''+3(y')^2=0$.

2. 求下列微分方程满足所给初始条件的特解:

(1) $y'''=\cos 2x$, $y|_{x=\pi}=y'|_{x=\pi}=y''|_{x=\pi}=0$;

(2) $y''=\frac{4xy'}{x^2+1}$, $y|_{x=0}=0$, $y'|_{x=0}=1$;

(3) $2x^2y''-(y')^3=0$, $y|_{x=1}=y'_{x=1}=1$;

(4) $y''-(y')^2=1$, $y|_{x=0}=y'|_{x=0}=0$;

(5) $y''=\frac{1}{\sqrt{y}}$, $y|_{x=0}=1$, $y'|_{x=0}=2$.

3. 判别下列各函数组是线性相关还是线性无关.

(1) x, $2x$;

(2) $e^{-x}\cos x$, $e^{-x}\sin x$;

(3) $\ln\frac{1}{x^2}$, $\ln x^3(x>0)$;

(4) 0, x^2, e^{2x};

(5) $\cos^2 x$, $\sin^2 x$, $\cos 2x$;

(6) x^2, $x|x|$.

4. 证明:函数 $y_1=e^{2x}$ 和 $y_2=xe^{2x}$ 是方程

$$y''-4y'+4y=0$$

的两个线性无关解,并求该方程的通解.

5. 求下列线性齐次微分方程的通解或特解:

(1) $y''+2y'-3y=0$;

(2) $y''-4y'+4y=0$;

(3) $y''+16y=0$;

(4) $y''-4y'+13y=0$;

(5) $9y''-6y'+y=0$;

(6) $y^{(4)}-4y''=0$;

(7) $y'''-3y''+3y'-y=0$;

(8) $y^{(4)}+2y''+y=0$;

(9) $y''-y'-2y=0, y(0)=2, y'(0)=1$;

(10) $y''-2y'+5y=0, y\left(\frac{\pi}{2}\right)=-2e^{\frac{\pi}{2}}, y'\left(\frac{\pi}{2}\right)=0$;

(11) $y''-2y'+y=0, y(0)=3, y'(0)=0$;

(12) $4y''+y=0, y(\pi)=1, y'(\pi)=2$.

6. 求下列线性非齐次微分方程的通解或特解:

(1) $y''-4y'+3y=x$;

(2) $y''+3y'=1+2x$;

(3) $y''+y=\sin x$;

(4) $y''-2y'+3y=e^{-x}\cos x$;

(5) $y''-3y'+2y=e^{-x}+e^{2x}$;

(6) $y''+y=\cos x+\sin 2x$;

(7) $y''+9y=\cos 3x, y\left(\frac{\pi}{3}\right)=-1, y'\left(\frac{\pi}{3}\right)=-\frac{\pi}{6}$;

(8) $y''-y=e^{x}+\sin x, y(0)=1, y'(0)=3$.

7. 求下列欧拉方程的通解:

(1) $x^2y''+2xy'-2y=0$;

(2) $y''+\frac{y'}{x}+\frac{y}{x^2}=0$;

(3) $x^2y''+xy'-y=\ln^2x-2\ln x$;

(4) $x^2y''-xy'+4y=x+x^2\ln x$.

8. 设函数 $y(x)$ 是微分方程 $y''+2y'+ky=0\ (0<k<1)$ 的通解.

(1) 证明:广义积分 $\int_0^{+\infty}y(x)\mathrm{d}x$ 收敛;

(2) 当 $y(0)=1, y'(0)=1$ 时,试计算 $\int_0^{+\infty}y(x)\mathrm{d}x$ 的值.

9. 设函数 $f(u)$ 具有二阶连续偏导数,且 $f(0)=0, f'(0)=0$;而 $z=f(e^x\cos y)$ 满足 $\frac{\partial^2z}{\partial x^2}+\frac{\partial^2z}{\partial y^2}=(4z+e^x\cos y)e^{2x}$,求 $f(u)$ 的表达式.

* 12.4 一些简单的常系数线性微分方程组

前面讨论了微分方程的一些解法,即由一个微分方程确定一个未知函数. 然而在许多实际问题中,遇到的未知函数往往不止一个,它们都是同一个自变量的函数,要确定这些未知函数常常导致几个联立的微分方程. 这些联立的微分方程称为**微分方程组**.

一、消元法

求微分方程组的解,如一阶微分方程组

$$\begin{cases}\dfrac{dy_1}{dx}=f_1(x, y_1, y_2, \cdots, y_n),\\ \dfrac{dy_2}{dx}=f_2(x, y_1, y_2, \cdots, y_n),\\ \qquad\cdots\cdots\\ \dfrac{dy_n}{dx}=f_n(x, y_1, y_2, \cdots, y_n),\end{cases} \qquad ①$$

就是要求出 n 个函数:

$$y_1 = y_1(x), \ y_2 = y_2(x), \ \cdots, \ y_n = y_n(x),$$

使它们同时满足①中的各个方程.

若微分方程组中的每个方程都是常系数线性微分方程,则称这样的微分方程组为**常系数线性微分方程组**.

对于常系数线性微分方程组,可以把它化为高阶方程去求解. 这种解法与代数学中方程组的解法类似,都是采用消元法,消元的结果,就导致了一个高阶方程,然后用 12. 3 节所述的方法求解.

例 1 求微分方程组

$$\begin{cases}\dfrac{dx}{dt}=x+y,\\ \dfrac{dy}{dt}=-2x+3y\end{cases}$$

的通解.

解 设法消去 y. 由第一个方程得

$$y=\frac{dx}{dt}-x. \qquad ②$$

对上式两边求导,得

$$\frac{dy}{dt}=\frac{d^2x}{dt^2}-\frac{dx}{dt}. \qquad ③$$

把②式和③式代入第二个方程并整理,得

$$\frac{d^2x}{dt^2}-4\frac{dx}{dt}+5x=0.$$

这是一个二阶常系数线性齐次微分方程,它的通解为

$$x = e^{2t}(C_1\cos t + C_2\sin t).$$

求未知函数 y 无须积分,把上式代入②式,得

$$y = e^{2t}[(C_1 + C_2)\cos t + (C_2 - C_1)\sin t].$$

因此所求的通解为

$$\begin{cases} x = e^{2t}(C_1\cos t + C_2\sin t), \\ y = e^{2t}[(C_1 + C_2)\cos t + (C_2 - C_1)\sin t]. \end{cases}$$

例 2 求微分方程组

$$\begin{cases} \dfrac{dx}{dt} = -x - 5y + 1, \\ \dfrac{dy}{dt} = x + y + t \end{cases}$$

满足初始条件 $x(0) = y(0) = 1$ 的特解.

解 设法消去 x. 由第二个方程得

$$x = \frac{dy}{dt} - y - t. \tag{4}$$

在④式两边求导,得

$$\frac{dx}{dt} = \frac{d^2y}{dt^2} - \frac{dy}{dt} - 1. \tag{5}$$

把④式和⑤式代入第一个方程并整理,得

$$\frac{d^2y}{dt^2} + 4y = t + 2.$$

这是一个二阶常系数线性非齐次微分方程,它的通解为

$$y = C_1\cos 2t + C_2\sin 2t + \frac{1}{4}t + \frac{1}{2}. \tag{6}$$

注意求未知函数 x 无须积分,把上式代入④式并整理,得

$$x = (-2C_1 - C_2)\sin 2t + (2C_2 - C_1)\cos 2t - \frac{5}{4}t - \frac{1}{4}. \tag{7}$$

再把初始条件 $x(0)=y(0)=1$ 代入⑦式和⑥式,得

$$\begin{cases}1=2C_2-C_1-\dfrac{1}{4},\\ 1=C_1+\dfrac{1}{2}.\end{cases}$$

由此得 $C_1=\dfrac{1}{2}$, $C_2=\dfrac{7}{8}$. 因此所求的特解为

$$\begin{cases}x=\dfrac{5}{4}\cos 2t-\dfrac{15}{8}\sin 2t-\dfrac{5}{4}t-\dfrac{1}{4},\\ y=\dfrac{1}{2}\cos 2t+\dfrac{7}{8}\sin 2t+\dfrac{1}{4}t+\dfrac{1}{2}.\end{cases}$$

*二、首次积分

除了把微分方程组化为高阶方程求解外,还可以用所谓的**首次积分**来求解,即先把微分方程组经过适当的组合,化成一个可求解的微分方程,这个方程的未知函数可能是微分方程组中的几个未知函数的组合,解这个方程得到一个函数,然后从几个这样的函数中求出微分方程组中的未知函数.

例 3 解微分方程组

$$\begin{cases}\dfrac{dy}{dx}=z+1,\\ \dfrac{dz}{dx}=y+2.\end{cases} \tag{8}$$

解 把两个方程相加,得

$$\frac{d(y+z)}{dx}=y+z+3,$$

即

$$\frac{d(y+z+3)}{y+z+3}=dx.$$

积分得

$$y+z+3=C_1e^x. \tag{9}$$

把两个方程相减,得

$$\frac{\mathrm{d}(y-z)}{\mathrm{d}x}=z-y-1,$$

即

$$\frac{\mathrm{d}(y-z+1)}{y-z+1}=-\mathrm{d}x.$$

积分得

$$y-z+1=C_2\mathrm{e}^{-x}. \quad ⑩$$

从⑨式和⑩式中解出 y 与 z,得

$$\begin{cases} y=\frac{1}{2}C_1\mathrm{e}^{x}+\frac{1}{2}C_2\mathrm{e}^{-x}-2, \\ z=\frac{1}{2}C_1\mathrm{e}^{x}-\frac{1}{2}C_2\mathrm{e}^{-x}-1. \end{cases}$$

可以验证,这就是所求方程组的解.

注 由方程组⑧导出的关系式⑨和⑩称为方程组⑧的首次积分.

一般来说,若函数 $\phi(x, y_1, y_2, \cdots, y_n)$ 连续,且一阶偏导数也连续,当方程组①的任一解

$$y_i=y_i(x) \quad (i=1, 2, \cdots, n)$$

代入,使 $\phi(x, y_1(x), y_2(x), \cdots, y_n(x))$ 恒等于常数,则称 $\phi(x, y_1, y_2, \cdots, y_n)=C$ 为方程组①的一个**首次积分**.

如果能求得方程组①的 n 个首次积分

$$\phi_i(x, y_1, y_2, \cdots, y_n)=C_i \quad (i=1, 2, \cdots, n),$$

并且能从它们确定

$$y_i=y_i(x, C_1, C_2, \cdots, C_n) \quad (i=1, 2, \cdots, n),$$

那么这就是方程组①的通解.

为了求方程组的首次积分,常常把方程组①写成如下的对称形式:

$$\frac{\mathrm{d}x}{1}=\frac{\mathrm{d}y_1}{f_1(x, y_1, y_2, \cdots, y_n)}=\frac{\mathrm{d}y_2}{f_2(x, y_1, y_2, \cdots, y_n)}=\cdots$$

$$=\frac{\mathrm{d}y_n}{f_n(x, y_1, y_2, \cdots, y_n)}.$$

对称形式的特点是使所有的变量都处于平等地位,即任何一个变量都可看作自变量,而其他变量作为未知函数.另外,把方程组写成对称形式后,还可以利用有关比例的一些性质来求首次积分.

例 4 解方程组

$$\begin{cases}\dfrac{dy}{dx}=\dfrac{z}{z^2-y^2},\\ \dfrac{dz}{dx}=\dfrac{-y}{z^2-y^2}.\end{cases}$$

解 把方程组写成对称形式

$$\frac{dx}{z^2-y^2}=\frac{dy}{z}=\frac{dz}{-y}.$$

由后两式得

$$ydy+zdz=0,$$

由此得首次积分

$$y^2+z^2=C_1.$$

为了求得另外一个首次积分,利用比例性质,把后两个关系式的分子相加作分子,分母相加作分母,得

$$\frac{dx}{z^2-y^2}=\frac{dy+dz}{z-y},$$

即

$$\frac{dx}{y+z}=d(y+z).$$

积分得

$$(y+z)^2-2x=C_2.$$

把这两个首次积分联立起来,就得到原方程组的解(隐函数形式):

$$\begin{cases}y^2+z^2=C_1,\\ (y+z)^2-2x=C_2.\end{cases}$$

习题 12.4

1. 求下列微分方程组的通解或特解：

(1) $\begin{cases} \dfrac{dy}{dx} = z, \\ \dfrac{dz}{dx} = -z - y; \end{cases}$

(2) $\begin{cases} \dfrac{d^2x}{dt^2} + y = 0, \\ \dfrac{d^2y}{dt^2} + x = 0; \end{cases}$

(3) $\begin{cases} \dfrac{dx}{dt} = 2x + y, \\ \dfrac{dy}{dt} = x + 2y; \end{cases}$

(4) $\begin{cases} \dfrac{dx}{dt} = x + y, \\ \dfrac{dy}{dt} = x - y - 2; \end{cases}$

(5) $\begin{cases} \dfrac{d^2x}{dt^2} - 2\dfrac{dy}{dt} + x = 0, & x(0) = 0, \\ \dfrac{dy}{dt} - x = 0, & y(0) = 1; \end{cases}$

(6) $\begin{cases} \dfrac{dx}{dt} + \dfrac{dy}{dt} + x + 3y = 2, & x(0) = \dfrac{1}{4}, \\ \dfrac{dy}{dt} + x + y = t, & y(0) = \dfrac{5}{4}. \end{cases}$

*2. 用首次积分解下列微分方程组：

(1) $\dfrac{dx}{(z-y)^2} = \dfrac{dy}{z} = \dfrac{dz}{y}$;

(2) $\begin{cases} \dfrac{dy}{dx} = \dfrac{3x - 4z}{2z - 3y}, \\ \dfrac{dz}{dx} = \dfrac{4y - 2x}{2z - 3y}; \end{cases}$

(3) $\dfrac{dx}{2 + \sqrt{z - x - y}} = \dfrac{dy}{1} = \dfrac{dz}{3}$;

(4) $\dfrac{dx}{e^x + z} = \dfrac{dy}{e^y + z} = \dfrac{dz}{z^2 - e^{x+y}}$.

*12.5 微分方程的幂级数解法

当微分方程的解不能用初等函数或者其积分表示时，常常利用幂级数来求它们的解，也就是用幂级数来表达满足方程的函数. 下面通过例子来简单讨论幂级数解法的大意.

例 1 求方程 $\frac{dy}{dx}=y-x^2$ 满足初始条件 $y|_{x=0}=1$ 的特解.

解 设所求的特解可以展开成幂级数:

$$y=a_0+a_1x+a_2x^2+a_3x^3+\cdots+a_nx^n+\cdots.$$

由初始条件 $y|_{x=0}=1$ 得 $a_0=1$, 因此

$$y=1+a_1x+a_2x^2+a_3x^3+\cdots+a_nx^n+\cdots,$$

$$y'=a_1+2a_2x+3a_3x^2+\cdots+na_nx^{n-1}+\cdots,$$

代入原方程,得

$$a_1+2a_2x+3a_3x^2+\cdots+na_nx^{n-1}+\cdots$$
$$=1+a_1x+(a_2-1)x^2+a_3x^3+\cdots+a_nx^n+\cdots.$$

令等式两边 x 的各同次幂系数相等,得

$$a_1-1=0,\ 2a_2-a_1=0,\ 3a_3-a_2+1=0,\ 4a_4-a_3=0,\ \cdots,$$
$$na_n-a_{n-1}=0,\ \cdots,$$

由此解得

$$a_1=1,\ a_2=\frac{1}{2},\ a_3=-\frac{1}{3!},\ a_4=-\frac{1}{4!},\ \cdots.$$

一般地,

$$a_n=-\frac{1}{n!}\quad(n=3,\ 4,\ \cdots).$$

于是所求的特解为

$$y=1+x+\frac{1}{2}x^2-\frac{1}{3!}x^3-\cdots-\frac{1}{n!}x^n-\cdots.$$

一般,求微分方程

$$\frac{dy}{dx}=f(x,\ y) \tag{①}$$

满足初始条件 $y|_{x=x_0}=y_0$ 的特解,其中函数 $f(x,\ y)$ 是多项式

$$f(x,\ y)=a_{00}+a_{10}x+a_{01}y+\cdots+a_{st}x^sy^t.$$

不失一般性,可设 $x_0=0$;否则,引进新变量 $t=x-x_0$. 经此变换,方程①的形式不变,但此时对应于 $x=x_0$ 的是 $t_0=0$. 因此,可以假定 $x_0=0$.

第一步 设所求特解可以展开成 x 的幂级数:

$$y=a_0+a_1x+a_2x^2+\cdots+a_nx^n+\cdots, \tag{②}$$

其中 $a_0, a_1, \cdots, a_n, \cdots$都是待定的常数.

第二步 把②式代入方程①,便得到一个恒等式.

第三步 令恒等式两边 x 的各同次幂系数相等,就可定出常数 $a_0, a_1, a_2, \cdots$,以这些常数为系数的幂级数②在其收敛区间内就是方程①满足初始条件 $y|_{x=0}=y_0$ 的特解.

对于二阶线性齐次方程

$$y''+a(x)y'+b(x)y=0, \tag{③}$$

也可以求其幂级数形式的解. 为此,我们不加证明地引用下面的定理:

定理1 如果方程③的 $a(x)$ 与 $b(x)$ 都能展开成 x 的幂级数,且收敛区间为 $|x|<R$,那么方程③有形如

$$y=\sum_{n=0}^{\infty}a_nx^n$$

的解,且也以 $|x|<R$ 为收敛区间.

例2 求方程 $y''+xy=0$ 满足初始条件 $y(0)=1, y'(0)=0$ 的特解.

解 因为 $a(x)=0, b(x)=x$ 在整个数轴上满足定理1的条件,所以由定理1可知,方程有形如

$$y=a_0+a_1x+a_2x^2+a_3x^3+\cdots+a_nx^n+\cdots$$

的解. 由初始条件 $y(0)=1, y'(0)=0$,得 $a_0=1, a_1=0$. 因而

$$y=1+a_2x^2+a_3x^3+\cdots+a_nx^n+\cdots. \tag{④}$$

对级数④逐项求导,得

$$\begin{aligned}y'&=2a_2x+3a_3x^2+\cdots+na_nx^{n-1}+\cdots,\\ y''&=2a_2+3\cdot 2a_3x+\cdots+n(n-1)a_nx^{n-2}+\cdots.\end{aligned} \tag{⑤}$$

把④和⑤代入原方程,得

$$\begin{aligned}&2a_2+(3\cdot 2a_3+1)x+(4\cdot 3a_4+a_1)x^2+(5\cdot 4a_5+a_2)x^3+\cdots\\ &\quad+[(n+2)(n+1)a_{n+2}+a_{n-1}]x^n+\cdots=0.\end{aligned}$$

上式对所有的 x 都成立,因此必须每一项的系数都等于零,即

$$2a_2=0,\ 3\cdot 2a_3+1=0,\ 4\cdot 3a_4+a_1=0,\ 5\cdot 4a_5+a_2=0,\ \cdots,$$
$$(n+2)(n+1)a_{n+2}+a_{n-1}=0,\ \cdots.$$

由此解得

$$a_3=-\frac{1}{3\cdot 2},\ a_4=0,\ a_5=0,\ a_6=(-1)^2\frac{1}{6\cdot 5\cdot 3\cdot 2},\ \cdots.$$

一般地,

$$a_{3m}=(-1)^m\frac{1}{3m(3m-1)\cdots 6\cdot 5\cdot 3\cdot 2},$$
$$a_{3m+1}=a_{3m+2}=0\quad (m=1,2,\cdots).$$

因此所求的特解为

$$y=1-\frac{x^3}{3\cdot 2}+\frac{x^6}{6\cdot 5\cdot 3\cdot 2}+\cdots+(-1)^m\frac{x^{3m}}{3m(3m-1)\cdots 9\cdot 8\cdot 6\cdot 5\cdot 3\cdot 2}+\cdots.$$

习题 12.5

1. 利用幂级数求下列微分方程的通解:

(1) $y'=xy+2$;　　(2) $y''-xy'-y=0$;

(3) $(1+x)y'=x^2+y$;　　(4) $y''-2xy'-4y=0$.

2. 利用幂级数求下列微分方程满足所给初始条件的特解:

(1) $y'=y^2+x^2,\ y(0)=1$;

(2) $y''+xy'+y=0,\ y(0)=1,\ y'(0)=0$;

(3) $y''-ye^x=0,\ y(0)=a,\ y'(0)=b$.

12.6 微分方程的简单应用

微分方程有着广泛的应用,用微分方程解决应用问题的一般步骤如下:

(1) 分析问题的特点,建立微分方程,并提出定解条件;

(2) 求出微分方程的通解;

(3) 根据定解条件求出微分方程的特解.

可以用微分方程求解的应用问题包括几何问题、混合问题、电路问题、力学问题等.

一、几何问题

用微分方程解几何问题的一般方法是:根据所给的几何事实画出曲线,并运用微积分中有关曲线的一些结论列出微分方程,然后求出方程的解,即得所求的曲线方程.

例1 求 xOy 平面上过点(1, 1)的曲线,使其上任一点(x, y)处的切线斜率等于 $x-y$.

解 根据条件,可得微分方程:

$$\frac{dy}{dx}=x-y,$$

这是一阶线性微分方程,用本章12.2节⑭式可求得它的通解为

$$y=Ce^{-x}+x-1,$$

把初始条件 $x=1$, $y=1$ 代入,得 $C=e$, 因此所求的曲线方程为

$$y=e^{1-x}+x-1.$$

在用微分方程解几何问题时,常常会用到曲线的以下性质:

设在直角坐标下,曲线的方程表示为

$$y=\phi(x)\quad 或 \quad \phi(x,\ y)=0,$$

则

(1) $\frac{dy}{dx}$和$-\frac{dx}{dy}$分别是切线和法线的斜率;

(2) $K=\frac{|y''|}{[1+(y')^2]^{\frac{3}{2}}}$ 表示曲线的曲率;

(3) $x-y\frac{dx}{dy}$ 和 $y-x\frac{dy}{dx}$ 分别表示切线在 x 轴上和 y 轴上的截距;

(4) $x+y\frac{dy}{dx}$ 和 $y+x\frac{dx}{dy}$ 分别表示法线在 x 轴上和 y 轴上的截距;

(5) $|y|\sqrt{1+\left(\frac{dx}{dy}\right)^2}$ 和 $|x|\sqrt{1+\left(\frac{dy}{dx}\right)^2}$ 分别表示切线在切点(x, y)与 x 轴和 y 轴交点之间的那一部分的长;

(6) $|y|\sqrt{1+\left(\frac{dy}{dx}\right)^2}$ 和 $|x|\sqrt{1+\left(\frac{dx}{dy}\right)^2}$ 分别表示法线在切点(x, y)与 x 轴和 y 轴交点之间

的那一部分的长;

(7) $ds=\sqrt{(dx)^2+(dy)^2}=\sqrt{1+\left(\frac{dy}{dx}\right)^2}dx=\sqrt{1+\left(\frac{dx}{dy}\right)^2}dy$ 表示弧长的微分;

(8) ydx 或 xdy 表示面积元素.

在极坐标下,曲线的方程可写为

$$r=f(\theta)\quad\text{或}\quad F(r,\theta)=0.$$

则有

(9) $\tan\phi=r\frac{d\theta}{dr}$, 其中 ϕ 表示向径与点 (r,θ) 处的切线间的夹角;

(10) $ds=\sqrt{(dr)^2+r^2(d\theta)^2}=\sqrt{1+r^2\left(\frac{d\theta}{dr}\right)^2}dr=\sqrt{\left(\frac{dr}{d\theta}\right)^2+r^2}d\theta$ 表示弧长的微分;

(11) $\frac{1}{2}r^2d\theta$ 表示面积元素.

例 2 已知某曲线经过点(1, -1),它的切线 PT 从切点 P 到 y 轴交点 T 的长度等于切线在 y 轴上的截距 OT,求这曲线的方程.

解 由(5)知,线段 PT 之长为 $x\sqrt{1+\left(\frac{dy}{dx}\right)^2}$,而由(3)知,切线在 y 轴上的截距 $OT=y-x\frac{dy}{dx}$. 因此根据题意,有

$$x\sqrt{1+\left(\frac{dy}{dx}\right)^2}=y-x\frac{dy}{dx},$$

整理得

$$\frac{dy}{dx}=\frac{1}{2}\left(\frac{y}{x}-\frac{x}{y}\right).$$

这是齐次型微分方程,令 $u=\frac{y}{x}$, 则

$$x\frac{du}{dx}=-\frac{1+u^2}{2u},$$

分离变量、两边积分,便得

$$\ln(1+u^2)+\ln x=\ln C,$$

再把 $u=\frac{y}{x}$ 代回,得

$$x\left(1+\frac{y^2}{x^2}\right)=C \quad 或 \quad x^2+y^2=Cx.$$

最后再由初始条件 $x=1$, $y=-1$ 得 $C=2$, 于是所求的曲线方程为

$$x^2+y^2=2x.$$

例3 设曲线 L 的极坐标方程为 $r=r(\theta)$, $M(r,\ \theta)$ 为 L 上任一点, $M_0(2,\ 0)$ 为 L 上定点. 若极径 OM_0, OM 与曲线 L 所围成的曲边扇形面积值等于 M_0, M 两点间弧长的一半,求曲线 L 的方程.

解 根据(10)、(11)及所给条件得方程

$$\frac{1}{2}\int_0^\theta r^2(t)\,\mathrm{d}t=\frac{1}{2}\int_0^\theta\sqrt{r^2(t)+[r'(t)]^2}\,\mathrm{d}t,$$

上式两边关于 θ 求导,便得函数 $r=r(\theta)$ 应满足的微分方程:

$$r^2(\theta)=\sqrt{r^2(\theta)+[r'(\theta)]^2},$$

即

$$r'=\pm r\sqrt{r^2-1}.$$

用分离变量法求得它的通解为 $r=\sec(C\pm\theta)$. 再由初始条件 $r(0)=2$,得 $C=\frac{\pi}{3}$. 因此所求曲线 L 的方程为

$$r=\sec\left(\frac{\pi}{3}\pm\theta\right).$$

例4 设函数 $y(x)$ $(x\geqslant 0)$ 二阶可导且 $y'(x)>0$, $y(0)=1$,过曲线 $y=y(x)$ 上任意一点 $P(x,\ y)$ 作该曲线的切线及 x 轴的垂线,上述两直线与 x 轴所围成的三角形的面积记为 S_1,区间 $[0,\ x]$ 上以 $y=y(x)$ 为曲边的曲边梯形面积记为 S_2,并设 $2S_1-S_2$ 恒为1,求此曲线 $y=y(x)$ 的方程.

解 由(3)知,曲线 $y=y(x)$ 在点 $P(x,\ y)$ 处的切线与 x 轴的交点为 $\left(x-\frac{y}{y'},\ 0\right)$. 由 $y'(x)>0$, $y(0)=1$ 知, $y(x)>y(0)=1>0$ $(x>0)$, 所以

$$S_1=\frac{1}{2}|y|\left|x-\left(x-\frac{y}{y'}\right)\right|=\frac{y^2}{2y'}.$$

又因为

$$S_2 = \int_0^x y(t)\,\mathrm{d}t,$$

所以由条件 $2S_1 - S_2 = 1$，得

$$\frac{y^2}{y'} - \int_0^x y(t)\,\mathrm{d}t = 1.$$

在上式中代入 $x = 0$ 并注意到 $y(0) = 1$，得 $y'(0) = 1$. 另外，在上式两边关于 x 求导并化简得

$$yy'' = (y')^2.$$

令 $p = y'$，则上述方程可化为

$$yp\frac{\mathrm{d}p}{\mathrm{d}y} = p^2.$$

因为 $y' > 0$，即 $p > 0$，所以

$$y\frac{\mathrm{d}p}{\mathrm{d}y} = p,$$

即

$$\frac{\mathrm{d}p}{p} = \frac{\mathrm{d}y}{y},$$

解之得

$$p = C_1 y.$$

由初值条件 $y = 1$，$p = 1$，得 $C_1 = 1$，所以

$$\frac{\mathrm{d}y}{\mathrm{d}x} = y.$$

由此解得

$$y = C_2\mathrm{e}^x.$$

再由初始条件 $y(0) = 1$，得 $C_2 = 1$. 因此所求曲线的方程为

$$y = \mathrm{e}^x.$$

二、混合问题

设一容器内盛有含某种物质 A 的溶液，现以速率 v_1 注入含物质 A 的浓度为 c_1 的液体，在新

注入的溶液与原溶液经搅拌而迅速成为均匀的浓度为 c_2 的混合物后，又以速率 v_2 流出容器. 试建立容器内物质 A 的含量应满足的微分方程.

设在时刻 t，容器内物质 A 的含量为 $x(t)$. 则从 t 到 $t+\Delta t$ 这段时间内，

容器内物质 A 的增量 $\Delta x = x(t+\Delta t) - x(t)$，

注入容器的溶液内物质 A 的含量 $= c_1 v_1 \Delta t$，

流出容器的溶液内物质 A 的含量 $= c_2 v_2 \Delta t$.

根据物质守恒定律，有

$$\Delta x = c_1 v_1 \Delta t - c_2 v_2 \Delta t.$$

两边同除以 Δt，并令 $\Delta t \to 0$，得微分方程

$$\frac{\mathrm{d}x}{\mathrm{d}t} = c_1 v_1 - c_2 v_2. \quad ①$$

例 5 设一容器内开始时装有 100 升盐水，其中含有 10 克的盐. 现在以每分钟 5 升的速率注入浓度为 6 克/升的浓盐水，同时以每分钟 4 升的速率抽出混合均匀的盐水. 在任意时刻 t 容器内的含盐量是多少？在 30 分钟末容器内的含盐量是多少？

解 设 t 时刻容器内含盐量为 $x(t)$. 则注入盐水的速率 $v_1 = 5$ 升/分，浓度 $c_1 = 6$ 克/升，抽出盐水的速率 $v_2 = 4$ 升/分. 由于每分钟注入容器的盐水比抽出容器的盐水多 1 升，所以在 t 时刻容器内的盐水为 $100+t$，从而抽出盐水的浓度 $c_2 = \dfrac{x(t)}{100+t}$ 克/升. 因此由方程①得

$$\frac{\mathrm{d}x}{\mathrm{d}t} = 30 - \frac{4x(t)}{100+t},$$

即

$$\frac{\mathrm{d}x}{\mathrm{d}t} + \frac{4x}{100+t} = 30.$$

这是一阶线性微分方程，可求得它的通解为

$$x(t) = 6(100+t) + \frac{C}{(100+t)^4}.$$

再由初始条件 $x(0) = 10$，得 $C = -59 \times 10^9$. 因此在时刻 t 容器内的含盐量为

$$x(t) = 6(100+t) - \frac{59 \times 10^9}{(100+t)^4}.$$

最后以 $t=30$ 代入上式,得30分钟末容器内的含盐量为

$$x(30)=6\times130-\frac{59\times10^9}{(100+30)^4}\approx573.43(克).$$

三、电路问题

电路问题中常常要用到基尔霍夫(Kirchhoff)定律,基尔霍夫第一定律是:“在任一节点处,流向节点的电流之和等于流出节点的电流之和.”基尔霍夫第二定律是:“沿电路上的任一闭合回路的电压降之代数和等于零.”注意,还要熟悉用导数表示的物理量,如电流 $I=\frac{\mathrm{d}Q}{\mathrm{d}t}$ 等.

例6 如图12.1所示的 $R-C$ 电路,把电容器 C 与电阻 R 串联结于电源 E 的两端,当开关K拨到 a 点时电容器被充电,充好电以后,将开关拨到 b 点,电容器通过电阻 R 而放电.现在要求找出充、放电过程中,电容器上的电荷 Q 随时间 t 的变化规律.

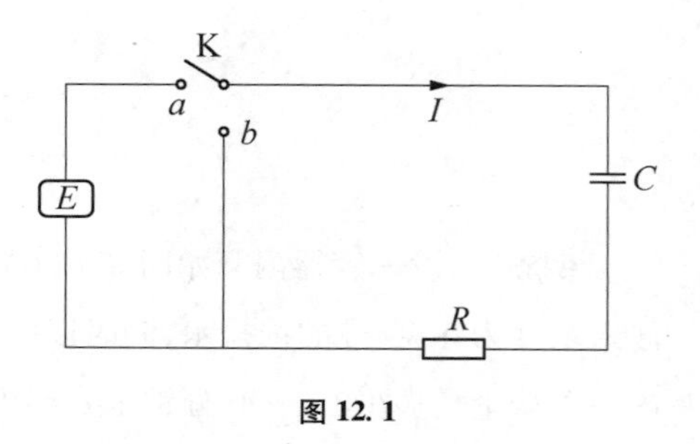

图12.1

解 (1)充电过程 设开始时电容器上电荷 $Q=0$,把开关拨到 a,此时通过电阻 R 的电压降为 RI,通过电容器 C 的电压降为 $\frac{Q}{C}$,电源电动势为 E.由基尔霍夫第二定律,得

$$RI+\frac{Q}{C}=E.$$

把 $I=\frac{\mathrm{d}Q}{\mathrm{d}t}$ 代入上式,得微分方程

$$R\frac{\mathrm{d}Q}{\mathrm{d}t}+\frac{Q}{C}=E.$$

它的通解为

$$Q(t)=EC+C_1\mathrm{e}^{-\frac{1}{RC}t}.$$

再由初始条件 $Q(0)=0$,得 $C_1=-EC$.所以

$$Q=EC(1-\mathrm{e}^{-\frac{1}{RC}t}).$$

这就是 $R-C$ 电路充电过程中电容器上电荷的变化规律.

(2)放电过程 设充电至 $Q=Q_0$ 时,把开关拨到 b,电容器开始放电.由基尔霍夫定

律,得

$$RI+\frac{Q}{C}=0,$$

即

$$R\frac{\mathrm{d}Q}{\mathrm{d}t}+\frac{Q}{C}=0.$$

它的通解为

$$Q=C_2\mathrm{e}^{-\frac{1}{RC}t}.$$

把初始条件为 $Q(0)=Q_0$ 代入上式,得

$$Q=Q_0\mathrm{e}^{-\frac{1}{RC}t}.$$

这就是 $R-C$ 电路放电过程中电容器上电荷的变化规律.

四、力学问题

用微分方程求物体的运动规律常常要用到牛顿第二定律、牛顿万有引力定律、胡克定律等. 另外,还要熟悉用导数表示的各种常见的变化率,例如:

(1) 速度 $v=\frac{\mathrm{d}x}{\mathrm{d}t}$;

(2) 加速度 $a=\frac{\mathrm{d}v}{\mathrm{d}t}=\frac{\mathrm{d}^2x}{\mathrm{d}t^2}$;

(3) 角速度 $\omega=\frac{\mathrm{d}\theta}{\mathrm{d}t}$;

(4) 角加速度 $\beta=\frac{\mathrm{d}\omega}{\mathrm{d}t}=\frac{\mathrm{d}^2\theta}{\mathrm{d}t^2}$ 等.

例 7 一质量为 m 的物体在空气中从静止开始下落,若空气阻力与物体下落的速度成正比,比例系数为 k,求物体下落速度随时间的变化规律.

解 取物体下落的那条铅直线为 Ox 轴,且设当 $t=0$ 时, $x=0$, $v=\frac{\mathrm{d}x}{\mathrm{d}t}$. 由于物体在下降过程中受两个力的作用,一个是向下的重力,等于 mg;另一个是向上的阻力,等于 kv. 根据牛顿第二定律,得

$$m\frac{\mathrm{d}v}{\mathrm{d}t}=mg-kv.$$

这是一阶线性微分方程,也是可分离变量型微分方程,任选一种方法可求得它的通解为

$$v=\frac{mg}{k}+Ce^{-\frac{k}{m}t}.$$

再以初始条件 $v|_{t=0}=0$ 代入上式,得 $C=-\frac{mg}{k}$, 于是

$$v=\frac{mg}{k}(1-e^{-\frac{k}{m}t}).$$

这就是落体运动的速度 v 与时间 t 的函数关系.

例 8 设有一个弹簧,它的上端固定,下端挂一个质量为 m 的重物,在点 O 处达到平衡. 如图 12.2 所示,把重物向下拉至与点 O 相距 s_0 处,然后以初速度 v_0 使重物发生振动. 又设重物在振动过程中所受的空气阻力与其运动速度成正比. 试求重物偏离平衡位置的位移 x 与时间 t 的关系(弹簧本身的重量忽略不计).

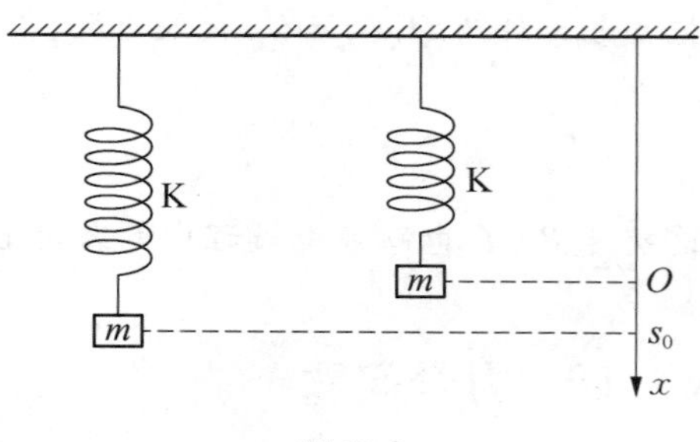

图 12.2

解 建立坐标系如图 12.2 所示. 由于坐标原点位于重物的平衡点,所以重力和在平衡点处弹簧的弹性恢复力互相抵消. 因此,对重物的振动过程中只需分析两个力的作用:一个力是使重物回到平衡位置 O 的弹性恢复力 F_1,另一个力是空气阻力 F_2.

由胡克(Hooke)定律知,弹簧使重物回到平衡位置的弹性恢复力和重物离开平衡位置的位移 x 成正比,即

$$F_1=-cx,$$

其中 $c>0$ 为弹簧的弹性系数.

由题设,空气阻力 F_2 与重物运动的速度 v 成正比,方向与重物的运动方向相反,即

$$F_2=-\mu v=-\mu\frac{dx}{dt},$$

其中 $\mu>0$ 为阻尼系数.

由牛顿第二定律得

$$m\frac{d^2x}{dt^2}=-\mu\frac{dx}{dt}-cx,$$

即

$$\frac{d^2x}{dt^2}+2n\frac{dx}{dt}+k^2x=0, \tag{②}$$

其中 $2n=\frac{\mu}{m}$, $k^2=\frac{c}{m}$. 由题设初始条件为

$$x(0)=s_0,\quad x'(0)=v_0. \tag{③}$$

方程②是二阶常系数线性微分方程,它所反映的振动称为**自由振动**.

方程②的特征方程为 $\lambda^2+2n\lambda+k^2=0$, 其根为

$$\lambda_{1,2}=-n\pm\sqrt{n^2-k^2}.$$

以下按无阻尼($n=0$)、小阻尼($0<n<k$)、大阻尼($n>k>0$)、临界阻尼($n=k>0$)四种情形来分析系统的运动特征.

1. 无阻尼自由振动($n=0$)

方程②变为

$$\frac{\mathrm{d}^2x}{\mathrm{d}t^2}+k^2x=0, \tag{④}$$

它的通解为

$$x=C_1\cos kt+C_2\sin kt.$$

由初始条件③,可定出 $C_1=s_0$, $C_2=\frac{v_0}{k}$. 于是无阻尼自由振动为

$$x=s_0\cos kt+\frac{v_0}{k}\sin kt. \tag{⑤}$$

为了便于说明⑤式所反映的振动现象,令

$$A=\sqrt{s_0^2+\left(\frac{v_0}{k}\right)^2},\quad \tan\phi=\frac{ks_0}{v_0},$$

则⑤式成为

$$x=A\sin(kt+\phi). \tag{⑥}$$

当 s_0, v_0 不全为零时, $A>0$, 此时函数⑥所反映的振动就是简谐振动. 这个振动的振幅为 A,即重物离开平衡位置的最大距离. 振动的周期 $T=\frac{2\pi}{k}$, 即重物两次达到最高点(或最低点)所需经过的时间. k 称为角频率, ϕ 称为初相角(图 12.3).

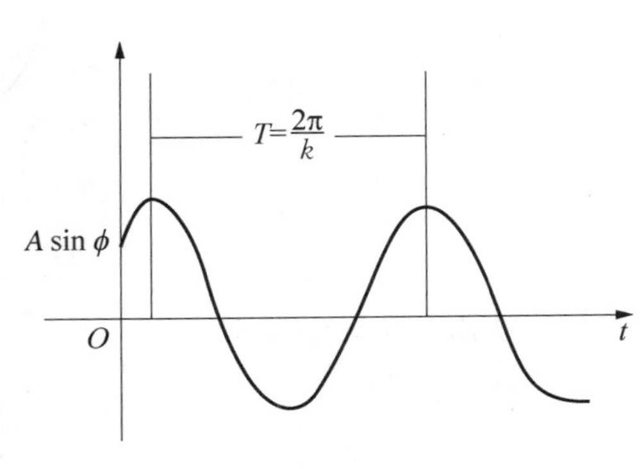

图 12.3

当 $s_0 = v_0 = 0$ 时, $x \equiv 0$. 这说明系统④只有在非零初始能量的激励下才能引起振动;否则,既无外力作用,又无初始能量激励,该系统只能永远处于静止状态.

2. 小阻尼振动 $(0 < n < k)$

特征方程的根 $\lambda_{1,2} = -n \pm \mathrm{i}\omega$ $(\omega = \sqrt{k^2 - n^2})$ 是一对共轭复根,所以方程②的通解为

$$x = \mathrm{e}^{-nt}(C_1\cos\omega t + C_2\sin\omega t).$$

由初始条件③,可定出 $C_1 = s_0$, $C_2 = \dfrac{v_0 + ns_0}{\omega}$. 于是小阻尼自由振动为

$$x = \mathrm{e}^{-nt}\left(s_0\cos\omega t + \frac{v_0 + ns_0}{\omega}\sin\omega t\right).$$

和无阻尼自由振动相仿,上述解可写为

$$x = A\mathrm{e}^{-nt}\sin(\omega t + \phi), \tag{7}$$

其中

$$A = \sqrt{s_0^2 + \frac{(v_0 + ns_0)^2}{\omega^2}}, \quad \tan\phi = \frac{s_0\omega}{(ns_0 + v_0)}.$$

从⑦式可以看出:一方面,由于函数⑦中含正弦函数 $\sin(\omega t + \phi)$,所以物体的运动是振荡的;另一方面,物体运动的振幅 $A\mathrm{e}^{-nt}$ 随时间 t 的增大而减小. 因此,物体随时间 t 的增大而作上下振动,最终趋于平衡位置(图 12.4).

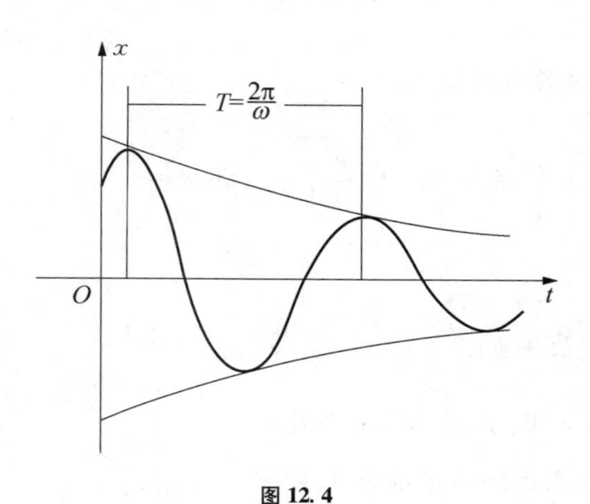

图 12.4

3. 大阻尼振动 $(n > k)$

特征方程的根为

$$\lambda_1 = -n + \sqrt{n^2 - k^2}, \quad \lambda_2 = -n - \sqrt{n^2 - k^2},$$

于是方程②满足初始条件③的特解为

$$x = C_1 e^{\lambda_1 t} + C_2 e^{\lambda_2 t}, \tag{⑧}$$

其中

$$C_1 = \frac{(n + \sqrt{n^2 - k^2})s_0 + v_0}{2\sqrt{n^2 - k^2}},$$

$$C_2 = \frac{(n - \sqrt{n^2 - k^2})s_0 + v_0}{2\sqrt{n^2 - k^2}}.$$

因为 $\lambda_1 < 0$、$\lambda_2 < 0$，所以解⑧右边的每一项都随时间 t 的无限增大而趋于零. 因此在大阻尼情形,物体的运动按指数函数规律迅速衰减,不会产生振动,物体随时间 t 的增加而趋于平衡位置(图 12.5).

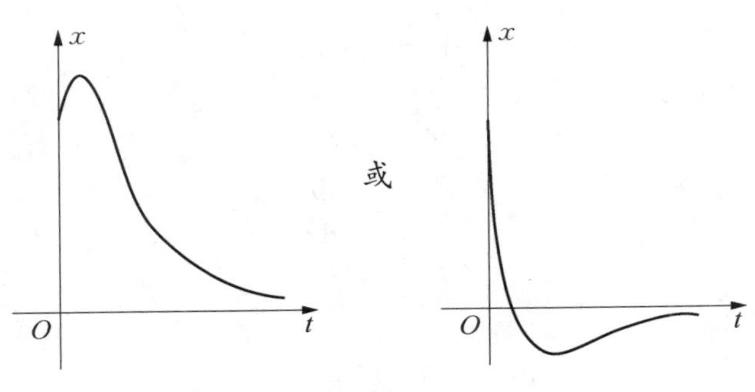

图 12.5

4. 临界阻尼振动 ($n = k$)

特征方程有重根 $\lambda_1 = \lambda_2 = -n$，于是方程②的通解为

$$x = (C_1 + C_2 t)e^{-nt}.$$

由初始条件③,可定出 $C_1 = s_0$，$C_2 = v_0 + ns_0$. 于是临界阻尼振动为

$$x = [s_0 + (v_0 + ns_0)t]e^{-nt}. \tag{⑨}$$

从⑨式可以看出,物体在临界阻尼情况下也是按指数函数规律作衰减运动,不具有振动性质,物体也随时间 t 的增加而趋于平衡位置. 数值 $n = \omega$ 称为阻尼的临界值,意指物体处于振动状态和不振动状态的阻尼分界值.

例 9 **追线** 设一动点 p 从原点出发沿 y 轴正方向移动,同时有点 M 从点 $(c, 0)(c > 0)$ 出发以速度 b 追赶动点 p. 设动点 p 的速度为 a,求点 M 的运动曲线(图 12.6).

解 (1) 为了求点 M 的运动曲线,先建立曲线所满足的微分方程. 设在时刻 t,点 M 的坐标为(x, y), p 的坐标为(X, Y). 由题意,得

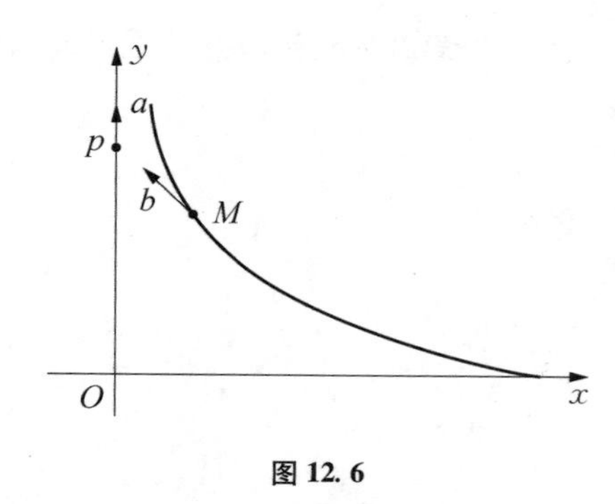

图 12.6

$$Y = at, \tag{⑩}$$

$$\left(\frac{\mathrm{d}x}{\mathrm{d}t}\right)^2 + \left(\frac{\mathrm{d}y}{\mathrm{d}t}\right)^2 = b^2, \tag{⑪}$$

$$\frac{\mathrm{d}y}{\mathrm{d}x} = \frac{y - Y}{x}. \tag{⑫}$$

把⑩代入⑫,得

$$\frac{\mathrm{d}y}{\mathrm{d}x} = \frac{y - at}{x},$$

即

$$xy' = y - at.$$

上式两边关于 x 求导,得

$$xy'' = -a\frac{\mathrm{d}t}{\mathrm{d}x}. \tag{⑬}$$

由⑪可以得到(取负号)

$$\frac{\mathrm{d}t}{\mathrm{d}x} = -\frac{1}{b}\sqrt{1 + (y')^2}. \tag{⑭}$$

由⑬和⑭,得

$$xy'' = \frac{a}{b}\sqrt{1 + (y')^2}. \tag{⑮}$$

这就是追线所满足的微分方程,初始条件为

$$y(c) = 0, \quad y'(c) = 0.$$

(2) 解方程,令 $y' = z$, 则方程⑮化为

$$xz' = \frac{a}{b}\sqrt{1 + z^2},$$

分离变量,得

$$\frac{\mathrm{d}z}{\sqrt{1 + z^2}} = \frac{a}{bx}\mathrm{d}x,$$

两边积分，得

$$\ln(z+\sqrt{1+z^2})=\frac{a}{b}\ln x+\ln C_1.$$

由初始条件 $y(c)=0,\ y'(c)=0$ 得 $C_1=\left(\frac{1}{c}\right)^{\frac{a}{b}}$，所以

$$z+\sqrt{z^2+1}=\left(\frac{x}{c}\right)^{\frac{a}{b}}. \tag{16}$$

因为 $(\sqrt{z^2+1}+z)(\sqrt{z^2+1}-z)=1$，所以用 $(\sqrt{z^2+1}-z)$ 乘⑯两边，得

$$-z+\sqrt{z^2+1}=\left(\frac{x}{c}\right)^{-\frac{a}{b}}. \tag{17}$$

把⑯、⑰两式相减，得

$$2z=\left(\frac{x}{c}\right)^{\frac{a}{b}}-\left(\frac{x}{c}\right)^{-\frac{a}{b}},$$

即

$$\frac{\mathrm{d}y}{\mathrm{d}x}=\frac{1}{2}\left\{\left(\frac{x}{c}\right)^{\frac{a}{b}}-\left(\frac{x}{c}\right)^{-\frac{a}{b}}\right\}. \tag{18}$$

下面分两种情况讨论：

(i) 当 $a\neq b$ 时，积分⑱式，并利用初始条件 $y(c)=0$，便得所求的追线方程为

$$y=\frac{c}{2\left(1+\frac{a}{b}\right)}\left(\frac{x}{c}\right)^{1+\frac{a}{b}}-\frac{c}{2\left(1-\frac{a}{b}\right)}\left(\frac{x}{c}\right)^{1-\frac{a}{b}}+\frac{abc}{b^2-a^2}.$$

当 $a>b$ 时，因为 $1-\frac{a}{b}<0$，所以 x 不能取得零值，这表明 M 点永远追不上 p 点；当 $a<b$ 时，$1-\frac{a}{b}>0$，此时追线与 y 轴相交，这表明 M 点可以追上 p 点. 令 $x=0$ 便得相遇点的纵坐标为

$$y_1=\frac{abc}{b^2-a^2},$$

所以 M 点追上 p 点所需要的时间为

$$T=\frac{bc}{b^2-a^2}.$$

(ii) 当 $a=b$ 时,方程⑱成为

$$\frac{\mathrm{d}y}{\mathrm{d}x}=\frac{1}{2}\left(\frac{x}{c}-\frac{c}{x}\right).$$

积分,并利用初始条件 $y(c)=0$, 便得所求的追线方程为

$$y=\frac{x^2-c^2}{4c}-\frac{c}{2}\ln\frac{x}{c}.$$

此时追线与 y 轴不相交,这表明 M 点永远追不上 p 点.

习题 12.6

1. 已知某曲线经过点(1, 1),它的切线 PT 从切点 P 到 x 轴交点 T 的长度等于切线在 x 轴上的截距 OT,求这曲线的方程.

2. 设有连接点 $A(1,0)$ 和点 $B(2,1)$ 的一段向下凸的曲线弧 $\overset{\frown}{AB}$,对 $\overset{\frown}{AB}$ 上的任一点 $P(x,y)$,曲线弧 $\overset{\frown}{AP}$ 与直线 $\overline{AP}$ 所围图形的面积为 $(x-1)^3$, 求曲线弧 $\overset{\frown}{AB}$ 的方程.

3. 一容器内盛有盐水 8 升,含盐 2 克. 现以 4 升/分的流速将含 3 克/升的盐水注入容器内,同时以同样的速度抽出混合均匀的盐水.

(a) 求容器内在任意时刻的含盐量;

(b) 求在 8 分钟后容器内盐水的浓度;

(c) 经过相当长时间后,容器内的含盐量是多少?

4. 一容器内盛盐水 200 升,含盐 600 克. 现以 4 升/分的流速注入 1 克/升的盐水,并以同样的速度抽出混合均匀的盐水,经过几小时后容器内盐水浓度为 1.01 克/升?

5. 有一车间容积为 10 800 m^3,开始时空气中含有 0.12%的二氧化碳. 用一台风量为 1 500 $\mathrm{m}^3/\mathrm{min}$ 的鼓风机鼓入含有 0.04%二氧化碳的新鲜空气,同时用一台排风机以相同风量将混合均匀的空气排出. 经过多少时间,才能使车间内空气所含二氧化碳的含量不超过 0.06%?

6. 摩托艇以 5 米/秒的速度在静水上运动,全速时停止了发动机,过了 20 秒后,艇的速度减至 $v_1=3$ 米/秒. 试确定发动机停止 2 分钟后艇的速度. 假定水的阻力与艇的运动速度成正比.

7. 一质量为 m 的质点作直线运动,从速度等于零的时刻起,有一个和时间成正比(比例系数为 k_1)的力作用在它上面. 此外质点又受到介质的阻力,这阻力和速度成正比(比例系数

为 k_2). 试求质点的速度与时间的关系.

8. 位于坐标原点的我舰向位于点 $A(1,0)$ 处的敌舰发射制导鱼雷,使鱼雷永远对准敌舰,已知敌舰以最大速度 v_0 在直线 $x=1$ 上行使. 设鱼雷的速度大小是 $5v_0$,求鱼雷的航迹曲线的方程及敌舰行驶多远时将被鱼雷击中.

总练习题

1. 求下列微分方程的通解:

(1) $y'+\frac{1}{x}y=\frac{1}{x(x^2+1)}$;　(2) $(y-x^3)\mathrm{d}x-2x\mathrm{d}y=0$;

(3) $y''+4y'+4y=\mathrm{e}^{-2x}$;　(4) $y''+y'=x^2$;

(5) $y''-3y'+2y=x\mathrm{e}^x$;　(6) $y''+2y'-3y=\mathrm{e}^{-3x}$;

(7) $y''+2y'+y=x\mathrm{e}^x$;　(8) $y''+y=x+\cos x$.

2. 求下列微分方程满足所给初始条件的特解:

(1) $x\frac{\mathrm{d}y}{\mathrm{d}x}=x-y$, $y|_{x=\sqrt{2}}=0$;

(2) $xy'+(1-x)y=\mathrm{e}^{2x}\quad(0<x<+\infty)$, $y(1)=0$;

(3) $x\ln x\mathrm{d}y+(y-\ln x)\mathrm{d}x=0$, $y|_{x=\mathrm{e}}=1$;

(4) $xy'+y=x\mathrm{e}^x$, $y(1)=1$;

(5) $x^2y'+xy=y^2$, $y|_{x=1}=1$;

(6) $(x^2-1)\mathrm{d}y+(2xy-\cos x)\mathrm{d}x=0$, $y|_{x=0}=1$.

3. 通过适当的变换把下列微分方程化为变量可分离方程或线性方程,并求解方程:

(1) $\frac{\mathrm{d}y}{\mathrm{d}x}=(x+y)^2$;　(2) $y'=(x-y)^2+1$;

(3) $\frac{\mathrm{d}y}{\mathrm{d}x}+x\tan(y-x)=1$;　(4) $xy'+x+\sin(x+y)=0$;

(5) $y'=ax+by+c$;　(6) $\frac{1}{y}y'-\frac{1}{x}\ln y=x^2$;

(7) $\mathrm{e}^yy'-\frac{1}{x}\mathrm{e}^y=x^2$;　(8) $2xyy'=y^2+x\tan\frac{y^2}{x}$;

(9) $\frac{\mathrm{d}y}{\mathrm{d}x}=\frac{y^2-x}{2y(x+1)}$;　(10) $xy'+y=y\ln(xy)$;

(11) $(3x^2+2xy-y^2)\mathrm{d}x+(x^2-2xy)\mathrm{d}y=0$.

4. 求微分方程 $y'''+6y''+(9+a^2)y'=1$ 的通解,其中常数 $a>0$.

5. 设函数 $y=y(x)$ 满足微分方程 $y''-3y'+2y=2\mathrm{e}^x$,其图形在点 $(0,1)$ 处的切线与曲线 $y=x^2-x+1$ 在该点处的切线重合,求函数 y 的解析表达式.

6. 求微分方程 $y''+4y'+4y=e^{ax}$ 的通解,其中 a 为实数.

7. 设有微分方程 $y'-2y=\phi(x)$,其中 $\phi(x)=\begin{cases}2, & 若 x<1,\\ 0, & 若 x>1.\end{cases}$ 试求在 $(-\infty,+\infty)$ 内的连续函数,使之在 $(-\infty,1)$ 和 $(1,+\infty)$ 内都满足所给方程,且满足条件 $y(0)=0$.

8. 已知连续函数 $f(x)$ 满足 $f(x)=\int_0^{3x}f\left(\frac{t}{3}\right)\mathrm{d}t+e^{2x}$, 求 $f(x)$.

9. 设 $f(x)=\sin x-\int_0^x(x-t)f(t)\mathrm{d}t$, 其中 f 有二阶连续导数,求 $f(x)$.

10. 求微分方程 $y''+a^2y=\sin x$ 的通解,其中常数 $a>0$.

11. 利用代换 $y=\frac{u}{\cos x}$ 将方程

$$y''\cos x-2y'\sin x+3y\cos x=e^x$$

化简,并求出原方程的通解.

12. 设 $y=e^x$ 是微分方程 $xy'+p(x)y=x$ 的一个解,求此微分方程满足条件 $y|_{x=\ln 2}=0$ 的特解.

13. 设 $f(x)$ 具有二阶连续导数, $f(0)=0$, $f'(0)=1$, 且

$$[xy(x+y)-f(x)y]\mathrm{d}x+[f'(x)+x^2y]\mathrm{d}y=0$$

为一全微分方程,求 $f(x)$ 及此全微分方程的通解.

14. 设函数 $f(x)$ 在 $[0,+\infty)$ 上可导, $f(0)=0$, 且反函数为 $g(x)$. 若

$$\int_0^{f(x)}g(t)\mathrm{d}t=x^2e^x,$$

求 $f(x)$.

15. 设函数 $f(u)$ 具有二阶连续导数,而 $z=f(e^x\sin y)$ 满足方程

$$\frac{\partial^2 z}{\partial x^2}+\frac{\partial^2 z}{\partial y^2}=e^{2x}z,$$

求 $f(u)$.

16. 已知函数 $f(x)$ 在 $(0,+\infty)$ 内可导, $f(x)>0$, $\lim\limits_{x\to+\infty}f(x)=1$, 且满足

$$\lim_{h\to 0}\left(\frac{f(x+hx)}{f(x)}\right)^{\frac{1}{h}}=e^{\frac{1}{x}},$$

求 $f(x)$.

17. 设二阶常系数线性微分方程 $y''+\alpha y'+\beta y=\gamma e^x$ 的一个特解为 $y=e^{2x}+(1+x)e^x$, 试确定常数 α,β,γ,并求该方程的通解.

18. 已知

$$y_1 = xe^x + e^{2x}, \quad y_2 = xe^x + e^{-x}, \quad y_3 = xe^x + e^{2x} - e^{-x}$$

是某二阶线性非齐次微分方程的三个解,求此微分方程.

19. 求初值问题

$$\begin{cases}(y + \sqrt{x^2 + y^2})\,dx - x\,dy = 0 \ (x > 0), \\ y|_{x=1} = 0\end{cases}$$

的解.

20. 设$f(x)$为连续函数.

(1) 求初值问题$\begin{cases} y' + ay = f(x), \\ y|_{x=0} = 0\end{cases}$的解$y(x)$,其中$a$是正常数;

(2) 若$|f(x)| \leqslant k$(k为常数),证明:当$x \geqslant 0$时,有$|y(x)| \leqslant \dfrac{k}{a}(1 - e^{-ax})$.

21. 在上半平面求一条向上凹的曲线,其上任一点$P(x, y)$处的曲率等于此曲线在该点的法线段PQ长度的倒数(Q是法线与x轴的交点),且曲线在点$(1, 1)$处的切线与x轴平行.

22. 设曲线L位于xOy平面的第一象限内,L上任一点M处的切线与y轴总相交,交点记为A. 已知$|\overline{MA}| = |\overline{OA}|$,且$L$过点$\left(\dfrac{3}{2}, \dfrac{3}{2}\right)$,求$L$的方程.

23. 设对任意$x > 0$,曲线$y = f(x)$上点$(x, f(x))$处的切线在y轴上的截距等于$\dfrac{1}{x}\displaystyle\int_0^x f(t)\,dt$,求$f(x)$的一般表达式.

24. 设$y = y(x)$是一向上凸的连续曲线,其上任意一点(x, y)处的曲率为$\dfrac{1}{\sqrt{1 + (y')^2}}$,且此曲线上点$(0, 1)$处的切线方程为$y = x + 1$,求该曲线的方程,并求函数$y = y(x)$的极值.

25. 设L是一条平面曲线,其上任意一点$P(x, y)$ $(x > 0)$到坐标原点的距离,恒等于该点处的切线在y轴上的截距,且L经过点$\left(\dfrac{1}{2}, 0\right)$.

(1) 试求曲线L的方程;

(2) 求L位于第一象限部分的一条切线,使该切线与L及两坐标轴所围成图形的面积最小.

26. 求微分方程$x\,dy + (x - 2y)\,dx = 0$的一个解$y = y(x)$,使得由曲线$y = y(x)$与直线$x = 1$, $x = 2$及x轴所围成的平面图形绕x轴旋转一周的旋转体体积最小.

27. 设函数$f(x)$在$[1, +\infty)$上连续,若有曲线$y = f(x)$,直线$x = 1$, $x = t$ $(t > 1)$与x轴所围成的平面图形绕x轴旋转一周所成的旋转体体积为

$$V(t) = \frac{\pi}{3}[t^2 f(t) - f(1)].$$

试求 $y=f(x)$ 所满足的微分方程,并求该微分方程满足条件 $y|_{x=2}=\dfrac{2}{9}$ 的解.

28. 湖泊的水量为 V,每年排入湖泊内含污染物 A 的污水量为 $\dfrac{V}{6}$,流入湖泊内不含 A 的水量为 $\dfrac{V}{6}$,流出湖泊的水量为 $\dfrac{V}{3}$. 已知 1999 年底湖中 A 的含量为 $5m_0$,超过国家规定指标,为了治理污染,从 2000 年初起,限定排入湖泊中含 A 污水的浓度不超过 $\dfrac{m_0}{V}$. 至多需经过多少年,湖泊中污染物 A 的含量降至 m_0 以内?(注:设湖水中 A 的浓度是均匀的.)

29. 一个半球体状的雪堆,其体积融化的速率与半球面面积 S 成正比,比例常数 $K>0$. 假设在融化过程中雪堆始终保持半球体状,已知半径为 r_0 的雪堆在开始融化的 3 小时内,融化了其体积的 $\dfrac{7}{8}$. 雪堆全部融化需要多少小时?

30. 在某一人群中推广新技术是通过其中已掌握新技术的进行的. 设该人群的总人数为 N,在 $t=0$ 时刻已掌握新技术的人数为 x_0,在任意时刻 t 已掌握新技术的人数为 $x(t)$(将 $x(t)$ 视为连续变量),其变化率与已掌握新技术和未掌握新技术人数之积成正比,比例常数 $k>0$, 求 $x(t)$.

31. 设物体 A 从点 $(0,\ 1)$ 出发,以速度大小为常数 v 沿 y 轴正向运动. 物体 B 从点 $(-1,\ 0)$ 与 A 同时出发,其速度大小为 $2v$,方向始终指向 A,试建立物体 B 的运动轨迹所满足的微分方程,并写出初始条件.

32. 设单位质点在水平面内作直线运动,初始速度 $v|_{t=0}=v_0$. 已知阻力与速度成正比(比例常数为 1),问 t 为多少时此质点的速度为 $\dfrac{v_0}{3}$? 并求到此时刻该质点所经过的路程.

33. 从船上向海中沉放某种探测仪器,按探测要求,需确定仪器的下沉深度 y(从海平面算起)与下沉速度 v 之间的函数关系. 设仪器在重力作用下,从海平面由静止开始铅直下沉,在下沉过程中还受到阻力和浮力的作用. 设仪器的质量为 m,体积为 B,海水比重为 ρ,仪器所受的阻力与下沉速度成正比,比例系数为 k $(k>0)$. 试建立 y 与 v 所满足的微分方程,并求出函数关系式 $y=y(v)$.

第13章　差 分 方 程

到目前为止,我们研究的变量基本上都是连续变化的.但在生命科学、化学、物理、经济、管理等领域里有不少现象只能用在不同取值点上的各离散变量之间的关系来描述,如递推关系等.这种描述各离散变量之间的关系式就是所谓的"差分方程".

本章主要介绍差分方程的基本概念和一些常系数线性差分方程的解法.

13.1　差分与差分方程的概念

一、差分的概念

设定义在整数集上的函数

$$y_n = f(n), \quad n = \cdots, -2, -1, 0, 1, 2, \cdots,$$

则函数 $y_n = f(n)$ 的一阶差分定义为

$$\nabla y_n = y_{n+1} - y_n = f(n+1) - f(n),$$

函数 $y_n = f(n)$ 的二阶差分定义为一阶差分的差分,即

$$\begin{aligned}\nabla^2 y_n &= \nabla y_{n+1} - \nabla y_n = y_{n+2} - 2y_{n+1} + y_n \\ &= f(n+2) - 2f(n+1) + f(n).\end{aligned}$$

由此可以看出,当 $\nabla y_n > 0$ 时, y_n 随着 n 的增大在逐渐增加;当 $\nabla y_n < 0$ 时, y_n 随着 n 的增大在逐渐减少.可以证明,若 ∇y_n 为常数,则 y_n 是 n 的一次多项式;若 $\nabla^2 y_n$ 为常数,则 y_n 是 n 的二次多项式.

类似,三阶差分定义为二阶差分的差分.一般地, k 阶差分定义为 $k-1$ 阶差分的差分,即

$$\begin{aligned}\nabla^k y_n &= \nabla(\nabla^{k-1} y_n) = \nabla^{k-1} y_{n+1} - \nabla^{k-1} y_n \\ &= \sum_{i=0}^{k} (-1)^i \mathrm{C}_k^i y_{n+k-i}, \quad k = 2, 3, \cdots,\end{aligned}$$

其中 $\mathrm{C}_k^i = \dfrac{k!}{i!(k-i)!}$.

例 1 设 $y_n = 5n^2 + 2n$, 求 ∇y_n 和 $\nabla^2 y_n$.

解 $\nabla y_n = 5(n+1)^2 + 2(n+1) - (5n^2 + 2n) = 10n + 7$,

$\nabla^2 y_n = \nabla(\nabla y_n) = 10(n+1) + 7 - (10n + 7) = 10.$

二、差分方程

我们知道,微分方程是含有未知函数及其导数或微分的等式. 与微分方程类似,差分方程也可以看成含有未知函数 y_n 及其差分 ∇y_n, $\nabla^2 y_n$, …的等式. 也就是说,等式

$$F(n, y_n, \nabla y_n, \cdots, \nabla^k y_n) = 0$$

就是差分方程. 利用差分公式,可以将上式转化为函数 y_n 在不同取值点上的关系式. 于是差分方程的定义可以写为

定义 1 含有未知函数两个或两个以上的函数值 y_n, y_{n+1}, …的等式称为常差分方程.

本章只讨论常差分方程,在不至于混淆的情况下,也称常差分方程为差分方程或方程.

在差分方程中出现的未知函数下标的最大差称为该差分方程的**阶**. 根据定义, k 阶差分方程的一般形式为

$$F(n, y_n, y_{n+1}, \cdots, y_{n+k}) = 0,$$

其中 n 是自变量, y_n 是未知函数. 注意这里的 y_n 和 y_{n+k} 一定要出现.

例如,方程 $y_{n+1} - 3y_n = 0$ 是一阶差分方程;方程 $y_{n+2} + y_{n+1} - 2y_n = 3 \cdot 2^n$ 是二阶差分方程. 注意,方程 $y_{n+2} + 2y_{n+1} = 3n^2$ 是一阶差分方程.

若将函数 $y_n = \phi(n)$ 代入差分方程,使其成为恒等式,则称 $y_n = \phi(n)$ 为该差分方程的**解**.

若差分方程的解中含有任意常数,且所含独立的任意常数的个数与差分方程的阶数相同,则称这样的解为该差分方程的**通解**.

由于通解中含有任意常数,所以在应用时还需要确定这些常数的条件. 这种条件称为**定解条件**. 由定解条件确定了通解中的所有任意常数后所得到的解称为**特解**. 对 k 阶差分方程,常见的定解条件是初始条件:

$$y_0 = a_0, y_1 = a_1, \cdots, y_{k-1} = a_{k-1},$$

其中 a_0, a_1, …, a_{k-1} 都是已知常数.

例 2 验证 $y_n = C2^n + (n-3)3^n$ 是差分方程 $y_{n+1} - 2y_n = n \cdot 3^n$ 的通解,并求满足初始条件 $y_0 = 1$ 的特解.

解 (1) 将 $y_n=C2^n+(n-3)3^n$ 代入所给的方程,得

$$\text{左边}=C2^{n+1}+(n-2)3^{n+1}-2(C2^n+(n-3)3^n)$$
$$=n\cdot 3^n=\text{右边},$$

所以 $y_n=C2^n+(n-3)3^n$ 是所给方程的解. 又因为它含有一个任意常数而且给定的方程是一阶方程,因此它是通解.

(2) 将初始条件 $y_0=1$ 代入上面的通解,得 $C=4$. 于是所求的特解为

$$y_n=4\cdot 2^n+(n-3)3^n.$$

注意,学习差分方程时应注意与微分方程的有关概念进行对比.

习题 13.1

1. 计算下列函数的差分:

(1) $y_n=\ln(n+2)$,求 ∇y_n;

(2) $y_n=(n+2)^2+1$,求 $\nabla^2 y_n$;

(3) $y_n=n^3+2$,求 $\nabla^3 y_n$;

(4) $y_n=3^n$,求 $\nabla^2 y_n$.

2. 指出下列差分方程的阶数:

(1) $ny_n^2-y_{n+1}y_n+n=0$;

(2) $n^2y_{n+1}-ny_n=2$;

(3) $y_{n+2}+5y_{n+1}=n^3$;

(4) $y_{n+1}-y_{n-1}=n+2$;

(5) $y_{n+3}+5y_{n+2}+6y_{n+1}+2y_n=2^n$;

(6) $y_{n+2}+(n+3)y_{n+1}+2ny_n+y_{n-1}=0$.

3. 试证下列各题中的函数是所给差分方程的解:

(1) $(1+y_n)y_{n+1}=y_n,\ y_n=\dfrac{1}{n+3}$;

(2) $y_{n+2}+y_n=0,\ y_n=2\sin\dfrac{\pi}{2}n+4\cos\dfrac{\pi}{2}n$;

(3) $y_{n+2}-6y_{n+1}+9y_n=0,\ y_n=n\cdot 3^n$;

(4) $y_{n+2}-(a+b)y_{n+1}+aby_n=0,\ y_n=C_1a^n+C_2b^n$.

4. 已知函数 $y_n=d^n$ 是差分方程 $y_{n+2}-6y_{n+1}-16y_n=0$ 的解,求常数 d 的值.

13.2 常系数线性差分方程

若 k 阶差分方程关于未知函数的函数值 $y_n,\ y_{n+1},\ \cdots,\ y_{n+k}$ 都是线性的,则称此方程为 **k 阶线**

性差分方程,它的一般形式为

$$y_{n+k}+p_1(n)y_{n+k-1}+\cdots+p_k(n)y_n=q(n), \quad ①$$

其中 $p_1(n), p_2(n), \cdots, p_k(n)$ 和 $q(n)$ 是已知函数,而且 $p_k(n)\neq 0$.

当 $q(n)\equiv 0$ 时,方程①变为

$$y_{n+k}+p_1(n)y_{n+k-1}+\cdots+p_k(n)y_n=0, \quad ②$$

方程②称为方程①所对应的 **k 阶线性齐次差分方程**. 当 $q(n)\neq 0$ 时,方程①又称为 **k 阶线性非齐次差分方程**,习惯上把 $q(n)$ 称为方程①的**非齐次项**.

一、线性差分方程解的性质

由于线性差分方程的结构与线性常微分方程的结构类似,所以线性差分方程也有类似于线性常微分方程的性质. 这里我们不加证明地叙述如下:

定理 1 设 $y_1(n), y_2(n), \cdots, y_k(n)$ 是 k 阶线性齐次差分方程②的 k 个线性无关的特解,则

$$y(n)=C_1y_1(n)+C_2y_2(n)+\cdots+C_ky_k(n)$$

是方程②的通解,其中 $C_1, C_2, \cdots, C_k$ 是任意常数.

由定理 1 可知,只要求出 k 阶线性齐次差分方程的 k 个线性无关的特解,就可以得到该方程的通解.

定理 2 设 $\tilde{y}(n)$ 是 k 阶线性非齐次差分方程①的一个特解, $Y(n)=C_1y_1(n)+C_2y_2(n)+\cdots+C_ky_k(n)$ 是相应的线性齐次差分方程②的通解,则

$$y(n)=Y(n)+\tilde{y}(n)=C_1y_1(n)+C_2y_2(n)+\cdots+C_ky_k(n)+\tilde{y}(n)$$

是 k 阶线性非齐次差分方程①的通解.

定理 3 设 $y_1(n), y_2(n)$ 分别是 k 阶线性非齐次差分方程

$$y_{n+k}+p_1(n)y_{n+k-1}+\cdots+p_k(n)y_n=q_1(n)$$

和

$$y_{n+k}+p_1(n)y_{n+k-1}+\cdots+p_k(n)y_n=q_2(n)$$

的解,则 $y(n)=ay_1(n)+by_2(n)$ 是线性非齐次差分方程

$$y_{n+k}+p_1(n)y_{n+k-1}+\cdots+p_k(n)y_n=aq_1(n)+bq_2(n)$$

的解,其中 a, b 是常数.

二、常系数线性齐次差分方程的解

如果 k 阶线性差分方程②可以写成

$$y_{n+k}+p_1y_{n+k-1}+\cdots+p_ky_n=0, \qquad ③$$

其中 p_1, p_2, $\cdots$, p_k 都是已知常数,且 $p_k\neq0$, 则称方程③为 **k 阶常系数线性齐次差分方程**.

下面讨论一阶常系数线性齐次差分方程和二阶常系数线性齐次差分方程的解法.

1. 一阶常系数线性齐次差分方程

当 $k=1$ 时,方程③成为

$$y_{n+1}+py_n=0, \qquad ④$$

其中 p 是已知的非零常数. 对于一阶常系数线性差分方程④,直接运用迭代方法或等比数列通项公式就可以得到

$$y_n=(-p)^ny_0.$$

由此得到方程④的通解

$$y_n=C(-p)^n,$$

其中 C 是任意常数.

2. 二阶常系数线性齐次差分方程

二阶常系数线性齐次差分方程的一般形式为

$$y_{n+2}+p_1y_{n+1}+p_2y_n=0, \qquad ⑤$$

其中 p_1, p_2 是已知常数,且 $p_2\neq0$.

由定理 1 知,求二阶常系数线性齐次差分方程⑤的通解,归结为求方程⑤的两个线性无关解. 前面我们得到一阶方程④的通解 $y_n=C(-p)^n$, 从而得到它的一个特解 $y_n=(-p)^n$. 与微分方程的情形类似,我们用指数函数 $y_n=\lambda^n(\lambda\neq0)$ 来尝试,看是否能找到适当的常数 λ,使得函数 $y_n=\lambda^n$ 满足方程⑤. 为此,将 $y_n=\lambda^n$ 代入方程⑤,得到

$$\lambda^n(\lambda^2+p_1\lambda+p_2)=0.$$

由于 $\lambda^n\neq0$,所以 $y_n=\lambda^n$ 是方程⑤解的充要条件是 λ 满足代数方程

$$\lambda^2+p_1\lambda+p_2=0. \qquad ⑥$$

代数方程⑥称为差分方程⑤的**特征方程**.

与微分方程的情形类似,根据特征方程⑥根的情况,可以得到差分方程⑤的两个线性无关

解,从而得到它的通解.

由代数学知道,特征方程⑥有两个根,分别记为 λ_1 和 λ_2. 它们有三种不同的情形:

(1) 当 λ_1, λ_2 为两个不同的实根 ($\lambda_1 \neq \lambda_2$) 时,方程⑤的通解为

$$y(n) = C_1\lambda_1^n + C_2\lambda_2^n.$$

(2) 当 $\lambda_1 = \lambda_2 = \lambda$ 为两个相同的实根时,方程⑤的通解为

$$y(n) = C_1\lambda^n + C_2 n\lambda^n,$$

即

$$y(n) = (C_1 + C_2 n)\lambda^n.$$

(3) 当 λ_1, λ_2 为一对共轭复根时,把这对复根写成指数形式:

$$\lambda_1 = re^{i\beta}, \quad \lambda_2 = re^{-i\beta},$$

其中 $\beta \in (0, \pi)$. 则方程⑤的通解为

$$y(n) = r^n(C_1\cos\beta n + C_2\sin\beta n).$$

例 1 求方程 $y_{n+2} + 6y_{n+1} + 9y_n = 0$ 的通解.

解 所给方程的特征方程为

$$\lambda^2 + 6\lambda + 9 = 0,$$

它的根是 $\lambda_1 = \lambda_2 = -3$. 于是所求的通解为

$$y_n = C_1(-3)^n + C_2 n(-3)^n.$$

例 2 求方程 $y_{n+2} - 2y_{n+1} + 2y_n = 0$ 的通解.

解 所给方程的特征方程为

$$\lambda^2 - 2\lambda + 2 = 0,$$

它的根是 $\lambda_{1,2} = 1 \pm i$. 把这对复根写成指数形式:$\lambda_1 = \sqrt{2}e^{\frac{\pi}{4}i}$, $\lambda_2 = \sqrt{2}e^{-\frac{\pi}{4}i}$, 于是所求的通解为

$$y_n = (\sqrt{2})^n\left(C_1\cos\frac{\pi}{4}n + C_2\sin\frac{\pi}{4}n\right).$$

上述结果可以推广到 k 阶常系数线性齐次差分方程

$$y_{n+k} + p_1 y_{n+k-1} + \cdots + p_k y_n = 0, \tag{7}$$

其中 $p_1, p_2, \cdots, p_k$ 都是已知常数,且 $p_k \neq 0$. 它的特征方程为

$$\lambda^{k}+p_{1}\lambda^{k-1}+p_{2}\lambda^{k-2}+\cdots+p_{k}=0. \quad ⑧$$

根据特征方程⑧的 k 个根的各种情况，可以求出方程⑦的 k 个线性无关的特解，再由定理1就可以得到方程⑧的通解.

三、常系数线性非齐次差分方程的解

k 阶常系数线性非齐次差分方程的一般形式为

$$y_{n+k}+p_{1}y_{n+k-1}+\cdots+p_{k}y_{n}=q(n), \quad ⑨$$

其中 $p_1, p_2, \cdots, p_k$ 都是已知常数，且 $p_k \neq 0$. 由定理2可知，只要求出相应的齐次方程

$$y_{n+k}+p_{1}y_{n+k-1}+\cdots+p_{k}y_{n}=0$$

的通解

$$Y(n)=C_{1}y_{1}(n)+\cdots+C_{k}y_{k}(n)$$

与非齐次方程⑨的一个特解 $\tilde{y}(n)$，把两者相加，即

$$y(n)=Y(n)+\tilde{y}(n)$$

就可以得到非齐次方程⑨的通解.

对于非齐次项 $q(n)$ 的两种特殊形式，可以用类似于线性常微分方程的待定系数法求得非齐次方程⑨的一个特解 $\tilde{y}(n)$：

(1) 若 $q(n)=d^{n}P_{m}(n)$，其中 d 是已知的非零常数，$P_m(n)$ 为 n 的 m 次实系数多项式，则方程有特解

$$\tilde{y}(n)=n^{k}d^{n}Q_{m}(n),$$

其中 $Q_m(n)$ 是与 $P_m(n)$ 同次（m 次）的待定多项式，而 k 则依据 d 不是特征方程的根或是特征方程的 s 重根而分别取值为0或 s $(1 \leqslant s \leqslant k)$.

(2) 若 $q(n)=d^{n}[P_{l}(n)\cos\beta n+P_{s}(n)\sin\beta n]$，其中 d 是非零实数，β 不是 π 的整数倍，$P_l(n)$ 和 $P_s(n)$ 分别是 l 次和 s 次多项式，则方程有特解

$$\tilde{y}(n)=n^{k}d^{n}[A_{m}(n)\cos\beta n+B_{m}(n)\sin\beta n],$$

其中 $A_m(n)$，$B_m(n)$ 是 m 次的待定多项式，$m=\max\{l, s\}$，而 k 则依据 $d_1=de^{i\beta}=d(\cos\beta+i\sin\beta)$ 不是特征方程的根或者是特征方程的 s 重根而分别取0或 s $(1 \leqslant s \leqslant k)$.

特别对一阶常系数线性非齐次差分方程 $(k=1)$

$$y_{n+1}+py_{n}=q(n),$$

其中 p 是非零常数.

当 $q(n)=d^nP_m(n)$ 时,其中 d 是已知的非零常数, $P_m(n)$ 为 n 的 m 次实系数多项式,则方程有特解

$$\tilde{y}(n)=n^kd^nQ_m(n),$$

其中 $Q_m(n)$ 是与 $P_m(n)$ 同次(m 次)的待定多项式. 当 $d\neq -p$ 时, $k=0$;而当 $d=-p$ 时, $k=1$.

当 $q(n)=d^n[P_l(n)\cos\beta n+P_s(n)\sin\beta n]$ 时,其中 d 是非零实数,β 不是 π 的整数倍, $P_l(n)$ 和 $P_s(n)$ 分别是 l 次和 s 次多项式,则方程有特解

$$\tilde{y}(n)=d^n[A_m(n)\cos\beta n+B_m(n)\sin\beta n],$$

其中 $A_m(n)$, $B_m(n)$ 是 m 次的待定多项式, $m=\max\{l,s\}$.

例 3 求方程 $y_{n+1}+5y_n=n^2+1$ 的通解.

解 (1) 相应齐次方程 $y_{n+1}+5y_n=0$ 的特征方程

$$\lambda+5=0$$

的根 $\lambda=-5$, 所以齐次方程的通解为

$$Y(n)=C(-5)^n.$$

(2) 原方程的非齐次项可写为

$$q(n)=d^nP_m(n),$$

其中 $d=1$ 不是特征方程的根, $P_m(n)=n^2+1$ 是 2 次多项式,所以应设原方程的特解为

$$\tilde{y}(n)=b_0n^2+b_1n+b_2.$$

把它代入原方程,得

$$b_0(n+1)^2+b_1(n+1)+b_2+5(b_0n^2+b_1n+b_2)=n^2+1,$$

即

$$6b_0n^2+(2b_0+6b_1)n+b_0+b_1+6b_2=n^2+1.$$

令等式两边同次幂项的系数相等,得 $b_0=\frac{1}{6}$, $b_1=-\frac{1}{18}$, $b_2=\frac{4}{27}$. 因此原方程有一个特解 $\tilde{y}(n)=\frac{1}{6}n^2-\frac{1}{18}n+\frac{4}{27}$, 从而原方程的通解为

$$y_n=C(-5)^n+\frac{1}{6}n^2-\frac{1}{18}n+\frac{4}{27}.$$

例 4 求方程 $y_{n+2}+5y_{n+1}+6y_n=n+2$ 的通解.

解 (1) 相应齐次方程 $y_{n+2}+5y_{n+1}+6y_n=0$ 的特征方程

$$\lambda^2+5\lambda+6=0$$

有根 $\lambda_1=-2$, $\lambda_2=-3$, 所以齐次方程的通解为

$$Y(n)=C_1(-2)^n+C_2(-3)^n.$$

(2) 原方程的非齐次项可写为

$$q(n)=d^nP_m(n),$$

其中 $d=1$ 不是特征方程的根, $P_m(n)=n+2$ 是 1 次多项式,所以应设原方程的特解为

$$\tilde{y}(n)=b_0n+b_1.$$

把它代入原方程,得

$$b_0(n+2)+b_1+5[b_0(n+1)+b_1]+6[b_0n+b_1]=n+2,$$

即

$$12b_0n+7b_0+12b_1=n+2.$$

令等式两边同次幂项的系数相等,得 $b_0=\frac{1}{12}$, $b_1=\frac{17}{144}$. 因此原方程有一个特解 $\tilde{y}(n)=\frac{1}{12}n+\frac{17}{144}$, 从而原方程的通解为

$$y_n=C_1(-2)^n+C_2(-3)^n+\frac{1}{12}n+\frac{17}{144}.$$

例 5 求方程 $y_{n+2}-4y_{n+1}+4y_n=2^n$ 的通解.

解 (1) 相应齐次方程 $y_{n+2}-4y_{n+1}+4y_n=0$ 的特征方程

$$\lambda^2-4\lambda+4=0$$

有根 $\lambda_1=\lambda_2=2$, 所以齐次方程的通解为

$$Y(n)=C_12^n+C_2n2^n.$$

(2) 原方程的非齐次项可写为

$$q(n)=d^nP_m(n),$$

其中 $d=2$ 是特征方程的二重根, $P_m(n)=1$ 是零次多项式,所以应设原方程的特解为

$$\tilde{y}(n)=bn^2 2^n.$$

把它代入原方程,得

$$(n+2)^2 b2^{n+2}-4(n+1)^2 b2^{n+1}-4n^2 b2^n=2^n.$$

经整理,得 $8b=1$,即 $b=\frac{1}{8}$. 因此原方程有一个特解 $\tilde{y}(n)=\frac{1}{8}n^2 2^n$, 从而原方程的通解为

$$y_n=C_1 2^n+C_2 n2^n+\frac{1}{8}n^2 2^n.$$

例 6 求方程 $y_{n+2}+4y_n=2^n\sin\frac{\pi}{2}n$ 的通解.

解 (1) 相应齐次方程 $y_{n+2}+4y_n=0$ 的特征方程

$$\lambda^2+4=0$$

有根 $\lambda_1=2\mathrm{i}$, $\lambda_2=-2\mathrm{i}$. 把这对复根写成指数形式:$\lambda_1=2\mathrm{e}^{\frac{\pi}{2}\mathrm{i}}$, $\lambda_2=2\mathrm{e}^{-\frac{\pi}{2}\mathrm{i}}$, 于是齐次方程的通解为

$$Y(n)=2^n\left(C_1\cos\frac{\pi}{2}n+C_2\sin\frac{\pi}{2}n\right).$$

(2) 原方程的非齐次项可写为

$$q(n)=d^n[P_l(n)\cos\beta n+P_s(n)\sin\beta n],$$

其中 $d=2$, $\beta=\frac{\pi}{2}$, $P_l(n)=0$, $P_s(n)=1$ 都是零次多项式. 因为 $d_1=d\mathrm{e}^{\mathrm{i}\beta}=2\mathrm{i}$ 是特征方程的根,所以应设原方程的特解为

$$\tilde{y}(n)=n2^n\left(a\cos\frac{\pi}{2}n+b\sin\frac{\pi}{2}n\right).$$

把它代入原方程,得

$$-8\left(a\cos\frac{\pi}{2}n+b\sin\frac{\pi}{2}n\right)=\sin\frac{\pi}{2}n.$$

令等式两边同类项的系数相等,得 $a=0$, $b=-\frac{1}{8}$. 因此原方程有一个特解 $\tilde{y}(n)=-\frac{1}{8}n2^n\sin\frac{\pi}{2}n$, 从而原方程的通解为

$$y_n = 2^n\left(C_1\cos\frac{\pi}{2}n + C_2\sin\frac{\pi}{2}n\right) - \frac{1}{8}n2^n\sin\frac{\pi}{2}n.$$

本节介绍了二阶常系数线性差分方程的求解方法,总结如下:

(1) 二阶常系数线性齐次差分方程 $y_{n+2}+p_1y_{n+1}+p_2y_n=0$,它的特征方程为 $\lambda^2+p_1\lambda+p_2=0$,特征根为 $\lambda_{1,2}=\frac{-p_1\pm\sqrt{p_1^2-4p_2}}{2}$.

(i) 当特征方程有实根 $\lambda_1\neq\lambda_2$ 时,通解为 $y=C_1\lambda_1^n+C_2\lambda_2^n$;

(ii) 当特征方程有实根 $\lambda_1=\lambda_2=\lambda$ 时,通解为 $y=(C_1+C_2n)\lambda^n$;

(iii) 当 λ_1, λ_2 为一对共轭复根时,把这对复根写成指数形式: $\lambda_1=re^{i\beta}$, $\lambda_2=re^{-i\beta}$,其中 $\beta\in(0,\pi)$. 通解为 $y(n)=r^n(C_1\cos\beta n+C_2\sin\beta n)$.

以上结论可以推广到 k $(k\geqslant 1)$ 阶常系数线性齐次差分方程.

(2) 二阶常系数线性非齐次差分方程 $y_{n+2}+p_1y_{n+1}+p_2y_n=q(n)$,由线性方程解的结构 $y=Y(n)+\tilde{y}(n)$ 知,主要是求出特解 $\tilde{y}(n)$. 求 $\tilde{y}(n)$ 一般用待定系数法.

(i) 若 $q(n)=d^nP_m(n)$,则设

$$\tilde{y}(n)=n^kd^nQ_m(n),$$

其中 $Q_m(n)$ 是与 $P_m(n)$ 同次(m 次)的待定多项式,而 k 则依据 d 不是特征方程的根、是特征方程的单根或是特征方程的二重根而分别取值为 0、1 或 2.

(ii) 若 $q(n)=d^n[P_l(n)\cos\beta n+P_s(n)\sin\beta n]$,则设

$$\tilde{y}(n)=n^kd^n[A_m(n)\cos\beta n+B_m(n)\sin\beta n],$$

其中 $A_m(n)$, $B_m(n)$ 是 m 次的待定多项式, $m=\max\{l,s\}$,而 k 则依据 $d_1=d(\cos\beta+i\sin\beta)$ 不是或者是特征方程的根而分别取 0 或 1.

习题 13.2

1. 证明函数 $y_1(n)=(-1)^n$ 和 $y_2(n)=2^n$ 是差分方程

$$y_{n+2}-y_{n+1}-2y_n=0$$

的两个线性无关的特解,并求该方程的通解.

2. 求下列二阶线性齐次差分方程的通解或特解:

(1) $y_{n+2}+3y_{n+1}-10y_n=0$;

(2) $y_{n+2}+2y_{n+1}-8y_n=0$;

(3) $y_{n+2}-y_n=0$;

(4) $y_{n+2}+y_n=0$;

(5) $y_{n+2}-2y_{n+1}+5y_n=0$;

(6) $4y_{n+2}-12y_{n+1}+9y_n=0$;

(7) $y_{n+2}-2y_{n+1}-3y_n=0$, $y_0=0$, $y_1=1$;

(8) $y_{n+2}-y_{n+1}+y_n=0$, $y_0=1$, $y_1=2$.

3. 求下列二阶线性非齐次差分方程的通解或特解:

(1) $y_{n+2}-10y_{n+1}+25y_n=2^n$;　(2) $y_{n+2}+4y_{n+1}-5y_n=2n-3$;

(3) $y_{n+2}-3y_{n+1}+2y_n=1-2n$;　(4) $y_{n+2}+4y_{n+1}+4y_n=(-2)^n(n+1)$;

(5) $y_{n+2}-10y_{n+1}+25y_n=3^n+2n+5$;

(6) $y_{n+2}+y_n=3\cos\frac{\pi}{2}n$, $y_0=\frac{3}{2}$, $y_1=2$.

4. 求下列线性差分方程的通解或特解:

(1) $y_{n+2}+3y_{n+1}=0$;　(2) $y_{n+1}-2y_n=2n^2-1$;

(3) $y_{n+1}-y_n=n+3$;　(4) $y_{n+1}-3y_n=3^n$;

(5) $y_{n+1}-2y_n=-\cos 2n$;　(6) $y_{n+1}+2y_n=2n-1+\mathrm{e}^n$;

(7) $y_{n+1}+2y_n=3\cdot 2^n$, $y_0=4$.

13.3 差分方程应用举例

差分方程在经济、管理等领域里有广泛的应用,用差分方程解决实际问题的一般步骤如下:

(1) 分析问题的特点,设定好实际问题中的未知函数,建立差分方程并提出定解条件;

(2) 根据定解条件求出差分方程的特解;

(3) 用所得到的解给实际问题一个满意的答复.

例 1 一年开始时买来一对雌雄各一的幼兔,在它们长成一对成兔一个月后每月生一对异性幼兔,而每对幼兔在一个月后长成成兔. 如果这样一代一代繁殖下去,那么第 n 个月开始时兔子的对数是多少?

解 记第 n 个月开始时,有 $y_n=y(n)$ 对兔子,其中成兔的对数为 $a(n)$,幼兔的对数为 $b(n)$,则 $y(0)=y(1)=1$, 而且

$$y(n)=a(n)+b(n).$$

一个月以后,原先的幼兔长成成兔, $a(n)$对成兔生 $a(n)$对幼兔, $b(n)$对幼兔长成 $b(n)$对成兔. 因此

$$a(n+1)=a(n)+b(n),\quad b(n+1)=a(n).$$

由此可得

$$y_{n+2}-y_{n+1}-y_n=0,$$

这是二阶常系数线性齐次差分方程，它的特征方程

$$\lambda^2-\lambda-1=0$$

有根 $\lambda_1=\frac{1+\sqrt{5}}{2}$，$\lambda_2=\frac{1-\sqrt{5}}{2}$. 所以它的通解为

$$y_n=C_1\left(\frac{1+\sqrt{5}}{2}\right)^n+C_2\left(\frac{1-\sqrt{5}}{2}\right)^n.$$

另外，由已知 $y(0)=y(1)=1$ 得

$$\begin{cases}C_1+C_2=1,\\ C_1\left(\frac{1+\sqrt{5}}{2}\right)+C_2\left(\frac{1-\sqrt{5}}{2}\right)=1.\end{cases}$$

由此解得

$$C_1=\frac{1}{\sqrt{5}}\frac{1+\sqrt{5}}{2},\quad C_2=-\frac{1}{\sqrt{5}}\frac{1-\sqrt{5}}{2}.$$

因此第 n 个月开始时兔子的对数为

$$y_n=\frac{1}{\sqrt{5}}\left(\frac{1+\sqrt{5}}{2}\right)^{n+1}-\frac{1}{\sqrt{5}}\left(\frac{1-\sqrt{5}}{2}\right)^{n+1}.$$

上式的前几项为

$$1,\ 1,\ 2,\ 3,\ 5,\ 8,\ 13,\ 21,\ 34,\ 55,\ 89,\ 144,\ \cdots$$

这就是著名的斐波那契(Fibonacci)数列.

例 2 某家庭从小孩 8 岁起，从每月工资中拿出一部分钱存入银行，用于小孩的大学教育. 计划 10 年后开始从该银行账户中每月支取 1 500 元，直到 4 年后小孩大学毕业并全部用完该账户中的资金. 假设银行的月利率为 0. 4%，要实现这个目标，该家庭在 10 年内每月要在银行存入多少钱?

解 (1) 设 10 年后第 n 个月，银行账户中的资金为 y_n，小孩 4 年的教育费用为 x，则

$$y_{n+1}=(1.004)y_n-1\,500, \tag{①}$$

而且 $y_{48}=0$，$y_0=x$. 方程①是一阶线性差分方程，它的通解为

$$y_n=C(1.004)^n+375\,000.$$

由定解条件 $y_{48}=0$，$y_0=x$，得

$$\begin{cases}C\cdot(1.004)^{48}+375\,000=0,\\ C+375\,000=x.\end{cases}$$

由此可得 $x\approx 65\,391.37$.

（2）设从小孩 8 岁起到第 10 年末，该家庭每月存入银行的钱数为 b，小孩 8 岁起的第 n 个月，银行账户中的资金为 z_n，则

$$z_{n+1}=(1.004)z_n+b, \tag{②}$$

且 $z_0=0$，$z_{120}=65\,391.37$. 方程②的通解为

$$z_n=C(1.004)^n-250b.$$

再由定解条件 $z_0=0$，$z_{120}=65\,390.75$，得

$$\begin{cases}C(1.004)^{120}-250b=65\,391.37,\\ C-250b=0.\end{cases}$$

由此得到 $b\approx 425.63$. 因此要实现这个目标，该家庭在 10 年内每月要在银行存入 425.63 元.

习题 13.3

1. 已知某人欠有债务 25 000 元，月利率 1%，按月计息，计划在 12 个月内用分期付款的方法还清债务，每月要还多少钱?

2. 已知某人欠有债务 50 000 元，月利率 1%，按月计息，计划每月还款 750 元，多少年才能还清这笔债务?

习题答案与提示

第8章

习题8.1

1. (1) $\{(x, y) \mid y \geqslant 0, x \geqslant \sqrt{y}\}$； (2) $\{(x, y) \mid y > x \geqslant 0$ 且 $x^2 + y^2 < 1\}$；

(3) $\{(x, y, z) \mid r^2 < x^2 + y^2 + z^2 \leqslant R^2\}$； (4) $\{(x, y) \mid |z| \leqslant \sqrt{x^2 + y^2}$ 且 $x^2 + y^2 \neq 0\}$.

2. (1) $\ln 2$； (2) $-\frac{1}{4}$； (3) 5； (4) 0； (5) 1.

3. 略.

4. (1) 连续； (2) 连续； (3) 不连续 .

习题8.2

1. (1) $\frac{\partial z}{\partial x} = y + \frac{1}{y}, \frac{\partial z}{\partial y} = x - \frac{x}{y^2}$； (2) $\frac{\partial z}{\partial x} = \frac{|y|}{x^2 + y^2}, \frac{\partial z}{\partial y} = \frac{-xy}{|y|(x^2 + y^2)}$；

(3) $\frac{\partial z}{\partial x} = (2x + y)\mathrm{e}^{-\arctan\left(\frac{y}{x}\right)}, \frac{\partial z}{\partial y} = (2y - x)\mathrm{e}^{-\arctan\left(\frac{y}{x}\right)}$；

(4) $\frac{\partial z}{\partial x} = x^{y-1} \cdot y^x(y + x\ln y), \frac{\partial z}{\partial y} = x^y \cdot y^{x-1}(y\ln x + x)$；

(5) $\frac{\partial f}{\partial u} = \frac{1}{u + \ln v}, \frac{\partial f}{\partial v} = \frac{1}{v(u + \ln v)}$； (6) $\frac{\partial f}{\partial x} = -\mathrm{e}^{x^2}, \frac{\partial f}{\partial y} = \mathrm{e}^{y^2}$；

(7) $\frac{\partial u}{\partial x} = y^z x^{y^z - 1}, \frac{\partial u}{\partial y} = x^{y^z} y^{z-1} z\ln x, \frac{\partial u}{\partial z} = x^{y^z} y^z \ln x \ln y$；

(8) $\frac{\partial u}{\partial x_k} = k\cos(x_1 + 2x_2 + \cdots + nx_n) \quad (k = 1, 2, \cdots, n)$.

2. (1) $\left.\frac{\partial z}{\partial x}\right|_{\substack{x=0\\y=1}} = 1, \left.\frac{\partial z}{\partial y}\right|_{\substack{x=0\\y=1}} = 0$； (2) $\left.\frac{\partial z}{\partial x}\right|_{\substack{x=1\\y=0}} = 2, \left.\frac{\partial z}{\partial y}\right|_{\substack{x=1\\y=0}} = 1$.

3. $\frac{\pi}{4}$.

4. 略.

5. (1) $\frac{\partial^2 f}{\partial x^2} = y(y - 1)x^{y-2}, \frac{\partial^2 f}{\partial y^2} = x^y(\ln x)^2, \frac{\partial^2 f}{\partial x\partial y} = x^{y-1} + yx^{y-1}\ln x$；

(2) $\frac{\partial^2 f}{\partial x^2} = \frac{2xy}{(x^2 + y^2)^2}, \frac{\partial^2 f}{\partial y^2} = \frac{-2xy}{(x^2 + y^2)^2}, \frac{\partial^2 f}{\partial x\partial y} = \frac{y^2 - x^2}{(x^2 + y^2)^2}$；

(3) $\frac{\partial^2 z}{\partial x^2} = (\ln t)(\ln t - 1)x^{\ln t - 2}, \frac{\partial^2 z}{\partial t^2} = \frac{x^{\ln t}\ln x}{t^2}(\ln x - 1), \frac{\partial^2 z}{\partial x\partial t} = \frac{x^{\ln t - 1}}{t}[1 + (\ln t)(\ln x)]$.

6. (1) $\frac{\partial^3 z}{\partial x^2 \partial y} = 0, \frac{\partial^3 z}{\partial x\partial y^2} = -\frac{1}{y^2}$； (2) $abc(b - 1)(c - 1)(c - 2)x^{a-1}y^{b-2}z^{c-3}$.

7. 略.

习题 8.3

1. (1) $\frac{1}{3}dx+\frac{2}{3}dy$； (2) $(1+e^{\frac{\pi}{2}})dx+e^{\frac{\pi}{2}}dy$.

2. (1) $(-\sin(x+y)+y\cos(xy))dx+(-\sin(x+y)+x\cos(xy))dy$； (2) $\frac{-ydx+xdy}{x^2+y^2}$；

(3) $\frac{xdx+ydy+zdz}{x^2+y^2+z^2}$； (4) $yzx^{yz-1}dx+(zx^{yz}\ln x)dy+(yx^{yz}\ln x)dz$.

3. 略.

*4. (1) 2.95； (2) 0.502.

习题 8.4

1. (1) $\frac{1}{\sqrt{1+t}+(1+\sqrt{t})^2}\left(\frac{1}{2\sqrt{1+t}}+\frac{1+\sqrt{t}}{\sqrt{t}}\right)$； (2) $-\frac{1}{x^2\sqrt{1-x^2}}$；

(3) $\frac{\partial z}{\partial r}=3r^2\sin\theta\cos\theta(\cos\theta-\sin\theta)$, $\frac{\partial z}{\partial\theta}=r^3(\sin\theta+\cos\theta)(1-3\sin\theta\cos\theta)$；

(4) $\frac{\partial t}{\partial u}=w\sec(uv^2w)+w^2uv^2\sec(uv^2w)\tan(uv^2w)$,

$\frac{\partial t}{\partial v}=2w^2u^2v\sec(uv^2w)\tan(uv^2w)$,

$\frac{\partial t}{\partial w}=u\sec(uv^2w)+u^2v^2w\sec(uv^2w)\tan(uv^2w)$.

2. (1) $\frac{\partial z}{\partial x}=yf_1+\frac{1}{y}f_2$, $\frac{\partial z}{\partial y}=xf_1-\frac{x}{y^2}f_2$；

(2) $\frac{\partial z}{\partial x}=2xf_1+ye^{xy}f_2$, $\frac{\partial z}{\partial y}=-2yf_1+xe^{xy}f_2$；

(3) $\frac{\partial u}{\partial x}=2xf'$, $\frac{\partial u}{\partial y}=2yf'$, $\frac{\partial u}{\partial z}=-2zf'$；

(4) $\frac{\partial u}{\partial x}=f_1+yf_2+yzf_3$, $\frac{\partial u}{\partial y}=xf_2+xzf_3$, $\frac{\partial u}{\partial z}=xyf_3$.

3. $\frac{dz}{dx}=(2e^{2x}+\cos x)e^{-(e^{2x}+\sin x)^2}-2\cos xe^{-4\sin^2x}$.

4. 略.

5. 略.

6. $\frac{\partial^2z}{\partial x^2}=2f'+4x^2f''$, $\frac{\partial^2z}{\partial x\partial y}=4xyf''$, $\frac{\partial^2z}{\partial y^2}=2f'+4y^2f''$.

7. (1) $\frac{\partial^2z}{\partial x^2}=2f_1+y^2e^{xy}f_2+4x^2f_{11}+4xye^{xy}f_{12}+y^2e^{2xy}f_{22}$,

$\frac{\partial^2z}{\partial x\partial y}=(1+xy)e^{xy}f_2-4xyf_{11}+(2x^2-2y^2)e^{xy}f_{12}+xye^{2xy}f_{22}$,

$$\frac{\partial^2 z}{\partial y^2}=-2f_1+x^2e^{xy}f_2+4y^2f_{11}-4xye^{xy}f_{12}+x^2e^{2xy}f_{22};$$

(2) $\dfrac{\partial^2 z}{\partial x^2}=-\sin xf_1+e^{x+y}f_3+\cos^2 xf_{11}+2e^{x+y}\cos xf_{13}+e^{2(x+y)}f_{33}$,

$$\frac{\partial^2 z}{\partial x\partial y}=e^{x+y}f_3-\cos x\sin yf_{12}+e^{x+y}\cos xf_{13}-e^{x+y}\sin yf_{32}+e^{2(x+y)}f_{33},$$

$$\frac{\partial^2 z}{\partial y^2}=-\cos yf_2+e^{x+y}f_3+\sin^2 yf_{22}-2e^{x+y}\sin yf_{23}+e^{2(x+y)}f_{33}.$$

习题 8.5

1. (1) $\dfrac{dy}{dx}=\dfrac{y^2+e^x}{\cos y-2xy}$; (2) $\dfrac{d^2y}{dx^2}=\dfrac{2(x^2+y^2)}{(x-y)^3}$;

(3) $\dfrac{\partial z}{\partial x}=-\dfrac{yze^{xyz}}{xye^{xyz}-1}$, $\dfrac{\partial z}{\partial y}=-\dfrac{xze^{xyz}}{xye^{xyz}-1}$; (4) $\dfrac{\partial^2 z}{\partial x\partial y}=\dfrac{(1+e^z)^2-xye^z}{(1+e^z)^3}$.

2. 略.

3. 略.

4. (1) $\dfrac{dy}{dx}=\dfrac{-x(6z+1)}{2y(3z+1)}$, $\dfrac{dz}{dx}=\dfrac{x}{3z+1}$;

(2) $\dfrac{\partial u}{\partial x}=\dfrac{4xv+uy^2}{2u^2+2v^2}$, $\dfrac{\partial u}{\partial y}=\dfrac{2yv+xyu}{u^2+v^2}$, $\dfrac{\partial v}{\partial x}=\dfrac{4xv-vy^2}{2u^2+2v^2}$, $\dfrac{\partial v}{\partial y}=\dfrac{2yu-xyv}{u^2+v^2}$;

(3) $\dfrac{\partial u}{\partial x}=\dfrac{-uf_1(2yvg_2-1)-f_2g_1}{(xf_1-1)(2yvg_2-1)-f_2g_1}$, $\dfrac{\partial v}{\partial x}=\dfrac{g_1(xf_1+uf_1-1)}{(xf_1-1)(2yvg_2-1)-f_2g_1}$.

5. 略.

习题 8.6

1. $\dfrac{1+\sqrt{3}}{6}$.

2. (1) $\dfrac{\sqrt{5}}{5}\left(\dfrac{\pi}{2}-\dfrac{1}{2}\right)$; (2) $\dfrac{2}{3}$; (3) $\dfrac{9}{1\,183}$.

3. (1) $(1,-1)$; (2) $(6,3,0)$.

4. $\sqrt{2}$.

习题 8.7

1. (1) $\dfrac{x-1}{2}=\dfrac{y}{0}=\dfrac{z-1}{0}$, $x=1$;

(2) $\dfrac{x-x_0}{1}=\dfrac{y-y_0}{\dfrac{m}{y_0}}=\dfrac{z-z_0}{-\dfrac{1}{2z_0}}$, $x-x_0+\dfrac{m}{y_0}(y-y_0)-\dfrac{1}{2z_0}(z-z_0)=0$;

(3) $\dfrac{x}{0}=\dfrac{y}{-2a^2}=\dfrac{z-a}{0}$, $y=0$.

2. $(-1,1,-1)$及$\left(-\dfrac{1}{3},\dfrac{1}{9},-\dfrac{1}{27}\right)$.

3. (1) $2x+z-2=0$, $\frac{x}{2}=\frac{y-1}{0}=\frac{z-2}{1}$;

(2) $x-y+2z-\frac{\pi}{2}=0$, $\frac{x-1}{1}=\frac{y-1}{-1}=\frac{z-\frac{\pi}{4}}{2}$;

(3) $x-2y+z-1=0$, $\frac{x-1}{1}=\frac{y-1}{-2}=\frac{z-2}{1}$.

4. $2x+2y-z-3=0$.

习题 8.8

1. (1) 极大值 $f(1,1)=1$; (2) 极大值 $f(0,0)=2$,极小值 $f(0,2)=-2$;

(3) 极大值 $f(2k\pi,0)=2$; (4) 无极值.

2. (1) 最大值 $f(\pm1,1)=7$,最小值 $f(0,0)=4$;

(2) 最大值 $f(2,0)=8$,最小值 $f\left(-\frac{1}{4},0\right)=-\frac{17}{8}$;

(3) 最大值 $f(2,4)=3$,最小值 $f(-2,4)=-9$.

3. (1) 最大值 $f\left(\pm\frac{1}{\sqrt{2}},\mp\frac{1}{\sqrt{2}}\right)=e^{\frac{1}{2}}$, 最小值 $f\left(\pm\frac{1}{\sqrt{2}},\pm\frac{1}{\sqrt{2}}\right)=e^{-\frac{1}{2}}$;

(2) 最大值 $f\left(\pm\sqrt{2},\pm1,\sqrt{\frac{2}{3}}\right)=f\left(\mp\sqrt{2},\pm1,-\sqrt{\frac{2}{3}}\right)=\frac{2}{\sqrt{3}}$,

最小值 $f\left(\pm\sqrt{2},\pm1,-\sqrt{\frac{2}{3}}\right)=f\left(\mp\sqrt{2},\pm1,\sqrt{\frac{2}{3}}\right)=-\frac{2}{\sqrt{3}}$;

(3) 最大值 $f\left(\frac{1}{2},\frac{1}{2},\frac{1}{2},\frac{1}{2}\right)=2$,最小值 $f\left(-\frac{1}{2},-\frac{1}{2},-\frac{1}{2},-\frac{1}{2}\right)=-2$;

(4) 最大值 $f(1,\sqrt{2},-\sqrt{2})=1+2\sqrt{2}$,最小值 $f(1,-\sqrt{2},\sqrt{2})=1-2\sqrt{2}$.

4. 3.

5. 最长 $\sqrt{6}$,最短 $\frac{\sqrt{3}}{2}$.

习题 8.9

1. $f(x,y)=5+2(x-1)^2-(x-1)(y+2)-(y+2)^2$.

2. $y+\frac{1}{2!}(2xy-y^2)+\frac{1}{3!}(3x^2y-3xy^2+2y^3)+R_3$,

$$R_3=\frac{e^{\theta x}}{24}\left[x^4\ln(1+\theta y)+\frac{4x^3y}{1+\theta y}-\frac{6x^2y^2}{(1+\theta y)^2}+\frac{8xy^3}{(1+\theta y)^3}-\frac{6y^4}{(1+\theta y)^4}\right]\quad(0<\theta<1).$$

总练习题

1. (1) 充分非必要; (2) 必要非充分; (3) 既不充分又不必要; (4) 必要非充分; (5) 充分非必要;

(6) 充分非必要.

2. 略.

3. 略.

4. $f_x(x, y) = \begin{cases} \dfrac{2xy^3}{(x^2+y^2)^2}, & x^2+y^2 \neq 0, \\ 0, & x^2+y^2=0, \end{cases}$ $f_y(x, y) = \begin{cases} \dfrac{x^4 - x^2y^2}{(x^2+y^2)^2}, & x^2+y^2 \neq 0, \\ 0, & x^2+y^2=0. \end{cases}$

5. (1) $z_x = \dfrac{1}{x+y^2}$, $z_y = \dfrac{2y}{x+y^2}$, $z_{xx} = -\dfrac{1}{(x+y^2)^2}$, $z_{xy} = -\dfrac{2y}{(x+y^2)^2}$, $z_{yy} = \dfrac{2x-2y^2}{(x+y^2)^2}$;

(2) $z_x = yx^{y-1}$, $z_y = x^y \ln x$,

$z_{xx} = y(y-1)x^{y-2}$, $z_{xy} = x^{y-1} + yx^{y-1}\ln x$, $z_{yy} = x^y(\ln x)^2$.

6. 略.

7. 51.

8. $f_1 - \dfrac{y}{x}f_2 + \dfrac{\sin(x-z) - e^x(x-z)}{\sin(x-z)}f_3$.

9. $\left.\dfrac{\partial z}{\partial x}\right|_{(1,1)} = 0$, $\left.\dfrac{\partial z}{\partial y}\right|_{(1,1)} = \dfrac{3}{2}$.

10. $\dfrac{\partial z}{\partial x} = -e^{-x} + e^{2y-x} + 2x - 4y$.

11. $\dfrac{x-a}{0} = \dfrac{y}{a} = \dfrac{z}{b}$; $ay + bz = 0$.

12. $(-3, -1, 3)$; $\dfrac{x+3}{1} = \dfrac{y+1}{3} = \dfrac{z-3}{1}$.

13. 略.

14. $\dfrac{\partial z}{\partial \ell} = \cos\varphi + \sin\varphi$; $\varphi = \dfrac{\pi}{4}$时有最大值$\sqrt{2}$, $\varphi = \dfrac{5\pi}{4}$时有最小值$-\sqrt{2}$; $\varphi = \dfrac{3\pi}{4}$或$\varphi = \dfrac{7\pi}{4}$时为0.

15. $\boldsymbol{n} = \left(\dfrac{2}{\sqrt{14}}, \dfrac{3}{\sqrt{14}}, \dfrac{1}{\sqrt{14}}\right)$; $\dfrac{11}{7}$.

16. $\left(\dfrac{8}{5}, \dfrac{3}{5}\right)$.

第9章

习题 9.1

1. $\iint\limits_D \mu(x, y)\,d\sigma$.

2. (1) 在圆域$x^2+y^2 \leqslant 1$上以抛物面$z = x^2+y^2+1$为顶的曲顶柱体的体积;

(2) 在三角形域D上以平面$z = y$为顶的柱体的体积.

3. 略.

4. (1) $0 \leqslant \iint\limits_D xy(x+y)\,d\sigma \leqslant 2$; (2) $0 \leqslant \iint\limits_D \sin^2 x \sin^2 y\,d\sigma \leqslant \pi^2$;

(3) $36\pi \leqslant \iint\limits_D (x^2+4y^2+9)\,d\sigma \leqslant 100\pi$; (4) $2 \leqslant \iint\limits_D (x+y+1)\,d\sigma \leqslant 8$.

习题 9.2

1. (1) $\int_0^1 dx\int_0^x f(x,y)dy+\int_1^2 dx\int_0^{2-x} f(x,y)dy=\int_0^1 dy\int_y^{2-y} f(x,y)dx$;

(2) $\int_{-1}^1 dx\int_{x^2}^1 f(x,y)dy=\int_0^1 dy\int_{-\sqrt{y}}^{\sqrt{y}} f(x,y)dx$;

(3) $\int_0^1 dx\int_{\frac{x}{2}}^{2x} f(x,y)dy+\int_1^2 dx\int_{\frac{x}{2}}^{\frac{2}{x}} f(x,y)dy=\int_0^1 dy\int_{\frac{y}{2}}^{2y} f(x,y)dx+\int_1^2 dy\int_{\frac{y}{2}}^{\frac{2}{y}} f(x,y)dx$;

(4) $\int_{-a}^a dx\int_{a-\sqrt{a^2-x^2}}^{a+\sqrt{a^2-x^2}} f(x,y)dy=\int_0^{2a} dy\int_{-\sqrt{2ay-y^2}}^{\sqrt{2ay-y^2}} f(x,y)dx$;

(5) $\int_3^5 dx\int_{\frac{3x+1}{2}}^{\frac{3x+4}{2}} f(x,y)dy=\int_5^{\frac{13}{2}} dy\int_3^{\frac{2y-1}{3}} f(x,y)dx+\int_{\frac{13}{2}}^8 dy\int_{\frac{2y-4}{3}}^{\frac{2y-1}{3}} f(x,y)dx+\int_8^{\frac{19}{2}} dy\int_{\frac{2y-4}{3}}^5 f(x,y)dx$.

2. (1) $\int_0^3 dx\int_0^1 f(x,y)dy$;

(2) $\int_{-3}^{-1} dx\int_{-x}^3 f(x,y)dy+\int_{-1}^2 dx\int_1^3 f(x,y)dy+\int_2^6 dx\int_{\frac{x}{2}}^3 f(x,y)dy$;

(3) $\int_0^1 dy\int_{e^y}^e f(x,y)dx$;

(4) $\int_0^1 dy\int_{\sqrt{y}}^{3-2y} f(x,y)dx$.

3. (1) 8; (2) $\frac{\pi^2}{16}$; (3) $\frac{p^5}{21}$; (4) $\left(2\sqrt{2}-\frac{8}{3}\right)a^{\frac{3}{2}}$; (5) $\frac{8}{15}$; (6) $\frac{64}{15}$; (7) $\frac{9}{64}$; (8) $\frac{\pi}{2}$.

4. (1) 3π; (2) $\frac{3\pi-4}{9}R^3$; (3) $\frac{3\pi^2}{64}$; (4) $\frac{\pi}{8}a^4$.

5. (1) $2\sqrt{2}$; (2) $\pi+3\sqrt{3}-6$; (3) $\left(\frac{5\pi}{4}-2\right)a^2$.

6. (1) $\frac{\pi}{48}$; (2) $\frac{\pi}{6}$.

习题 9.3

1. (1) $\int_1^2 dx\int_0^x dy\int_0^y f(x,y,z)dz$; (2) $\int_0^4 dx\int_0^{4-x} dy\int_0^{\sqrt{y}} f(x,y,z)dz$;

(3) $\int_{-\frac{1}{2}}^{\frac{1}{2}} dx\int_{-\sqrt{1-4x^2}}^{\sqrt{1-4x^2}} dy\int_{3x^2+y^2}^{1-x^2} f(x,y,z)dz$.

2. (1) $\frac{9}{4}$; (2) $\frac{1}{2}\ln 2-\frac{5}{16}$; (3) $\frac{\pi R^2h^2}{4}$.

3. (1) $\int_0^{2\pi} d\theta\int_0^{\frac{\sqrt{3}}{2}a} rdr\int_{a-\sqrt{a^2-r^2}}^{\sqrt{a^2-r^2}} f(r\cos\theta, r\sin\theta, z)dz$;

(2) $\int_0^{\pi} d\theta\int_0^a rdr\int_0^{r^2} f(r\cos\theta, r\sin\theta, z)dz$;

(3) $\int_0^{2\pi} d\theta\int_{\frac{1}{6}\pi}^{\frac{5}{6}\pi} d\varphi\int_0^a f(\rho\sin\varphi\cos\theta, \rho\sin\varphi\sin\theta, \rho\cos\varphi)\rho^2\sin\varphi d\rho$;

(4) $\int_0^{\frac{1}{2}\pi} d\theta\int_0^a dr\int_0^{\sqrt{a^2-r^2}} f(r\cos\theta, r\sin\theta, z)rdz$(柱面坐标),或

$\int_0^{\frac{\pi}{2}} d\theta \int_0^{\frac{\pi}{2}} d\varphi \int_0^a f(\rho\sin\varphi\cos\theta, \rho\sin\varphi\sin\theta, \rho\cos\varphi)\rho^2\sin\varphi d\rho$(球面坐标).

4. (1) $\frac{16}{3}\pi$; (2) $\frac{\pi}{10}$; (3) $\frac{8}{9}$; (4) $\frac{\pi}{2}\left(\cos\frac{1}{2}-\cos 1\right)$.

5. (1) 144; (2) 16π; (3) $\frac{3}{35}$.

习题 9.4

1. $\frac{\sqrt{2}}{4}\pi$.

2. $\frac{4}{15}$.

3. $\left(\frac{28a}{9\pi}, \frac{28a}{9\pi}\right)$.

4. $\left(0, 0, \frac{2}{3}\right)$.

5. $\frac{1}{2}\pi h a^4$.

总练习题

1. (1) $\frac{3}{2}+\cos 1+\sin 1-\cos 2-2\sin 2$; (2) $\pi^2-\frac{40}{9}$; (3) $\frac{\pi}{4}R^4+9\pi R^2$.

2. (1) $\int_{-2}^{0} dx \int_{2x+4}^{4-x^2} f(x, y) dy$;

(2) $\int_0^1 dy \int_0^{y^2} f(x, y) dx + \int_1^2 dy \int_0^{\sqrt{2y-y^2}} f(x, y) dx$;

(3) $\int_0^2 dy \int_{-\sqrt{y}}^{\sqrt{y}} f(x, y) dx + \int_2^4 dy \int_{-\sqrt{4-y}}^{\sqrt{4-y}} f(x, y) dx$.

3. $\frac{1}{2}A^2$.

4. 0.

5. (1) $\frac{59}{480}\pi R^5$; (2) $\frac{256}{3}\pi$. (3) $\frac{4\pi}{3}abc$.

6. $\sqrt{\frac{2}{3}}R$(R 是圆的半径).

7. $I=\frac{368}{105}\rho$.

第 10 章

习题 10.1

1. (1) πa^2; (2) $\frac{4}{5}\pi$; (3) $\frac{1}{3}ab\frac{a^2+ab+b^2}{a+b}$; (4) $\frac{1}{12}(5\sqrt{5}+6\sqrt{2}-1)$; (5) $2+\sqrt{2}$;

(6) 64; (7) 9; (8) $\frac{128}{15}a^3$; (9) $\frac{1}{3}[(2+t_0^2)^{\frac{3}{2}}-2^{\frac{3}{2}}]$.

2. $2a^2$.

3. $4a^2$.

4. (1) $I_x=\int_L y^2\mu(x,y)\mathrm{d}s$, $I_y=\int_L x^2\mu(x,y)\mathrm{d}s$; (2) $(\bar{x},\bar{y})=\left(\frac{\int_L x\mu(x,y)\mathrm{d}s}{\int_L\mu(x,y)\mathrm{d}s},\frac{\int_L y\mu(x,y)\mathrm{d}s}{\int_L\mu(x,y)\mathrm{d}s}\right)$.

习题 10.2

1. (1) πa^2; (2) $-\frac{56}{15}$; (3) 0; (4) 0; (5) 2; (6) $-\frac{169}{12}$; (7) -4; (8) $3\sqrt{3}$; (9) $\frac{4}{3}$;

(10) -20π.

2. $-\frac{k\sqrt{a^2+b^2+c^2}}{c}\ln 2$.

3. $k\left(1-\frac{1}{\sqrt{5}}\right)$.

习题 10.3

1. $\frac{3}{8}\pi a^2$.

2. (1) $-2\pi ab$; (2) 12; (3) 0; (4) -2; (5) 0; (6) $\frac{\pi}{8}a^2$; (7) $-\frac{\pi}{2}+\frac{11}{6}-\frac{\sin 2}{4}$;

(8) 1; (9) 2e; (10) π.

3. (1) $\frac{1}{2}$; (2) $-\frac{3}{2}$; (3) 5; (4) 9.

4. (1) x^2y+C; (2) $\frac{1}{3}x^3+x^2y-xy^2-\frac{1}{3}y^3+C$; (3) $-\cos 2x\sin 3y+C$; (4) $\frac{\mathrm{e}^y-1}{1+x^2}+C$;

(5) $\mathrm{e}^{x+y}(x-y+1)+y\mathrm{e}^x+C$.

5. $\lambda=-1$, $\mu(x,y)=-\arctan\frac{y}{x^2}+C$.

6. (1) 略. (2) $I=\frac{c}{d}-\frac{a}{b}$.

7. 略.

习题 10.4

1. (1) $2\sqrt{2}\pi$; (2) $\frac{4}{3}\pi a^4$; (3) $\pi a(a^2-h^2)$; (4) $\frac{(\sqrt{2}+1)\pi}{2}$; (5) $\frac{125\sqrt{5}-1}{420}$;

(6) $\frac{32}{9}\sqrt{2}$.

2. $\frac{8}{3}\pi a^4$.

3. $\frac{2}{15}\pi(6\sqrt{3}+1)$.

4. $2\pi\arctan\frac{H}{R}$.

5. $114\sqrt{3}$.

习题 10.5

1. 12π.

2. $\frac{2}{15}$.

3. 8π.

4. 0.

5. $2\pi e^2$.

6. $-\frac{15}{2}\pi$.

7. $-\frac{\pi}{4}$.

8. $-\frac{\pi}{8}$.

习题 10.6

1. (1) 0； (2) $\frac{\pi h^4}{2}$； (3) $\frac{12\pi a^5}{5}$； (4) $\frac{3}{2}$； (5) $\frac{12\pi a^4}{5}$； (6) $\frac{\pi}{10}$； (7) $-\frac{\pi}{2}$.

2. 略.

3. (1) 0； (2) $\frac{x+y+z}{xyz}$； (3) $ye^{xy}-x\sin(xy)-2xz\sin(xz^2)$.

4. -8π.

习题 10.7

1. (1) $\frac{3}{2}$； (2) $-\frac{a^6\pi}{8}$； (3) $-\frac{\pi a^3}{4}$； (4) 9π.

2. 12π.

3. (1) $[x\sin(\cos z)-xy^2\cos(xz)]\boldsymbol{i}-y\sin(\cos z)\boldsymbol{j}+[y^2z\cos(xz)-x^2\cos y]\boldsymbol{k}$；

(2) $2yz\boldsymbol{i}+2x\boldsymbol{j}$.

4. $u=e^{xyz}+x^2+y^3+z^4+C$.

总练习题

1. (1) $-\frac{\pi}{2}a^2b\sqrt{a^2+b^2}$； (2) $-\pi a^3$； (3) $\sqrt{5}\ln 2$； (4) 0； (5) $2e$；

(6) $\left(\frac{\pi}{2}+2\right)a^2b-\frac{\pi}{2}a^3$； (7) $-\frac{4}{\pi}$.

2. (1) $\frac{5a^5\pi}{32}$； (2) $\frac{3}{2}\pi$； (3) $\sqrt{2}\pi$； (4) πabc^2； (5) $\frac{3}{2}\pi$； (6) 34π； (7) $4\pi R^4$；

(8) $\frac{93\pi}{5}(2-\sqrt{2})$.

3. (1) $e^a\cos b-1$; (2) $-\frac{643}{12}$; (3) 0.

4. $a=1,\ b=0,\ \mu(x,y)=\frac{1}{2}\ln(x^2+y^2)+\arctan\frac{x}{y}+C$.

5. 略.

6. 略.

7. $\frac{1}{6}+\frac{\pi}{16}$.

8. $\frac{3}{2}$.

第11章

习题 11.1

1. (1) $\frac{1+1}{1+1^2}+\frac{1+2}{1+2^2}+\frac{1+3}{1+3^2}+\frac{1+4}{1+4^2}+\frac{1+5}{1+5^2}$;

(2) $\frac{1}{5}-\frac{1}{5^2}+\frac{1}{5^3}-\frac{1}{5^4}+\frac{1}{5^5}$;

(3) $\frac{1}{2}+\frac{1\cdot3}{2\cdot4}+\frac{1\cdot3\cdot5}{2\cdot4\cdot6}+\frac{1\cdot3\cdot5\cdot7}{2\cdot4\cdot6\cdot8}+\frac{1\cdot3\cdot5\cdot7\cdot9}{2\cdot4\cdot6\cdot8\cdot10}$;

(4) $\frac{1!}{1^1}+\frac{2!}{2^2}+\frac{3!}{3^3}+\frac{4!}{4^4}+\frac{5!}{5^5}$.

2. (1) $(-1)^{n-1}\frac{n+1}{2n-1}$; (2) $\frac{x^{\frac{n}{2}}}{2\cdot4\cdot6\cdots(2n)}$; (3) $(-1)^{n-1}\frac{a^{n+1}}{2n+1}$;

(4) $\frac{n!}{(n+1)(n+2)\cdots(2n)}$.

3. (1) 发散; (2) 收敛; (3) 发散; (4) 发散.

4. 发散;不一定.

5. 略.

6. (1) 发散; (2) 收敛; (3) 收敛; (4) 收敛; (5) 发散; (6) 发散; (7) 发散; (8) 收敛; (9) 发散.

7. (1) 收敛; (2) 收敛.

习题 11.2

1. (1) 收敛; (2) 收敛; (3) 发散; (4) 收敛; (5) 发散; (6) 当 $0<a\leqslant1$ 时,发散;当 $a>1$ 时,收敛.

2. (1) 收敛; (2) 收敛; (3) 发散; (4) 收敛; (5) 收敛; (6) 收敛; (7) 收敛; (8) 当 $a>b$ 时,收敛;当 $a<b$ 时,发散;当 $a=b$ 时,不确定.

3. (1) 收敛; (2) 收敛; (3) 收敛; (4) 收敛; (5) 发散; (6) 发散; (7) 发散.

4. 略.

5. 略.

6. 不能.

7. 不正确.

8. (1) 正确; (2) 不正确.

9. 略.

习题 11.3

1. 略.

2. 略.

3. (1) 条件收敛; (2) 条件收敛; (3) 绝对收敛; (4) 绝对收敛; (5) 条件收敛; (6) 绝对收敛; (7) 发散; (8) 发散.

4. 不能.

习题 11.4

1. (1) $R=1$, $(-1,1)$; (2) $R=+\infty$, $(-\infty,+\infty)$; (3) $R=\frac{1}{2}$, $\left[-\frac{1}{2},\frac{1}{2}\right]$;

(4) $R=2$, $[-4,0)$; (5) $R=1$, $[-1,1]$.

(6) 当 $p>1$ 时, $R=1$, $[-1,1]$; 当 $0<p\leqslant 1$ 时, $R=1$, $(-1,1]$;

(7) $R=\sqrt[3]{2}$, $(-\sqrt[3]{2},\sqrt[3]{2})$; (8) $R=\sqrt{2}$, $(-\sqrt{2},\sqrt{2})$.

2. (1) $\frac{1}{(1-x)^2}$, $|x|<1$; (2) $\frac{1}{2}\ln\left|\frac{1+x}{1-x}\right|$, $|x|<1$.

习题 11.5

1. (1) $\sum\limits_{n=0}^{\infty}\frac{2^n}{n!}x^n$, $(-\infty,+\infty)$; (2) $\sum\limits_{n=1}^{\infty}\frac{x^{2n-1}}{(2n-1)!}$, $(-\infty,+\infty)$;

(3) $\ln 3+\sum\limits_{n=1}^{\infty}\frac{(-1)^{n-1}}{n3^n}x^n$, $(-3,3]$; (4) $\sum\limits_{n=1}^{\infty}\frac{(-1)^{n+1}2^{2n-1}}{(2n)!}x^{2n}$, $(-\infty,+\infty)$;

(5) $\sum\limits_{n=0}^{\infty}(-1)^n\frac{x^{2n+1}}{2n+1}$, $[-1,1]$; (6) $\sum\limits_{n=0}^{\infty}(-1)^n(n+1)x^n$, $(-1,1)$;

(7) $x+\sum\limits_{n=1}^{\infty}\frac{(-1)^n 2(2n)!}{(n!)^2}\left(\frac{x}{2}\right)^{2n+1}$, $[-1,1]$; (8) $\sum\limits_{n=0}^{\infty}\frac{(-1)^n}{(2n+1)^2}x^{2n+1}$, $[-1,1]$.

2. (1) $\sum\limits_{n=0}^{\infty}\frac{(-1)^n}{3^{n+1}}(x-3)^n$, $(0,6)$;

(2) $\frac{1}{2}\sum\limits_{n=0}^{\infty}(-1)^n\left[\frac{\left(x+\frac{\pi}{3}\right)^{2n}}{(2n)!}+\frac{\sqrt{3}\left(x+\frac{\pi}{3}\right)^{2n+1}}{(2n+1)!}\right]$, $(-\infty,+\infty)$;

(3) $\sum\limits_{n=0}^{\infty}\left(\frac{1}{2^{n+1}}-\frac{1}{3^{n+1}}\right)(x+4)^n$, $(-6,-2)$;

(4) $1+\frac{3}{2}(x-1)+\sum_{n=0}^{\infty}(-1)^n\frac{(2n)!}{(n!)^2}\frac{3}{(n+1)(n+2)2^n}\left(\frac{x-1}{2}\right)^{n+2}$, $[0,2]$.

3. (1) 1.6487； (2) 0.9962； (3) 1.0986； (4) 7.9370； (5) 0.9461； (6) 0.4940.

习题 11.6

1. (1) $\frac{\pi}{2}-\frac{4}{\pi}\sum_{n=1}^{\infty}\frac{\cos(2n-1)x}{(2n-1)^2}$； (2) $\frac{1}{2}-\frac{1}{2}\cos 2x$；

(3) $\pi^2+1+12\sum_{n=1}^{\infty}\frac{(-1)^n}{n^2}\cos nx$； (4) $\frac{2\sin a\pi}{\pi}\sum_{n=1}^{\infty}\frac{(-1)^n n}{a^2-n^2}\sin nx$；

(5) $\frac{e^{2\pi}-e^{-2\pi}}{\pi}\left[\frac{1}{4}+\sum_{n=1}^{\infty}\frac{(-1)^n}{4+n^2}(2\cos nx-n\sin nx)\right]$；

(6) $\frac{a-b}{4}\pi+\sum_{n=1}^{\infty}\left\{\frac{[1-(-1)^n](b-a)}{n^2\pi}\cos nx+\frac{(-1)^{n-1}(a+b)}{n}\sin nx\right\}$.

2. 略.

3. $\frac{2}{\pi}+\sum_{n=2}^{\infty}\frac{2}{\pi(n^2-1)}[(-1)^{n-1}-1]\cos nx=\frac{2}{\pi}-\frac{4}{\pi}\sum_{n=1}^{\infty}\frac{1}{4n^2-1}\cos 2nx$, $\sum_{n=1}^{\infty}\frac{1}{4n^2-1}=\frac{1}{2}$.

4. $\frac{2}{\pi}\sum_{n=1}^{\infty}\left\{\frac{\pi^2(-1)^{n+1}}{n}-\frac{2[1-(-1)^n]}{n^3}\right\}\sin nx$； $\frac{\pi^2}{3}+4\sum_{n=1}^{\infty}\frac{(-1)^n}{n^2}\cos nx$.

5. (1) $\frac{3}{4}+\sum_{n=1}^{\infty}\left[\frac{1-(-1)^n}{n^2\pi^2}\cos n\pi x+\frac{(-1)^n}{n\pi}\sin n\pi x\right]$； (2) $\frac{1}{2}-\sum_{n=0}^{\infty}\frac{4\cos(2n+1)\pi x}{\pi^2(2n+1)^2}$；

(3) $\frac{1}{4}-\frac{2}{\pi^2}\sum_{n=1}^{\infty}\left[\frac{\cos(2n-1)\pi x}{(2n-1)^2}-\frac{(-1)^{n-1}\pi}{2n}\sin n\pi x\right]$.

6. $\frac{2}{\pi}\sum_{n=1}^{\infty}\left[\frac{2}{n^2\pi}\sin\frac{n\pi}{2}+\frac{(-1)^{n+1}}{n}\right]\sin\frac{n\pi x}{2}$； $\frac{3}{4}+\frac{4}{\pi^2}\sum_{n=1}^{\infty}\frac{\left(\cos\frac{n\pi}{2}-1\right)}{n^2}\cos\frac{n\pi x}{2}$.

7. $\frac{\pi^2}{2}$.

8. $-\frac{1}{4}$.

总练习题

1. (1) 发散； (2) 发散； (3) 收敛； (4) 收敛； (5) 收敛.

2. 提示：当 n 充分大时有 $(u_n+v_n)^2\leqslant u_n+v_n$.

3. (1) $p>1$ 绝对收敛，$0<p\leqslant 1$ 条件收敛； (2) 绝对收敛； (3) 条件收敛；

(4) 绝对收敛.

4. (1) $(-\infty,+\infty)$； (2) $[-5,-3)$； (3) $\left[-\frac{1}{5},\frac{1}{5}\right)$； (4) $\left(\frac{9}{10},\frac{11}{10}\right)$； (5) $\left(-\frac{1}{e},\frac{1}{e}\right)$；

(6) $(-\sqrt{2},\sqrt{2})$.

5. (1) 收敛域 $(-1,1)$，和函数 $\left(\frac{x}{1-x}\right)^2$； (2) $x>0$, $\frac{e^x}{(e^x-1)^2}$；

(3) $(-\sqrt{2}, \sqrt{2})$, $\dfrac{2+x^2}{(2-x^2)^2}$;

(4) $[-1, 1]$, $S(x)=\begin{cases}1+\dfrac{1-x}{x}\ln(1-x), & x\neq 0,\\ 0, & x=0.\end{cases}$

6. 略.

7. $2\mathrm{e}\left(\text{利用 } \mathrm{e}^x=\sum\limits_{n=0}^{\infty}\dfrac{x^n}{n!}\text{ 进行逐项求导}\right)$.

8. (1) $\sum\limits_{n=1}^{\infty}\dfrac{(-1)^{n-1}}{(2n-1)!\,(2n-1)}x^{2n-1}$, $-\infty<x<+\infty$;

(2) $x+\sum\limits_{n=1}^{\infty}(-1)^n\dfrac{(2n-1)!!}{(2n)!!}\dfrac{x^{2n+1}}{2n+1}$, $x\in[-1, 1]$;

(3) $2+\dfrac{x-4}{4}+2\sum\limits_{n=2}^{\infty}(-1)^{n+1}\dfrac{(2n-3)!!}{(2n)!!}\left(\dfrac{x-4}{4}\right)^n$, $[0, 8]$.

9. $f(x)=\dfrac{\mathrm{e}^{\pi}-1}{2\pi}+\dfrac{1}{\pi}\sum\limits_{n=1}^{\infty}\left[\dfrac{(-1)^n\mathrm{e}^{\pi}-1}{n^2+1}\cos nx+\dfrac{n[1-(-1)^n\mathrm{e}^{\pi}]}{n^2+1}\sin nx\right]$,

$-\infty<x+\infty$ 且 $x\neq n\pi$, $n=0, \pm1, \pm2, \cdots$.

第 12 章

习题 12.1

1. (1) 一阶; (2) 二阶; (3) 二阶; (4) 一阶; (5) 四阶; (6) 二阶.

2. $y=2-\mathrm{e}^{-x^2}$.

3. 略.

4. (1) $y=x^2+C$; (2) $y=-\ln|\cos x|+C$; (3) $y=3x^2+C_1x+C_2$;

(4) $y=-\mathrm{e}^{-x}+C_1x+C_2$.

5. (1) $y=\ln|x|+1$; (2) $y=-\sin x+x^2+2x+2$.

6. $r=-1$ 或 -2.

7. $y=x^3$.

8. $xy'=y(\ln y+2x^2)$.

9. $\dfrac{2xy}{1+x^2}=y'-(1+x^2)$.

***10.** $y'=b(y-a)$, a 为介质温度, b 为传导系数.

***11.** $\begin{cases}y'=800-\dfrac{45y}{200-5t}\\ y(0)=2\,000.\end{cases}$

***12.** $\begin{cases}ms''=bs'\\ s(0)=0,\ s'(0)=v_0.\end{cases}$

习题 12.2

1. (1) $y = Cx^2$; (2) $y = e^{C\sin x}$; (3) $\ln(1+y^2) = e^x + C$; (4) $e^x - 1 = C\sin y$;
(5) $e^{-y} + \frac{1}{2}e^{2x} + C = 0$; (6) $(1+e^{-y})(1+x^2) = C$.

2. (1) $y = Ce^{\frac{x^2}{2y^2}}$; (2) $x(1+e^{-\frac{y}{x}}) = C$; (3) $y = \frac{x}{C - \ln|x|}$;
(4) $\arctan\frac{2y}{x} + \ln(x^2+4y^2) = C$; (5) $y^2 = x^2(2\ln|x| + C)$; (6) $y^3 = C(y^2 - x^2)$.

3. (1) $y = e^x(x+C)$; (2) $y = Ce^{2x} + x - 1$; (3) $y = e^{\cos x}(x^2 + C)$;
(4) $y = C(x+2)^4 + e^x(x+1)(x+2)^4$; (5) $y = C\sin x + 2\sin^2 x$; (6) $y = Cx^2e^x - x^2$.

4. (1) $y^2(Ce^{-x^2} - x^2 + 1) = 1$; (2) $y^4 = x^4(2x^2 + C)$; (3) $x^2y(C - e^x) = 1$;
(4) $y^{-\frac{1}{3}} = C(x+1)^{\frac{2}{3}} - \frac{3}{7}(x+1)^3$.

5. (1) 是全微分方程, $x^2 + xy + 2y^2 = C$; (2) 是全微分方程, $\sin\frac{y}{x} - \cos\frac{x}{y} = C$;
(3) 不是全微分方程; (4) 是全微分方程, $y\cos(x+y) = C$.

6. (1) $y = e^x$; (2) $y = \sqrt{x^2 - 3x}$; (3) $x = e^{\sin\frac{y}{x}}$; (4) $y = e^{x^2}(2 - \cos x)$.

7. (1) $x = \frac{1}{5}y^6 + Cy$; (2) $(1+x^2)(1+y^2) = Cx^2$; (3) $x^3 + 3y^3 - 3xy = C$;
(4) $y^3 = x^3(3\ln|x| + C)$; (5) $y^{-1} = \frac{1}{3}x^2 + \frac{C}{x}$; (6) $y(Ce^x - x - 1) = 1$.

8. (1) $y = xe^{-\frac{x^2}{2}}$; (2) 上凸区间$(-\infty, -\sqrt{3})$, $(0, \sqrt{3})$;下凸区间$(-\sqrt{3}, 0)$, $(\sqrt{3}, +\infty)$;拐点$(0, 0)$, $(-\sqrt{3}, -\sqrt{3}e^{-\frac{3}{2}})$, $(\sqrt{3}, \sqrt{3}e^{-\frac{3}{2}})$.

9. (1) $y = (x-1) + Ce^{-x}$. (2) 略.

习题 12.3

1. (1) $y = -x\sin x - 2\cos x + C_1x + C_2$; (2) $y = \frac{1}{24}x^4 + e^x + \frac{1}{2}C_1x^2 + C_2x + C_3$;
(3) $y = \frac{1}{C_1}e^{C_1x} + C_2$; (4) $y = -x^2 - 2x + C_1e^x + C_2$; (5) $y = -\cos(x + C_1) + C_2$;
(6) $y + C_1y^3 - 2x + C_2 = 0$; (7) $y = 2 + C_2e^{C_1x}$; (8) $y^4 = C_1x + C_2$.

2. (1) $y = -\frac{1}{8}\sin 2x + \frac{1}{4}x - \frac{\pi}{4}$; (2) $y = x + \frac{2}{3}x^3 + \frac{1}{5}x^5$; (3) $y = \frac{2}{3}x^{\frac{3}{2}} + \frac{1}{3}$;
(4) $y = -\ln|\cos x|$; (5) $y = \left(\frac{3}{2}x + 1\right)^{\frac{4}{3}}$.

3. (1) 线性相关; (2) 线性无关; (3) 线性相关; (4) 线性相关; (5) 线性相关; (6) 线性无关.

4. $y = C_1e^{2x} + C_2xe^{2x}$.

5. (1) $y = C_1e^x + C_2e^{-3x}$; (2) $y = C_1e^{2x} + C_2xe^{2x}$; (3) $y = C_1\cos 4x + C_2\sin 4x$;

(4) $y=C_1e^{2x}\cos 3x+C_2e^{2x}\sin 3x$； (5) $y=C_1e^{\frac{1}{3}x}+C_2xe^{\frac{1}{3}x}$；

(6) $y=C_1+C_2x+C_3e^{-2x}+C_4e^{2x}$； (7) $y=C_1e^x+C_2xe^x+C_3x^2e^x$；

(8) $y=C_1\cos x+C_2x\cos x+C_3\sin x+C_4x\sin x$； (9) $y=e^{-x}+e^{2x}$；

(10) $y=2e^x\cos 2x-e^x\sin 2x$； (11) $y=3e^x-3xe^x$； (12) $y=\sin\frac{x}{2}-4\cos\frac{x}{2}$.

6. (1) $y=C_1e^x+C_2e^{3x}+\frac{1}{3}x+\frac{4}{9}$； (2) $y=C_1+C_2e^{-3x}+\frac{1}{3}x^2+\frac{1}{9}x$；

(3) $y=C_1\cos x+C_2\sin x-\frac{1}{2}x\cos x$；

(4) $y=e^x(C_1\cos\sqrt{2}x+C_2\sin\sqrt{2}x)+e^{-x}\left(\frac{5}{41}\cos x-\frac{4}{41}\sin x\right)$；

(5) $y=C_1e^x+C_2e^{2x}+\frac{1}{6}e^{-x}+xe^{2x}$； (6) $y=C_1\cos x+C_2\sin x+\frac{1}{2}x\sin x-\frac{1}{3}\sin 2x$；

(7) $y=\cos 3x+\frac{1}{6}x\sin 3x$； (8) $y=2e^x-e^{-x}+\frac{1}{2}xe^x-\frac{1}{2}\sin x$.

7. (1) $y=C_1x+\frac{C_2}{x^2}$； (2) $y=C_1\cos(\ln x)+C_2\sin(\ln x)$；

(3) $y=C_1x+\frac{C_2}{x}-\ln^2 x+2\ln x-2$；

(4) $y=C_1x\cos(\sqrt{3}\ln x)+C_2x\sin(\sqrt{3}\ln x)+\frac{1}{3}x+\frac{1}{4}x^2\ln x-\frac{1}{8}x^2$.

8. (1) 略. (2) $\frac{3}{k}$.

9. $f(u)=\frac{1}{16}e^{2u}-\frac{1}{16}e^{-2u}-\frac{1}{4}u$.

习题 12.4

1. (1) $\begin{cases} y=C_1e^{-\frac{x}{2}}\cos\frac{\sqrt{3}}{2}x+C_2e^{-\frac{x}{2}}\sin\frac{\sqrt{3}}{2}x, \\ z=\frac{\sqrt{3}C_2-C_1}{2}e^{-\frac{x}{2}}\cos\frac{\sqrt{3}}{2}x-\frac{\sqrt{3}C_1+C_2}{2}e^{-\frac{x}{2}}\sin\frac{\sqrt{3}}{2}x; \end{cases}$

(2) $\begin{cases} x=C_1e^t+C_2e^{-t}+C_3\cos t+C_4\sin t, \\ y=-C_1e^t-C_2e^{-t}+C_3\cos t+C_4\sin t; \end{cases}$

(3) $\begin{cases} x=C_1e^t+C_2e^{3t}, \\ y=-C_1e^t+C_2e^{3t}; \end{cases}$ (4) $\begin{cases} x=C_1e^{\sqrt{2}t}+C_2e^{-\sqrt{2}t}+1, \\ y=(\sqrt{2}-1)C_1e^{\sqrt{2}t}-(\sqrt{2}+1)C_2e^{-\sqrt{2}t}-1; \end{cases}$

(5) $\begin{cases} x=\frac{1}{2}e^t-\frac{1}{2}e^{-t}, \\ y=\frac{1}{2}e^t+\frac{1}{2}e^{-t}; \end{cases}$ (6) $\begin{cases} x=-\frac{2}{3}e^t+\frac{2}{3}e^{-2t}+\frac{3}{2}t+\frac{1}{4}, \\ y=\frac{1}{3}e^t+\frac{2}{3}e^{-2t}-\frac{1}{2}t+\frac{1}{4}. \end{cases}$

*2. (1) $\begin{cases} y^2 - z^2 = C_1, \\ x + \frac{1}{2}(z-y)^2 = C_2; \end{cases}$ (2) $\begin{cases} x^2 + y^2 + z^2 = C_1, \\ 4x + 2y + 3z = C_2; \end{cases}$ (3) $\begin{cases} 3y - z = C_1, \\ 2\sqrt{z-x-y} + y = C_2; \end{cases}$

(4) $\begin{cases} x + ze^{-y} = C_1, \\ y + ze^{-x} = C_2. \end{cases}$

习题 12.5

1. (1) $y = a_0 e^{\frac{x^2}{2}} + \left[2x + \frac{2}{3!!}x^3 + \cdots + \frac{2}{(2m+1)!!}x^{2m+1} + \cdots\right]$;

(2) $y = a_0 e^{\frac{x^2}{2}} + a_1\left[x + \frac{1}{3!!}x^3 + \cdots + \frac{1}{(2m+1)!!}x^{2m+1} + \cdots\right]$;

(3) $y = a_0(1+x) + \frac{2}{3\cdot 2}x^3 - \frac{2}{4\cdot 3}x^4 + \cdots + (-1)^{n-1}\frac{2}{n\cdot(n-1)}x^n + \cdots$;

(4) $y = a_0\left[1 + 2x^2 + \frac{2^2}{3!!}x^4 + \cdots + \frac{2^m}{(2m-1)!!}x^{2m} + \cdots\right] + a_1 x e^{x^2}$.

2. (1) $y = 1 + x + x^2 + \frac{4}{3}x^3 + \frac{7}{6}x^4 + \frac{6}{5}x^5 + \frac{37}{30}x^6 + \cdots$;

(2) $y = 1 - \frac{1}{2}x^2 + \frac{1}{8}x^4 - \frac{1}{48}x^6 + \cdots + \frac{(-1)^m}{(2m)!!}x^{2m} + \cdots$;

(3) $y = a + bx + \frac{a}{2}x^2 + \frac{a+b}{6}x^3 + \frac{a+b}{12}x^4 + \frac{5a+4b}{120}x^5 + \frac{13a+10b}{720}x^6 + \cdots$.

习题 12.6

1. $x^2 + y^2 = 2y$.

2. $y = (x-1)(6x-11)$.

3. (a) $x = 24 - 22e^{-\frac{1}{2}t}$(克); (b) 约为 3 克/升; (c) 24 克.

4. 4 小时 25 分.

5. 10 分钟.

6. $\frac{dv}{dt} = kv$; $v \approx 0.233$ 米/秒.

7. $m\frac{dv}{dt} = k_1 t - k_2 v\ (k_2 > 0)$, $t = 0$ 时 $v = 0$; $v = \frac{k_1 m}{k_2^2}e^{-\frac{k_2}{m}t} + \frac{k_1}{k_2}\left(t - \frac{m}{k_2}\right)$.

8. 鱼雷的航迹曲线方程为 $y = \frac{5}{24}(1-x)^{\frac{4}{5}}[2(1-x)^{\frac{2}{5}} - 3] + \frac{5}{24}$, 敌舰驶离 A 点 $\frac{5}{24}$ 个单位距离后即被击中.

总练习题

1. (1) $y = \frac{1}{x}(\arctan x + C)$; (2) $y = C\sqrt{x} - \frac{1}{5}x^3$; (3) $y = (C_1 + C_2 x)e^{-2x} + \frac{1}{2}x^2 e^{-2x}$;

(4) $y = C_1 + C_2 e^{-x} + \frac{1}{3}x^3 - x^2 + 2x$; (5) $y = C_1 e^x + C_2 e^{2x} - x\left(1 + \frac{1}{2}x\right)e^x$;

(6) $y = C_1 e^{x} + C_2 e^{-3x} - \frac{1}{4} x e^{-3x}$； (7) $y = (C_1 + C_2 x) e^{-x} + \frac{1}{4}(x-1) e^{x}$；

(8) $y = C_1 \cos x + C_2 \sin x + x + \frac{1}{2} x \sin x$.

2. (1) $y = \frac{x}{2} - \frac{1}{x}$； (2) $y = \frac{e^{x}(e^{x} - e)}{x}$； (3) $y = \frac{1}{2}\left(\ln x + \frac{1}{\ln x}\right)$； (4) $y = \frac{x-1}{x} e^{x} + \frac{1}{x}$； (5) $y = \frac{2x}{x^2+1}$； (6) $y = \frac{\sin x - 1}{x^2 - 1}$.

3. (1) 设 $z = x + y$, $z' = z^2 + 1$, $\arctan(x+y) = x + C$；

(2) 设 $z = x - y$, $z' = -z^2$, $y = x - \frac{1}{x + C}$；

(3) 设 $z = y - x$, $z' = -x \tan z$, $\ln \sin(y - x) + \frac{x^2}{2} = C$；

(4) 设 $z = x + y$, $xz' + \sin z = 0$, $\cot \frac{x+y}{2} = Cx$；

(5) 设 $z = ax + by$, $z' = a + b(z + c)$, $\ln[a + b(ax + by + c)] = bx + C$；

(6) 设 $z = \ln y$, $z' - \frac{1}{x} z = x^2$, $\ln y = \frac{1}{2} x^3 + Cx$；

(7) 设 $z = e^{y}$, $z' - \frac{1}{x} z = x^2$, $e^{y} = \frac{1}{2} x^3 + Cx$；

(8) 设 $z = \frac{y^2}{x}$, $xz' = \tan z$, $\sin \frac{y^2}{x} = Cx$；

(9) 设 $z = y^2$, $z' = \frac{1}{x+1} z - \frac{x}{x+1}$, $y^2 = -(x+1)\ln(x+1) - 1 - C(x+1)$；

(10) 设 $z = xy$, $z' = \frac{z \ln z}{x}$, $y = \frac{1}{x} e^{Cx}$；

(11) $xy^2 - x^2 y - x^3 = C$.

4. $y = C_1 + e^{-3x}(C_2 \cos ax + C_3 \sin ax) + \frac{x}{9 + a^2}$.

5. $y = (1 - 2x) e^{x}$.

6. $y = \begin{cases} (C_1 + C_2 x) e^{-2x} + \frac{1}{(a+2)^2} e^{ax}, & a \neq -2, \\ \left(C_1 + C_2 x + \frac{1}{2} x^2\right) e^{-2x}, & a = -2. \end{cases}$

7. $y(x) = \begin{cases} e^{2x} - 1, & x \leqslant 1, \\ (1 - e^{-2}) e^{2x}, & x > 1. \end{cases}$

8. $f(x) = 3e^{3x} - 2e^{2x}$.

9. $f(x) = \frac{1}{2}(x \cos x + \sin x)$.

10. $y=C_1\cos x+C_2\sin x-\dfrac{1}{2}x\cos x(a=1)$, $y=C_1\cos ax+C_2\sin ax+\dfrac{\sin x}{a^2-1}\ (a\neq 1)$.

11. $y=C_1\dfrac{\cos 2x}{\cos x}+C_2\sin x+\dfrac{e^x}{5\cos x}$.

12. $y=e^x-e^{x+e^{-x}-\frac{1}{2}}$.

13. $f(x)=2\cos x+\sin x+x^2-2$,通解 $x^2y^2+2(2x-2\sin x+\cos x)y=C$.

14. $f(x)=(x+1)e^x-1$.

15. $f(u)=C_1e^u+C_2e^{-u}$.

16. $f(x)=e^{-\frac{1}{x}}$.

17. $\alpha=-3,\beta=2,\gamma=-1$,通解 $y=C_1e^{2x}+C_2e^x+xe^x$.

18. $y''-y'-2y=(1-2x)e^x$.

19. $y=\dfrac{1}{2}x^2-\dfrac{1}{2}$.

20. (1) $y(x)=e^{-ax}\int_0^x f(t)e^{at}dt$.　(2) 略.

21. $y=\dfrac{e^{x-1}+e^{1-x}}{2}$.

22. $y=\sqrt{3x-x^2}\ (0<x<3)$.

23. $f(x)=C_1\ln x+C_2$(其中 C_1, C_2 为任意常数).

24. $y=\ln\cos\left(\dfrac{\pi}{4}-x\right)+1+\dfrac{1}{2}\ln 2,\ x\in\left(-\dfrac{\pi}{4},\dfrac{3}{4}\pi\right)$,当 $x=\dfrac{\pi}{4}$ 时,函数取得极大值 $y=1+\dfrac{1}{2}\ln 2$.

25. (1) $y=\dfrac{1}{4-x^2}$;　(2) $y=-\dfrac{\sqrt{3}}{3}x+\dfrac{1}{3}$.

26. $y=x-\dfrac{75}{124}x^2$.

27. $\dfrac{dy}{dx}=3\left(\dfrac{y}{x}\right)^2-2\left(\dfrac{y}{x}\right)$, $f(x)=\dfrac{x}{1+x^3}$.

28. $t=6\ln 3$.

29. 6 小时.

30. $x=\dfrac{Nx_0e^{kNt}}{N-x_0+x_0e^{kNt}}$.

31. $\dfrac{d^2y}{dx^2}=-\dfrac{1}{2x}\sqrt{1+\left(\dfrac{dy}{dx}\right)^2}$,初始条件 $y|_{x=-1}=0$, $y'|_{x=-1}=1$.

32. $t=\ln 3$, $s=\dfrac{2}{3}v_0$.

33. $y=-\dfrac{m}{k}v-\dfrac{m(mg-B\rho g)}{k^2}\ln\dfrac{mg-B\rho g-kv}{mg-B\rho g}$.

第13章

习题 13.1

1. （1）$\nabla y_n=\ln\frac{n+3}{n+2}$；（2）$\nabla^2 y_n=2$；（3）$\nabla^3 y_n=6$；（4）$\nabla^2 y_n=4\cdot 3^n$.

2. （1）一阶；（2）一阶；（3）一阶；（4）二阶；（5）三阶；（6）三阶.

3. 略.

4. $d=-2$ 或 8.

习题 13.2

1. $y_n=C_1(-1)^n+C_2 2^n$.

2. （1）$y_n=C_1 2^n+C_2(-5)^n$；（2）$y_n=C_1 2^n+C_2(-4)^n$；（3）$y_n=C_1+C_2(-1)^n$；

（4）$y_n=C_1\cos\frac{\pi}{2}n+C_2\sin\frac{\pi}{2}n$；（5）$y_n=(\sqrt{5})^n(C_1\cos\beta n+C_2\sin\beta n)$，$\beta=\arctan 2$；

（6）$y_n=\left(\frac{3}{2}\right)^n(C_1+C_2 n)$；（7）$y_n=-\frac{1}{4}(-1)^n+\frac{1}{4}3^n$；（8）$y_n=\cos\frac{\pi}{3}n+\sqrt{3}\sin\frac{\pi}{3}n$.

3. （1）$y_n=(C_1+C_2 n)5^n+\frac{1}{9}\cdot 2^n$；（2）$y_n=C_1+C_2(-5)^n+\frac{1}{6}n^2-\frac{13}{18}n$；

（3）$y_n=C_1+C_2 2^n+n^2$；（4）$y_n=C_1(-2)^n+C_2 n(-2)^n+\frac{1}{24}n^3(-2)^n$；

（5）$y_n=C_1 5^n+C_2 n5^n+\frac{1}{4}3^n+\frac{1}{8}n+\frac{3}{8}$；（6）$y_n=2\sin\frac{\pi}{2}n+\frac{3}{2}\cos\frac{\pi}{2}n-\frac{3}{2}n\cos\frac{\pi}{2}n$.

4. （1）$y_n=C(-3)^n$；（2）$y_n=C2^n-2n^2-4n-5$；（3）$y_n=C+\frac{1}{2}n^2+\frac{5}{2}n$；

（4）$y_n=C3^n+\frac{1}{3}n3^n$；（5）$y_n=C2^n+\frac{2-\cos 2}{5-4\cos 2}\cos 2n-\frac{\sin 2}{5-4\cos 2}\sin 2n$；

（6）$y_n=C(-2)^n+\frac{2}{3}n-\frac{5}{9}+\frac{1}{e+2}e^n$；（7）$y_n=\frac{13}{4}(-2)^n+\frac{3}{4}\cdot 2^n$.

习题 13.3

1. 每月应还 2 221.22 元.

2. 9 年.